电 工 学

毕淑娥　主　编
丁继盛　主　审

哈尔滨工业大学出版社

内 容 提 要

本书为高校本科生电工理论与技术的少学时教材,其内容包括电路基础、变压器与电机控制、模拟电子电路、数字电子电路、常用电子电源五大部分。每章有简明的小结,且例题、习题、思考题较多,非常便于教学。

本书可作为高等工科学校机械、化工、管理、动力和计算机应用等专业的本科生教材,也可作为大专院校、职工大学、函授大学相应专业的教材。

图书在版编目(CIP)数据

电工学/毕淑娥主编. —哈尔滨:哈尔滨工业大学出版社,2001.3
(2023.7 重印)
ISBN 978－7－5603－1593－5

Ⅰ.电… Ⅱ.毕… Ⅲ.电工学－高等学校－教材
Ⅳ.TM1

中国版本图书馆 CIP 数据核字(2000)第 72833 号

责任编辑　王桂芝　黄菊英
出版发行　哈尔滨工业大学出版社
社　　址　哈尔滨市南岗区复华四道街 10 号　邮编 150006
传　　真　0451－86414749
网　　址　http://hitpress.hit.edu.cn
印　　刷　哈尔滨久利印刷有限公司
开　　本　787mm×1092mm　1/16　印张 27.75　字数 706 千字
版　　次　2001 年 3 月第 1 版　2023 年 7 月第 10 次印刷
书　　号　ISBN 978－7－5603－1593－5
定　　价　58.00 元

前　言

根据 21 世纪人才的需求，按照原国家教育委员会 1995 年颁发的"电工技术（电工学Ⅰ）"和"电子技术（电工学Ⅱ）"两门课程的教学基本要求，并结合"九五"期间电工技术和电子技术课程教学内容和课程体系改革的研究成果，我们编写了这本少学时电工学教材。

本书是一本阐述用电理论与技术的本科教材，可供高等院校的机械、动力、化工、管理和计算机应用等各类专业使用，按 60～80 学时组织教学（不含实验）。本书也可作为大专院校、职工大学及函授大学相应专业的教材。

本书的形成经历了一个较漫长的过程，首先由丁继盛、赵焕庆编写了《电工与电子技术基础》（哈尔滨工业大学校内教材），并进行了多年的教学实践。1996 年由毕淑娥主编，丁继盛主审，哈尔滨工业大学出版社出版。该书出版 5 年来，先后 4 次修订再版，受到了高校广大师生和其他作者的好评。考虑到教改形势的变化和实施教学的需要，又在毕淑娥主编、丁继盛主审《电工与电子技术基础》一书的基础上，写成了电工学一书。

本次编写对基础知识的应用进行了适当的拓宽；并适当地增加了控制电机、可编程序控制器、开关电源等部分新内容，使教材在使用上具有灵活性和选择性，在内容上具有实用性和先进性。

本教材在保证系统性的同时，注重理论联系实际，叙述深入浅出，章节之间联系紧密，每章有简明的小结，例题与思考题较多，论例配合，便于自学。教材中打"＊"的部分可根据专业的需要选用。

参加本教材编写的教师是：姜三勇（第一、二、三、四、六、八章）；王卫（第五、七、十六、十八章）；张继红（第九、十五、十七章及附录）；毕淑娥（第十、十一、十二、十三、十四章）。全书由毕淑娥主编。

本教材在编写过程中，哈尔滨工业大学电工学教研室的老师们给予了不少支持，尤其是丁继盛教授，对本教材的编写提出了许多指导性的意见，并主审了部分书稿，在此一并表示衷心的感谢。

受编者学识水平和时间所限，书中不足和疏漏之处在所难免，恳切希望使用本教材的师生和其他读者提出宝贵意见。

编　者

2000 年 9 月

目　录

第一部分　电路基础

第二部分　变压器、电动机及其控制

第三部分　模拟电子电路

第四部分　数字电子电路

第五部分　常用电子电源

第一部分 电 路 基 础

第一章 直 流 电 路

直流电路的一些内容已在物理课中学过,这是学习本章的基础。在此起点上,本章将综合性地讨论电路的基本概念、基本定律和基本分析方法,以便对直流电路有比较完整而系统的认识。直流电路具有典型意义,它的基本理论和分析方法也适用于其它电路。因此,本章是学习本课程后续各章的基础。

1.1 电路的基本作用及其组成

一、电路的作用

电流的路径叫做电路。电路是由一些电气设备和元件(例如,发电机、变压器、电动机、电炉、电阻、电感和电容等)或电子器件(例如,晶体管和集成电路等)按一定方式连接而成的。电路的种类繁多,用途各异,但其基本作用可以概括为两大类,我们通过实例说明如下。

1. 电路能够实现电能的输送和转换

电路实现电能的输送和转换的应用极为广泛,其作用可由图 1.1(a)所示的例子说明。电源发出电能,通过中间环节(导线、开关及变压器)将电能送给电灯负载,用以照明,将电能转化为光能,实现了电能的输送与转换。

(a)电能的输送和转换　　　　　　(b)信号的传递和转换

图 1.1　电路的作用

电源是电路的能源。电源有多种形式(例如,发电机、蓄电池和光电池等),它们可以把各种形式的能量(例如,机械能、化学能和光能等)转化为电能,供给负载。负载是用电设备(例如,电动机、电炉和电灯等),它们将电能转化成人们需要的其它形式的能量。

2. 电路能够实现信号的传递和转换

电路实现信号的传递和转换的应用也相当广泛,其作用可由图 1.1(b)所示的例子说明。这是扩音机的工作示意图。话筒将声音(信息)转换为电信号(以下简称信号),经过中间环节(导线与放大器等),信号被放大,并传递到扬声器负载,还原为原来的声音。这里,在声音的作用下,话筒源源不断地发出信号,因而叫做信号源。

信号源也是一种电源,但它不同于发电机和蓄电池等产生电能的一般电源,其主要作用是产生电压信号和电流信号。

　　各种非电的信息和物理量(例如,语言、音乐、图像、温度、压力、位移、速度与流量等等)均可通过相应的变换装置或传感器变换为电信号进行传递和转换。电路的这一作用广泛应用于电子技术、测量技术、无线电技术和自动控制技术等许多领域。

二、电路的基本组成

　　无论电路的结构和作用如何,都可以看成是由实际的电源、负载和中间环节三个基本部分组成。但是实际电路元件的电磁性质比较复杂,难以用简单的数学关系表达它们的物理特性(例如,白炽灯通过电流时,它除有电阻特性外,还会产生磁场,具有电感的性质)。为研究电路的一般规律,我们将实际的电路元件理想化,即在一定的工程条件下将其近似看做理想的电路元件。理想电路元件具有单一的电或磁的性质,可用简单的数学关系予以描述(例如,白炽灯在通常条件下,它的主要作用是消耗电能,呈现电阻特性,而产生的磁场很微弱,可以近似地看成纯电阻元件)。

　　最简单的电路如图 1.2 所示,由电源和负载组成,中间环节为连接导线。图中的电源和负载都是理想电路元件。若无特殊说明,电源是泛指的,既可以是一般电源,也可以是信号源;负载也是泛指的,既可以是一般的用电设备,也可以是传递信号的某种装置。

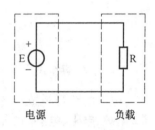

图 1.2　最简单的电路

　　连接导线的作用是把电源与负载连成通路,以达到输送电能和传递信号的目的。常用的导线有铜质和铝质两种,它们都有一定的电阻。一般情况下,连接导线较短,其电阻比负载电阻小得多,因而往往忽略不计,予以理想化。除特殊说明外,本书中讨论的电路均不计导线电阻。

　　为了控制电路的通断,常在电路的某处装上开关。完善的电路还具有保护装置,例如,为防止短路事故及烧毁电气设备,通常在电路中接入熔断器(保险丝)或自动断路器。

1.2　电路的基本物理量

　　电路中有许多物理量,其中电源的电动势 E 和电路中的电流 I、电压 U 及电位 V 是电路的基本物理量。物理学中已讨论过它们的具体定义,这里不再重复。为计算的需要,在此给出它们的单位及其换算关系。

　　在国际单位制中[①],电流的单位是安培(A),简称安。对于较小的电流可以毫安(mA)或微安(μA)为单位。其关系为

$$\begin{cases} 1\ \text{mA} = 10^{-3}\ \text{A} \\ 1\ \mu\text{A} = 10^{-6}\ \text{A} \end{cases}$$

电压、电位和电动势的单位为伏特(V),简称伏。当电压、电位和电动势的数值较大时,可用千伏(kV),数值较小时可用毫伏(mV)和微伏(μV)。其关系为

$$\begin{cases} 1\ \text{kV} = 10^{3}\ \text{V} \\ 1\ \text{mV} = 10^{-3}\ \text{V} \\ 1\ \mu\text{V} = 10^{-6}\ \text{V} \end{cases}$$

---

　　① 本书采用国际单位制,见附录Ⅰ。

本节的主要内容有两个方面:一是讨论电位及其与电压的关系;二是通过复习讨论电流、电动势和电压的实际方向,引入一个新的概念,即电流、电动势和电压的参考方向。参考方向的概念对电路的理论分析具有重要意义,为各种电路的计算提供了方便条件,必须正确理解和运用。

一、电位和电压

电位在物理学中称为电势。电位是一个相对物理量,即某点电位的极性和大小是相对于参考点而言的。参考点的电位称为参考电位,一般设参考电位为零,所以参考点又叫零电位点。通常,人们认为大地的电位为零。这是因为大地容纳电荷的能力极大,电位稳定,其电位不会因局部电荷量的变化而受影响。电路中参考点可以任意选取,用"接地"符号表示,如图 1.3(a)所示。所谓"接地",并不一定真的与大地相联。在电子电路中常取公共点或机壳为参考点。

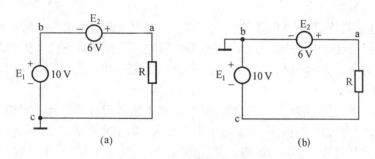

图 1.3　参考点与电位

在图 1.3(a)中,根据需要,如果选点 c 为参考点,即 $V_c = 0$,则点 b、a 的电位分别为

$$V_b = E_1 = 10 \text{ V}$$

$$V_a = V_b + E_2 = 10 + 6 = 16 \text{ V}$$

在图 1.3(b)中,如果选取点 b 为参考点,即 $V_b = 0$,则点 c、a 的电位分别为

$$V_c = - E_1 = - 10 \text{ V}$$

$$V_a = E_2 = 6 \text{ V}$$

显然,参考点选得不同,电路中各点相应的电位也不同。但是参考点一经选定,则电路中各点的电位就被惟一地确定了。所以,电路中某点电位的高低是相对的。

电路中任意两点电位之差称为电位差,又叫电压。

在图 1.3(a)中,a、c 两点间的电压

$$U_{ac} = V_a - V_c = 16 - 0 = 16 \text{ V} \qquad (\text{点 c 为参考点})$$

在图 1.3(b)中,a、c 两点间的电压

$$U_{ac} = V_a - V_c = 6 - (- 10) = 16 \text{ V} \qquad (\text{点 b 为参考点})$$

由此可见,电路中两点间的电压值不会因选取不同的参考点而改变,电压是一个绝对量。

电位虽是对某一点而言,但实质上还是指两点间的电位差,只是其中一点(参考点)的电位预先被指定为零而已。

二、电流、电动势和电压的实际方向

由物理学可知,电流是带电粒子的定向运动。电流的方向被规定为正电荷的运动方

向。在图1.4所示电路中,根据电源的已知实际极性(正负极符号"+"与"-")可知,正电荷是从电源的正极 a(高电位端)经过外电路流向电源的负极 b(低电位端)。这就是电流的实际方向。

电源内部的电源力(在发电机中是电磁力,在化学电池中是化学力)把回到负极的正电荷再推向正极,保持正电荷源源不断地定向流动。电动势是反映电源力把正电荷由负极推向正极这种能力的物理量,因此就把电源力推动正电荷的方向(由低电位端指向高电位端)规定为电源电动势的实际方向。

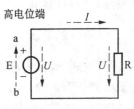

图1.4　电流、电动势和电压的实际方向

电源正负极之间的电位差也叫做电源的端电压,我们把电位降低的方向(由高电位端指向低电位端)规定为电源端电压的实际方向。显然,电源电动势的实际方向和电源端电压的实际方向刚好相反,前者是电位升高的方向,后者是电位降低的方向。

电流通过负载时,产生电位降(也叫电压降)。图中负载上的电位实际极性是上正下负。同样,我们把这个电位降低的方向规定为负载电压降的实际方向。因为忽略了导线电阻,电阻上的电压降等于电源的端电压。电流、电动势和电压的实际方向用虚线箭头表示,如图1.4所示。

规定上述各物理量实际方向的目的,是为了对电路进行分析计算。对图1.3所示电路来说,若已知电源的实际极性,电流与电压的实际方向很容易确定,计算也是很简单的。可是,我们通常遇到的一些实际电路,往往比较复杂,虽然已知电源的实际极性,但电路中某些支路电流实际方向却很难判断,使分析计算难于进行。可见,只有电流、电动势和电压的实际方向的概念是不够的。为此,我们需要引入参考方向的概念。

三、电流、电动势和电压的参考方向

所谓电流的参考方向,顾名思义,就是不管电流的实际方向如何,可以任意选定一个方向作为电流的参考方向。当然,选定的参考方向不一定就是电流的实际方向。当电流的参考方向与实际方向一致时,电流为正值($I>0$);当电流的参考方向与实际方向相反时,电流为负值($I<0$)。如图1.5所示。

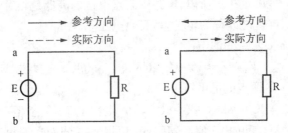

(a)参考方向与实际方向一致($I>0$)　　(b)参考方向与实际方向相反($I<0$)

图1.5　电流的参考方向

采用了电流的参考方向以后,电流就变为代数量(有正有负)。电路图上有了电流的参考方向,就可根据电流数值的正与负知道它的实际方向。

电源电动势和端电压的参考方向,原则上也可以任意选定。如果电动势 E 和电压 U

的极性与实际方向已知,一般可选其参考方向与实际方向一致,如图 1.6 所示。

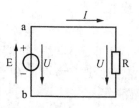

负载电压降的参考方向也可以任意选定,为了简单,使其参考方向与通过电流的参考方向一致,如图 1.6 中所示。

【例 1.1】 在图 1.7 所示电路中,已知电动势为 3 V(其实际极性如图所示),电阻为 1.5 Ω。若电动势 E、电流 I 和负载电压降 U 的参考方向按图示方向选定,试问它们数值的正负?

【解】 在图示电路中,电动势的参考方向与其实际方向一致,所以为正值,即

图 1.6 电源电动势、端电压及负载电压降的参考方向

$$E = 3 \text{ V}$$

电流 I 的参考方向与其实际方向一致,所以也为正值,即

$$I = \frac{E}{R} = \frac{3}{1.5} = 2 \text{ A}$$

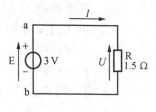

负载电压降 U 的参考方向与所通过的电流 I 的参考方向相反,I 为正值,所以 U 为负值,即

$$U = -IR = -2 \times 1.5 = -3 \text{ V}$$

图 1.7 例 1.1 的电路

【例 1.2】 在图 1.8(a) 中,已知 $R_1 = 2 \text{ Ω}$, $R_2 = 3 \text{ Ω}$, $R_3 = 6 \text{ Ω}$, $E_1 = 120 \text{ V}$, $E_2 = 72 \text{ V}$, $I_1 = 18 \text{ A}$, $I_2 = -4 \text{ A}$, $I_3 = 14 \text{ A}$。各电动势的极性和各电流的参考方向如图 (a) 所示。若设点 b 为参考点,试求点 a 的电位。

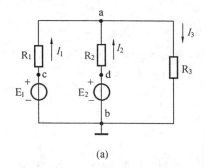

(a)

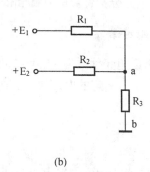

(b)

图 1.8 例 1.2 的电路

【解】 由前所述,电路中某点电位的数值与所选参考点有关。

本例中,因已设点 b 为参考点,所以

$$V_a = V_c - I_1 R_1$$

式中 V_c 为点 c 的电位

$$V_c = E_1 = 120 \text{ V}$$

$I_1 R_1$ 为电阻 R_1 上的电压降(也叫电位降)

$$I_1 R_1 = 18 \times 2 = 36 \text{ V}$$

于是

$$V_a = V_c - I_1 R_1 = E_1 - I_1 R_1 = 120 - 36 = 84 \text{ V}$$

当然,点 a 电位也可通过另外两条支路计算出来,即

$$V_a = V_d - I_2 R_2 = E_2 - I_2 R_2 = 72 - (-4) \times 3 = 84 \text{ V}$$

或者

$$V_a = I_3 R_3 = 14 \times 6 = 84 \text{ V}$$

可见,通过三条支路计算出来的结果是相同的。这就是说,电路中某点电位的数值虽然与所选参考点有关,但与所选的计算路径无关。因此,实际计算时应选取最简捷的计算路径。

顺便指出,利用电位的概念,可将图1.8(a)所示电路画成图1.8(b)所示的电路,省略电源,只标出它们相应的电位值即可。

思　考　题

1.1　在电路中,电位与电压、电位降与电位升,各有什么关系?

1.2　电流的实际方向是怎样规定的? 为什么要设电流的参考方向?

1.3　某电路中,$U_{ab} = -10$ V,试问 a、b 两点哪点电位高?

1.4　在电路中,为什么说某点电位的高低是相对的,而两点间的电压却是绝对的。

1.5　在图1.8(a)中,若选点 c 为参考点,点 a 电位和点 b 电位各为多少?

1.3　电路的基本定律

欧姆定律和克希荷夫定律是电路的基本定律,此二定律揭示了电路基本物理量之间的关系,是电路分析计算的基础和依据。

一、欧姆定律

对一个电阻元件来说,其中流过的电流与其两端的电压成正比。在图1.9所标定的电流参考方向的情况下,可以表示为

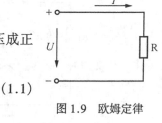

图1.9　欧姆定律

$$I = \frac{U}{R} \tag{1.1}$$

或

$$R = \frac{U}{I}$$

这就是欧姆定律,它确定了电阻元件的电流(I)与电压(U)的关系。电阻(R)的单位是欧姆(Ω),简称欧。电阻数值很大时,则以千欧(kΩ)或兆欧(MΩ)为单位,即

$$\begin{cases} 1 \text{ k}\Omega = 10^3 \text{ } \Omega \\ 1 \text{ M}\Omega = 10^6 \text{ } \Omega \end{cases}$$

下面,我们顺便介绍一下电阻元件。

多数金属的电阻值是不随电流电压而变的(电阻为定值),用这类金属材料制成的电阻元件叫做线性电阻元件。线性电阻元件中电流与其端电压的关系,如图1.10(a)所示,是直线关系,直线上每一点都遵循式(1.1)所表示的欧姆定律。图中两个坐标轴分别表示电压 U(单位为 V)和电流 I(单位为 A),所以叫做伏安特性。实验证明,导体电阻的大小决定于导体材料的成分、几何尺寸和导体的温度等因素。对于一根材料均匀、截面积为 S(mm^2)、长度为 l(m)的导体来说,它的电阻 R(Ω)按下式计算,即

$$R = \rho \frac{l}{S} \tag{1.2}$$

式中,ρ 为材料的电阻率,单位为 $\Omega \cdot \text{mm}^2/\text{m}$。

还有一类电阻元件,叫做非线性电阻元件。当流过不同的电流或加上不同的电压时,它们就有不同的电阻值(电阻不为定值)。

非线性电阻元件中的电流和端电压不是直线关系,不遵循欧姆定律,因而不能应用式(1.1),通常表示成 $I = f(U)$ 的形式。图1.10(b)所示曲线就是半导体二极管加正向电压时的伏安特性曲线(半导体二极管可认为是非线性电阻元件)。

关于非线性电路的分析与计算,将在本书后续的有关电子电路章节中讨论。

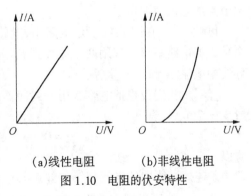

(a)线性电阻　　　(b)非线性电阻

图1.10　电阻的伏安特性

二、克希荷夫定律

电路从结构上看,可分为无分支电路(即单一的闭合电路)和有分支电路(简称分支电路)。图1.11(a)所示电路就是一个分支电路。它有三个支路,分别流过电流 I_1、I_2、I_3(图上所标均为参考方向);两个节点(a和b);三个回路(左右两个小回路和外围一个大回路)。

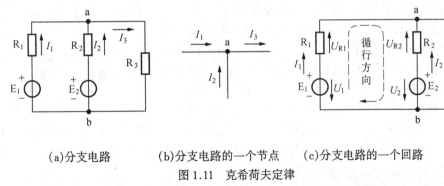

(a)分支电路　　　(b)分支电路的一个节点　　　(c)分支电路的一个回路

图1.11　克希荷夫定律

克希荷夫定律包括克希荷夫电流定律和克希荷夫电压定律两部分内容。前者是针对节点的,确定了流入、流出某节点的各电流之间的关系;后者是针对回路的,确定了某回路各部分电压之间的关系。

1. 克希荷夫电流定律(KCL)

在一个节点上,各支路的电流有大有小。然而,对任何一个节点而言,流入电流之和等于流出电流之和。这就是克希荷夫电流定律。以图1.11(b)为例,由于电流通过节点时电荷不会发生堆积现象,流入节点 a 的电荷总量必等于同一时间流出节点 a 的电荷总量。这就是克希荷夫电流定律的物理依据。对节点 a,可以写出

$$I_1 + I_2 = I_3$$
$$I_1 + I_2 - I_3 = 0$$

即

$$\sum I = 0 \tag{1.3}$$

由式(1.3),克希荷夫电流定律又可表述为:任何一个结点,流入电流的代数和恒等于

零。所谓代数和,就是要考虑各电流的正负号。如果规定流入节点的电流取正号,那么流出节点的电流就取负号。

【例1.3】 在图 1.12 所示电路中,电路 A 和电路 B 是两个独立的电路系统。现用两条导线把它们连接起来,试分析导线中电流 I_1 和 I_2 的关系。

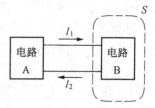

【解】 我们设想把电路 B 用一封闭面 S 包围起来,把 S 看成一个节点,有

$$I_1 - I_2 = 0$$

所以
$$I_1 = I_2$$

图 1.12 例 1.2 的电路

即两条连接导线中的电流相等。如果其中一条断线,例如下面一条,$I_2 = 0$,则根据克希荷夫节点电流定律 $\sum I = 0$ 可知,$I_1 = 0$。这就是我们经常说的不构成回路电流等于零的道理。

上例说明,克希荷夫电流定律可推广应用于包围部分电路的假设封闭面。

2. 克希荷夫电压定律(KVL)

在一个回路中,各点电位有高有低,各元件有电位升,有电位降。然而,对任何一个回路而言,按一定方向循行一周,则电位降之和等于电位升之和。这就是克希荷夫电压定律。我们先看一个简单的例子,如图 1.13 所示。以 A 为起点,按顺时针方向(或者逆时针方向)沿回路循行一周。电流经过 R_1 到点 B,电位下降 $U_1 = IR_1 = 4 \times 1 = 4$ V;再经过 R_2 到点 C,电位又下降 $U_2 = IR_2 = 4 \times 2 = 8$ V,共下降 12 V。由点 C 到点 D,电位升高 $E_1 = 3$ V;由 D 点回到 A 点,电位又升高 $E_2 = 9$ V。共升高 12 V。沿回路循行一

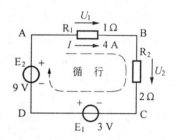

图 1.13 无分支电路中电位降与
电位升的关系

周,电位有降有升,总和都是 12 V,所以沿回路 ABCDA 的电位降之和等于电位升之和。这一结论对分支电路中的回路也是适用的。我们回过来再看图 1.11(c)所示回路,从电源 E_1 的正极开始按顺时针方向沿回路循行一周,有两处电位降低,即 I_1R_1 和 E_2;有两处电位升高,即 I_2R_2 和 E_1。因而可以写为

$$\underbrace{I_1R_1 + E_2}_{\text{电位降}} = \underbrace{I_2R_2 + E_1}_{\text{电位升}}$$

根据电源的极性和电阻两端电位的极性,上式中的各项又可一律写成电压降的形式,即

$$E_1 = U_1$$
$$E_2 = U_2$$
$$I_1R_1 = U_{R1}$$
$$I_2R_2 = U_{R2}$$

于是前式可以表示为

$$U_{R1} + U_2 = U_{R2} + U_1$$
$$U_{R1} + U_2 - U_{R2} - U_1 = 0$$

即

$$\sum U = 0 \qquad\qquad (1.4)$$

由式(1.4),克希荷夫电压定律又可表述为:任何回路,按一定方向沿回路循行一周,电压降的代数和恒等于零。如果电压降取正号,电位升则取负号。

【例1.4】 试写出图1.14(a)所示电路中电流的表达式。图中已给出 I 的参考方向。

【解】 这是个部分电路,可以在1与2之间设电压参考方向,这样就构成回路了,如图1.14(b)所示。若按顺时针方向循行,则有

$$IR + U = E$$

所以

$$I = \frac{E - U}{R}$$

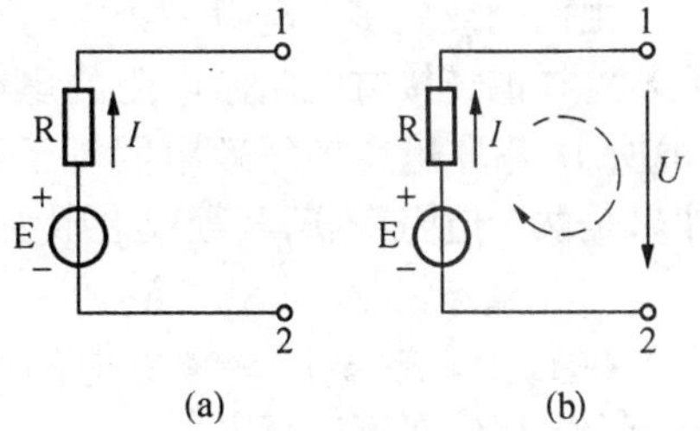

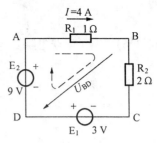

图1.14 例1.4的电路

【例1.5】 试求图1.15所示电路中的电压 U_{BD}。

【解】 原电路中不存在相应的回路。我们可将所求电压 U_{BD} 的参考方向画出,便得到假想的回路 ABDA(也可用 BCDB 回路),如图1.15所示。若按顺时针方向循行一周,则有

$$IR_1 + U_{BD} = E_2$$

$$U_{BD} = E_2 - IR_1 = 9 - 4 \times 1 = 5 \text{ V}$$

由此例可知,克希荷夫电压定律可推广应用于任何假设的回路(例1.4的部分电路,分析过程中也把它看成是假设的回路)。

图1.15 例1.5的电路

思 考 题

1.6 在图1.9所示电路中,如果电流 I 的参考方向选得与图示方向相反,式(1.1)有无变化?

1.7 在图1.16(a)、(b)所示电路中,电流 I 与电压 U_{ab} 各为多少?

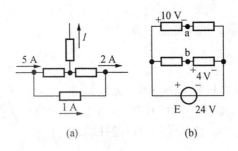

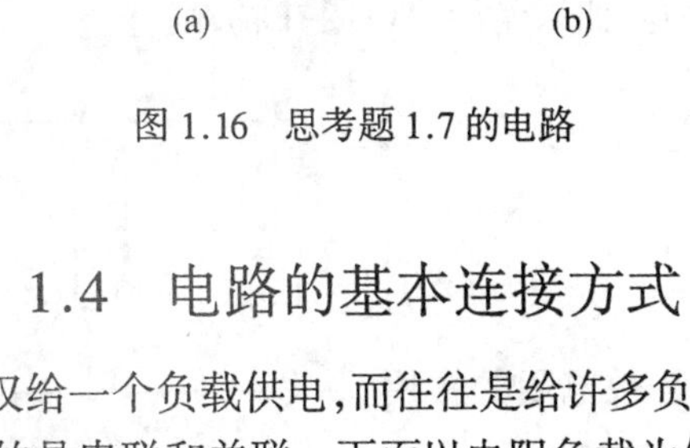

(a)   (b)

图1.16 思考题1.7的电路

1.4 电路的基本连接方式

一个电源一般不仅仅给一个负载供电,而往往是给许多负载供电。负载的连接方式很多,但最常用又最基本的是串联和并联。下面以电阻负载为例,简要分析串联和并联的特点,以及此时电流与电压之间的关系。

一、串联及其分压作用

由两个或更多个电阻一个接一个地连接,组成一个无分支电路,各电阻通过同一电流。这样的连接方式叫做电阻的串联,如图1.17 (a)所示。串联电路的等效电阻等于各电阻之和。如果是两个电阻串联,其等效电阻为

$$R = R_1 + R_2 \qquad (1.5)$$

在图示电流、电压参考方向的情况下,由克希荷夫电压定律可以写出

$$U_1 + U_2 - U = 0$$

即

$$U = U_1 + U_2 \qquad (1.6)$$

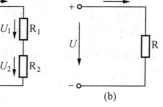

图1.17 电阻的串联

式(1.6)表明了串联电阻 R_1 与 R_2 的分压作用,其中

$$U_1 = IR_1 = \frac{U}{R_1 + R_2}R_1$$

$$U_2 = IR_2 = \frac{U}{R_1 + R_2}R_2$$

即

$$\left.\begin{array}{l} U_1 = \dfrac{R_1}{R_1 + R_2}U \\[2mm] U_2 = \dfrac{R_2}{R_1 + R_2}U \end{array}\right\} \qquad (1.7)$$

式(1.7)是两个电阻串联时的分压公式,今后经常用到。由此式可见,各电阻上的电压分配与各电阻的大小成正比(即按电阻值的大小正比分配)。如果其中一个电阻比另一个电阻小得多,则小电阻分得的电压也小得多,在作近似计算时,这小电阻的分压作用可忽略不计。

串联方式有很多应用。例如,电源电压若高于负载电压时,可与负载串联一个适当大小的电阻,以降低部分电压。这个电阻叫做降压电阻。

二、并联及其分流作用

由两个或更多个电阻连接在两个公共节点之间,组成一个分支电路,各电阻两端承受同一电压,这样的连接方式叫做电阻的并联,如图1.18(a)所示。并联电路的等效电阻的倒数等于各电阻的倒数之和。如果是两个电阻并联,则有

$$\frac{1}{R} = \frac{1}{R_1} + \frac{1}{R_2} \qquad (1.8)$$

或者

$$R = \frac{R_1 R_2}{R_1 + R_2} \qquad (1.9)$$

式(1.9)是两个电阻并联时等效电阻的常用计算公式。

由克希荷夫电流定律可以写出

$$I - I_1 - I_2 = 0$$

图1.18 电阻的并联

或

$$I = I_1 + I_2 \tag{1.10}$$

式(1.10)表明了电阻并联时的分流作用,其中

$$I_1 = \frac{U}{R_1} = \frac{IR}{R_1}$$

$$I_2 = \frac{U}{R_2} = \frac{IR}{R_2}$$

即

$$\left.\begin{aligned} I_1 &= \frac{R_2}{R_1 + R_2} I \\ I_2 &= \frac{R_1}{R_1 + R_2} I \end{aligned}\right\} \tag{1.11}$$

式(1.11)是两个电阻并联时的分流公式,经常用到。由此式可知,各电阻中的电流分配与各电阻的大小成反比(即按电阻值的大小反比分配)。如果其中一个电阻比另一个电阻大得很多,则大电阻分得的电流就小得多,在作近似计算时,大电阻的分流作用可忽略不计。

和串联方式一样,并联方式应用得也很广泛。例如,工厂里的动力负载、民用电器和照明负载等等,都是以并联方式接到电网上的。再例如,电流表测量电流时,如果线路中的电流值大于电流表的量程,可在电流表的两端并联一个合适的电阻予以分流。这样就扩大了电流表的量程。此时的并联电阻叫做分流电阻或分流器。

【例1.6】 图1.19(a)是由串联和并联组成的(混联)电路,其中 $R_1 = 21\ \Omega$、$R_2 = 8\ \Omega$、$R_3 = 12\ \Omega$、$R_4 = 5\ \Omega$,电源电压 $U = 125\ V$。试求 I_1、I_2 和 I_3。

【解】 图(a)电路的化简顺序如图(b)、(c)和(d)所示。

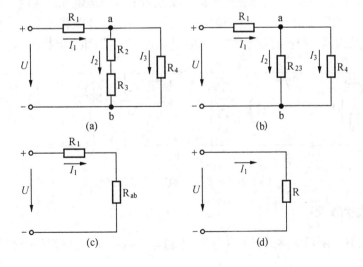

图1.19 例1.6的电路及其化简

计算过程如下:

(1)计算各等效电阻

由图(a)和图(b) $\qquad R_{23} = R_2 + R_3 = 8 + 12 = 20\ \Omega$

由图(b)和图(c) $R_{ab} = \dfrac{R_{23}R_4}{R_{23} + R_4} = \dfrac{20 \times 5}{20 + 5} = 4\ \Omega$

由图(c)和图(d) $R = R_1 + R_{ab} = 21 + 4 = 25\ \Omega$

(2)计算各电流

$$I_1 = \frac{U}{R} = \frac{125}{25} = 5\ \text{A}$$

I_2 和 I_3 可根据分流公式(1.11)计算,按 R_{23} 和 R_4 的反比分配,即

$$I_2 = \frac{R_4}{R_{23} + R_4} I_1 = \frac{5}{20 + 5} \times 5 = 1\ \text{A}$$

$$I_3 = I_1 - I_2 = 5 - 1 = 4\ \text{A}$$

思 考 题

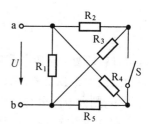

图 1.20 思考题 1.8 的电路

1.8 根据"电阻串联时通过同一电流"和"电阻并联时承受同一电压"的特点,试判别图 1.20 所示电路当开关 S 打开和闭合时各电阻的连接关系。

1.9 式(1.9)是两个电阻并联时等效电阻的计算公式。如果有 3 个或 4 个电阻并联时,怎样应用这个公式。

1.10 何谓电阻的分压和分流作用? 试写出最简单的分压和分流的关系式。

1.5 电路的基本工作状态[①]

电路中的电流一旦建立,电源就源源不断地向负载输送电能。这就是电路的有载状态。由于种种原因,工作于有载状态的电路也可能转化为开路状态或短路状态。现以图 1.21 所示电路为例,讨论电路处于这三种状态的电流、电压和功率状况。

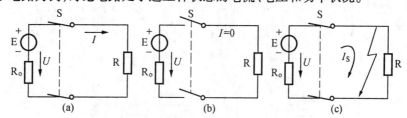

图 1.21 电路的有载、开路和短路状态

一、有载状态

将图 1.21(a)所示电路的开关 S 合上,电源与负载接通,电路则处于有载状态。电路中的电流为

$$I = \frac{E}{R_0 + R} \tag{1.12}$$

---

① 这里是指电路处于稳定时的工作状态。实际上,有的电路在达到稳定状态之前,还存在所谓"过渡状态"。详见第四章。

式中，E 为电源电动势，R_o 为电源内阻。E 与 R_o 一般为定值。可见，负载电阻愈小，则电流愈大。式(1.12)的另一种形式为

$$U = E - IR_o \qquad (1.13)$$

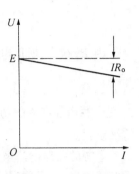

图 1.22 电源的外特性

由式(1.13)可作出电源的伏安特性(一般叫做电源的外特性)，如图1.22所示。由图可知，在有载情况下，电源的端电压 U 恒小于电源的电动势 E，差值为电源内阻电压降 IR_o。电流 I 愈大，IR_o 愈大，U 下降愈多。

电源发出的功率为

$$P = UI = (E - IR_o)I = EI - I^2R_o \qquad (1.14)$$

式中，EI 为电源产生的功率，I^2R_o 为电源内部损耗在内阻 R_o 上的功率。内阻上的功率损耗有害无益，致使电源发热。

在国际单位制中，功率的单位为瓦特(W)或千瓦(kW)，瓦特简称瓦(W)。就式(1.14)来看，如果发电机的端电压 U 和流出的电流 I 都较小，则发出功率就小，发电机没有充分利用，是一种浪费。为使发电机多发电，是否可以任意提高发电机的端电压和流出的电流呢？我们从两方面看：若电压过高，发电机的绝缘材料有可能被击穿；若电流过大，发电机内阻损耗增加，温度过高，因而发电机有被烧毁的危险。所以，从安全角度看，发电机工作电压和工作电流不允许过大。负载也是这样。例如灯泡，如果通入电流太大，必烧断灯丝。即使是连接导线也要合理使用，否则会因其中电流过大，导线发热，甚至烧焦绝缘外皮，引起火灾。

任何一种电气设备工作时都有规定的电压值 U_N、电流值 I_N 或功率值 P_N，这些值叫做电气设备的额定值。工业与民用电气设备的额定值通常标在设备的铭牌上，使用时应尽量让设备按额定值工作。只有这样，才能保证电气设备使用的经济性、工作的可靠性和安全性以及正常的使用寿命。

二、开路状态

工作在有载状态的电路，当拉开电源开关或熔断器被烧断或电路某处发生断路故障时，电路则转为开路状态，如图1.21(b)所示。开路后的负载，其电流、电压和功率都为零。开路后的电源，因外电路的电阻为无穷大，电流为零。电源的端电压

$$U = E - IR_o = E$$

显然，因电流为零，内阻上无电压降，电源的端电压 U 等于电动势 E。此时的端电压叫做电源的开路电压，用 U_o 表示，即

$$U_o = E \qquad (1.15)$$

式(1.15)给我们提供了一个测量电源电动势的简便方法：用电压表测量电源的开路电压 U_o，所得之值就等于电源的电动势 E。

开路时，因电流为零，电源不输出功率。

三、短路状态

工作在有载状态的电路，当电路绝缘损坏或接线不当或操作不慎时，会在负载端或电源端造成电源线直接触碰或搭接，电路则转为短路状态，如图1.21(c)所示。被短路后的

负载,电流、电压和功率都为零。短路后的电源,电源两极间的外电路的电阻为零,电源自成回路,其电流为

$$I = \frac{E}{R_o + R} = \frac{E}{R_o}$$

因 R_o 很小,所以电流很大。此时的电流叫做电源的短路电流,用 I_S 表示,即

$$I_S = \frac{E}{R_o} \tag{1.16}$$

I_S 在电源内部产生的功率损耗为 $I_S^2 R_o$,使电源迅速发热。如不立即排除短路故障,电源将被烧毁。

电源的短路电流虽然很大,但因外电路电阻为零,所以电源的端电压为零。电源此时无电压输出,也无功率输出。

如上所述,电路发生短路通常是一种严重事故。为防止短路事故所引起的不良后果,一般在电路中接入熔断器或自动断路器,以便在发生短路时迅速自动切断故障电路与电源的联系。

应当指出,短路并不都是事故。例如,电焊机工作时,焊条与工作面接触也是短路,但不是事故。另外,有时为了某种需要(例如,调节电路中的电压或电流),也常常将电路中某段电路短路(也叫做短接)。

综上所述,在电路的三种工作状态中,有载状态是电路的基本工作状态,而开路状态和短路状态只是电路的两个特殊状态。从电源方面看,开路状态相当于外电路电阻 R 为无穷大的情况;短路状态相当于外电路电阻 R 为零的情况。这两者之间便相当于外电路电阻 R 为一般数值($\infty > R > 0$)的情况。

【例 1.7】 有一个 220 V、60 W 的白炽灯,接在 220 V 的电源上。试求通过白炽灯的电流和电灯在 220 V 电压工作状态下的电阻。如果每晚用 3 h(小时),那么一个月消耗多少电能(一个月按 30 天计算)?

【解】 白炽灯电流

$$I = \frac{P}{U} = \frac{60}{220} = 0.273 \text{ A}$$

白炽灯电阻

$$R = \frac{U}{I} = \frac{220}{0.273} = 806 \text{ Ω} \quad (也可用 R = \frac{P}{I^2} 或 R = \frac{U^2}{P} 计算)$$

一个月用电

$$W = Pt = 60 \times 3 \times 30 = 5.4 \text{ kW·h}$$

【例 1.8】 一台直流发电机,额定功率 $P_N = 10$ kW,额定电压 $U_N = 220$ V,内阻 $R_o = 0.6$ Ω,发电机向并联负载供电,每个负载电阻 $R = 9.7$ Ω,如图 1.23 所示。试求:

(1) 发电机的额定电流 I_N 和电动势 E。

(2) 当发电机分别向一个、二个、三个负载供电时,发电机的输出电流、输出电压和输出功率各为多少?

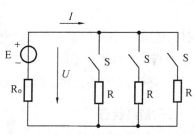

图 1.23 例 1.8 的电路

【解】 (1)发电机的额定电流和电动势

$$I_N = \frac{P_N}{U_N} = \frac{10 \times 10^3}{220} = 45.45 \text{ A}$$

由式(1.13)可知

$$E = U_N + I_N R_o = 220 + 45.45 \times 0.6 = 247.27 \text{ V}$$

(2) ① 发电机向一个负载供电

输出电流 $\qquad I = \frac{E}{R_o + R} = \frac{247.27}{0.6 + 9.7} = 24.01 \text{ A} < I_N$

输出电压 $\qquad U = E - IR_o = 247.27 - 24.01 \times 0.6 = 232.86 \text{ V}$

输出功率 $\qquad P = UI = 232.86 \times 24.01 = 5\,590.97 \approx 5.59 \text{ kW} < P_N$

可见发电机的电流和功率均未达到额定值,工作于轻载状态。

② 发电机向两个负载供电

$$I = \frac{E}{R_o + \dfrac{R}{2}} = \frac{247.27}{0.6 + \dfrac{9.7}{2}} = 45.37 \text{ A} \approx I_N$$

$$U = E - IR_o = 247.27 - 45.37 \times 0.6 = 220.05 \text{ V}$$

$$P = UI = 220.05 \times 45.37 \approx 9.98 \text{ kW} \approx P_N$$

可以看出,发电机的电流和功率均达到额定值,工作于额定状态(或称满载状态)。

(3)发电机向三个负载供电

$$I = \frac{E}{R_o + \dfrac{R}{3}} = \frac{247.27}{0.6 + \dfrac{9.7}{3}} = 64.56 \text{ A} > I_N$$

$$U = E - IR_o = 247.27 - 64.56 \times 0.6 = 208.53 \text{ V}$$

$$P = UI = 208.53 \times 64.56 \approx 13.5 \text{ kW} > P_N$$

显然,此时发电机的电流和功率均大大超过额定值,工作于过载状态。

通过以上并联供电一例,我们应明确以下几个问题:

(1)供电电源含有内阻 R_o,工作时产生内阻电压降 IR_o。因此,随着输出电流 I 的增大,电源的输出电压 U 有所下降。

(2)如果电源内阻 R_o 很小,内阻电压降 IR_o 可以忽略不计。此时电源的输出电压 U 基本不变。

(3)随着并联负载数目的增多(即负载增加),电路总电阻减小,电源输出电流和输出功率相应增大。也就是说,电源究竟输出了多少电流和功率,这取决于负载的大小。负载需要多少电源就供给多少,电源能自动适应负载的需要(直至电源过载)。

(4)电源长时间过载,会因电源过热而烧毁并引发火灾。因此最好工作在额定状态,不要过载。

电气设备在使用过程中,既要考虑设备的安全,更要考虑使用者的人身安全(见3.4节)。

【例1.9】 在图1.24所示电路中,已知各元件的端电压和通过的电流。

(1)指出哪些元件是电源?哪些元件是负载?为什么?

(2)电源发出功率和负载吸收功率是否平衡?

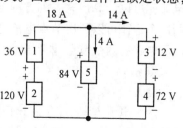

图1.24 例1.9的电路

【解】 (1) 在 5 个元件中,只有第 2 号元件电流是从其高电位端流出的。由此可知,第 2 号元件是电源(发出功率),其余元件均为负载(吸收功率)。

(2) 2 号元件发出功率为

$$P_2 = 120 \times 18 = 2\ 160\ \text{W}$$

其余元件吸收功率为

$$P_1 + P_3 + P_4 + P_5 = 36 \times 18 + 12 \times 14 + 72 \times 14 + 84 \times 4 = 2\ 160\ \text{W}$$

两者功率平衡。

思 考 题

1.11 一个 220 V、25 W 的白炽灯接到 220 V、100 kW 的电源上,能否被烧坏? 为什么?

1.12 你是否注意到,电灯在深夜一般要比晚上七八点钟亮一些? 这个现象的原因何在?

1.13 有一个蓄电池。可否用万用表的电压挡直接去测量它的电动势 E? 为什么? 可否用万用表的电阻挡直接去测量它的内阻 R_0? 为什么?

1.6 电路的基本分析方法

电路的基本分析方法,包括简单电路的分析方法和复杂电路的分析方法。所谓简单电路,是指能进行串并联化简的电路。这种电路的分析方法是最基本且最重要的,已在物理课中学过。为避免重复,本节只集中讨论复杂电路的分析方法。所谓复杂电路,是指不能用串并联化简的电路。复杂电路的分析方法很多,这里只讨论几种基本方法。

一、支路电流法

我们重新看一下图 1.11(a)所示电路,结构虽然比较简单,但三个电阻既不是串联关系,又不是并联关系,不能用串并联化简的方法进行计算,因而它是一个复杂电路。现在重新画出来,如图 1.25 所示。

前面已经说过,这是个分支电路,三条支路三个电流 I_1、I_2 和 I_3,如何计算这三个电流呢?

支路电流法,顾名思义,就是以待求支路的电流为未知量,按一定规则列方程求解的方法。

图示电路中有三个电流,那么只要能列出三个方程,三个电流就可以计算出来。列方程自然应想到克希荷夫定律。应用这个定律可以列出节点电流方程和回路电压方程。图 1.25 所示电路有两个节点,能列出两个电流方程,即:

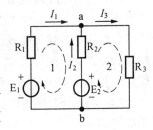

图 1.25 支路电流法

点 a $\qquad\qquad I_1 + I_2 = I_3$

点 b $\qquad\qquad I_3 = I_1 + I_2$

两个电流方程中,有一个不是独立的(可由另一个方程导出来)。独立电流方程的数目为 2 - 1 = 1 个。一般,若电路有 n 个节点,则独立电流方程为 $(n-1)$ 个。

现在只有一个独立方程,尚缺两个方程。图示电路有三个回路,能列出三个回路电压

方程。我们从中任取两个就够了。例如,取左右两个小回路(网孔)列电压方程,均按顺时针方向循环一周,有

网孔 1 $\underbrace{E_1 + I_2R_2}_{\text{电位升}} = \underbrace{E_2 + I_1R_1}_{\text{电位降}}$

网孔 2 $E_2 = \underbrace{I_2R_2 + I_3R_3}_{\text{电位降}}$

整理可得

$$I_1R_1 - I_2R_2 = E_1 - E_2$$
$$I_2R_2 + I_3R_3 = E_2$$

一般情况下,电路中需要列回路电压方程的数目为网孔数。

现将图示电路的节点电流方程和回路电压方程联立为

$$\begin{cases} I_1 + I_2 = I_3 \\ I_1R_1 - I_2R_2 = E_1 - E_2 \\ I_2R_2 + I_3R_3 = E_2 \end{cases} \quad (1.17)$$

求解得 I_1、I_2 和 I_3。若它们的数值为正,则所设电流的参考方向与实际方向一致;若它们的数值为负,则所设参考方向与实际方向相反。

综上所述,采用支路电流法的步骤是:

① 判别电路的网孔数和节点数 n;

② 标出各待求电流的参考方向;

③ 按节点列电流方程,方程数为 $(n-1)$ 个;

④ 按回路列电压方程,方程数为网孔数。

【例 1.10】 在图 1.25 中,若 $E_1 = 120$ V、$E_2 = 72$ V、$R_1 = 2\ \Omega$、$R_2 = 3\ \Omega$、$R_3 = 6\ \Omega$,求各支路电流。

【解】 将已知数据代入式(1.17)中,得

$$\begin{cases} I_1 + I_2 = I_3 \\ 2I_1 - 3I_2 = 120 - 72 \\ 3I_2 + 6I_3 = 72 \end{cases}$$

化简得

$$\begin{cases} I_1 + I_2 = I_3 \\ 2I_1 - 3I_2 = 48 \\ I_2 + 2I_3 = 24 \end{cases}$$

解之得

$$I_1 = 18\ \text{A} \quad I_2 = -4\ \text{A} \quad I_3 = 14\ \text{A}$$

I_2 为负值,说明它的实际方向与所设的参考方向相反(即 I_2 不是从电源的正极流出,而是从正极流入)。此时该支路的电源不是发出电能,而是吸收电能,处于充电状态,相当于负载。

思 考 题

1.14 例 1.10 的电路(见图 1.25)共有三个回路,为求电流 I_1、I_2 和 I_3,不列节点电流方程,只列三个回路电压方程,联立求解是否也可以? 为什么?

1.15　在一个电路中,如何判别哪些元件是电源? 哪些元件是负载?

二、电压源与电流源的等效变换

一个电源可以用两种不同的电源模型来表示,以电压形式供电的称为电压源;以电流形式供电的称为电流源。

1. 电压源

一个实际的电源,通常习惯用电动势 E 和内阻 R_o 串联的电路来表示,如图 1.26(a)所示。电源的端电压

$$U = E - IR_o \tag{1.18}$$

把式(1.18)和图 1.26(a)对照起来看,可以认为,该电源是以电压 U 的形式向负载 R 供电,负载功率为 $P = \dfrac{U^2}{R}$,只与电压 U 有关。

从电压的角度看,我们把虚线框内的电源叫做电压源。

2. 电流源

把式(1.18)的形式变换一下,原电源的性质和功能并不改变,可以写为

$$I = \frac{E - U}{R_o}$$

即

$$I = \frac{E}{R_o} - \frac{U}{R_o}$$

式中,$\dfrac{E}{R_o}$ 和 $\dfrac{U}{R_o}$ 的量纲都是电流,若分别用 I_S 和 I_o 表示,可以写为

$$I = I_S - I_o \tag{1.19}$$

式(1.19)具有新的意义,由此式可对应画出如图 1.26(b)所示的等效电路。把式(1.19)和图 1.26(b)对照起来看,可以认为,该电源是以电流 I 的形式向负载供电,负载功率为 $P = I^2 R$,只与电流 I 有关。

从电流的角度看,我们把虚线框内的电源叫做电流源。其中 $I_S = \dfrac{E}{R_o}$ 是电源内部产生的恒定电流,数值上等于相对应的电压源

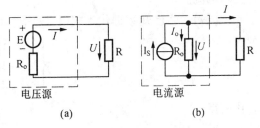

图 1.26　电压源与电流源的等效变换

的短路电流。I_S 的表示符号如图所示。I_S 的一部分 $I_o = \dfrac{U}{R_o}$,在电源内部被内阻 R_o 分流,其余部分 $I = I_S - I_o$ 流出电源,供给负载。

3. 电压源与电流源等效变换的条件

一个实际的电源既可以表示成电压源(E 和 R_o 串联),也可以表示成电流源(I_S 和 R_o 并联)。对电源外部的负载而言,两种形式是等效的。简单地说,电压源和电流源可以等效变换。它们等效变换的条件是

$$I_S = \frac{E}{R_o} \quad 或 \quad E = I_S R_o \tag{1.20}$$

要注意,在变换过程中,电压源的 E 和电流源的 I_S 方向必须一致,使负载电流的方向

保持不变。

【例 1.11】 已知电压源的电动势 $E = 6$ V,内阻 $R_o = 0.2$ Ω。求与其等效的电流源。

【解】 等效电流源的两个参数为

$$I_S = \frac{E}{R_o} = \frac{6}{0.2} = 30 \text{ A} \qquad R_o = 0.2 \text{ Ω}$$

两种等效的电源形式如图 1.27(a)、(b)所示。

4. 恒压源和恒流源

下面再讨论电压源和电流源的两种特殊情况。如果电压源的内阻 $R_o = 0$,则由式(1.18)和图 1.26(a)可知,此时电压源内阻电压降为零,电源的端电压 U 恒等于电源电动势 E,即

$$U = E$$

电源的端电压与负载电流大小无关。这种电压源叫做理想电压源或恒压源,如图 1.28(a)所示。恒压源能否变换为等效的电流源呢? 根据等效条件,则

$$I_S = \frac{E}{R_o} = \infty$$

显然,这样的电流源是不存在的。

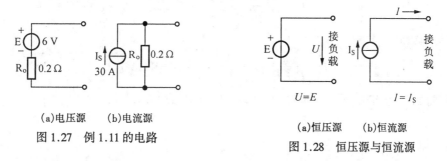

(a)电压源　　　(b)电流源
图 1.27　例 1.11 的电路

(a)恒压源　　　(b)恒流源
图 1.28　恒压源与恒流源

同样道理,如果电流源的内阻 $R_o = \infty$,则由式(1.19)及图 1.26(b)可知,此时通过电流源内阻的电流为零,I_S 全部供给负载,即

$$I = I_S$$

这种电流源叫做理想电流源或恒流源,如图 1.28(b)所示。恒流源能否变为等效的电压源呢? 根据等效条件,恒流源若变为电压源,则

$$E = I_S R_o = \infty$$

显然,恒流源也不能变换为等效的电压源。于是我们可得到一条结论:恒压源或者恒流源不能进行等效变换。但是,如果在恒压源 E 所在支路中有其它串联电阻 R 时,根据计算的需要,可把 R 当做内阻看待,与 E 一起变换成相应的电流源。同样,如果恒流源 I_S 所在支路两端有其它并联电阻 R 时,也可把 R 当做内阻看待,与 I_S 一起变换成相应的电压源。

实际上,一般的电压源(E、R_o)可以认为是由一个恒压源 E 与电阻 R_o 串联组成;一般的电流源(I_S、R_o)可以认为是由一个恒流源 I_S 与电阻 R_o 并联组成。

应用电源的这种等效变换的方法,能够简化一些复杂电路的计算。

【例 1.12】 用电源等效变换的方法计算例 1.10 中的 I_3。

【解】 本题中电源等效变换过程如图 1.29 所示。

(1)把图(a)中的恒压源 E_1 和电阻 R_1、恒压源 E_2 和电阻 R_2 分别看做电压源，它们的等效电流源如图(b)所示，其中

$$I_{S1} = \frac{E_1}{R_1} = \frac{120}{2} = 60 \text{ A}$$

$$I_{S2} = \frac{E_2}{R_2} = \frac{72}{3} = 24 \text{ A}$$

I_{S1} 和 I_{S2} 方向相同，两者且为并联关系。R_1 和 R_2 也为并联关系。

(2)图(b)中两个电流源可化为图(c)中一个等效电流源，其中

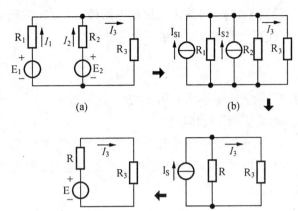

图 1.29　例 1.12 的电路

$$I_S = I_{S1} + I_{S2} = 60 + 24 = 84 \text{ A}$$

$$R = \frac{R_1 \cdot R_2}{R_1 + R_2} = \frac{2 \times 3}{2 + 3} = 1.2 \ \Omega$$

由分流公式

$$I_3 = \frac{R}{R + R_3} \cdot I_S = \frac{1.2}{1.2 + 6} \times 84 = 14 \text{ A}$$

当然，图(c)中的电流源也可化为图(d)中的等效电压源，其中

$$E = I_S R = 84 \times 1.2 = 100.8 \text{ V}$$

由欧姆定律

$$I_3 = \frac{E}{R + R_3} = \frac{100.8}{1.2 + 6} = 14 \text{ A}$$

两种计算结果均与前面所得结果相同。

思 考 题

1.16　电路如图 1.30(a)所示，若与恒压源并联一个外加电阻 R，对负载电阻 R_L 上的电压和电流有无影响？为什么？

1.17　电路如图 1.30(b)所示，若与恒流源串联一个外加电阻 R，对负载电阻 R_L 上的电压和电流有无影响？为什么？

三、叠加原理

图 1.31(a)的电路中，含有两个恒压源，各支路中的电流实际上是由这两

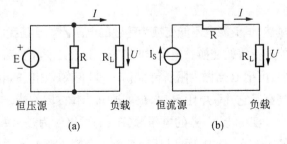

图 1.30　思考题 1.16、1.17 的电路

个恒压源共同作用产生的。为了把复杂电路的计算化为简单电路的计算,可以认为:每一支路中的电流是由各个恒压源单独作用产生的电流的代数和。这就是叠加原理。应用叠加原理,复杂电路图(a)就转化为图(b)和图(c)两个简单电路

由图(b)算出 I_1'、I_2' 和 I_3',它们是由 E_1 单独作用时在各支路产生的电流。

由图(c)算出 I_1''、I_2'' 和 I_3'',它们是由 E_2 单独作用时在各支路产生的电流。

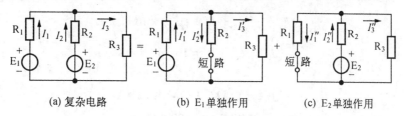

(a) 复杂电路　　　　　(b) E_1 单独作用　　　　(c) E_2 单独作用

图 1.31　叠加原理

叠加得

$$I_1 = I_1' - I_1''$$

$$I_2 = -I_2' + I_2''$$

$$I_3 = I_3' + I_3''$$

式中,因 I_1'' 的参考方向与 I_1 的参考方向相反,所以为负号。同样,I_2' 也为负号。

应用叠加原理的步骤是:

(1)把含有两个电源的复杂电路分解为两个电源(恒压源或恒流源)单独作用的分电路。

注意:

① 一个电源单独作用时,另一个电源的作用必须看做零(恒压源要短路,恒流源要开路)。

② 恒压源不起作用时,与其串联的电阻保留;恒流源不起作用时,与其并联的电阻要保留。

(2)若含有两个以上电源的复杂电路,可将多个电源分成两个电源组,然后分解为两个电源组单独作用的分电路。

(3)在原复杂电路和各分电路中标出电流的参考方向。

(4)计算各个电源单独作用时的各分电路中的电流。

(5)电流叠加,计算原复杂电路中的待求电流。叠加时应注意各分电路电流的正负号。

叠加原理只适用于线性电路,不适用于含有非线性元件的电路。这是因为在非线性电路中,电流和电压之间不是线性关系。但是在非线性元件的伏安特性曲线上如果有一段是直线(或者近似为直线),那么当元件工作在这一段时,叠加原理仍然是适用的。在晶体管电路中,我们会看到这种情况。

在线性电路中,叠加原理只适用于计算电流和电压,不适用于计算功率。因为功率是与电流或电压的平方成正比的,不是线性关系。

叠加原理不仅可用来计算复杂电路,也是分析计算线性问题的普遍原理。

【例 1.13】　用叠加原理计算例 1.10。具体电路如图 1.31 所示。

【解】　在图 1.31(b)中,电阻 R_2 和 R_3 是并联关系,其等效电阻再与 R_1 串联。因此

$$I_1' = \frac{E_1}{R_1 + \dfrac{R_2 \cdot R_3}{R_2 + R_3}} = \frac{120}{2 + \dfrac{3 \times 6}{3 + 6}} = 30 \text{ A}$$

$$I_2' = \frac{R_3}{R_2 + R_3} \cdot I_1' = \frac{6}{3 + 6} \times 30 = 20 \text{ A}$$

$$I_3' = I_1' - I_2' = 30 - 20 = 10 \text{ A}$$

在图 1.31(c)中,电阻 R_1 和 R_3 是并联关系,其等效电阻再与 R_2 串联。因此

$$I_2'' = \frac{E_2}{R_2 + \dfrac{R_1 R_3}{R_1 + R_3}} = \frac{72}{3 + \dfrac{2 \times 6}{2 + 6}} = 16 \text{ A}$$

$$I_1'' = \frac{R_3}{R_1 + R_3} \cdot I_2'' = \frac{6}{2 + 6} \times 16 = 12 \text{ A}$$

$$I_3'' = I_2'' - I_1'' = 16 - 12 = 4 \text{ A}$$

所以

$$I_1 = I_1' - I_1'' = 30 - 12 = 18 \text{ A}$$

$$I_2 = -I_2' + I_2'' = -20 + 16 = -4 \text{ A}$$

$$I_3 = I_3' + I_3'' = 10 + 4 = 14 \text{ A}$$

可见 I_1、I_2 和 I_3 与前面计算结果相同。

【例 1.14】 用叠加原理计算图 1.32(a)中各支路电流。

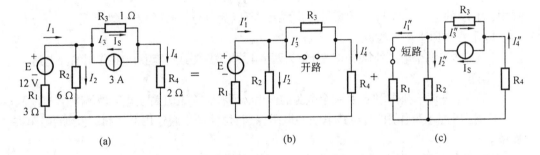

图 1.32 例 1.14 的电路

【解】 让恒压源和恒流源单独作用,其电路分别如图 1.32(b)、(c)所示,电流的参考方向已在图中标明。

(1) 在图 1.32(b)中,当恒压源 E 单独作用时,要设想恒流源的作用为零(开路)。图中,R_3 与 R_4 串联后再与 R_2 并联,所以 R_1 中电流可由欧姆定律计算。

$$I_1' = \frac{E}{R_1 + \dfrac{R_2(R_3 + R_4)}{R_2 + R_3 + R_4}} = \frac{12}{3 + \dfrac{6(1 + 2)}{6 + 1 + 2}} = 2.4 \text{ A}$$

由分流公式

$$I_2' = \frac{R_3 + R_4}{R_2 + R_3 + R_4} I_1' = \frac{1 + 2}{6 + 1 + 2} \times 2.4 = 0.8 \text{ A}$$

$$I_3' = I_4' = I_1' - I_2' = 2.4 - 0.8 = 1.6 \text{ A}$$

(2) 在图 1.32(c)中,当恒流源 I_S 单独作用时,要设想恒压源的作用为零(短路)。图中,R_1 与 R_2 并联后再与 R_4 串联,所以 R_4 中电流可由分流公式计算。

$$I_4'' = \frac{R_3}{\dfrac{R_1 R_2}{R_1 + R_2} + R_4 + R_3} I_S = \frac{1}{\dfrac{3 \times 6}{3 + 6} + 2 + 1} \times 3 = 0.6 \text{ A}$$

$$I_3'' = I_S - I_4'' = 3 - 0.6 = 2.4 \text{ A}$$

由分流公式

$$I_2'' = \frac{R_1}{R_1 + R_2} I_4'' = \frac{3}{3+6} \times 0.6 = 0.2 \text{ A}$$

$$I_1'' = I_4'' - I_2'' = 0.6 - 0.2 = 0.4 \text{ A}$$

(3) 在图 1.32 (a) 中,当两个电源共同作用时,各支路电流应为图(b)、(c)中各相应电流分量的叠加(注意正负号)。

$$I_1 = I_1' - I_1'' = 2.4 - 0.4 = 2 \text{ A}$$

$$I_2 = I_2' - I_2'' = 0.8 + 0.2 = 1 \text{ A}$$

$$I_3 = I_3' - I_3'' = 1.6 + 2.4 = 4 \text{ A}$$

$$I_4 = I_4' - I_4'' = 1.6 - 0.6 = 1 \text{ A}$$

四、戴维南定理

对于复杂电路,如果只要求计算其中一条支路的电流时,采用戴维南定理可使计算大为简化。例如在图 1.33(a) 所示的电路中,当只求电阻 R_3 的电流 I_3 时,可以暂时把待求电流的支路 R_3 移开(a 与 b 两点之间开路),余下的电路便是一个具有两个接线端(a 与 b)的含源电路,这类电路叫做有源二端网络,如图 1.33(b) 所示。从本质上说,这个有源二端网络就是电阻 R_3 的电源。R_3 的电流、电压和消耗的能量都是由其供给的。在这里,它起的作用与一般电源相同。因此,这个有源二端网络一定可按某种规则简化为一个等效的电源,最后再把待求支路 R_3 重新接上,原先的复杂电路就转化为简单电路,I_3 的计算就变得简单了,如图 1.33(c) 所示。

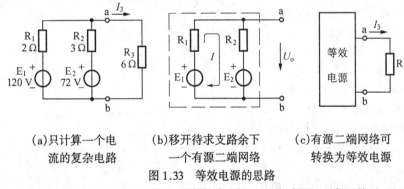

(a)只计算一个电　　　(b)移开待求支路余下　　　(c)有源二端网络可
流的复杂电路　　　　一个有源二端网络　　　　转换为等效电源

图 1.33　等效电源的思路

因为一般电源有电压源和电流源两种形式,所以一个有源二端网络也可以等效为电压源和电流源两种形式,前者叫做戴维南定理,后者叫做诺顿定理,本书只讨论戴维南定理。戴维南定理具体表述如下:

任何一个有源二端线性网络(见图 1.34(a)),都可以转换为一个等效电压源(见图 1.34(b))。等效电压源的电动势 E 等于该有源二端网络的开路电压 U_o,等效电压源的内阻 R_0 等于该有源二端网络中所有的电源均为零(恒压源短路,恒流源开路)时的等效电阻 R_{ab}。

下面举例说明戴维南定理的应用。

【例 1.15】 在图 1.33(a) 中,E_1、E_1 及 R_1、R_2、R_3 的数据同例 1.10,试用戴维南定理计算 R_3 中的电流 I_3。

【解】

(1)移开 R_3,有源二端网络如图 1.33(b) 所示。

(2)计算有源二端网络的开路电压 U_o。能否准确地计算 U_o,关键在于对"开路"的理解。在图 1.33(b)中,所谓"开路",是指 a、b 开口处是断开的,a、b 两条引线中无电流。因而图 1.33(b)就是一个由 E_1、R_1、R_2、E_2 构成的串联回路。显然,只要算出这个回路中的电流,就能求出 U_o。设该回路电流为 I,则

$$I = \frac{E_1 - E_2}{R_1 + R_2} = \frac{120 - 72}{2 + 3} = 9.6 \text{ A}$$

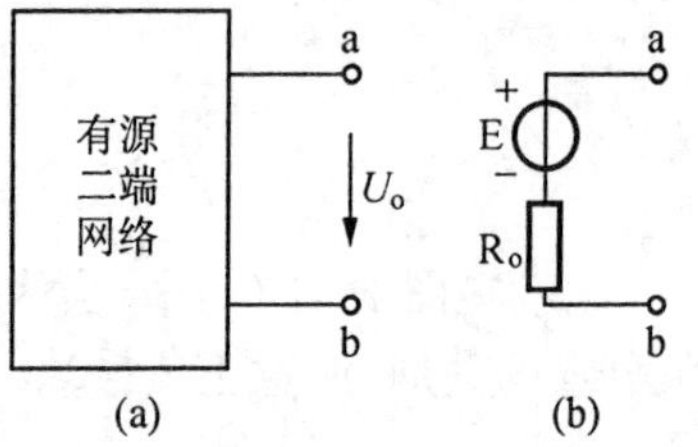

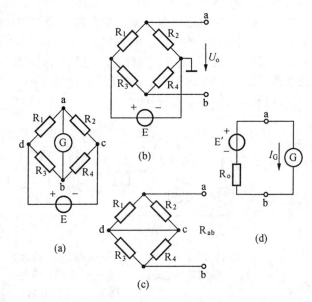

利用克希荷夫电压定律对右边支路列一个开口电路的电压方程,即

图 1.34　有源二端网络及其等效电压源

$$E_2 + IR_2 = U_o$$

因而

$$U_o = 72 + 9.6 \times 3 = 100.8 \text{ V}$$

(3)求有源二端网络中所有电源均为零时的等效电阻 R_{ab}。在图 1.33(b)中的两个电源都是恒压源,为求 R_{ab},须将它们短路。此时 R_1 与 R_2 并联,于是

$$R_{ab} = \frac{R_1 R_2}{R_1 + R_2} = \frac{2 \times 3}{2 + 3} = 1.2 \text{ } \Omega$$

(4)计算待求支路电流 I_3。等效电压源的电动势和内阻分别为

$$E = U_o = 100.8 \text{ V}$$

$$R_o = R_{ab} = 1.2 \text{ } \Omega$$

把移开的电阻 R_3 重新接到 a、b 两端,不难求出支路电流 I_3。

$$I_3 = \frac{E}{R_o + R_3} = \frac{100.8}{1.2 + 6} = 14 \text{ A}$$

【例 1.16】　在图 1.35(a)所示桥式电路中,若 $E = 6$ V, $R_1 = 4$ Ω、$R_2 = 6$ Ω、$R_3 = 12$ Ω、$R_4 = 8$ Ω。中间支路是一电流计,其电阻为 $R_G = 16.8$ Ω。试求电流计中的电流 I_G。

【解】　此题若采用支路电流法,需列六个方程,计算十分麻烦,而且结果中有五个电流是不需要的,所以采用戴维南定理更为适宜。

图 1.35　例 1.16 的电路

(1)把电流计支路抽出并暂时断开,得图 1.35(b)所示有源二端网络。

(2)计算开路电压 U_o。因 a、b 两条线中无电流,所以 R_1、R_2 串联,R_3、R_4 也是串联,这两条支路都并联在电源 E 上。为求 U_o,设参考点如图(b)所示,则 a、b 两点的电位分别为

$$V_a = \frac{R_2}{R_1 + R_2} \cdot E = \frac{6}{4 + 6} \times 6 = 3.6 \text{ V}$$

$$V_b = \frac{R_4}{R_3 + R_4} \cdot E = \frac{8}{12 + 8} \times 6 = 2.4 \text{ V}$$

而

$$U_o = U_{ab} = V_a - V_b = 3.6 - 2.4 = 1.2 \text{ V}$$

(3)计算等效电阻 R_{ab}。有源二端网络的电源都是恒压源,短路后电路如图 1.35(c)

所示,是个简单电路,R_1 与 R_2 并联,R_3 与 R_4 并联,而后两者再串联,所以等效电阻为

$$R_{ab} = \frac{R_1 R_2}{R_1 + R_2} + \frac{R_3 R_4}{R_3 + R_4} = \frac{4 \times 6}{4 + 6} + \frac{12 \times 8}{12 + 8} = 7.2 \ \Omega$$

(4)计算 I_G。因为 $E' = U_o = 1.2 \ V$,$R_o = R_{ab} = 7.2 \ \Omega$,所以

$$I_G = \frac{E'}{R_o + R_G} = \frac{1.2}{7.2 + 16.8} = 0.05 \ A$$

综上所述,采用戴维南定理的步骤是:

(1)把待求电流的支路暂时移开(开路),得一有源二端网络;

(2)根据有源二端网络的具体结构,用适当方法计算 a、b 两点间的开路电压 U_o;

(3)将有源二端网络中的全部电源看做零(恒压源须短路,恒流源须断路),计算 a、b 两点间的等效电阻 R_{ab};

(4)画出等效电压源($E = U_o$、$R_o = R_{ab}$);

(5)重新接上移开的支路,计算待求电流。

【例 1.17】 试用戴维南定理计算例 1.14 中的电流 I_4。

【解】 按上述分析步骤所画电路如图 1.36 所示。在图 1.36(c)中,开路电压 U_o 等于电阻 R_2 上电压与电阻 R_3 上电压的代数和,即

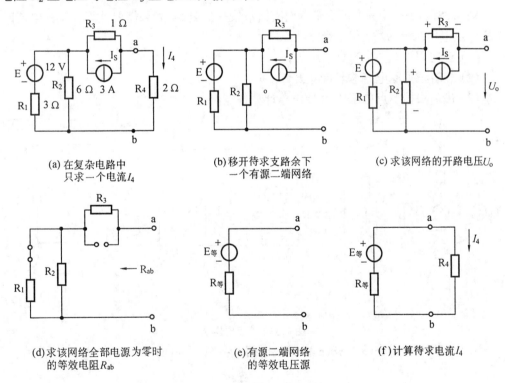

(a) 在复杂电路中 只求一个电流 I_4

(b) 移开待求支路余下 一个有源二端网络

(c) 求该网络的开路电压 U_o

(d) 求该网络全部电源为零时 的等效电阻 R_{ab}

(e) 有源二端网络 的等效电压源

(f) 计算待求电流 I_4

图 1.36 例 1.17 的电路

$$U_o = \frac{R_2}{R_1 + R_2} E - I_S R_3 = \frac{6}{3 + 6} \times 12 - 3 \times 1 = 5 \ V$$

在图 1.36(d)中,等效电阻为

$$R_{ab} = \frac{R_1 R_2}{R_1 + R_2} + R_3 = \frac{3 \times 6}{3 + 6} + 1 = 2 \ \Omega$$

在图 1.36(e)中,等效电压源的电动势和内阻分别为

$$E_{\text{等}} = U_o = 5 \text{ V} \qquad R_{\text{等}} = R_{ab} = 3 \text{ }\Omega$$

在图 1.36(f)中,所求电流为

$$I_4 = \frac{E_{\text{等}}}{R_{\text{等}} + R_4} = \frac{5}{3+2} = 1 \text{ A}$$

思 考 题

1.18　把一个有源二端网络(见图 1.37)简化为一个等效电压源时,等效电压源的电动势 E 等于有源二端网络的开路电压 U_o。有的同学做题时按 $E = U_{ab}$ 计算(U_{ab} 是有源二端网络带负载时的电压),在通常情况下这是否也正确? 为什么?

1.19　某有源二端网络,可否用电压表直接测量它的开路电压 U_o? 可否用电流表直接测量它的短路电流? 为什么?

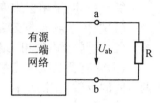

图 1.37　思考题 1.18 的电路

*五、节点电压法

图 1.38(a)是一个只有两个节点而支路数较多的电路,如果需要计算各支路电流时,采用节点电压法最为适宜①。步骤是:

(1) 首先假设是一个节点电压 U;

(2) 接着根据原电路求节点电压 U;

(3) 最后根据节点电压 U 和原电路计算各电流。

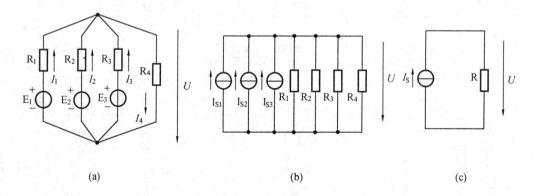

(a)　　　　　　　　　　　(b)　　　　　　　　　　　(c)

图 1.38　节点电压法

图 1.38(b)和(c)是图 1.38(a)的等效电路。在图 1.38(b)中

$$I_{S1} = \frac{E_1}{R_1} \qquad I_{S2} = \frac{E_2}{R_2} \qquad I_{S3} = \frac{E_3}{R_3}$$

在图 1.38(c)中

$$I_S = I_{S1} + I_{S2} + I_{S3} = \frac{E_1}{R_1} + \frac{E_2}{R_2} + \frac{E_3}{R_3}$$

---

① 　此法还常用于分析三相三线制星形连接不对称负载(见3.2节)。

$$\frac{1}{R} = \frac{1}{R_1} + \frac{1}{R_2} + \frac{1}{R_3} + \frac{1}{R_4}$$

$$U = I_S R$$

即

$$U = \frac{\dfrac{E_1}{R_1} + \dfrac{E_2}{R_2} + \dfrac{E_3}{R_3}}{\dfrac{1}{R_1} + \dfrac{1}{R_2} + \dfrac{1}{R_3} + \dfrac{1}{R_4}} \tag{1.21}$$

在上式中,要注意分子各项的正负号。在图 1.38(a)所示节点电压参考方向的条件下,凡电动势上端为高电位者,电动势取正号,反之电动势取负号。

回到原电路由第一支路列方程

$$I_1 R_1 + U = E_1$$

可知

$$I_1 = \frac{E_1 - U}{R_1}$$

同理

$$I_2 = \frac{E_2 - U}{R_2}$$

$$I_3 = \frac{E_3 - U}{R_3}$$

而

$$I_4 = \frac{U}{R_4}$$

【例 1.18】 在图 3.18(a)中,已知 $E_1 = 100$ V, $E_2 = 90$ V, $E_3 = 140$ V, $R_1 = 4$ Ω, $R_2 = 5$ Ω, $R_3 = 20$ Ω, $R_4 = 2$ Ω。求各支路电流。

【解】 结点电压

$$U = \frac{\dfrac{E_1}{R_1} + \dfrac{E_2}{R_2} + \dfrac{E_3}{R_3}}{\dfrac{1}{R_1} + \dfrac{1}{R_2} + \dfrac{1}{R_3} + \dfrac{1}{R_4}} = \frac{\dfrac{100}{4} + \dfrac{90}{5} + \dfrac{140}{20}}{\dfrac{1}{4} + \dfrac{1}{5} + \dfrac{1}{20} + \dfrac{1}{2}} = 50 \text{ V}$$

各支路电流

$$I_1 = \frac{E_1 - U}{R_1} = \frac{100 - 50}{4} = 12.5 \text{ A}$$

$$I_2 = \frac{E_2 - U}{R_2} = \frac{90 - 50}{5} = 8 \text{ A}$$

$$I_3 = \frac{E_2 - U}{R_3} = \frac{140 - 50}{20} = 4.5 \text{ A}$$

$$I_4 = \frac{U}{R_4} = \frac{50}{2} = 25 \text{ A}$$

*1.7 含受控源电路的分析

电源可分为独立电源(独立源)与受控电源(受控源)。在上面讨论的电路中,我们看到的电压源和电流源都是独立源,即电压源的 E 和电流源的 I_S 不受外电路的控制而独立存在。在本书第十二章的放大电路中,我们还将遇到受控源。所谓受控源,即电压源的电压和电流源的电流,是受电路中其它电压或电流的控制。

受控源可分为受控电压源和受控电流源,本节只介绍受控电流源。图 1.39(a)、(b)

所示分别为电流控制电流源(CCCS)和电压控制电流源(VCCS),前者 βI_1 受控于电流 I_1,后者 $g_m U_1$ 受控于电压 U_1。其中 β 是无量纲的常数,g_m 是量纲为 $1/\Omega$ 的常数,所以图示受控源是线性的。

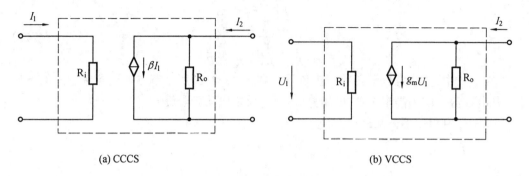

(a) CCCS (b) VCCS

图 1.39 受控电流源

在图 1.39 中,受控电流源有两个端口(输入端和输出端),输入端用来施加控制量(I_1 或 U_1),输出端用来输出受控信号(βI_1 或 $g_m U_1$)。R_i 和 R_o 分别为输入电阻和输出电阻。输入电阻和输出电阻的大小将影响受控源的性能。

一般的受控源,输入电阻 R_i 和输出电阻 R_o 均为有限值。而理想受控源 R_i 和 R_o 的数值是:

(1) CCCS 的 $R_i = 0$,VCCS 的 $R_i = \infty$。这样,才能使控制功率为零(不消耗功率)。

(2) CCCS 和 VCCS 的 $R_o = \infty$。这样,才能使 R_o 对输出信号的分流作用为零。

此时输出电流 $I_2 = \beta I_1$ 和 $I_2 = g_m U_1$ 紧紧跟随控制量变化,达到输入对输出的理想控制。

在电子电路中,性能优良的半导体放大元件(晶体管和场效应管)可以等效为理想受控电流源(见 12.2 和 12.8 两节)。

为了区分与独立源的圆形符号,受控源采用菱形符号表示。

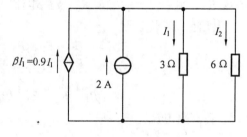

图 1.40 例 1.19 的电路

在具体的含受控源的电路中,受控源支路和控制支路可以是分开的,也可以是互相连接的。画这种电路时,控制量和受控量必须标注到电路图上,表示出受控源的控制关系。

【例 1.19】 试计算图 1.40 中控制量电流 I_1 之值。

【解】 这是个含 CCCS 的电路,现用支路电流法按克希荷夫定律列方程

$$\begin{cases} 0.9I_1 + 2 - I_1 - I_2 = 0 \\ 3I_1 - 6I_2 = 0 \end{cases}$$

可知 $I_2 = 0.5I_1$

于是 $0.9I_1 + 2 - I_1 - 0.5I_1 = 0$

整理得 $I_1 = \dfrac{10}{3}$ A

【例 1.20】 试用叠加原理计算上题 I_1 之值。

【解】 把受控源按独立源处理,两个电源单独作用的电路如图 1.41(a)、(b)所示。

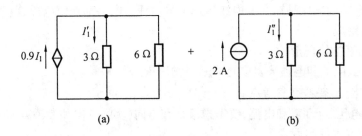

图 1.41　例 1.20 的电路

$$I'_1 = \frac{6}{3+6} \times 0.9 I_1 = 0.6 I_1$$

$$I''_1 = \frac{6}{3+6} \times 2 = \frac{4}{3} \text{ A}$$

于是

$$I_1 = I'_1 + I''_1 = 0.6 I_1 + \frac{4}{3}$$

整理得

$$I_1 = \frac{10}{3} \text{ A}$$

结果与上题相同。

　　应当注意的是,在图 1.41(a)中,把受控源当做独立源而单独作用于电路时,受控源应保持原来的受控量 $0.9 I_1$,否则将得出错误的结果。

　　【例 1.21】　试求图 1.42 中电压 U_1 之值。

　　【解】　这是个含 VCCS 的电路,用支路电流法求解

$$\begin{cases} I_2 + \frac{1}{6} U_1 - I_1 = 0 \\ 2 I_2 + U_1 = 8 \end{cases}$$

由第二式可知　　$I_2 = \dfrac{8 - U_1}{2}$

由左边支路可知　$I_1 = \dfrac{U_1}{3}$

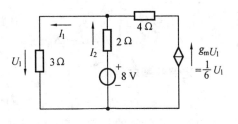

图 1.42　例 1.21 的电路

于是

$$\frac{8 - U_1}{2} + \frac{U_1}{6} - \frac{U_1}{3} = 0$$

整理得

$$U_1 = 6 \text{ V}$$

思　考　题

1.20　什么是受控电源和独立电源? 两者的主要区别是什么?

1.21　受控电流源有几种? 图 1.39 中的受控电流源为什么是线性的?

1.22　怎样从输入电阻和输出电阻的数值上说明什么是理想受控电流源?

本　章　小　结

本章各部分内容联系紧密,有较强的系统性,可概括为三大基本问题。

一、电路的基本概念

1. 电路的基本作用与组成

简单说,电路的作用是输送电能或传递信号。任何电路都是由电源、负载和中间环节三大基本部分组成。

2. 电路的基本物理量

电位、电压、电流和电动势是电路的基本物理量。

(1) 计算电位,要考虑参考点。

(2) 计算电压、电动势和电流,要考虑极性和方向(实际方向和参考方向)。

3. 电路的基本连接方式

串联与并联是电路的基本连接方式。若两个电阻串联或并联时,则等效电阻公式分别为

$$R = R_1 + R_2 \qquad R = \frac{R_1 R_2}{R_1 + R_2}$$

分压和分流公式分别为

$$\begin{cases} U_1 = \dfrac{R_1}{R_1 + R_2} U \\ U_2 = \dfrac{R_2}{R_1 + R_2} U \end{cases} \qquad \begin{cases} I_1 = \dfrac{R_2}{R_1 + R_2} I \\ I_2 = \dfrac{R_1}{R_1 + R_2} I \end{cases}$$

4. 电路的基本工作状态

有载状态是电路的基本工作状态;额定状态是电路有载时的最佳状态。开路状态与短路状态是电路的两个特殊状态。各状态的电流与电压为

$$\text{有载状态} \begin{cases} I = \dfrac{E}{R_\mathrm{o} + R} \\ U = E - IR_\mathrm{o} \end{cases} \qquad \text{开路状态} \begin{cases} I = 0 \\ U_\mathrm{o} = E \end{cases} \qquad \text{短路状态} \begin{cases} I_\mathrm{S} = \dfrac{E}{R_\mathrm{o}} \\ U = 0 \end{cases}$$

二、电路的基本定律

欧姆定律和克希荷夫定律是电路的基本定律,它们揭示了电路基本物理量之间的关系,是电路分析计算的基础。它们的基本关系式分别为

$$I = \frac{U}{R} \qquad \begin{cases} \sum I = 0 \\ \sum U = 0 \end{cases}$$

欧姆定律确定了电阻元件的电流与电压之间的关系;适用于线性电阻电路的分析计算。克希荷夫两条定律分别确定了节点电流之间的关系和回路电压之间的关系,适用于各种电路的分析计算,具有普遍意义。

三、电路的基本分析方法

电路的结构多种多样,从分析计算的角度来看电路可分为两类:一类是简单电路,采用串并联化简方法和欧姆定律即可计算电路的电流和电压;另一类是复杂电路,无法进行串并联化简,必须采用相应的分析方法。本章介绍的几种常用的分析方法分别是以克希荷夫定律、叠加原理或等效概念推理出来的。

计算一个复杂电路,选用哪种方法合适,要根据电路的结构和计算需要来选择。例如:

① 需要求出全部支路电流时,一般采用支路电流法。

② 电路结构不太复杂,电源数目又较少时(例如只有两个电源),采用叠加原理。

③ 只要求计算某一支路电流时,宜采用戴维南定理。如果电源数目较多时,可以采

用电压源、电流源等效变换的方法。

　　总之,方法要灵活采用。遇到较复杂的电路,有时需要采用两种以上方法配合计算。

　　除含独立电源的电路外,还有含受控电源的电路。本章只分析了受控电流源,为学习电子电路做好准备。

　　最后顺便提两点建议:第一,复习时请注意电路中的对偶性特点(例如串联与并联,开路与短路,电压源与电流源,节点电流定律与回路电压定律,戴维南定理与诺顿定理,等等。它们互为对偶电路、对偶定律和定理),对偶双方具有互相对应的关系,只要知道对偶一方的特性或规律,即可推理出对偶另一方的特性或规律;第二,要充分利用电路图的直观性和概括性(例如图1.1和图1.2)。复习时要归纳总结,在理解的基础上加强记忆。此时如能充分利用各部分的电路图,并根据自己的理解在电路图上配以相应的物理量表达式与文字简语,把概念、理论和方法集中于一体,用图示的方法配合复习记忆,有直观、概括与形象之感,一目了然,可获得更好的复习效果。

习　　题

　　1.1　计算题图1.1所示电路的等效电阻 R_{ab}。

　　1.2　在题图1.2所示桥式电路中,已知 $I_3 = 60$ mA, $I_5 = 100$ mA。(1)若检流计电流 $I_G = 10$ mA,求其余电流。(2)若检流计电流 $I_G = -10$ mA,求其余电流。

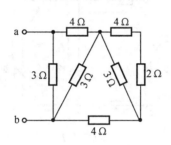

题图1.1

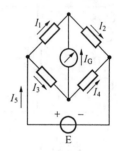

题图1.2

　　1.3　题图1.3(a)、(b)所示电路中,求电流 I 和电压 U_{ab}。

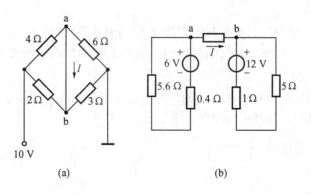

(a)　　　　　　　　　　　　　(b)

题图1.3

　　1.4　求题图1.4所示电路中点 A 的电位。

　　1.5　在题图1.5中,已知 $U_1 = 10$ V, $E_1 = 4$ V、$E_2 = 2$ V, $R_1 = 2$ Ω、$R_2 = 4$ Ω、$R_3 = 6$ Ω,1、2两点间开路。试计算开路电压 U_2。

　　1.6　在题图1.6中,设 D 为电位参考点。当电位器调到 $R_1 = 3$ kΩ、$R_2 = 7$ kΩ 时,试求:

(1)电压 U_{R1} 和 U_{R2};

(2)A、B 和 C 点的电位。

　　1.7　在题图 1.7 所示电路中,电灯泡的额定电压为 220 V,额定功率为 60 W 和 100 W,电源电压为 220 V,电源内阻忽略不计。试问:

　　(1)开关 S 闭合前电流 I 和 I_1 各为多少?

　　(2)开关 S 闭合后,电流 I_1 是否被分掉一些? 此时 I、I_1 和 I_2 各为多少?

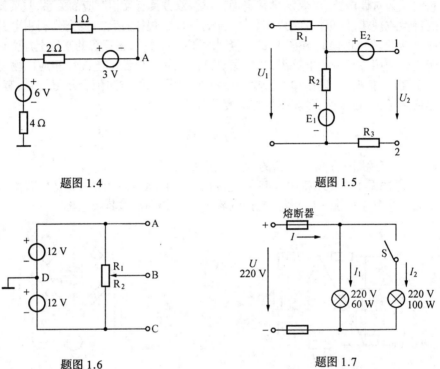

题图 1.4　　　　　　　　　　　　　　　　题图 1.5

题图 1.6　　　　　　　　　　　　　　　　题图 1.7

　　1.8　用 6 mm² 的铝线从车间向 100 m 外的临时工地送电,如果车间电源电压是 220 V,线路的输送电流是 20 A,试计算临时工地的电压是多少?(铝线的电阻率 $\rho = 0.026$ Ω·mm²/m。)

　　1.9　题图 1.8 所示为测量电源电动势 E 和内阻 R_0 的电路之一。已知 $R_1 = 5.8$ Ω、$R_2 = 1.8$ Ω。当只闭合开关 S_1 时,电流表的读数为 1 A;当只闭合开关 S_2 时,电流表的读数为 3 A。试求 E 和 R_0。

　　1.10　在题图 1.9 所示电阻分压电路中,当电压表的内阻分别为 25 kΩ、50 kΩ 和 500 kΩ 时,其读数为多少? 由此可得出什么结论?

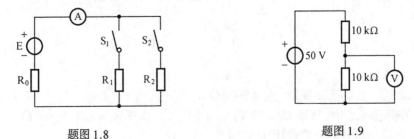

题图 1.8　　　　　　　　　　　　　　　　题图 1.9

　　1.11　题图 1.10 所示为电阻分压器,若总电阻为 10 kΩ 时,问 R_1、R_2 和 R_3 各应为多少?

1.12　在题图 1.11 中,已知 $E_1 = 130$ V, $R_1 = 2\ \Omega$, $E_2 = 120$ V, $R_2 = 2\ \Omega$、$R_3 = 4\ \Omega$。试用支路电流法计算各支路中的电流。

1.13　试用叠加原理计算上题各支路中的电流。

1.14　在题图 1.12 所示电路中,已知 $E = 6$ V, $I_S = 2$ A, $R_1 = 3\ \Omega$、$R_2 = 6\ \Omega$、$R_3 = 5\ \Omega$、$R_4 = 7\ \Omega$。试用戴维南定理计算电阻 R_4 中的电流。

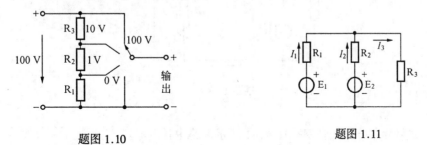

题图 1.10　　　　　　　　　　　题图 1.11

1.15　在题图 1.13 中,已知 $I_S = 1$ A, $E_1 = 9$ V、$E_2 = 2$ V, $R_1 = 1\ \Omega$、$R_2 = 3\ \Omega$、$R_3 = 4\ \Omega$、$R_4 = 8\ \Omega$。试用电压源与电流源等效变换的方法计算电流 I_4。

1.16　在题图 1.14 中,(1)不经计算能否直接说出 $2\ \Omega$ 与 $5\ \Omega$ 电阻中的电流值为多少? (2)试用叠加原理计算 $4\ \Omega$ 电阻中的电流。

1.17　在题图 1.15 示电路中,已知 $U_{ab} = 10$ V。试求:当 $E = 0$ 时 U_{ab} 为多少?

1.18　在题图 1.16 示桥式电路中,(1)求 a、b 两端的戴维南等效电路(等效电压源);(2)若在 a、b 之间接入电流表(设其内阻为零),电流为多少?

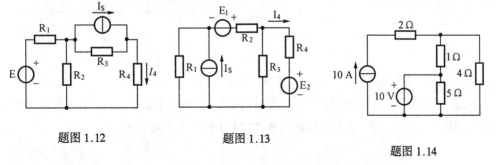

题图 1.12　　　　　　　题图 1.13　　　　　　　题图 1.14

1.19　在题图 1.17 所示电路中,试用叠加定理计算 R_1 中的电流。

1.20　在题图 1.17 所示电路中,试用戴维南定理计算 R_1 中的电流。

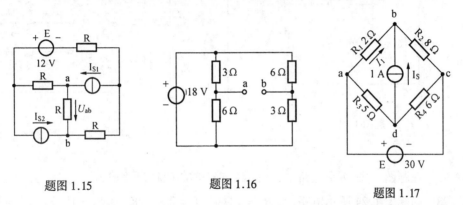

题图 1.15　　　　　　　题图 1.16　　　　　　　题图 1.17

1.21 在题图 1.18 示电路中,已知 $R_1 = 1\ \Omega$、$R_2 = 5\ \Omega$、$R_3 = 3\ \Omega$、$R_4 = 4\ \Omega$、$R_5 = 1\ \Omega$,$E_2 = 6\ \text{V}$,$I = 3\ \text{A}$。试问:当 $E_2 = 9\ \text{V}$ 时,I 为多少?

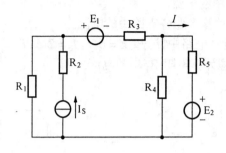

题图 1.18

1.22 试用节点电压法计算题图 1.11 所示电路中各电流。

1.23 试计算题图 1.19 所示电路中电流 I_1 之值。

1.24 试计算题图 1.20 所示电路中的电流 I_1。

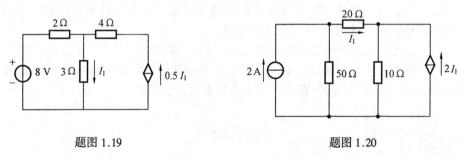

题图 1.19　　　　　　　　　题图 1.20

1.25 试用叠加原理计算题图 1.21 所示电路中 U_1 和 I_1 之值。

1.26 如题图 1.22 所示电路,当开关扳到位置"1"时,测得 $I = 2\ \text{A}$;当开关扳到位置"2"时,测得 $U = 2\ \text{V}$。求:当开关扳到位置"3"时,I 和 U 各为多少?

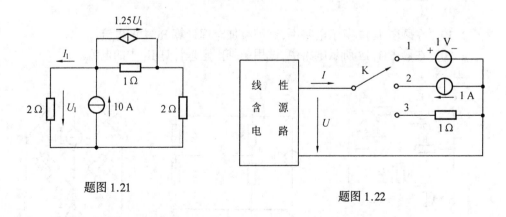

题图 1.21　　　　　　　　　题图 1.22

1.27 在题图 1.23 所示电路中,求:2 Ω 电阻中的电流 $I = ?$

1.28 如题图 1.24 所示电路,当 $R_L = 5\ \Omega$ 时,$I_L = 2\ \text{A}$。求:当 $R_L = 15\ \Omega$ 时,$I_L = ?$

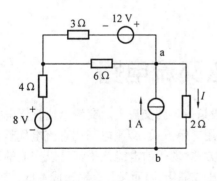

题图 1.23

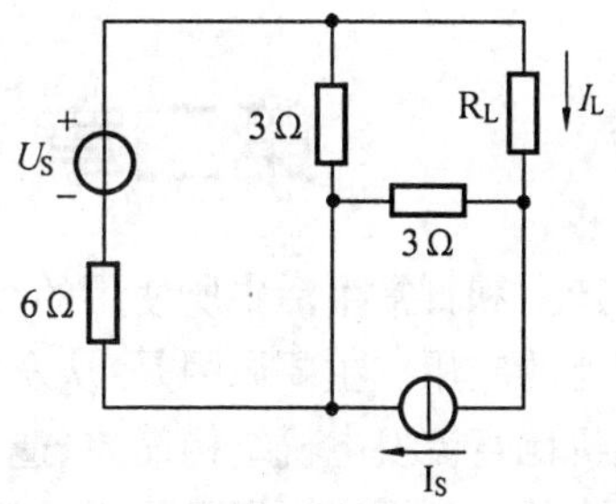

题图 1.24

1.29 如题图 1.25 所示电路。求：(1) 电阻 R_L 中的电流 $I_L = ?$ (2) R_L 为多大时可获得最大功率？求此时 R_L 中的电流及功率。

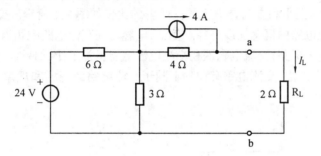

题图 1.25

1.30 如题图 1.26 所示电路中，已知当 I_{S2} 断开时，I_{S1} 的输出功率为 28 W，且 $U_2 = 8$ V；当 I_{S1} 断开时，I_{S2} 的输出功率为 54 W，且 $U_1 = 12$ V。求两电流源 I_{S1} 和 I_{S2} 同时作用时，每个电流源的输出功率。

题图 1.26

第二章 正弦交流电路

生产上和日常生活中所使用的交流电,一般是指正弦交流电。交流电比直流电具有更为广泛的应用。主要原因是:从发电、输电和用电等方面,交流电都比直流电优越。交流发电机比直流发电机结构简单、造价低、维护方便,现代的电能几乎都是以交流的形式生产出来的。利用变压器可灵活地对交流电升压或降压,因而又具有输送成本低、控制方便和使用安全的特点。

由于半导体整流技术的发展,在需要直流电的地方,也往往是由交流电经过整流设备变为直流电。

交流电和直流电的主要区别在于,交流电的大小和方向是随时间按正弦规律不断变化的,而直流电的大小和方向是恒定的。两者的比较如图2.1所示。交流电路中的许多现象无法用直流电路的概念加以解释。例如,电容器在直流电路中相当于断路,而在交流电路中却是电流的通路;交流电磁铁在交流电源上能正常工作,如果误接到直流电源上就要被烧毁;等等。总之,交流电路有种种不同于直流电路的现象和规律,皆源于其电压和电流的正弦特征。

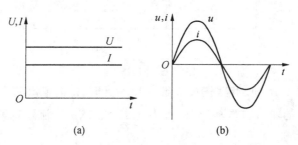

图 2.1 交流电与直流电的比较

本章首先分析交流电的正弦特征,围绕正弦量的三要素介绍交流电的基本物理量,接着以相量法为工具讨论一般交流电路的计算,分析交流电路的谐振现象以及基于节能目的讨论如何提高电路的功率因数等问题。

2.1 正弦交流电的基本物理量

电流、电压和电动势是电路的基本物理量。作为正弦交流电,除了电流、电压和电动势,还有反映其正弦特征方面的基本物理量。

交流电的正弦特征表现在三个方面,即周期、幅值和初相位。它们是正弦函数的三要素。为深入分析交流电的物理概念,下面的讨论还要扩展到角频率、有效值和相位差等物理量,它们分别是周期、幅值和初相位的相关量。

正弦电压和正弦电流统称为正弦量。现以正弦电流为例,它随时间的变化规律如图2.2所示。

由于电流是变化的,所以用小写字母 i 表示。同理正弦电压和正弦电动势也分别用小写字母 u 和 e 表示。

一、周期、频率和角频率

正弦量的变化是周而复始的。由图2.2可见,正弦电流的变化,经过一定的时间后,又重复原来的变化规律。正弦量变化一次所需要的时间,叫做周期,用 T 表示,单位为 s。周期可以反映正弦量变化的快慢。变化的快慢也可以用

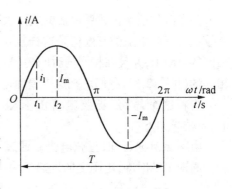

图2.2　正弦电流

频率表示。正弦量的频率是指一秒钟时间内变动的次数,用 f 表示,单位为次/秒,次/秒也叫做赫兹,简称赫,用 Hz 表示。频率很高时,常以千赫(kHz)或兆赫(MHz)为单位。

周期与频率互为倒数关系,即

$$f = \frac{1}{T} \tag{2.1}$$

我国电厂生产的交流电,频率为 50 Hz。这一频率称为工业标准频率,简称工频。世界上少数国家(美国、日本等)采用 60 Hz。不同的技术领域使用的频率是不同的。例如,无线电工程使用的频率是以 kHz、MHz 为单位。

由图2.2还可看出,正弦量每变化一次,相当于变化了 2π 弧度。为避免与机械角度混淆,这里叫做电角度。每秒变化 f 次,则每秒变化的电角度为 $2\pi f$ 弧度。每秒变化的弧度数用 ω 表示,则

$$\omega = 2\pi f = \frac{2\pi}{T} \tag{2.2}$$

ω 叫做正弦量的角频率,单位为弧度/秒,用 rad/s 表示。角频率也能反映正弦量变化的快慢。角频率大,则频率高、周期短,说明变化的快。周期 T、频率 f 和角频率 ω 是从不同角度反映正弦量变化快慢的三个物理量,式(2.2)表示了它们之间的关系。

【例 2.1】 试求我国工频电源的周期和角频率。

因为工频　　　　　　　　　　$f = 50$ Hz

所以　　　　　　　$T = \frac{1}{f} = \frac{1}{50} = 0.02$ s

$$\omega = 2\pi f = 2 \times 3.14 \times 50 = 314 \text{ rad/s}$$

二、瞬时值、幅值和有效值

正弦量是时间的函数,它的大小和方向每时每刻都在变化。例如在图2.2中,当时间为零时,电流值为零;当时间为 t_1 时,电流值为 i_1;当时间为 t_2 时,电流值为 I_m 等等。

正弦电流每瞬间的数值,用小写字母 i 表示,叫做正弦电流的瞬时值。由于瞬时值是变化的,所以电流的瞬时值不能直接表示正弦电流的大小。图2.2所示的正弦电流,其数学表达式为

$$i = I_m \sin \omega t \tag{2.3}$$

式中 I_m 是正弦电流的幅值或最大值。I_m 为定值,它是最大的瞬时值。I_m 虽为定值,但是一个周期内只出现两次($+I_m$ 和 $-I_m$)。显然,幅值也不能直接表示正弦电流的大小。

　　为了确切表示出正弦电流的实际大小,可从电流的热效应角度给正弦电流找到一个有效值。正弦电流的有效值是这样规定的:如果一个正弦电流 i 和某个直流电流 I 通过相同的电阻 R,并且在相同的时间内(为分析简便,可取正弦电流的一个周期 T)发热量是相等的(见图2.3),我们就把这个直流电流 I 的数值叫做正弦电流 i 的有效值。

　　按着这个思路,正弦电流的有效值,可推导如下:

　　由图2.3(a)可知,正弦电流 i 通过一个周期 T 的时间,电阻上的发热量为

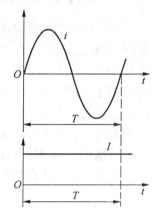

$$Q_i = \int_0^T i^2 R \mathrm{d}t$$

　　由图2.3((b)可知,直流电流 I 通过相同时间,电阻上的发热量为

$$Q_I = I^2 RT$$

　　如果　　　　$Q_i = Q_I$

即

$$\int_0^T i^2 R \mathrm{d}t = I^2 RT$$

图2.3　电流的热效应

则电流 i 的有效值　　　　　　$I = \sqrt{\dfrac{1}{T}\int_0^T i^2 \mathrm{d}t}$

将式(2.3)代入,得

$$I = I_\mathrm{m}\sqrt{\dfrac{1}{T}\int_0^T \sin^2\omega t \, \mathrm{d}t}$$

式中　　　　$\displaystyle\int_0^T \sin^2\omega t \, \mathrm{d}t = \int_0^T \dfrac{1-\cos 2\omega t}{2}\mathrm{d}t = \dfrac{T}{2}$

所以　　　　　　　　　　$I = \dfrac{I_\mathrm{m}}{\sqrt{2}} = 0.707 I_\mathrm{m}$ 　　　　　　　　　　(2.4)

　　同理,正弦电压和正弦电动势的有效值

$$U = \dfrac{U_\mathrm{m}}{\sqrt{2}} = 0.707 U_\mathrm{m}$$

$$E = \dfrac{E_\mathrm{m}}{\sqrt{2}} = 0.707 E_\mathrm{m}$$

式(2.4)表明,一个幅值为 I_m 的正弦电流,它的有效值相当于 I_m 的70%多一点。例如,一个幅值为10 A 的正弦电流,它的有效值为7.07 A。

　　有效值一般规定用大写字母表示,虽然和表示直流的字母一样,但物理含义不同。

　　一般常说的交流电压220 V 或380 V,都是指有效值而言。交流安培计和交流伏特计的表盘也是按有效值刻度的,其指示的数值均为有效值。交流电机、变压器等设备的额定电流、额定电压都是指有效值。

　　【例2.2】　已知交流电压 $u = 220\sqrt{2}\,\sin\omega t$ V,试求其幅值和有效值。

　　【解】　幅值为　　　　　　　　$U_\mathrm{m} = 220\sqrt{2} = 310$ V

　　有效值为　　　　　　　　　　$U = \dfrac{U_\mathrm{m}}{\sqrt{2}} = 220$ V

三、相位、初相位和相位差

图 2.2 所示的正弦电流,时间的起点($t = 0$)是选在电流初始值 $i_0 = 0$ 处,其表达式为

$$i = I_m \sin \omega t$$

一般情况下,正弦量的时间起点可根据需要选定。例如图 2.4 是把 2.2 所示的正弦电流的时间起点($t = 0$)选在 $i_0 > 0$ 处。此时的表达式为

$$i = I_m \sin (\omega t + \psi) \tag{2.5}$$

在上面两个表达式中,ωt 与 $(\omega t + \psi)$ 叫做正弦量的相位角,简称相位。时间起点一经选定,正弦量在某一时刻便有确定的相位,根据其相位,即可推算出正弦量在此时刻 t 的数值。因此,相位能够反映正弦量变化的进程。现举例说明如下。

【例 2.3】　已知正弦电流 $i = 10 \sin \omega t$ A,频率 $f = 50$ Hz。当 $t = 0.045$ s 时,试求正弦电流 i 的相位,并说明正弦电流 i 的变化进程。

【解】

(1) 电流 i 在 $t = 0.045$ s 时的相位为

$$\omega t = 2\pi f t = 2\pi \times 50 \times 0.045 = 4.5\pi \text{ rad}$$

(2) 作电流 i 的曲线如图 2.5 所示。由图可知 $t = 0.045$ s 时,正弦电流 i 变化了两个完整周期之后,进入了第三个周期并达到正最大值,即 $i = I_m = 10$ A。由坐标原点开始,经过 $t = 0.045$ s,其进程到达 4.5π 处的点 a。

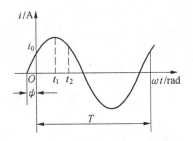

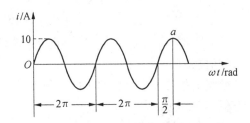

图 2.4　初相位 ψ 与时间起点的选择有关

图 2.5　例 2.3 的曲线

$t = 0$ 时的相位叫做正弦量的初相位或初相位角,用 ψ 表示。时间起点选得不同,正弦量的初相位 ψ 就不同,正弦量的初始值 i_0 也不同。按图 2.2 那样选择时间起点,正弦电流的初相位 $\psi = 0$,电流的初始值为零;而按图 2.4 那样选择时间起点,电流的初相位 $\psi \neq 0$,电流的初始值也不为零。

在同一个交流电路中,各部分电压和各支路电流的频率都是相同的,而它们的初相位却不一定相同。例如,图 2.6 所示的电压 u 和电流 i 就有不同的初相位。它们可以表示为

$$u = U_m \sin(\omega t + \psi_1)$$
$$i = I_m \sin(\omega t + \psi_2)$$

式中,U_m 和 I_m 分别为 u 和 i 的幅值,ψ_1 和 ψ_2 分别为 u 和 i 的初相位。它们的相位差为

$$(\omega t + \psi_1) - (\omega t + \psi_1) = \psi_1 - \psi_2 \tag{2.6}$$

式(2.6)表明,两个同频率的正弦量的相位差等于它们的初相位之差。相位差一般用 φ 表示,即

$$\varphi = \psi_1 - \psi_2 \tag{2.7}$$

当两个同频率的正弦量的时间起点同时改变时,它们的相位虽然改变,但其相位差不变。

对图 2.6 所示电压 u 和电流 i 来说,因为它们的初相位不同,所以各自的变化步调也不同。例如,u 总比 i 先达到幅值或零值。这种情况,我们叫做不同相。说得具体一些就是,电压超前于电流 φ 角。或者说电流滞后于电压 φ 角。

图 2.7 所示的三个正弦量是比较特殊的情况。其中 i_1 和 i_2 相位差为零,变化步调相同,所以它们同相。而 i_1 和 i_3 变化步调相反,相位差为 $180°$,所以它们反相。

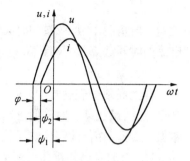

图 2.6　初相位不同的正弦量

以上,我们分析了正弦量的三要素及其相关量。交流电的这些基本物理量的概念至关重要(尤其是 f 和 ω、I_m 和 I、ψ 和 φ),它们是分析计算交流电路的基础。

【例 2.4】　已知电流 $i_1 = 30\sin(\omega t + 30°)\,\mathrm{A}$,$i_2 = 20\sin(\omega t - 15°)\,\mathrm{A}$,$i_3 = 15\sin \omega t\,\mathrm{A}$,试画出它们的波形图,并比较它们的关系。

【解】　(1)波形图

电流 i_1、i_2 和 i_3 是同频率的正弦量,它们的波形图如图 2.8 所示,图中

$$\psi_1 = 30°$$
$$\psi_2 = -15°$$
$$\psi_3 = 0°(图中未标出)$$

(2)相位关系

正弦量的相位关系只能两个两个地比较。由式(2.6)与式(2.7)可知,它们的相位差等于它们的初相位之差。

i_1 和 i_2 的相位差为 $\psi_1 - \psi_2 = 30° - (-15°) = 45°$,$i_1$ 超前 i_2 $45°$。

i_1 和 i_3 的相位差为 $\psi_1 - \psi_3 = 30° - 0° = 30°$,$i_1$ 超前 i_3 $30°$。

i_2 和 i_3 的相位差为 $\psi_2 - \psi_3 = -15° - 0° = -15°$,$i_2$ 滞后 i_3 $15°$。

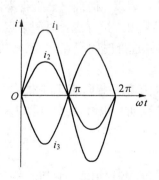

图 2.7　正弦量的同相和反相

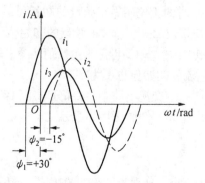

图 2.8　例 2.4 的图

【例 2.5】　已知正弦电流 $i = 5\sin(\omega t + 60°)\,\mathrm{A}$,频率 $f = 50\,\mathrm{Hz}$。试求时间 $t = 0.1\,\mathrm{s}$ 时的电流瞬时值。

【解】 电流的瞬时值是由它的相位($\omega t + 60°$)决定的。计算中,($\omega t + 60°$)中的角度应化为同一单位再相加。

(1)角度化为弧度

$$(\omega t + 60°) = 2\pi ft + 60° = 2\pi \times 50 \times 0.1 + \frac{\pi}{3} = (10\pi + \frac{\pi}{3})\ \text{rad}$$

所以

$$i = 5\sin(\omega t + 60°) = 5\sin(10\pi + \frac{\pi}{3}) = 5\sin\frac{\pi}{3} = 4.33\ \text{A}$$

(2)角度化为度

$$(\omega t + 60°) = 2\pi ft + 60° = 360° \times 50 \times 0.1 + 60° = 360° \times 5 + 60°$$

所以

$$i = 5\sin(\omega t + 60°) = 5\sin(5 \times 360° + 60°) = 5\sin60° = 4.33\ \text{A}$$

思 考 题

2.1　交流电相对于直流电的主要特点是什么? 交流电有什么优越性?

2.2　交流电的有效值是怎样规定的? 它是否随时间变化? 它与频率和相位有无关系?

2.3　某电压的瞬时值表达式为 $u = 141\sin(6\ 280t - \frac{\pi}{4})\text{mV}$。(1)试指出它的频率、周期、角频率、幅值、有效值及初相位各是多少? (2)当时间 $t = 0.1$ s 时,它的相位是多少? 电压的瞬时值是多少?

2.4　两个正弦电流:$i_1 = 20\sin(100\pi t + 90°)\text{A}$, $i_2 = 10\sin(800\pi t + 30°)\text{A}$。它们的相位差为 $60°$,是否正确? 为什么?

2.2　正弦交流电的相量表示法

由上节讨论可知,三角函数表达式与函数曲线(波形图)可以方便地表示交流电的正弦特征,是一种很好的表达形式。但是三角函数的数学运算十分繁琐,给交流电路的分析带来不便。为此,我们引用相量表示法。相量表示法可把繁琐的三角运算予以简化,是分析正弦交流电路的有力工具。

一、正弦量用相量表示

正弦交流电的相量表示法是建立在数学中复数基础上的。

设正弦量

$$i = I_\text{m}\sin(\omega t + \psi)$$

现设法把正弦电流 i 表示在复数平面上。

复数平面的轴表示复数的实部,叫做实轴,以 $+1$ 为单位;纵轴表示复数的虚部,叫做虚轴,以 $+j$ 为单位。

在复数平面上,作一旋转的有向线段 $\overline{I_\text{m}}$,条件为:①$\overline{I_\text{m}}$ 的长度等于正弦电流的幅值 I_m;②$\overline{I_\text{m}}$ 与实轴的夹角等于正弦电流的初相位 ψ;③$\overline{I_\text{m}}$ 逆时针方向旋转的角速度等于正弦电流的角频率 ω。如图 2.9 所示。

旋转有向线段 $\overline{I_m}$ 各瞬时在虚轴上的投影为

$$t = 0 \qquad \text{投影} = I_m\sin \psi$$

$$t = t_1 \qquad \text{投影} = I_m\sin(\omega t_1 + \psi)$$

$$t = t_2 \qquad \text{投影} = I_m\sin(\omega t_2 + \psi)$$

时间为 t 时,投影则为 $I_m\sin(\omega t + \psi)$。显然,有向线段 $\overline{I_m}$ 各瞬时在虚轴上的投影就是正弦电流 i 的各瞬时的瞬时值。所以复数平面上的旋转有向线段可以表示正弦量。注意,可以表示,但两者并不相等,因而只能用对应符号表示它们的关系,即

$$\overline{I_m} \leftrightarrows I_m\sin(\omega t + \psi)$$

应当指出,有向线段 $\overline{I_m}$ 与空间矢量(例如,力和电场强度等)不同,$\overline{I_m}$ 代表正弦量,是时间的函数。为了加以区别,我们把复数平面上表示正弦量的有向线段叫做相量,并用"·"代替"-",因而上面的对应关系应为

$$\dot{I}_m \leftrightarrows I_m\sin(\omega t + \psi)$$

还应指出,实际画相量图时,为避免繁琐,只画出有代表性的 $t = 0$ 时的位置,如图 2.10(a)所示。

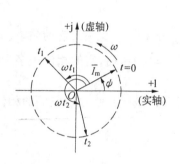

图 2.9 交流电的相量表示法

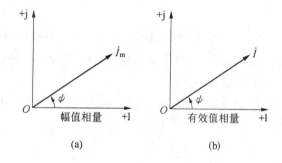

(a) (b)

图 2.10 $t = 0$ 时的相量

实际应用时,多用有效值相量,如图 2.10(b)所示,它与幅值相量的关系是

$$\dot{I} = \frac{\dot{I}_m}{\sqrt{2}}$$

以上的表示法,实际上是交流电相量表示法的第一种形式,即相量图表示法。它的突出优点是,能把正弦量的大小和初相位表现得非常直观,因而特别适用于同时表示几个同频率正弦量之间关系的情况。

【例 2.6】 已知电流

$$i_1 = 30\sqrt{2}\sin(\omega t - 70°) \text{ A}$$

$$i_2 = 40\sqrt{2}\sin(\omega t + 20°) \text{ A}$$

试求 $i = i_1 + i_2$。

【解】 此题可按正弦量的各种表示法计算。

(1)借助三角函数曲线表示出 i_1 和 i_2,然后用逐点相加的办法得到 i 的三角函数曲线,再根据曲线写出 i 的表达式。显然,这个图解法费力费时,误差较大。

(2)根据 i_1 和 i_2 的三角函数表达式,进行三角运算。运算精度虽可保证,但运算过程繁琐。

（3）借助相量图表示法，并引用勾股定理可使运算简单准确。在图 2.11 中，$\dot{I}_1$ 是 i_1 对应的相量，$\dot{I}_2$ 是 i_2 对应的相量，它们的相位差为 90°。

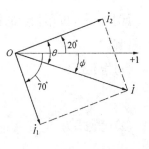

因为 $i = i_1 + i_2$，故可以写为

$$\dot{I} = \dot{I}_1 + \dot{I}_2$$

由平行四边形法则可得到合成相量 $\dot{I}$，其长度

图 2.11　例 2.6 的相量图

$$I = \sqrt{I_1^2 + I_2^2} = \sqrt{30^2 + 40^2} = 50 \text{ A}$$

$\dot{I}$ 与实轴的夹角为负值（在第四象限），即

$$\psi = -(\theta - 20°)$$

其中

$$\theta = \arctan \frac{I_1}{I_2} = \arctan \frac{30}{40} = 37°$$

于是

$$\psi = -(37° - 20°) = -17°$$

所以

$$i = i_1 + i_2 = 50\sqrt{2}\sin(\omega t - 17°) \text{ A}$$

二、相量的代数式与指数式

图 2.12 所示为电流有效值相量 $\dot{I}$，它在实轴和虚轴上的投影分别为 a 和 b。因而 $\dot{I}$ 可以表示为

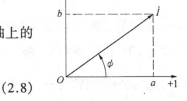

$$\dot{I} = a + \text{j}b \qquad (2.8)$$

式中

$$\begin{cases} a = I\cos\psi & \text{（实部）} \\ b = I\sin\psi & \text{（虚部）} \end{cases}$$

图 2.12　相量的代数式与指数式用图

式（2.8）叫做相量的代数式。式（2.8）也可表示为

$$\dot{I} = I\cos\psi + \text{j}I\sin\psi = I(\cos\psi + \text{j}\sin\psi)$$

由尤拉公式

$$\begin{cases} \cos\psi = \dfrac{e^{\text{j}\psi} + e^{-\text{j}\psi}}{2} \\ \sin\psi = \dfrac{e^{\text{j}\psi} - e^{-\text{j}\psi}}{2\text{j}} \end{cases}$$

可得

$$\dot{I} = I e^{\text{j}\psi} \qquad \text{或} \qquad \dot{I} = I\underline{/\psi} \qquad (2.9)$$

式中

$$\begin{cases} I = \sqrt{a^2 + b^2} & \text{（模）} \\ \psi = \arctan\dfrac{b}{a} & \text{（辐角）} \end{cases}$$

式（2.9）前者叫做相量的指数式，后者叫做相量的极坐标式（指数式的另一种表示法）。

相量的代数式和指数式，实际上是交流电的相量表示法的第二种形式，即相量式表示法。它的突出优点是，能把正弦量之间繁琐的三角运算关系转化为复数的简单的四则运算关系。

【例 2.7】 试用相量的指数式和代数式表示正弦电流 $i = 10\sqrt{2}\sin(\omega t + 30°)$ A。

【解】

(1)指数式为

$$\dot{I} = 10\mathrm{e}^{\mathrm{j}30°} \text{ A,极坐标式 } \dot{I} = 10\angle 30° \text{ A}$$

(2)代数式为

$$\dot{I} = 10\cos 30° + \mathrm{j}10\sin 30° = 10 \times 0.866 + \mathrm{j}10 \times 0.5 = 8.66 + \mathrm{j}5 \text{ A}$$

三、旋转因子 $\mathrm{e}^{\pm\mathrm{j}90°}(\pm\mathrm{j})$

$$\begin{cases} \mathrm{e}^{\mathrm{j}90°} = \cos 90° + \mathrm{j}\sin 90° = 0 + \mathrm{j} = \mathrm{j} \\ \mathrm{e}^{-\mathrm{j}90°} = \cos 90° - \mathrm{j}\sin 90° = 0 - \mathrm{j} = -\mathrm{j} \end{cases}$$

设某相量为 $\dot{A} = A\mathrm{e}^{\mathrm{j}\psi}$,当它乘上 $\pm\mathrm{j}$ 时,即

$$\begin{cases} \mathrm{j}\dot{A} = \mathrm{e}^{\mathrm{j}90°} \cdot A\mathrm{e}^{\mathrm{j}\psi} = A\mathrm{e}^{\mathrm{j}(\psi+90°)} \\ -\mathrm{j}\dot{A} = \mathrm{e}^{-\mathrm{j}90°} \cdot A\mathrm{e}^{\mathrm{j}\psi} = A\mathrm{e}^{\mathrm{j}(\psi-90°)} \end{cases}$$

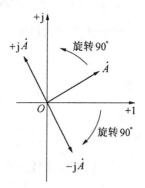

图 2.13　旋转因子 $\pm\mathrm{j}$

显然,当相量 $\dot{A}$ 乘上 $+\mathrm{j}$ 或 $-\mathrm{j}$ 时,等于 $\dot{A}$ 逆时针或顺时针方向旋转 $90°$,即旋转 $+90°$ 或 $-90°$,如图 2.13 所示,因而常把 $\mathrm{e}^{\pm\mathrm{j}90°}$ 或 $(\pm\mathrm{j})$ 叫做 $90°$ 旋转因子。在图中,$\mathrm{j}\dot{A}$ 比 $\dot{A}$ 超前 $90°$,$-\mathrm{j}\dot{A}$ 比 $\dot{A}$ 滞后 $90°$。

现在,我们有了三角函数曲线、三角函数式、相量图和相量式这四种表示交流电的工具,就能方便地分析正弦交流电路了。

思 考 题

2.5　写出下列正弦量对应的相量指数式,并做出它们的相量图。

(1)$i_1 = 3\sin(\omega t + 60°)$ A

(2)$i_2 = \sqrt{2}\sin(\omega t - 45°)$ A

(3)$i_3 = -10\sin(\omega t + 120°)$ A

2.6　已知下列相量,试把它们化为指数式,并写出对应的正弦量。

(1)$\dot{U}_1 = 3 + \mathrm{j}4$ V　　　　　　　(2)$\dot{U}_2 = 3 - \mathrm{j}4$ V

(3)$\dot{U}_2 = 2\sqrt{3} + \mathrm{j}2$ V　　　　　(4)$\dot{U}_4 = -2\sqrt{3} + \mathrm{j}2$ V

2.7　指出下列各式的错误。

(1)$i = 3\sin(\omega t + 30°) = 3\mathrm{e}^{\mathrm{j}30°}$ A　　(2)$I = 10\sin \omega t$ A

(3)$I = 5\mathrm{e}^{\mathrm{j}45°}$ A　　　　　　　　(4)$\dot{I} = \dot{I}_{\mathrm{m}}\sin(\omega t + \psi)$ A

(5)$\dot{I} = 20\mathrm{e}^{\mathrm{j}60°}$　　　　　　　　(6)$\dot{I} = 5\sqrt{2}\sin \omega t$ A

2.3　电阻元件的交流电路

分析交流电路,我们先从单一参数(只含电阻 R 或电感 L 或电容 C)的元件开始,因为一般的交流电路都是由单一参数元件组合而成的。

对单一参数元件的交流电路的分析,主要围绕两个问题进行:①电压与电流的关系;②功率与能量的转换关系。

电阻元件的交流电路如图 2.14(a)所示。

一、电压和电流的关系

在图示电压、电流参考方向一致的条件下,u 和 i 的基本关系为

$$u = Ri$$

若电流按正弦规律变化,并设其初相位为零(参考正弦量),即

$$i = I_m \sin \omega t$$

则

$$u = RI_m \sin \omega t = U_m \sin \omega t \qquad (2.10)$$

式(2.10)表明,在电阻元件的交流电路中,电压与电流是同相的。它们的波形图和相量图如图 2.14(b)、(c)所示。在式(2.10)中

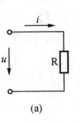

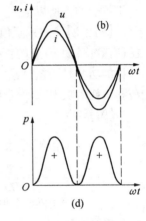

图 2.14　电阻元件的交流电路

$$U_m = RI_m \quad 或 \quad \frac{U_m}{I_m} = R \qquad (2.11)$$

用有效值表示,则

$$U = RI \quad 或 \quad \frac{U}{I} = R \qquad (2.12)$$

式(2.11)、(2.12)表明,在电阻元件的交流电路中,电压的幅值(或有效值)与电流的幅值(或有效值)成正比,其比例常数即为电阻元件的参数 R。式(2.12)为欧姆定律的有效值形式。

二、功率与能量的转换关系

电阻元件中的电流瞬时值 i 和其端电压瞬时值 u 的乘积,叫做电阻元件的瞬时功率,用 p 表示,即

$$p = iu = I_m \sin \omega t \cdot U_m \sin \omega t =$$

$$U_m I_m \sin^2 \omega t = \frac{1}{2} U_m I_m (1 - \cos 2\omega t) =$$

$$UI(1 - \cos 2\omega t) \qquad (2.13)$$

式(2.13)表明,电阻元件的瞬时功率总为正值。其中含有一个恒定分量和一个以二倍角频率变化的余弦分量。p 的波形图如图 2.14(d)所示。由图 2.14(b)也可看到电阻元件的瞬时功率应当总为正值,因为 u 和 i 同相,它们同时为正,又同时为负。

一个周期内瞬时功率的平均值,叫做平均功率,用 P 表示,即

$$P = \frac{1}{T}\int_0^T p\,\mathrm{d}t = \frac{1}{T}\int_0^T UI(1 - \cos 2\,\omega t)\mathrm{d}t$$

结果为

$$P = UI = I^2 R = \frac{U^2}{R} \tag{2.14}$$

式(2.14)是电阻元件平均功率的常用计算公式,形式上与直流电路中的电阻元件功率计算公式一样,但这里的 U 和 I 均为交流有效值。

电阻元件从电源取用电能而转换为热能,散失于周围空间,因而这种能量的转换过程是不可逆的。所以电阻元件是耗能元件。

【例 2.8】 一只阻值为 1 kΩ、额定功率为 1/8 W 的金属膜电阻,接于频率为 50 Hz、电压(有效值)为 10 V 的正弦电源上。试问:(1)通过电阻元件的电流为多少? (2)电阻元件消耗的功率是否超过额定值? (3)当电源电压不变而频率变为 500 Hz 时,电阻元件的电流和消耗的功率有何变化?

【解】

(1) $I = \dfrac{U}{R} = \dfrac{10}{1\,000} = 0.01\ \mathrm{A} = 10\ \mathrm{mA}$

(2) $P = \dfrac{U^2}{R} = \dfrac{10^2}{1\,000} = 0.1\ \mathrm{W}$(小于额定功率)

(3) 由于电阻元件的电阻值与电源频率无关,所以频率为 500 Hz 时,电流与消耗功率的数值不变。

2.4 电感元件的交流电路

电感元件的情况比电阻元件复杂得多。因为电感元件通入变化的电流时,线圈中产生变化的磁通,这变化的磁通又使线圈产生感应电动势,而该感应电动势具有阻碍电流变化的作用。这种由线圈自身电流产生磁通而引起的感应电动势,一般叫做自感电动势,用 e_L 表示。

我们首先讨论如图 2.15 所示的单匝线圈的自感电动势。变化的电流 i 在线圈内产生变化的磁通 Φ(i 和 Φ 的方向按右手法则确定);变化的磁通 Φ 在单匝线圈内产生自感电动势 e_L。当 Φ 和 e_L 的参考方向符合右手法则时,e_L 与 Φ 的关系可表达为

$$e_L = -\frac{\mathrm{d}\Phi}{\mathrm{d}t} \tag{2.15}$$

式(2.15)是一个重要的基本公式,包含以下两方面的内容:

(1)e_L 的大小:$|e_L| = |\dfrac{\mathrm{d}\Phi}{\mathrm{d}t}|$,其中各物理量的单位是:$e_L$ 为伏(V),t 为秒(s),Φ 为伏秒(Vs)(韦伯)。

(2)e_L 的方向:e_L 的方向体现在式(2.15)的负号和 $\dfrac{\mathrm{d}\Phi}{\mathrm{d}t}$ 上。例如,若 i 正值增加,Φ 也正值增加,$\dfrac{\mathrm{d}\Phi}{\mathrm{d}t} > 0$,因而 $e_L < 0$,说明 e_L 的实际方向与其参考方向(见图 2.15)相反,这正好符合楞次定律;若 i 正值减少,Φ 也正值减少,$\dfrac{\mathrm{d}\Phi}{\mathrm{d}t} < 0$,因而 $e_L > 0$,说明 e_L 的实际方向与

其参考方向相同,这也符合楞次定律。

接着,我们再讨论如图 2.16 所示的电感元件(N 匝线圈)的自感电动势,并借助电动势找到电感元件的电压和电流的关系。

如果电感元件匝与匝之间十分紧密,则可认为通过各匝的磁通是相同的,所产生的自感电动势也是相同的。于是电感元件的自感电动势等于各匝线圈自感电动势之和。即

$$e_L = e_{L1} + e_{L2} + \cdots + e_{LN}$$

由式(2.15)

$$e_L = -N \frac{\mathrm{d}\Phi}{\mathrm{d}t} = -\frac{\mathrm{d}(N\Phi)}{\mathrm{d}t} \tag{2.16}$$

上式中 $N\Phi$ 叫做电感元件的总磁通。如果线圈中没有铁磁材料时,总磁通与电流 i 成正比。即

$$N\Phi = Li \quad \text{或} \quad \frac{N\Phi}{i} = L$$

比例常数 L 叫做自感系数或电感。这种电感元件属称为线性电感。如果线圈中含有铁磁材料时,其电感则不为常数,这种电感元件就称为非线性电感。电感 L 的单位为亨利或毫亨利,简称亨(H)或毫亨(mH)。

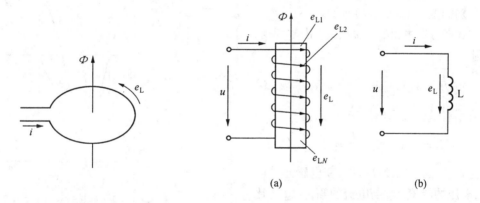

图 2.15　单匝线圈的自感电动势　　　　图 2.16　电感元件

将 $N\Phi = Li$ 的关系式代入式(2.16)中

$$e_L = -\frac{\mathrm{d}(N\Phi)}{\mathrm{d}t} = -\frac{\mathrm{d}Li}{\mathrm{d}t} = -L \frac{\mathrm{d}i}{\mathrm{d}t}$$

在图 2.16(b)中,u 的参考方向是电压降的方向,而 e_L 的参考方向是电位升的方向。根据克希荷夫回路电压定律,可以写出

$$u + e_L = 0 \tag{2.17}$$

上式说明,电源电压 u 刚好与阻碍电流变化的自感电动势 e_L 相平衡(注意,不是抵消,否则,电流 i 就不复存在了)。由式(2.17)

$$u = -e_L$$

所以

$$u = L \frac{\mathrm{d}i}{\mathrm{d}t} \tag{2.18}$$

式(2.18)即为电感元件电压与电流的基本关系式,对各种变化的电压电流都适用。

电阻元件的电压 u 与电流 i 成正比,而电感元件的电压 u 却与电流的变化率 $\dfrac{\mathrm{d}i}{\mathrm{d}t}$ 成正比。在直流电路中,电流的变化率为零,则电感元件的端电压为零。因而电感元件在直流电路中,相当于短路。

下面我们以式(2.18)作为依据,分析电感元件的交流电路。

一、电压与电流的关系

在图 2.17 所示电感元件的交流电路中,因为

$$u = L\frac{\mathrm{d}i}{\mathrm{d}t}$$

若电流按正弦规律变化,并设其初相位为零(参考正弦量),即

$$i = I_{\mathrm{m}}\sin \omega t$$

则

$$u = L\frac{\mathrm{d}(I_{\mathrm{m}}\sin \omega t)}{\mathrm{d}t} = \omega L I_{\mathrm{m}}\cos \omega t =$$
$$\omega L I_{\mathrm{m}}\sin(\omega t + 90°) = U_{\mathrm{m}}\sin(\omega t + 90°) \tag{2.19}$$

由式(2.19)可见,电感元件交流电路,在相位上,电压超前电流 90°。它们的波形图和相量图分别如图 2.17(b)、(c)所示。

在式(2.19)中,$U_{\mathrm{m}} = \omega L I_{\mathrm{m}}$,若用 X_{L} 表示 ωL,则

$$U_{\mathrm{m}} = X_{\mathrm{L}} I_{\mathrm{m}} \quad 或 \quad \frac{U_{\mathrm{m}}}{I_{\mathrm{m}}} = X_{\mathrm{L}} \tag{2.20}$$

或用有效值表示电压和电流,则

$$U = X_{\mathrm{L}} I \quad 或 \quad \frac{U}{I} = X_{\mathrm{L}} \tag{2.21}$$

由式(2.20)、(2.21)可见,在电感元件电路中,电压的幅值 U_{m} 与电流的幅值 I_{m} 之比(或与有效值 U 与 I 之比)为 $X_{\mathrm{L}} = \omega L$。当电压一定时,$X_{\mathrm{L}}$ 愈大,则电流愈小,所以 ωL 具有阻碍电流的性质,因而叫做感抗,它的单位为 Ω。式(2.21)是欧姆定律的有效值形式。

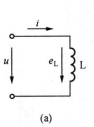

(a)

(c)

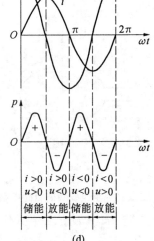

(b)

(d)

图 2.17　电感元件的交流电路

比较式(2.12)和(2.21),它们的形式相同,但感抗 X_{L} 和电阻 R 不同,当电感 L 一定时,X_{L} 的大小是随电源频率而变的。即

$$X_{\mathrm{L}} = \omega L = 2\pi f L$$

频率愈高,感抗愈大,因而电流愈小。这是因为,频率愈高,电流变动愈快,变化率 $\left|\dfrac{\mathrm{d}i}{\mathrm{d}t}\right|$ 愈大,自感电动势对电流的阻碍作用就愈大的缘故。因此,电感线圈对高频交流电流阻碍很大,而对直流(因 $f = 0$,$X_{\mathrm{L}} = 0$)可看做短路。

二、功率与能量的转换关系

$$p = ui = U_m \sin(\omega t + 90°) \cdot I_m \sin \omega t =$$

$$U_m I_m \cos \omega t \cdot \sin \omega t = \frac{1}{2} U_m I_m \sin \omega t =$$

$$UI \sin 2\omega t \tag{2.22}$$

由式(2.22)可知,电感元件的瞬时功率 p 为以 2ω 变化的正弦交变量,幅值为 UI。

由图 2.17(b)、(d)可以看出:在第一个和第三个 1/4 周期内,p 为正值(u 和 i 正负相同);第二个和第四个 1/4 周期内,p 为负值(u 和 i 一正一负)。可以认为:p 为正值时,电感元件从电源取用电能并转换为磁场能量储存于其磁场中(储能);p 为负值时,电感元件将储存的磁场能量转换为电能送还电源(放能)。

电感元件的平均功率

$$P = \frac{1}{T} \int_0^T p \, dt = \frac{1}{T} \int_0^T UI \sin 2\omega t \, dt = 0 \tag{2.23}$$

式(2.23)说明,电感元件不消耗能量。可见在一个周期内,它送还电源的电能等于其从电源取用的电能,因而这种能量的转换过程是可逆的。

在电感元件交流电路中,虽然没有能量的消耗,但存在电源与电感元件之间的能量互换。其互换的情况由瞬时功率 $p = UI \sin 2\omega t$ 反映。工程上用电感元件的瞬时功率的幅值 UI 作为它与电源交换能量的度量,叫做无功功率,用 Q_L 表示,即

$$Q_L = UI \quad \text{或} \quad Q_L = I^2 X_L \tag{2.24}$$

无功功率的单位为乏(var)或千乏(kvar)。

电感元件的工作总是依赖于它的磁场,而磁场的建立或消失的过程就是电感元件吸收或放出能量的过程。无功功率就是这个意义上功率的度量。显然,"无功"二字的含义是:电感元件在磁场的变化过程中,它由电源得到多少电能就能送还电源多少电能,而本身无功率和能量消耗。无功功率可理解为无能量消耗的功率。与电感元件的无功功率相对应,电阻元件的平均功率也可以叫做有功功率。

【例 2.9】　一个 100 mH 的电感元件接在电压(有效值)为 10 V 的正弦电源上。当电源频率分别为 50 Hz 和 500 Hz 时,电感元件中的电流分别为多少?

【解】　电感元件的感抗 X_L 与电源频率成正比。显然,两种情况下,电感元件的电流是不一样的。

50 Hz 时

$$X_L = 2\pi f L = 2\pi \times 50 \times 100 \times 10^{-3} = 31.4 \ \Omega$$

$$I = \frac{U}{X_L} = \frac{10}{31.4} = 0.318 \text{ A} = 318 \text{ mA}$$

500 Hz 时

$$X_L = 2\pi f L = 2\pi \times 500 \times 100 \times 10^{-3} = 314 \ \Omega$$

$$I = \frac{U}{X_L} = \frac{10}{314} = 0.0318 \text{ A} = 31.8 \text{ mA}$$

可见,在电压不变的情况下,频率愈高,感抗愈大,电流愈小。

2.5　电容元件的交流电路

图2.18是一电容元件。其极板上储集的电荷量 q 与其两端电压 u 成正比，即

$$q = Cu$$

式中，比例常数 C 叫做电容元件的电容。电容的单位为法拉（F），简称法。由于法拉的单位太大，工程上多采用微法（μF）和皮法（pF）作单位。$1\mu F = 10^{-6}F, 1pF = 10^{-12}F$。当极板上的电荷量 q 或电压 u 发生变化时，电路中就会出现电流，即

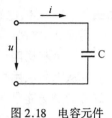

$$i = \frac{\mathrm{d}q}{\mathrm{d}t} = C\frac{\mathrm{d}u}{\mathrm{d}t} \qquad (2.25)$$

图2.18　电容元件

由上式可见，电容元件的电流 i 与其端电压的变化率 $\frac{\mathrm{d}u}{\mathrm{d}t}$ 成正比（也与电阻元件不同）。当电容元件两端加直流电压时，电压的变化率为零，因而电流为零。所以电容元件在直流电路里相当于断路。

下面分析电容元件的交流电路。

一、电压与电流的关系

因为

$$i = = C\frac{\mathrm{d}u}{\mathrm{d}t}$$

若电压 u 按正弦规律变化，并设其初相位为零（参考正弦量），即

$$u = U_m \sin \omega t$$

则

$$i = C\frac{\mathrm{d}(U_m\sin \omega t)}{\mathrm{d}t} = \omega C U_m\cos \omega t =$$

$$\omega C U_m\sin(\omega t + 90°) = I_m\sin(\omega t + 90°) \qquad (2.26)$$

由式(2.26)可见，电容元件交流电路，在相位上，电流超前电压90°。它们的波形图和相量图如图2.19(b)、(c)所示。

在式(2.26)中，$I_m = \omega C U_m$ 或 $\dfrac{U_m}{I_m} = \dfrac{1}{\omega C}$，若用 X_C 表示 $\dfrac{1}{\omega C}$，则

$$U_m = X_C I_m \quad \text{或} \quad \frac{U_m}{I_m} = X_C \qquad (2.27)$$

如果用有效值表示电压和电流，则

$$U = X_C I \quad \text{或} \quad \frac{U}{I} = X_C \qquad (2.28)$$

由式(2.27)、(2.28)可知，在电容元件电路中，电压的幅值 U_m 与电流的幅值 I_m 之比（或有效值 U 与 I 之比）为 $X_C = \dfrac{1}{\omega C}$。当电压一定时，$X_C$ 愈大，则电流愈小。X_C 具有阻碍电流的性质，因而叫做容抗，它的单位是 Ω。式(2.28)是欧姆定律的有效值形式。

容抗也与电阻不同，当电容 C 一定时，容抗 X_C 的大小随频率 f 而变，即

$$X_C = \frac{1}{\omega C} = \frac{1}{2\pi f C}$$

频率愈高,容抗愈小,因而电流愈大。这是因为频率愈高,电容元件充电与放电的速度愈快,在同样的电压下,单位时间内电荷的移动量就愈多的缘故。所以电容元件对高频电流呈现的容抗小,对低频电流呈现的容抗大,而对直流,容抗 X_C 为无穷大,可以看做开路。

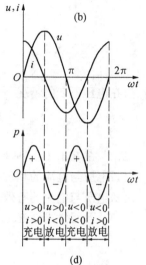

图 2.19　电容元件的交流电路

二、功率与能量的转换关系

电容元件的瞬时功率

$$p = ui = U_m\sin\omega t \cdot I_m\sin(\omega t + 90°) =$$

$$U_m I_m\sin\omega t \cdot \cos\omega t = \frac{1}{2}U_m I_m\sin 2\omega t =$$

$$UI\sin 2\omega t \tag{2.29}$$

由上式可见,电容元件的瞬时功率 p 与电感元件的瞬时功率一样,也为一正弦交变量,其幅值为 UI。

由图 2.19(b)、(d)可知,在第一个和第三个 1/4 周期内,p 为正值(u 和 i 的正负相同);在第二个和第四个 1/4 周期内,p 为负值(u 和 i 一正一负)。p 为正值时,电容元件从电源取用电能并转换为电场能量储存于其电场中;p 为负值时,电容元件将储存的电场能量转换为电能送还电源。

平均功率

$$P = \frac{1}{T}\int_0^T p\,dt = \frac{1}{T}\int_0^T UI\sin 2\omega t\,dt = 0 \tag{2.30}$$

式(2.30)说明,电容元件不消耗能量。在一个周期内,它送还电源的电能等于其从电源取用的电能。这种能量的转换过程也是可逆的。

与电感元件一样,在电容元件的交流电路中,虽然没有能量的消耗,但有电源与电容元件之间的能量互换。其互换的规模也用其瞬时功率 $p = UI\sin 2\omega t$ 的幅值 UI 来度量,用 Q_C 表示,叫做电容元件的无功功率,即

$$Q_C = UI \quad 或 \quad Q_C = I^2 X_C \tag{2.31}$$

由于电感元件和电容元件都不消耗能量,而是把由电源获得的电能分别储存于磁场和电场中,所以它们都是储能元件。

【例 2.10】　一个 $100\ \mu F$ 的电容元件接在电压(有效值)为 10 V 的正弦电源上。当电源频率分别为 50 Hz 和 500 Hz 时,电容元件中的电流分别为多少?

【解】　电容元件的容抗 X_C 与电源频率成反比。所以,两种情况下,电容元件中的电流是不一样的。

50 Hz 时

$$X_C = \frac{1}{2\pi f C} = \frac{1}{2\pi \times 50 \times 100 \times 10^{-6}} = 31.8\ \Omega$$

$$I = \frac{U}{X_C} = \frac{10}{31.8} = 0.314\ A = 314\ mA$$

500 Hz 时

$$X_C = \frac{1}{2\pi f C} = \frac{1}{2\pi \times 500 \times 100 \times 10^{-6}} = 3.18 \ \Omega$$

$$I = \frac{U}{X_C} = \frac{10}{3.18} = 3.14 \ A = 3 \ 140 \ mA$$

可见,在电压不变的情况下,频率愈高,容抗愈小,电流愈大。

思　考　题

2.8　在 R、L、C 三种单一元件交流电路中,试比较:

(1)电压与电流的相位关系;

(2)电压与电流的有效值关系。

2.9　下面公式是 R、L、C 三种单一元件电路的电压与电流的基本关系式:

$$u = Ri \quad u = L\frac{\mathrm{d}i}{\mathrm{d}t} \quad i = C\frac{\mathrm{d}u}{\mathrm{d}t}$$

它们是否适用于以下几种情况?

(1)变化的电压与电流;

(2)正弦电压与电流;

(3)直流电压与电流。

2.10　怎样用上题的关系式解释:电感元件在直流电路中相当于短路,而电容元件在直流电路中相当于断路?

2.6　RLC 串联交流电路

图 2.20(a)所示为电阻、电感和电容元件串联的交流电路,在正弦电压 u 的作用下,电流 i 通过 R、L、C 各元件,产生的电压降分别为 u_R、u_L、u_C,电流及各部分电压的参考方向已标在电路图上。

一、电压与电流的关系

由前面电阻元件、电感元件和电容元件交流电路的讨论可知,它们的电压与电流的关系是:

(1)电压与电流的相位关系　　　　(2)电压与电流的有效值关系

电阻:电压与电流同相　　　　　　　$U_R = IR$

电感:电压超前电流 90°　　　　　　$U_L = IX_L$

电容:电压滞后电流 90°　　　　　　$U_C = IX_C$

因此,在图 2.20(a)所示电路中,若以电流为参考正弦量,即

$$i = I_m \sin \omega t$$

$$u_R = U_{Rm} \sin \omega t$$

则　　　　　　　　　　$$u_L = U_{Lm} \sin(\omega t + 90°)$$

$$u_C = U_{Cm} \sin(\omega t - 90°)$$

由克希荷夫回路电压定律

$$u = u_R + u_L + u_C$$

若用相量表示

$$\dot{U} = \dot{U}_R + \dot{U}_L + \dot{U}_C$$

上式为克希荷夫回路电压定律的相量形式。

相量图具有直观、概括的优点，能清楚地表示出各正弦量的关系。作相量图时，首先必须选取其中一个相量为参考相量，然后根据其余相量与参考相量的关系——确定它们的位置。参考相量可以任意选取。对串联电路而言，由于电流贯穿整个电路与各元件发生联系，是公共正弦量，所以选电流相量为参考相量时，作相

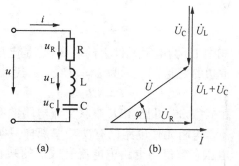

图 2.20　RLC 串联电路

量图比较方便(对并联电路而言，电压是公共正弦量，应选电压相量为参考相量)。

选取电流 $\dot{I}$ 为参考相量后，电压 $\dot{U}_R$、$\dot{U}_L$、$\dot{U}_C$ 以及电源电压 $\dot{U}$ 的位置如图 2.20(b)所示。其中 $\dot{U}_R$ 与 $\dot{I}$ 同相，$\dot{U}_L$ 超前 $\dot{I}$ 90°，$\dot{U}_C$ 滞后 $\dot{I}$ 90°。$\dot{U}_R$、$\dot{U}_L$、$\dot{U}_C$ 之和即为总电压 $\dot{U}$。

由 $\dot{U}_R$、$(\dot{U}_L + \dot{U}_C)$ 及 $\dot{U}$ 组成的直角三角形，叫做电压三角形，从这个三角形上可以方便地找出电压电流的相位关系和有效值的大小关系。

由电压三角形可见，电源电压 u 比电流 i 超前 φ 角，即

$$\varphi = \arctan \frac{U_L - U_C}{U_R} = \arctan \frac{I X_L - I X_C}{I R} =$$

$$\arctan \frac{X_L - X_C}{R} = \arctan \frac{\omega L - \dfrac{1}{\omega C}}{R} \tag{2.32}$$

式(2.32)说明，在 RLC 串联交流电路中，电源电压 u 和电流 i 的相位差 φ 与两方面因素有关：一是电源频率；二是电路参数。通常，由 φ 角的大小可判断出电路的性质，即：若 $X_L > X_C$，则 $\varphi > 0$，电压超前电流，电路呈电感性；若 $X_L < X_C$，则 $\varphi < 0$，电压滞后电流，电路呈电容性；若 $X_L = X_C$，则 $\varphi = 0$，电压与电流同相，电路呈电阻性。

φ 角的数值范围是

$$-90° \leqslant \varphi \leqslant +90°$$

根据电压三角形各边的长度，电源电压的有效值为

$$U = \sqrt{U_R{}^2 + (U_L - U_C)^2} = \sqrt{(R I)^2 + (I X_L - I X_C)^2} =$$

$$\sqrt{I^2 [R^2 + (X_L - X_C)^2]} = I \sqrt{R^2 + (X_L - X_C)^2}$$

若用 $|Z|$ 表示 $\sqrt{R^2 + (X_L - X_C)^2}$，则

$$U = I |Z| \quad \text{或} \quad \frac{U}{I} = |Z| \tag{2.33}$$

式(2.33)说明，在 RLC 串联交流电路中，电压的有效值与电流的有效值之比为

$$|Z| = \sqrt{R^2 + (X_L - X_C)^2} = \sqrt{R^2 + \left(\omega L - \frac{1}{\omega C}\right)^2} \tag{2.34}$$

$|Z|$ 对电流也有阻碍作用，叫做阻抗，单位也是 Ω。式(2.33)是欧姆定律的有效值形式。

由式(2.34)可画出所谓的阻抗三角形，如图 2.21(a)所示。

二、功率

1. 有功功率(平均功率)

在图 2.20(a)所示电路中，只有电阻元件消耗能量，所以整个 RLC 串联电路的有功功

率为

$$P = P_R = U_R I$$

式中 U_R 为电阻元件上的电压,也是电压三角形底边的长度,可表示为 $U_R = U\cos\varphi$,代入上式,得

$$P = UI\cos\varphi \qquad (2.35)$$

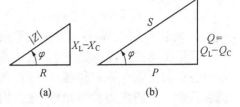

图 2.21　阻抗三角形和功率三角形

由式(2.35)可见,RLC 串联交流电路的有功功率不像电阻元件电路的有功功率那样只等于电源电压有效值与电路中电流有效值的乘积 UI,而要乘上一个系数 $\cos\varphi$。这是由于电压电流不同相出现了相位差的缘故。$\cos\varphi$ 叫做交流电路的功率因数(关于功率因数的讨论见 2.9 节)。

2. 无功功率

在电阻元件消耗能量的时候,电感元件和电容元件却在储存能量或放出能量,电感元件和电容元件与电源进行着能量的互换。电压 $\dot{U}_L$ 和 $\dot{U}_C$ 相位相反表明,电感元件吸收能量时,电容元件恰好放出能量;电感元件放出能量时,电容元件恰好吸收能量。它们储能的步调相反。因此,电感元件的无功功率 Q_L 与电容元件的无功功率 Q_C 的符号相反。我们取 Q_L 为正号,Q_C 为负号。所以整个 RLC 串联电路的无功功率为

$$Q = Q_L - Q_C = U_L I - U_C I = (U_L - U_C)I$$

从电压三角形可看出,$(U_L - U_C)$ 为电压三角形 φ 角对边的长度,可表示为

$$U_L - U_C = U\sin\varphi$$

所以

$$Q = UI\sin\varphi \qquad (2.36)$$

3. 视在功率

电路输入端的电压有效值和电流有效值的乘积,一般情况下不等于有功功率 P 和无功功率 Q。我们把这个乘积叫做视在功率,用 S 表示,即

$$S = UI \qquad (2.37)$$

式(2.35)、(2.36)、(2.37)表明,电源向负载提供视在功率 $S = UI$,能成为有功功率的部分为 $UI\cos\varphi$,能成为无功功率的部分为 $UI\sin\varphi$,两部分数值之间有几何关系

$$S = \sqrt{P^2 + Q^2}$$

式中 P、Q 和 S 组成的几何图形如图 2.21(b)所示,叫做功率三角形。电压三角形、阻抗三角形和功率三角形是一组相似三角形。它们从不同角度全面而形象地反映了 RLC 串联交流电路中电压、电流、功率相互间的关系。

为了与有功功率和无功功率区别,视在功率的单位叫做伏安(VA)或千伏安(kVA)。

交流发电设备都是按照规定的额定电压和额定电流来设计和使用的,所以用视在功率表示发电设备的容量是比较方便的。一般所说的发电机或变压器的容量,就是指它们的视在功率。例如,一台变压器的额定容量 $S_N = 5\,600$ kVA,额定电压 $U_N = 110$ kV,由于 $S_N = U_N I_N$,所以额定电流为

$$I_N = \frac{S_N}{U_N} = \frac{5\,600}{110} = 50.9 \text{ A}$$

【**例 2.11**】　在图 2.20(a)所示电路中,已知 $R = 4\,\Omega$,$L = 12.74$ mH,$C = 455\,\mu$F,电源电压 $u = 220\sqrt{2}\sin 314t$ V。试计算 X_L、X_C、I、i、P、Q,并画出电压电流的相量图。

【解】

$$X_L = \omega L = 314 \times 12.74 \times 10^{-3} = 4\ \Omega$$

$$X_C = \frac{1}{\omega C} = \frac{1}{314 \times 455 \times 10^{-6}} = 7\ \Omega$$

$$|Z| = \sqrt{R^2 + (X_L - X_C)^2} = \sqrt{4^2 + (4-7)^2} = 5\ \Omega$$

$$I = \frac{U}{|Z|} = \frac{220}{5} = 44\ \text{A}$$

$$\varphi = \arctan \frac{X_L - X_C}{R} = \arctan \frac{4-7}{4} = \arctan \frac{-3}{4} = -37°$$

(电容性,电压滞后电流;或者说,电流超前电压)

$$i = 44\sqrt{2}\sin(314t + 37°)\ \text{A}$$

$$P = UI\cos\varphi = 220 \times 44 \times \cos(-37°) = 7\ 730.8\ \text{W} \approx 7.73\ \text{kW}$$

$$Q = UI\sin\varphi = 220 \times 44 \times \sin(-37°) = -5\ 825.6\ \text{Var} \approx -5.83\ \text{kVar}$$

图 2.22 所示为相量图。

【例 2.12】 图 2.23(a)为 RC 移相电路。已知电阻 $R = 100$ Ω,输入电压 u_1 的频率为 500 Hz。如要求输出电压 u_2 的相位比输入电压 u_1 的相位前移 30°,电容值应为多少?

【解】 电路的相量图如图 2.23(b)所示,由相量图可以看出:

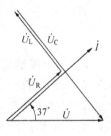

图 2.22 例 2.11 的相量图

$$\frac{U_C}{U_2} = \tan 30° \quad 即 \quad \frac{IX_C}{IR} = \tan 30° \quad 或者 \quad \frac{X_C}{R} = \tan 30°$$

因为

$$X_C = \frac{1}{\omega C} \qquad 于是 \qquad \frac{1}{\omega CR} = \tan 30° = \frac{1}{\sqrt{3}}$$

即

$$\omega CR = \sqrt{3}$$

所以

$$C = \frac{\sqrt{3}}{\omega R} = \frac{\sqrt{3}}{2\pi fR} = \frac{\sqrt{3}}{2\pi \times 500 \times 100} = 5.52 \times 10^{-6}\text{F} = 5.52\ \mu\text{F}$$

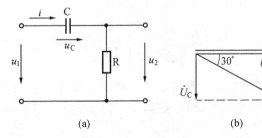

图 2.23 例 2.12 的电路和相量图

思 考 题

2.11 RLC 串联电路的总电压与各部分电压之间的关系若写成如下几种形式,试说明哪个对? 哪个错? 为什么?

(1) $U = U_R + U_L + U_C$ (2) $U = \sqrt{U_R^2 + U_L^2 + U_C^2}$

(3) $\dot{U} = \dot{U}_R + \dot{U}_L + \dot{U}_C$ (4) $u = u_R + u_L + u_C$

2.12　把图 2.20(b)中的 φ 角叫做相位差角、阻抗角和功率因数角是否都是对?

2.13　在 RLC 串联电路中,总的无功功率 $Q = Q_L - Q_C$,为什么 Q_L 与 Q_C 两者符号相反?

2.14　在图 2.24 所示各电路中,试说明电压与电流的相位关系和 φ 角的数值范围。

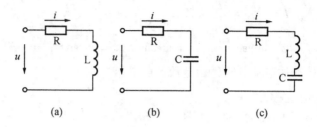

(a)　　　　　　　(b)　　　　　　　(c)

图 2.24　思考题 2.14 的电路

2.7　交流电路的复数运算

在 2.2 节中讲过交流电的相量表示法,即可把正弦量表示成相量的代数式和指数式。同时提过,应用复数的四则运算法则,可以对交流电路进行分析计算。本节集中讨论这一方法,此法对计算简单交流电路和复杂交流电路都是普遍适用的。

下面,我们仍然先从单一参数元件电路开始讨论,然后将有关概念应用到 RLC 的综合电路。

一、单一参数元件电路的复电压和复电流

1. 电阻元件电路

由 2.3 节得知,电阻元件的电压与电流同相。其三角函数式及所对应的有效值相量指数式为

$$\begin{array}{ll}
\text{三角函数式} & \text{有效值相量的指数式} \\
i = I_{\mathrm{m}}\sin \omega t & \dot{I} = I\mathrm{e}^{\mathrm{j}0^\circ} = I \\
u = U_{\mathrm{m}}\sin \omega t & \dot{U} = U\mathrm{e}^{\mathrm{j}0^\circ} = U
\end{array}\right\} \tag{2.38}$$

式(2.38)中的 $\dot{U}$ 和 $\dot{I}$ 叫做电阻元件的复数电压和复数电流,简称复电压和复电流。用复电压和复电流标注参考方向的电阻元件电路如图 2.25(a)所示。由欧姆定律和式(2.38),有

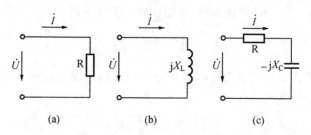

(a)　　　　　　　(b)　　　　　　　(c)

图 2.25　R、L、C 电路的复电压与复电流

$$\frac{\dot{U}}{\dot{I}} = \frac{U}{I} = R$$

即

$$\dot{U} = R\dot{I} \tag{2.39}$$

式(2.39)表明,电阻元件的复电压与复电流同相。

2. 电感元件电路

由 2.4 节得知,电感元件的电压超前电流 90°。其三角函数式及所对应的有效值相量指数式为

三角函数式　　　　有效值相量的指数式

$$\left.\begin{array}{ll} i = I_{\mathrm{m}}\sin \omega t & \dot{I} = Ie^{j0°} \\ u = U_{\mathrm{m}}\sin(\omega t + 90°) & \dot{U} = Ue^{j90°} \end{array}\right\} \tag{2.40}$$

式(2.40)中的 $\dot{U}$ 和 $\dot{I}$ 叫做电感元件的复电压和复电流,用 $\dot{U}$ 和 $\dot{I}$ 标注参考方向的电感元件电路如图 2.25(b)所示。由欧姆定律和式(2.40)得

$$\frac{\dot{U}}{\dot{I}} = \frac{Ue^{j90°}}{Ie^{j0°}} = \frac{U}{I}e^{j90°}$$

由于 　　　　　　$\dfrac{U}{I} = X_{\mathrm{L}}$ 和 $e^{j90°} = j$（j 为 + 90°旋转因子）

所以

$$\frac{\dot{U}}{\dot{I}} = jX_{\mathrm{L}}$$

即

$$\dot{U} = jX_{\mathrm{L}}\dot{I} \tag{2.41}$$

式(2.41)表明,电感元件的复电压超前复电流 90°。

3. 电容元件电路

由 2.5 节得知,电容元件的电流超前电压 90°。其三角函数式及所对应的有效值相量的指数式为

三角函数式　　　　有效值相量的指数式

$$\left.\begin{array}{ll} u = U_{\mathrm{m}}\sin \omega t & \dot{U} = Ue^{j0°} \\ i = I_{\mathrm{m}}\sin(\omega t + 90°) & \dot{I} = Ie^{j90°} \end{array}\right\} \tag{2.42}$$

式(2.42)中的 $\dot{U}$ 和 $\dot{I}$ 叫做电容元件的复电压和复电流,用 $\dot{U}$ 和 $\dot{I}$ 标注参考方向的电容元件电路如图 2.25(c)所示。由欧姆定律和式(2.42)得

$$\frac{\dot{U}}{\dot{I}} = \frac{Ue^{j0°}}{Ie^{j90°}} = \frac{U}{I}e^{j(0° - 90°)} = \frac{U}{I}e^{-j90°}$$

由于 　　　　$\dfrac{U}{I} = X_{\mathrm{C}}$ 和 $e^{-j90°} = -j$ 　　（-j 为 -90°旋转因子）

所以

$$\frac{\dot{U}}{\dot{I}} = -jX_{\mathrm{C}}$$

即

$$\dot{U} = -\mathrm{j}X_C\dot{I} \tag{2.43}$$

式(2.43)表明,电容元件的复电压滞后复电流$90°$。

综上所述,可得一组关于 R、L、C 单一参数元件电路的复电压 $\dot{U}$ 和复电流 $\dot{I}$ 的关系式。即

$$\dot{U} = R\dot{I}$$
$$\dot{U} = \mathrm{j}X_L\dot{I} \tag{2.44}$$
$$\dot{U} = -\mathrm{j}X_C\dot{I}$$

上面三个关系式是欧姆定律的相量形式。其中 $\mathrm{j}X_L$ 叫做电感元件的复感抗,$-\mathrm{j}X_C$ 叫做电容元件的复容抗(注意:$-\mathrm{j}X_C$ 不表示 X_C 为负值。$-\mathrm{j}$ 表示电容元件电压 $\dot{U}$ 滞后电流 $\dot{I}$,相位差为 $-90°$)。

二、复阻抗

现在假定 RLC 三元件串联接于正弦电源上,如图 2.26(a)所示。

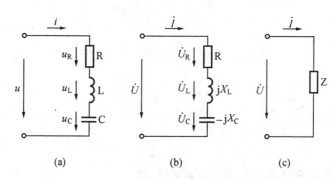

(a)　　　　　　(b)　　　　　　(c)

图 2.26　RLC 串联电路

若电源电压为 u,由图 2.26(a)可知

$$u = u_R + u_L + u_C$$

用相量表示,则

$$\dot{U} = \dot{U}_R + \dot{U}_L + \dot{U}_C \tag{2.45}$$

根据前面的分析,各元件的复电压和复电流的关系为

$$\dot{U}_R = R\dot{I} \qquad (\dot{U}_R 与 \dot{I} 同相)$$

$$\dot{U}_L = \mathrm{j}X_L\dot{I} \qquad (\dot{U}_L 超前 \dot{I} 90°)$$

$$\dot{U}_C = -\mathrm{j}X_C\dot{I} \qquad (\dot{U}_C 滞后 \dot{I} 90°)$$

将上述关系代入式(2.45),可以写出

$$\dot{U} = R\dot{I} + \mathrm{j}X_L\dot{I} - \mathrm{j}X_C\dot{I} = \dot{I}[R + \mathrm{j}(X_L - X_C)] = \dot{I}Z$$

即

$$\dot{U} = \dot{I}Z \tag{2.46}$$

式(2.46)是 RLC 串联交流电路欧姆定律的相量形式,式中 Z 叫做串联电路的复阻抗。它

等于

$$Z = R + j(X_L - X_C) \tag{2.47}$$

复阻抗的实部为电阻 R,复阻抗的虚部为复感抗与复容抗的代数和 $jX_L - jX_C = j(X_L - X_C)$。

有了复阻抗的概念,RLC 串联电路也可以表示成图 2.26(c)的形式。

式(2.47)是复阻抗的代数式,也可以表示成指数式,即

$$Z = |Z|e^{j\varphi} = |Z|\angle\varphi$$

式中
$$\left. \begin{array}{l} |Z| = \sqrt{R^2 + (X_L - X_C)^2} \quad (模) \\[2mm] \varphi = \arctan\dfrac{X_L - X_C}{R} \quad (辐角) \end{array} \right\} \tag{2.48}$$

式(2.48)中的 $|Z|$ 和 φ 就是式(2.34)、(2.32)中的 $|Z|$ 和 φ。

应当注意,复阻抗 Z 虽然也是复数,但它只表示电路的参数,不是正弦量,因而不能表示相量,字母 Z 上不能打“·”。

作为 RLC 串联电路的特殊情况,电阻元件电路 $Z = R$;电感元件电路 $Z = jX_L$;电容元件电路 $Z = -jX_C$;RL 串联电路 $Z = R + jX_L$;RC 串联电路 $Z = R - jX_C$。

三、复阻抗的串联和并联

与直流电路中电阻元件的串联和并联一样,在交流电路中,复阻抗的串联和并联也是最常用的基本联接方式。

1. 复阻抗的串联

图 2.27(a)是由两个复阻抗 Z_1 和 Z_2 构成的串联电路,Z_1 和 Z_2 通过同一复电流 $\dot{I}$。由克希荷夫电压定律可以写出

$$\dot{U} = \dot{U}_1 + \dot{U}_2 = \dot{I}Z_1 + \dot{I}Z_2 = \dot{I}(Z_1 + Z_2)$$

或
$$\dot{I} = \frac{\dot{U}}{Z_1 + Z_2}$$

式中
$$Z = Z_1 + Z_2$$

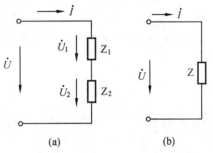

图 2.27　复阻抗串联

可见,两个串联的复阻抗 Z_1 和 Z_2 可用一个等效复阻抗 Z 来等效,如图 2.27(b)所示。Z_1 和 Z_2 串联具有分压作用,分压公式为

$$\left\{ \begin{array}{l} \dot{U}_1 = \dot{I}Z_1 = \dfrac{Z_1}{Z_1 + Z_2}\dot{U} \\[3mm] \dot{U}_2 = \dot{I}Z_2 = \dfrac{Z_2}{Z_2 + Z_2}\dot{U} \end{array} \right.$$

这里,应注意以下几个关系式

$$\dot{U} = \dot{U}_1 + \dot{U}_2$$

但
$$U \neq U_1 + U_2$$

即
$$I|Z| \neq I|Z_1| + I|Z_2|$$

所以
$$|Z| \neq |Z_1| + |Z_2|$$

由上可知

$$\begin{cases} \dot{U} = \dot{U}_1 + \dot{U}_2 \\ U \neq U_1 + U_2 \end{cases} \qquad \begin{cases} Z = Z_1 + Z_2 \\ |Z| \neq |Z_1| + |Z_2| \end{cases}$$

2. 复阻抗的并联

图 2.28(a)是由两个复阻抗 Z_1 和 Z_2 构成的并联电路，Z_1 和 Z_2 承受同一复电压 $\dot{U}$。由克希荷夫电流定律

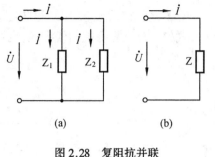

图 2.28　复阻抗并联

$$\dot{I} = \dot{I}_1 + \dot{I}_2 = \frac{\dot{U}}{Z_1} + \frac{\dot{U}}{Z_2} = \dot{U}\left(\frac{1}{Z_1} + \frac{1}{Z_2}\right)$$

两个并联的复阻抗 Z_1 和 Z_2 可以用一个等效复阻抗 Z 来等效，如图 2.28(b)所示，由此写出

$$\dot{I} = \frac{\dot{U}}{Z}$$

比较两式可知

$$\frac{1}{Z} = \frac{1}{Z_1} + \frac{1}{Z_2}$$

两个并联复阻抗的等效阻抗又可表示为

$$Z = \frac{Z_1 Z_2}{Z_1 + Z_2}$$

Z_1 和 Z_2 并联具有分流作用，分流公式为

$$\begin{cases} \dot{I}_1 = \frac{\dot{U}}{Z_1} = \frac{\dot{I} Z}{Z_1} = \frac{Z_2}{Z_1 + Z_2} \dot{I} \\ \dot{I}_2 = \frac{\dot{U}}{Z_2} = \frac{\dot{I} Z}{Z_2} = \frac{Z_1}{Z_1 + Z_2} \dot{I} \end{cases}$$

这里，也应注意以下几个关系式

$$\dot{I} = \dot{I}_1 + \dot{I}_2$$

但

$$I \neq I_1 + I_2$$

即

$$\frac{U}{|Z|} \neq \frac{U}{|Z_1|} + \frac{U}{|Z_2|}$$

所以

$$\frac{U}{|Z|} \neq \frac{1}{|Z_1|} + \frac{1}{|Z_2|} \quad \text{或} \quad |Z| \neq \frac{|Z_1| |Z_2|}{|Z_1| + |Z_2|}$$

由上式可知

$$\begin{cases} \dot{I} = \dot{I}_1 + \dot{I}_2 \\ I \neq I_1 + I_2 \end{cases} \qquad \begin{cases} \dfrac{1}{Z} = \dfrac{1}{Z_1} + \dfrac{1}{Z_2} \\ \dfrac{1}{|Z|} \neq \dfrac{1}{|Z_1|} + \dfrac{1}{|Z_2|} \end{cases}$$

四、交流电路的复数运算

对直流电路的计算，我们已有一整套计算公式和分析方法。实际上，如果交流电路的电流、电压和阻抗采用复电流 $\dot{I}$、复电压 $\dot{U}$ 和复阻抗 Z 表示，交流电路的计算也有一整套与直流电路完全相似的计算公式和分析方法。只要把直流看成是交流的特殊情况（频率 $f = 0$），两者就统一起来了。这样，直流电路中的各种分析方法，例如，支路电流法、电压源

与电流源的等效变换、叠加原理、戴维南定理、节点电压法等等,都可应用到交流电路中来。交、直流电路常用计算公式的比较,如表 2.1 所示。

表 2.1 交直流电路计算公式的比较

	直流电路	交流电路(相量形式)
欧姆定律	$U = IR$	$\dot{U} = \dot{I} Z$
克希荷夫定律	$\sum I = 0$	$\sum \dot{I} = 0$
	$\sum U = 0$	$\sum \dot{U} = 0$
串联电路	等效电阻 $R = R_1 + R_2$ 分压 $\begin{cases} U_1 = \dfrac{R_1}{R_1 + R_2} U \\ U_2 = \dfrac{R_2}{R_1 + R_2} U \end{cases}$	等效复阻抗 $Z = Z_1 + Z_2$ 分压 $\begin{cases} \dot{U}_1 = \dfrac{Z_1}{Z_1 + Z_2} \dot{U} \\ \dot{U}_2 = \dfrac{Z_2}{Z_1 + Z_2} \dot{U} \end{cases}$
并联电路	等效电阻 $R = \dfrac{R_1 R_2}{R_1 + R_2}$ 分流 $\begin{cases} I_1 = \dfrac{R_2}{R_1 + R_2} I \\ I_2 = \dfrac{R_1}{R_1 + R_2} I \end{cases}$	等效复阻抗 $Z = \dfrac{Z_1 Z_2}{Z_1 + Z_2}$ 分流 $\begin{cases} \dot{I}_1 = \dfrac{Z_2}{Z_1 + Z_2} \dot{I} \\ \dot{I}_2 = \dfrac{Z_1}{Z_1 + Z_2} \dot{I} \end{cases}$

【例 2.13】 在 RLC 串联电路中(见图 2.26(a)),已知 $R = 4\ \Omega$,$X_L = 10\ \Omega$,$X_C = 7\ \Omega$,电源电压 $u = 220\sqrt{2}\sin(314t + 15°)$ V。试求电流 i。

【解】 我们采用复数运算解决这个问题。

(1)写出电源电压对应的复电压(极坐标式)

$$\dot{U} = 220\underline{/15°}\ \text{V}$$

(2)求电路的复阻抗模

$$Z = R + j(X_L - X_C) = 4 + j3 = 5\underline{/37°}$$

(3)求电路的复电流

$$\dot{i} = \frac{\dot{U}}{Z} = \frac{220\underline{/15°}}{5\underline{/37°}} = 44(\underline{/15°} - \underline{/37°}) = 44\underline{/-22°}\ \text{A}$$

(4)写出正弦电流 i

$$i = 44\sqrt{2}\sin(314t - 22°)\ \text{A}$$

可以看出,本题采用复数运算,过程十分简捷,因为在计算复电流 $\dot{i}$ 时,模和辐角的计算是一步完成的。

【例 2.14】 两个复阻抗并联电路如图 2.29 所示,其中 $Z_1 = R_1 + jX_L = 5 + j10\ \Omega$,$Z_2 = R_2 - jX_C = 20 - j4\ \Omega$,复电压 $\dot{U} = 380\underline{/45°}$ V。试计算

(1) $\dot{i}_1$、$\dot{i}_2$ 和 $\dot{i}$ 之值;

(2) i_1、i_2 和 i 之值。

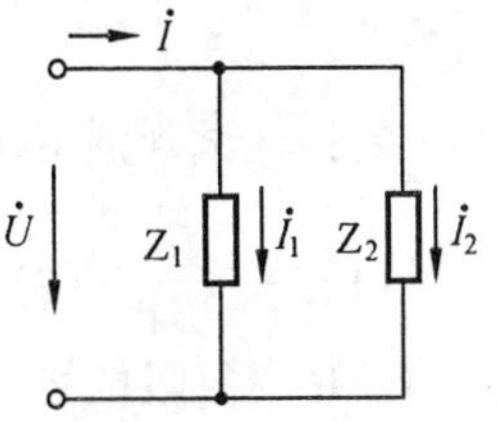

图 2.29 例 2.14 的电路图

【解】 计算步骤如下

1. 各复阻抗(极坐标式)

(1)
$$|Z_1| = \sqrt{R_1^2 + X_L^2} = \sqrt{5^2 + 10^2} = 11.18 \ \Omega$$

$$\varphi_1 = \arctan \frac{X_L}{R_1} = \arctan \frac{10}{5} = 63.4°$$

$$Z_1 = 11.18 \underline{/ \ 63.4°}$$

(2)
$$|Z_2| = \sqrt{R_2^2 + (-X_C)^2} = \sqrt{20^2 + (-4)^2} = 20.4 \ \Omega$$

$$\varphi_2 = \arctan \frac{X_C}{R_2} = \arctan \frac{-4}{20} = -11.3°$$

$$Z_2 = 20.4 \underline{/ -11.3°}$$

(3) 等效复阻抗 Z

$$Z = \frac{Z_1 Z_2}{Z_1 + Z_2} = \frac{(R_1 + jX_L)(R_2 + jX_C)}{R_1 + jX_L + R_2 - jX_C} = \frac{(5 + j10)(20 - j4)}{5 + j10 + 20 - j4} =$$

$$\frac{11.18 \underline{/ \ 63.4°} \times 20.4 \underline{/ -11.3°}}{25 + j6} =$$

$$\frac{11.18 \times 20.4 \underline{/ \ 63.4° - / \ 11.3°}}{25.7 \underline{/ \ 13.5°}} = 8.9 \underline{/ \ 38.6°} \ \Omega$$

2. 各复电流

$$\dot{I}_1 = \frac{\dot{U}}{Z_1} = \frac{380 \underline{/ \ 45°}}{11.18 \underline{/ \ 63.4°}} = 34 \underline{/ -18.4°} \ A$$

$$\dot{I}_2 = \frac{\dot{U}}{Z_2} = \frac{380 \underline{/ \ 45°}}{20.4 \underline{/ -11.3°}} = 18.6 \underline{/ \ 56.3°} \ A$$

$$\dot{I} = \frac{\dot{U}}{Z} = \frac{380 \underline{/ \ 45°}}{8.9 \underline{/ \ 38.6°}} = 43 \underline{/ \ 6.4°} \ A$$

3. 各电流的瞬时值

$$i_1 = 34\sqrt{2}\sin(\omega t - 18.4°) \ A$$

$$i_2 = 18.6\sqrt{2}\sin(\omega t + 56.3°) \ A$$

$$i = 43\sqrt{2}\sin(\omega t + 6.4°) \ A$$

思 考 题

2.15 试判别下面电流电压关系的几种表示法是否正确?

(1)$I = \dfrac{U}{|Z|}$ (2)$i = \dfrac{u}{|Z|}$ (3)$\dot{I} = \dfrac{\dot{U}}{|Z|}$ (4)$\dot{I} = \dfrac{\dot{U}}{Z}$

2.16 复阻抗 Z_1 和 Z_2 串联或并联时,试说明下面两式为什么不成立?

串联时 $|Z| \neq |Z_1| + |Z_2|$ 并联时 $|Z| \neq \dfrac{|Z_1| |Z_2|}{|Z_1| + |Z_2|}$

2.17　直流电路的各种计算方法和公式能否直接用于交流电路？怎样做才可以？

2.8　交流电路的频率特性

电容元件的容抗和电感元件的感抗均与频率有关。在交流电路中，当电源电压或电流的频率改变时，容抗和感抗则随着改变，进而使电路各部分产生的电压和电流也随着改变。电压、电流随频率变化的这种特性叫做频率特性或频率响应。在电子技术中，经常分析电子电路的频率特性，以了解它们在不同频率下的工作性能。

一、RC 电路的频率特性

由 RC 元件可组成滤波器和选频电路，图 2.30 所示电路便是其中一例。$\dot{U}_1$ 是输入电压（激励），$\dot{U}_2$ 是输出电压（响应）。

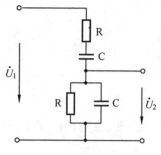

RC 串联部分的复阻抗为

$$Z_1 = R - j\,\frac{1}{\omega C} = R + \frac{1}{j\omega C} = \frac{1 + j\omega RC}{j\omega C}$$

RC 并联部分的复阻抗为

图 2.30　滤波与选频电路

$$Z_2 = \frac{R\left(-j\,\dfrac{1}{\omega C}\right)}{R - j\,\dfrac{1}{\omega C}} = \frac{\dfrac{R}{j\omega C}}{R + \dfrac{1}{j\omega C}} = \frac{R}{1 + j\omega RC}$$

输出电压　　　　　　　　　　$\dot{U}_2 = \dfrac{Z_2}{Z_1 + Z_2}\dot{U}_1$

取 $\dot{U}_2$ 与 $\dot{U}_1$ 之比（称为电路的传递函数）

$$T(j\omega) = \frac{\dot{U}_2}{\dot{U}_1} = \frac{Z_2}{Z_1 + Z_2} =$$

$$\frac{\dfrac{R}{1 + j\omega RC}}{\dfrac{1 + j\omega RC}{j\omega C} + \dfrac{R}{1 + j\omega RC}} = \frac{j\omega RC}{(1 + j\omega RC)^2 + j\omega RC} =$$

$$\frac{1}{3 + j\left(\omega RC - \dfrac{1}{\omega RC}\right)} =$$

$$\frac{1}{\sqrt{3^2 + \left(\omega RC - \dfrac{1}{\omega RC}\right)^2}} \underline{/ -\arctan \dfrac{\omega RC - \dfrac{1}{\omega RC}}{3}} =$$

$$T(\omega)\underline{/ -\varphi(\omega)}$$

式中

$$
\begin{cases}
T(\omega) = \dfrac{1}{\sqrt{3^2 + \left(\omega RC - \dfrac{1}{\omega RC}\right)^2}} & \text{（幅频特性）} \\[6mm]
\varphi(\omega) = -\arctan \dfrac{\omega RC - \dfrac{1}{\omega RC}}{3} & \text{（相频特性）}
\end{cases}
$$

前者表示 $T(\omega) = \dfrac{U_2}{U_1}$ 的幅度大小，后者表示 $\dot{U}_2$ 与 $\dot{U}_1$ 的相位差。

设

$$
\omega_0 = \frac{1}{RC}
$$

则

$$
\begin{cases}
T(\omega) = \dfrac{1}{\sqrt{3^2 + \left(\dfrac{\omega}{\omega_0} - \dfrac{\omega_0}{\omega}\right)^2}} \\[6mm]
\varphi(\omega) = -\arctan \dfrac{\dfrac{\omega}{\omega_0} - \dfrac{\omega_0}{\omega}}{3}
\end{cases}
$$

由表 2.2 可画出 $T(\omega)$ 和 $\varphi(\omega)$ 曲线如图 2.31 所示。

表 2.2

ω	0	ω_0	∞
$T(\omega)$	0	$\dfrac{1}{3}$	0
$\varphi(\omega)$	$\dfrac{\pi}{2}$	0	$-\dfrac{\pi}{2}$

下面我们讨论一下图 2.30 所示 RC 串并联网络的滤波作用和选频作用。

1. 滤波作用

RC 串并联网络能将 $\omega_1 \sim \omega_2$ 范围以外频率的信号予以显著衰减（或称滤波），使 $U_2/U_1 < 0.707 \times \dfrac{1}{3}$；而频率在 $\omega_1 \sim \omega_2$ 区间的信号则保持较大幅度顺利通过。该网络可作滤波器使用，$\Delta\omega = \omega_2 - \omega_1$ 是它的通频带。

2. 选频作用

RC 串并联网络能使频率为

$$
\omega_0 = \frac{1}{RC} \quad \text{即} \quad f_0 = \frac{1}{2\pi RC} \tag{2.49}
$$

的信号顺利通过，保持最高幅度 $U_2/U_1 = \dfrac{1}{3}$，且 $\dot{U}_2$ 与 $\dot{U}_1$ 同相。该网络常用于正弦波振荡电路（见第十七章）

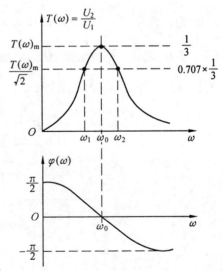

图 2.31　频率特性曲线

在图 2.30 中，如果两个电阻不等（R_1、R_2），两个电容不等（C_1、C_2），则有

$$
f_0 = \frac{1}{2\pi\sqrt{R_1 R_2 C_1 C_2}} \tag{2.50}
$$

读者可自行证明。

二、RLC 电路的谐振

在 RLC 串联和并联交流电路里,电路输入端的电压和电流一般是不同相的。如果改变电源的频率(或电路参数),这时电压和电流就可能达到同相,这种现象叫做谐振。发生在串联电路中的叫串联谐振,发生在并联电路中的叫并联谐振。实际上,这两种谐振就是 RLC 电路的频率特性。

1. 串联谐振

2.6 节曾经提到,在图 2.20(a)所示 RLC 串联电路中,若 $X_L = X_C$,则

$$\varphi = \arctan \frac{X_L - X_C}{R} = 0$$

说明电压 u 和电流 i 同相,这就是串联谐振。

(1) 串联谐振的条件

$$X_L = X_C \qquad 即 \qquad \omega L = \frac{1}{\omega C}$$

当电源频率一定时,要使电路产生谐振,可通过改变电路参数 L、C 的方法实现(改变 C 最方便);当电路参数一定时,也可以用改变电源频率 f 的方法使电路产生谐振。

谐振时电源频率 ω_0 为

$$\omega_0^2 = \frac{1}{LC}$$

$$\omega_0 = \frac{1}{\sqrt{LC}} \qquad 即 \qquad f_0 = \frac{1}{2\pi \sqrt{LC}} \qquad (2.51)$$

(2) 串联谐振的特点:

① 电压 $\dot{U}$ 与电流 $\dot{I}$ 同相,电路呈电阻性。

② 阻抗 $|Z|$ 最小,$|Z| = \sqrt{R^2 + (X_L - X_C)^2} = R$。

③ 电流 I 最大,$I = I_0 = \dfrac{U}{|Z|} = \dfrac{U}{R}$。

阻抗 $|Z|$ 和电流 I 随频率 f 的变化曲线如图 2.32 所示。

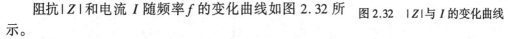

图 2.32　$|Z|$ 与 I 的变化曲线

④ $\dot{U}_L$ 和 $\dot{U}_C$ 出现新的情况:

一方面,因为 $X_L = X_C$,所以 $\dot{U}_L$ 和 $\dot{U}_C$ 大小相等,相位相反,互相抵消,电源不再给它们提供无功功率,能量互换只在它们两者之间进行。

另一方面,若 $X_L = X_C \gg R$ 时,U_L 和 U_C 的数值将比电源电压 U 高得多,出现过电压。例如:设电源电压 $U = 100$ V,$R = 1$ Ω,$X_L = X_C = 20$ Ω。此时 $I_0 = \dfrac{U}{R} = \dfrac{100}{1} = 100$ A,而 $U_L = U_C = 2\,000$ V。

过电压会击穿电容器和电感线圈的绝缘层,因此电力工程上应避免发生串联谐振。串联谐振多应用于无线电工程中,例如在接收机里,天线收到各种不同频率的信号(见图 2.34),如何选择我们所需要的某一频率的信号呢? 只要旋转可变电容器的旋钮就可以找到。原来,电容 C 是设置在接收机里的串联谐振电路中的可变电容,改变 C 的数值就可使电路在所需要的频率上谐振,电流最大,U_C 最高,而其余不需要的频率信号由于未达到

其相应的谐振状态,电流极小,处于被抑制状态。

串联谐振时的相量图如图 2.33 所示。

【**例 2.15**】 现将一电感 $L = 4$ mH、电阻 $R = 100$ Ω 的电感线圈与电容 $C = 160$ pF 的电容器串联,接在 $U = 1$ V 的电源上。(1)当 $f_0 = 200$ kHz 时电路发生谐振,求谐振电流与电容器上的电压;(2)当频率偏离谐振点 $+10\%$ 时,再求电流与电容器上的电压。

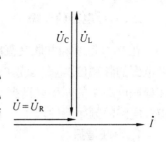

图 2.33　串联谐振时的相量图

【**解**】 (1)谐振点 $f_0 = 200$ kHz

$$X_L = \omega_0 L = 2\pi f_0 L = 2\pi \times 200 \times 10^3 \times 4 \times 10^{-3} = 5 \times 10^3 \ \Omega$$

$$X_C = \frac{1}{\omega_0 C} = \frac{1}{2\pi \times 200 \times 10^3 \times 160 \times 10^{-12}} = 5 \times 10^3 \ \Omega$$

谐振电流

$$I_0 = \frac{U}{\sqrt{R^2 + (X_L - X_C)^2}} = \frac{U}{R} = \frac{1}{10} = 0.1 \ \text{A} = 100 \ \text{mA}$$

电容器上的电压

$$U_C = I_0 X_C = 0.1 \times 5 \times 10^3 = 500 \ \text{V} \quad (\text{是电源电压的 } 500 \text{ 倍})$$

(2)频率偏离谐振点 $+10\%$。此时 X_L 和 X_C 将分别增加 10% 和减少 10%,即

$$X_L = 5\ 500 \ \Omega \qquad X_C = 4\ 500 \ \Omega$$

阻抗

$$|Z| = \sqrt{R^2 + (X_L - X_C)^2} = \sqrt{10^2 + (5\ 500 - 4\ 500)^2} \approx 1\ 000 \ \Omega$$

电流

$$I = \frac{U}{|Z|} = \frac{1}{1\ 000} = 0.001 \ \text{A} = 1 \ \text{mA}$$

电容器上的电压

$$U_C = I X_C = 0.001 \times 4\ 500 = 4.5 \ \text{V}$$

可见偏离谐振频率 $+10\%$ 时,电流 I 和电容器电压 U_C 都大大减小了。

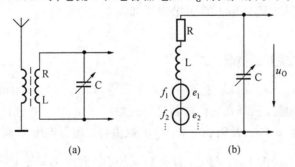

图 2.34　例 2.16 的电路图

【**例 2.16**】 某收音机的输入电路如图 2.34(a)所示。线圈的电感 $L = 0.3$ mH,电阻 $R = 16$ Ω。今欲收听 640 kHz 的电台广播,应将可变电容 C 调到多少 pF? 如果谐振回路中的信号电压 $U = 2 \ \mu$V,这时回路中的信号电流是多少? 可变电容器两端的电压是多少?

【**解**】 根据

$$f_0 = \frac{1}{2\pi \sqrt{LC}}$$

$$640 \times 10^3 = \frac{1}{2 \times 3.14 \sqrt{0.3 \times 10^{-3} \times C}}$$

可得

$$C = 204 \text{ pF}$$

回路中的信号电流

$$I = \frac{U}{R} = \frac{2 \times 10^{-6}}{16} = 0.13 \ \mu A$$

电容器两端电压为

$$U_C = I X_C = \frac{I}{2\pi f_0 C} = \frac{0.13 \times 10^{-6}}{2 \times 3.14 \times 640 \times 10^3 \times 204 \times 10^{-12}} = 158 \ \mu V$$

2. 并联谐振

图2.35是由一个电感线圈和一个电容构成的并联电路，R是线圈导线的电阻，数值很小。电路的等效复阻抗为

$$Z = \frac{(R + j\omega L) \dfrac{1}{j\omega C}}{R + j\omega L + \dfrac{1}{j\omega C}}$$

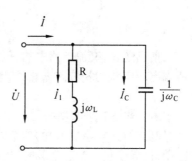

经整理

$$Z = \frac{R + j\omega L}{1 - \omega^2 LC + j\omega RC} \approx \frac{j\omega L}{1 - \omega^2 LC + j\omega LRC} =$$
$$\frac{1}{\dfrac{RC}{L} + j\omega C - j\dfrac{1}{\omega L}} = \frac{1}{\dfrac{RC}{L} + j\left(\omega C - \dfrac{1}{\omega L}\right)} \quad (2.52)$$

图 2.35　并联谐振电路

在式(2.52)中，若 $\omega C \approx \dfrac{1}{\omega L}$，复阻抗为实数，电路呈电阻性。此时电压 $\dot{U}$ 和电流 $\dot{I}$ 同相，电路产生谐振，这就是并联谐振。

(1) 并联谐振的条件

$$\omega_0 C \approx \frac{1}{\omega_0 L} \qquad\qquad\qquad\qquad (2.53)$$
$$\omega_0 \approx \frac{1}{\sqrt{LC}} \qquad 即 \qquad f_0 \approx \frac{1}{2\pi \sqrt{LC}}$$

(2) 并联谐振的特点：

① 电压 $\dot{U}$ 和电流 $\dot{I}$ 同相，电路呈电阻性。

② 阻抗 $|Z| = |Z_0|$ 最大。

由式(2.52)可知，谐振时，分母虚部为零，谐振阻抗最大，即

$$|Z_0| = \frac{L}{RC}$$

③ 电流 $I = I_0$ 最小。

④ $I_1 \approx I_C$，它们的数值可能比总电流 I_0 大得多。

因为

$$I_1 = \frac{U}{\sqrt{R^2 + (\omega_0 L)^2}} \approx \frac{U}{\omega_0 L} \qquad （因为 R \ll \omega_0 L）$$

$$I_C = \frac{U}{\dfrac{1}{\omega_0 C}} = \omega_0 C U$$

由式(2.53)可知 $I_1 \approx I_C$

因为 $|Z_0| = \dfrac{L}{RC} = \dfrac{\omega_0 L}{R(\omega_0 C)} = \dfrac{(\omega_0 L)^2}{R}$

当 $\omega_0 L \gg R$ 时 $|Z_0| = \dfrac{(\omega_0 L)^2}{R} \gg \omega_0 L = \dfrac{1}{\omega_0 C}$

此时阻抗 $|Z_0|$ 远大于电感支路阻抗和电容支路阻抗,也就是说,电感支路电流和电容支路电流远大于总电流 I_0。

并联谐振也具有选频特性,在电子技术中也得到了应用。例如 LC 正弦波振荡器中的振荡回路,用的就是并联谐振的选频作用(见第十七章)。

2.9　功率因数的提高

前已述及,交流电路中的有功功率一般不等于电源电压 U 和总电流 I 的乘积,还要考虑电压电流的相位差 φ 的影响。即

$$P = UI\cos \varphi$$

式中 $\cos \varphi$ 是电路的功率因数。电路的功率因数决定于负载的性质。只有电阻性负载(例如白炽灯、电阻炉等)的功率因数才等于 1,其它负载的功率因数均小于 1。例如交流电动机(异步机),当它空载时,功率因数约等于 0.2 ~ 0.3;而当它处于额定状态时,功率因数约等于 0.83 ~ 0.85。

为了发展国民经济,合理使用电能,国家电业部门规定,用电企业的功率因数必须维持在 0.85 以上。高于此指标的给予奖励,低于此指标的则予罚款,而低于 0.5 者停止供电。功率因数的高低为什么如此重要? 功率因数低有哪些不利? 我们从以下两方面来说明。

一、电源设备的容量不能充分利用

设某供电变压器的额定电压 $U_N = 230$ V,额定电流 $I_N = 434.8$ A,额定容量 $S_N = U_N I_N = 230 \times 434.8 = 100$ kVA。

如果负载功率因数等于 1,则变压器可以输出有功功率

$$P = U_N I_N \cos \varphi = 230 \times 434.8 \times 1 = 100 \text{ kW}$$

如果负载功率因数等于 0.5,则变压器可以输出有功功率

$$P = U_N I_N \cos \varphi = 230 \times 434.8 \times 0.5 = 50 \text{ kW}$$

可见,负载的功率因数愈低,供电变压器输出的有功功率愈小,设备的利用率愈不充分,经济损失愈严重。

二、增加输电线路上的功率损失

当发电机的输出电压 U 和输出的有功功率 P 一定时,发电机输出的电流(即线路上的电流)为

$$I = \frac{P}{U\cos \varphi}$$

可见电流 I 和功率因数 $\cos \varphi$ 成反比。若输电线的电阻为 r,则输电线上的功率损失为

$$\Delta P = I^2 r = \left(\frac{P}{U\cos \varphi}\right)^2 r$$

功率损失 ΔP 和功率因数 $\cos\varphi$ 的平方成反比,功率因数愈低,功率损失愈大。

以上讨论,是一台发电机的情况,但其结论也适用于一个工厂或一个地区的用电系统。功率因数的提高意味着电网内的发电设备得到了充分利用,提高了发电机输出的有功功率和输电线上有功电能的输送量。与此同时,输电系统的功率损失也大大降低,可以节约大量电力。

提高功率因数的简便而有效的方法,是给电感性负载并联适当大小的电容器,其电路图和相量图如图 2.36 所示。

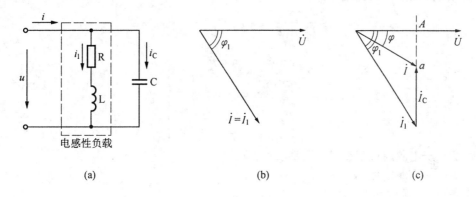

(a)　　　　　　　　(b)　　　　　　　　(c)

图 2.36　功率因数的提高

由于是并联,电感性负载的电压不受电容器的影响,电感性负载的电流 I_1 仍然等于 $\dfrac{U}{\sqrt{R^2 + X_L^2}}$,这是因为电源电压和电感性负载的参数并未改变的缘故。但对总电流来说,却多了一个电流分量 i_C,即

$$i = i_1 + i_C$$

或者

$$\dot{I} = \dot{I}_1 + \dot{I}_C$$

由相量图(b)可知,未并联电容器时,总电流(等于电感性负载电流 $\dot{I}_1$)与电源电压的相位差为 φ_1;并联电容器之后,总电流(等于 $\dot{I}_1 + \dot{I}_C$)与电源电压的相位差为 φ(见图(c)),相位差减小了,由 φ_1 减小为 φ,功率因数 $\cos\varphi$ 就提高了。应当注意,这里所说的功率因数提高了,是指整个电路系统(包括电容器在内)的功率因数提高了(或者说,此时电源的功率因数提高了),而原电感性负载的功率因数并未改变。

由电路图和相量图可知,若增加电容量,容抗减小,则 $\dot{I}_C$ 增大,顺 a、A 的延长线伸长 φ 角随着减小,功率因数逐渐提高。若 C 值选得适当,a 点与 A 重合,电流 $\dot{I}$ 和电压 $\dot{U}$ 同相,则 $\varphi = 0$,$\cos\varphi = 1$,获得最佳状态。若 C 值选得过大,$\dot{I}_C$ 增大太多,电流 $\dot{I}$ 将超前电压 $\dot{U}$,功率因数反倒减小。因此 C 值必须选择适当。C 的计算公式推导如下:

由相量图可知

$$I_C = I_1 \sin\varphi_1 - I \sin\varphi \qquad (2.54)$$

式中,I_C 为电容器中的电流,I_1 和 I 分别为功率因数提高前、后的电源电流。I_C 可由电路图求出

$$I_C = \frac{U}{X_C} = \omega CU$$

I_1 和 I 可由下面关系得出

$$P = UI_1 \cos \varphi_1 \text{（功率因数提高前电路的有功功率）}$$

$$P = UI \cos \varphi \text{（功率因数提高后电路的有功功率，电容器不消耗功率）}$$

即

$$I_1 = \frac{P}{U \cos \varphi_1}$$

$$I = \frac{P}{U \cos \varphi}$$

将 I_C、I_1 和 I 代入式(2.54)

$$\omega CU = \frac{P}{U \cos \varphi_1} \cdot \sin \varphi_1 - \frac{P}{U \cos \varphi} \cdot \sin \varphi =$$

$$\frac{P}{U}(\tan \varphi_1 - \tan \varphi)$$

或者

$$\left. \begin{array}{l} C = \dfrac{P}{\omega U^2}(\tan \varphi_1 - \tan \varphi) \\[3mm] C = \dfrac{P}{2\pi f U^2}(\tan \varphi_1 - \tan \varphi) \end{array} \right\} \tag{2.55}$$

式中　P——电源向负载提供的有功功率，W；

　　　　U——电源电压，V；

　　　　f——电源频率，Hz；

　　　　φ_1——并联电容前，电路的功率因数角；

　　　　φ——并联电容后，整个电路的功率因数角。

【例 2.17】　有一电感性负载接在电压为 220 V 的工频电源上，吸取的功率 $P = 10$ kW，功率因数 $\cos \varphi_1 = 0.65$。(1)若将功率因数提高到 $\cos \varphi = 0.95$，求需要并联的电容值。(2)计算功率因数提高前后电源输出的电流值。

【解】　(1)功率因数提高前后

$$\cos \varphi_1 = 0.65 \qquad \varphi_1 = 49.5° \qquad \tan \varphi_1 = 1.169$$

$$\cos \varphi = 0.95 \qquad \varphi = 18.2° \qquad \tan \varphi = 0.329$$

将功率因数由 0.65 提高至 0.95 所需的电容值

$$C = \frac{P}{2\pi f U^2}(\tan \varphi_1 - \tan \varphi) = \frac{10 \times 10^3}{314 \times 220^2}(1.169 - 0.329) = 553 \ \mu\text{F}$$

(2)电源电流：

提高之前

$$I = I_1 = \frac{P}{U \cos \varphi_1} = \frac{10 \times 10^3}{220 \times 0.65} = 69.9 \ \text{A}$$

提高之后

$$I = \frac{P}{U \cos \varphi} = \frac{10 \times 10^3}{220 \times 0.95} = 47.8 \ \text{A}$$

可见，功率因数提高后，电源电流显著减小。

思　考　题

2.18　什么是交流电路的频率特性？

2.19　什么是幅频特性和相频特性？

2.20　串联谐振和并联谐振的条件是什么？谐振频率公式如何？

2.21　串联谐振时，电阻的有功能量由何处获得？电感和电容的无功能量由何处获得？

2.22　电感性负载并联电容器后,何处的功率因数提高了？电感性负载本身的功率因数是否改变？

2.23　上题电路功率因数提高后,电源输出的电流及有功功率和无功功率是否改变？

*2.10　非正弦周期信号电路的分析

在电子电路中,除正弦信号外,还大量存在非正弦周期信号,例如,矩形波、三角波、锯齿波信号等。图2.37(a)、(b)所示是矩形波和三角波电压信号。

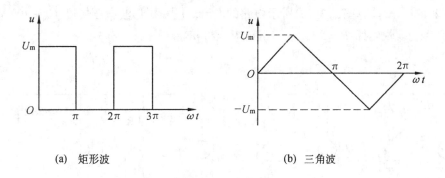

(a)　矩形波　　　　　　　　　　　(b)　三角波

图2.37　非正弦周期电压

遇到这种电路应如何处理呢？通过以下讨论可以知道,这种电路在理论上是比较简单的,可以像分析直流电路和正弦交流电路那样来分析非正弦周期信号电路。

一、非正弦周期量的分解

数学分析指出:只要非正弦周期量满足狄里赫利条件①,就可以展开为傅里叶三角级数。

设非正弦周期电压 $u = u(\omega t)$,ω 为其角频率,则可以展开为

$$u = U_0 + u_{1m}\sin(\omega t + \varphi_1) + u_{2m}\sin(2\omega t + \varphi_2) + \cdots =$$
$$U_0 + \sum_{k=1}^{\infty} u_{km}\sin(k\omega t + \varphi_k) \tag{2.56}$$

式中第一项 U_0 是直流分量,第二项 $U_{1m}\sin(\omega t + \varphi_1)$ 是一次谐波分量(或称基波分量),其余各项 $k = 2,3,4,\cdots$ 称为二次谐振分量,三次和四次谐波分量,统称高次谐波。各次谐波的幅度是不等的,频率愈高,幅度愈小,具有收敛性。前3~5项是主要组成部分,一般工程计算只取其前3~5项便可保证一定的准确度。

查电工手册可知,图2.37(a)、(b)所示非正弦周期电压的傅里叶三角级数分别为

1. 矩形波

$$u = \frac{U_m}{2} + \frac{2U_m}{\pi}\Big(\sin \omega t + \frac{1}{3}\sin 3\omega t + \frac{1}{5}\sin 5\omega t + \cdots\Big) \tag{2.57}$$

2. 三角波

---

①　狄里赫利条件是指周期函数在一个周期内包含有限个最大值和最小值以及有限个第一类间断点。电路中的非正弦周期量都能满足这个条件。

$$u = \frac{8U_m}{\pi^2}\left(\sin \omega t - \frac{1}{9}\sin 3\omega t - \frac{1}{25}\sin 5\omega t + \cdots\right) \tag{2.58}$$

实际上,非正弦周期量的展开式中,并不一定都包含直流分量和所有的谐波分量,例如,式(2.57)中不包含偶次谐波,式(2.58)中不包含直流分量和偶次谐波。

二、非正弦周期信号线性电路的计算

把非正弦周期信号电压表示成

$$u = U_0 + u_1 + u_2 + \cdots$$

式中 U_0 是直流分量, $u_1, u_2, \cdots$ 是各次谐波分量。显然,在电压 u 作用下的线性电路,其电流可以采用叠加原理来计算。

【例2.18】 试计算图 2.38(a)所示电路的电流。已知矩形波电压幅度 $U_m = 100$ V,频率 $f = 10^3$ Hz。线性电路 $R = 5\ \Omega, L = 1$ mH, $C = 20\ \mu$F。

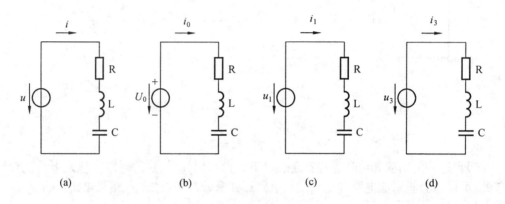

图 2.38 例 2.18 的电路图

【解】 将矩形波电压按式(2.57)展开,取其前三项

$$u = \frac{U_m}{2} + \frac{2U_m}{\pi}\sin \omega t + \frac{2U_m}{3\pi}\sin 3\omega t = \frac{100}{2} + \frac{200}{\pi}\sin \omega t + \frac{200}{3\pi}\sin 3\omega t =$$

$$50 + 63.7\sin \omega t + 21.2\sin 3\omega t = U_0 + u_1 + u_3$$

(1) 直流分量 U_0 单独作用

由图 2.38(b)可知,电流的直流分量 $I_0 = 0$(电容 C 相当于断路)

(2) 基波分量 u_1 单独作用

由图 2.38(c)可知,基波电流

$$I_{1m} = \frac{U_m}{|Z_1|} = \frac{U_{1m}}{\sqrt{R^2 + (X_{L1} - X_{C1})^2}}$$

式中基波感抗 $X_{L1} = \omega L = 2\pi f L = 6.28 \times 10^3 \times 1 \times 10^{-3} = 6.28\ \Omega$

基波容抗 $X_{C1} = \dfrac{1}{\omega C} = \dfrac{1}{2\pi f C} = \dfrac{1}{6.28 \times 10^3 \times 20 \times 10^{-6}} = 7.96\ \Omega$

基波阻抗 $|Z_1| = \sqrt{R^2 + (X_{L1} - X_{C1})^2} = \sqrt{5^2 + (6.28 - 9.26)^2} = 5.27\ \Omega$

$$I_{1m} = \frac{U_{1m}}{|Z_1|} = \frac{63.7}{5.27} = 12.1\ \text{A}$$

基波相位差 $\varphi_1 = \arctan \dfrac{X_{L1} - X_{C1}}{R} = \arctan \dfrac{6.28 - 7.96}{5} = -18.6°$(电容性)

基波电流瞬时值 $\qquad i_1 = 12.1 \sin(\omega t + 18.6°)$ A

(3) 三次谐波分量 u_3 单独作用

由图 2.38(d)可知，三次谐波电流

$$I_{3m} = \frac{U_{3m}}{|Z_3|} = \frac{U_{3m}}{\sqrt{R^2 + (X_{L3} - X_{C3})^2}}$$

式中三次谐波感抗 $\qquad X_{L3} = 3\omega L = 3X_{L1} = 3 \times 6.28 = 18.84\ \Omega$

三次谐波容抗 $\qquad X_{C3} = \frac{1}{3\omega C} = \frac{1}{3} X_{C1} = \frac{1}{3} \times 7.96 = 2.65\ \Omega$

$$|Z_3| = \sqrt{R^2 + (X_{L3} - X_{C3})^2} = \sqrt{5^2 + (18.84 - 2.65)^2} = 16.94\ \Omega$$

$$I_{3m} = \frac{U_{3m}}{|Z_3|} = \frac{21.2}{16.94} = 1.25\ A$$

三次谐波相位差 $\qquad \varphi_3 = \arctan \frac{X_{L3} - X_{C3}}{R} = \arctan \frac{18.84 - 2.65}{5} = 72.8°$

三次谐波电流瞬时值 $\qquad i_3 = 1.25 \sin(\omega t - 72.8°)$ A

(4) 所求电流

由图 2.38(a)可知

$$i = I_0 + i_1 + i_3 = i_1 + i_3 =$$
$$12.1 \sin(\omega t - 18.6°) + 1.25 \sin(\omega t - 72.8°)\ A$$

由上例可见，非正弦周期信号线性电路的计算可归纳为三个步骤：

① 将非正弦周期信号电压分解为傅里叶三角级数。

② 利用叠加原理分别计算直流分量和各次正弦谐波分量单独作用时所产生的电流分量。

③ 将所得的各电流分量(直流分量和正弦谐波分量)叠加起来，即为所求的电流。

应该注意的是，电感和电容对不同的谐波分量呈现不同的感抗和容抗；谐波次数愈高，感抗愈大($X_{LK} = kX_{L1}$)，容抗愈小($X_{CK} = \frac{1}{k}X_{C1}$)。

本 章 小 结

与直流电路相比，交流电路的概念复杂，理论较深。但相量法的引用，使交流电路的分析计算变得形式上与直流相同。本章的基本内容可归纳为以下几个问题：

一、交流电的表示法

1. 三角函数表示法

(1)三角函数式：能精确地表达交流电的变化规律。以电流为例，其一般表达式为

$$i = I_m\sin(\omega + \psi)$$

$$特征量(三要素)\begin{cases} 幅值\ I_m(相关量：有效值\ I) \\ 角频率\ \omega(相关量：周期\ T，频率\ f) \\ 初相位\ \psi(相关量：相位差\ \varphi) \end{cases}$$

(2)三角函数波形图：用波形图配合三角函数式分析问题，具有直观形象的特点。

2. 相量表示法

(1)相量式(复数)：能把正弦量的大小和相位兼容于同一复数式中，使同频率正弦量之间的繁琐的三角运算关系转化为简便的四则运算关系，是分析各种交流电路的有效方

法。

(2)相量图:能清楚而直观地表示出几个同频率正弦量的大小和相位关系。可以辅助分析简单交流电路。

二、交流电路中电压、电流和功率的基本关系

为了便于比较,几种基本电路的电压、电流和功率关系如表 2.3 所列。其中 R、L 和 C 单一元件电路可看做是 RLC 串联电路的特殊情况,RLC 串联电路的各关系式可认为是一般表达式。

表 2.3 交流电路的电压、电流和功率的基本关系

	关系式 \ R、L、C	R 电路	L 电路	C 电路	RLC 串联电路
电压与电流关系	(1)瞬时值关系式	$u = Ri$	$u = L\dfrac{\mathrm{d}i}{\mathrm{d}t}$	$i = C\dfrac{\mathrm{d}u}{\mathrm{d}t}$	$u = Ri + L\dfrac{\mathrm{d}u}{\mathrm{d}t} + \dfrac{1}{C}\int i\,\mathrm{d}i$
	(2)有效值关系式	$U = IR$	$U = IX_L$	$U = IX_C$	$U = I\sqrt{R^2 + (X_L - X_C)^2}$
	(3)相位差	$\varphi = 0$	$\varphi = 90°$	$\varphi = -90°$	$\varphi = \arctan\dfrac{X_L - X_C}{R}\ (-90° \leqslant \varphi \leqslant 90°)$
	(4)相量式(复数)	$\dot{U} = \dot{I}R$	$\dot{U} = jX_L\dot{I}$	$\dot{U} = -jX_C\dot{I}$	$\dot{U} = \dot{I}[R + j(X_L - X_C)] = \dot{I}Z$
	(5)相量图				
功率关系	(6)有功功率	$P = UI$	$P = 0$	$P = 0$	$P = UI\cos\varphi$
	(7)无功功率	$Q = 0$	$Q = UI$	$Q = UI$	$Q = UI\sin\varphi$
	(8)视在功率	$S = P$	$S = Q$	$S = Q$	$S = UI$

三、交流电路的计算方法

1. 串联电路电流的计算

(1) 可以采用一般形式的欧姆定律计算电流有效值,然后单独计算相位差。

$$\begin{cases} I = \dfrac{U}{|Z|} = \dfrac{U}{\sqrt{R^2 + (X_L - X_C)^2}} \\[2mm] \varphi = \arctan\dfrac{X_L - X_C}{\sum R} \end{cases}$$

（2）可以采用相量形式的欧姆定律,将电流的大小(I)和初相位(φ)集中在同一复数式中进行运算。

$$\dot{I} = \frac{\dot{U}}{Z} = I\angle\psi$$

2. 并联电路电流的计算

宜采用相量形式的欧姆定律进行复数运算,分别求出分支电流和总电流(式中 Z 为等效复阻抗)

$$\begin{cases} \dot{I}_1 = \dfrac{\dot{U}}{Z_1} \\[2mm] \dot{I}_2 = \dfrac{\dot{U}}{Z_2} \\[2mm] \dot{I} = \dfrac{\dot{U}}{Z} \end{cases}$$

四、交流电路的频率特性

在 RC 和 RLC 电路中,元件上的电压和电流通常与频率有关,是频率的函数。RC 串并联网络具有滤波作用和选频作用。

$$\omega_0 = \frac{1}{RC} \qquad f = \frac{1}{2\pi RC}$$

通频带　　　　　　　　$\Delta\omega = \omega_2 - \omega_1$

RLC 串联谐振　　　　$f_0 = \dfrac{1}{2\pi\sqrt{LC}}$

RLC 并联谐振　　　　$f_0 = \dfrac{1}{2\pi\sqrt{LC}}$

滤波作用和选频作用以及串联谐振和并联谐振在工程上均有重要应用。

五、提高用电系统功率因数的意义和方法

1. 意义

(1)充分发挥电源设备的潜力;

(2)减少供电线路上的电能损耗。

2. 方法

在电感性负载上并联适当容量的电容器。

3. 并联电容的计算公式

$$C = \frac{P}{\omega U^2}(\tan\varphi_1 - \tan\varphi)$$

习　　题

2.1　已知一正弦电流的有效值为 $I = 5$ A,频率 $f = 50$ Hz,初相位 $\psi = \dfrac{\pi}{3}$。试写出其瞬时值表达式,并画出波形图。

2.2　已知一正弦电压 $u = 220\sqrt{2}\sin(\omega t + 30°)$ V,$f = 50$ Hz,试求 $t = 0.1$ s 时电压 u 的

数值。

2.3　已知 $u = 50 \sin(\omega t + 60°)$ V 和 $i = 20 \sin(\omega t - 30°)$ A。试画出 u 和 i 的波形图和相量图,它们的相位差是多少?

2.4　某实验中,在双踪示波器的屏幕上显示出两个同频率正弦电压 u_1 和 u_2 的波形,如题图 2.1 所示。

(1)求电压 u_1 与 u_2 的周期和频率。

(2)若时间起点($t = 0$)选在图示位置,试写出 u_1 与 u_2 的三角函数式。

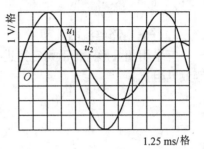

1.25 ms/格

题图 2.1

2.5　已知正弦电压 $u = 380\sqrt{2} \sin(314t + 30°)$ V。(1)画出相量图。(2)写出有效值相量的指数式和代数式。

2.6　已知 $i_1 = 5\sqrt{2}\sin(\omega t + 30°)$ A 和 $i_2 = 5\sqrt{2}\sin(\omega t - 30°)$ A。求:(1)$i = i_1 + i_2$;(2)$i = i_1 - i_2$。

2.7　在题图 2.2 所示电路中,已知 $i_1 = I_{m1}\sin(\omega t - 60°)$ A,$i_2 = I_{m2}\sin(\omega t + 120°)$ A,$i_3 = I_{m3}\sin(\omega t + 30°)$ A,$u = U_m\sin(\omega t + 30°)$ V。试判别各支路是什么元件?

2.8　在题图 2.3 所示电路中,安培计 A_1 和 A_2 的读数分别为 $I_1 = 3$ A 和 $I_2 = 4$ A,试问:

(1)设 $Z_1 = R$, $Z_2 = -jX_C$ 时,安培计 A 的读数为多少?

(2)设 $Z_1 = R$,问 Z_2 为何种参数才能使安培计 A 的读数最大?此读数应为多少?

(3)设 $Z_1 = jX_L$,问 Z_2 为何种参数才能使安培计 A 的读数最小?此读数应为多少?

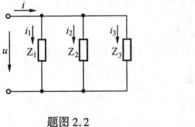

题图 2.2

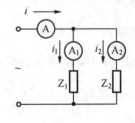

题图 2.3

2.9　在题图 2.4(a)、(b)所示电路中,试计算仪表 V 与 A 的读数。

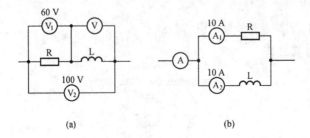

(a)　　　　　(b)

题图 2.4

2.10　在题图 2.5(a)、(b)所示电路中,试计算仪表 V 与 A 的读数。

2.11　一个电感线圈,接于频率为 50 Hz、电压为 220 V 的交流电源上,通过的电流为

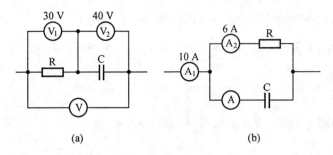

题图 2.5

10 A,消耗有功功率为 200 W。求此线圈的电阻 R 和电感 L。

2.12　CJO − 10A 型交流接触器的线圈数据为 380 V、30 mA、50 Hz,线圈电阻为 1.6 kΩ。试计算线圈的电感。

2.13　日光灯管与镇流器须配合使用,它们串接在交流电源上,可看做是 RL 串联电路。如已知某灯管的等效电阻 $R_1 = 280$ Ω,镇流器的电阻和电感分别为 $R_2 = 20$ Ω 和 $L = 1.65$ H,电源电压 $U = 220$ V,电源频率为 50 Hz。试求电路中的电流和灯管两端及镇流器两端的电压,并讨论这两个电压加起来是否等于电源电压 220 V?

2.14　一个由 R、L、C 元件组成的无源二端网络,如题图 2.6 所示。已知它的输入端电压和电流为 $u = 220\sqrt{2}\sin(314t + 15°)$ V, $i = 5.5\sqrt{2}\sin(314t - 38°)$ A。试求:

(1)求此二端网络的串联等效电路;(2)二端网络的功率因数;(3)二端网络的有功功率和无功功率。

2.15　如题图 2.7 所示为一 RC 移相电路。已知信号频率为 500 Hz,电容 C 为 1 μF,现需要 u_2 对 u_1 的相移为 − 60°,试求电阻 R 的数值。

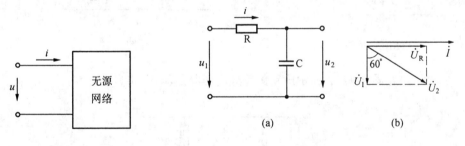

(a)　　　　　　　　　(b)

题图 2.6　　　　　　　　　　　题图 2.7

2.16　电感性负载 Z_1 和电容性负载 Z_2 串联如题图 2.8 所示。已知 $R_1 = 7$ Ω,$L_1 = 12.75$ mH,$R_2 = 2$ Ω,$C = 318.51$ μF,$I = 20.4$ A,$f = 50$ Hz。

(1)求整个电路的阻抗 $|Z|$、电压 U、有功功率 P、无功功率 Q 和视在功率 S。

(2)验证
$$|Z| \neq |Z_1| + |Z_2|$$
$$U \neq U_1 + U_2$$

(3)验证
$$P = P_1 + P_2$$
$$Q = Q_1 + Q_2$$
$$S \neq S + S_2$$

2.17　在题图 2.8 中,复阻抗 $Z_1 = 6.16 + j9$ Ω,$Z_2 = 2.5 - j4$ Ω,复电压 $\dot{U} = 220\angle 30°$ V,试用复数运算法求电流 $\dot{I}$ 及电压 $\dot{U}_1$ 和 $\dot{U}_2$。

2.18　试用分流公式计算题图 2.9 所示电路中的电流 $\dot{i}$。

2.19　在题图 2.10 中,已知 $\dot{U} = 200\angle 60°$ V, $Z_1 = 3 + j6\ \Omega$, $Z_2 = 8 - j2\ \Omega$。求:

(1) $\dot{I}_1$、$\dot{I}_2$ 和 $\dot{I}$;
(2) i_1、i_2 和 i。

2.20　在题图 2.11 中, $\dot{U} = 20\angle 60°$ V,求各电流。

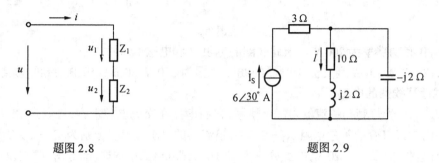

题图 2.8　　　　　　　　　　　　　　　题图 2.9

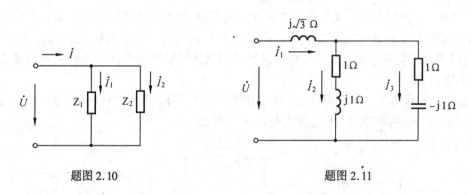

题图 2.10　　　　　　　　　　　　　　题图 2.11

2.21　试求题图 2.12(a)所示电路的等效电压源图(b)中的 $\dot{E}_0$ 和 Z_0。

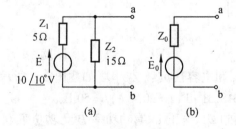

题图 2.12

2.22　在题图 2.13(a)、(b)所示电路中,各仪表的读数为多少？为什么？

2.23　在题图 2.13(a)中,若容抗为 20 Ω(其余条件不变);在题图 2.13(b)中,若容抗为 5 Ω(其余条件不变),两图中各仪表读数为多少？

2.24　某 RLC 串联电路,已知 $R = 10\ \Omega$, $L = 0.1$H, $C = 10\ \mu$F。试通过计算说明:

(1)当 $f = 50$ Hz 时,整个电路呈电感性还是电容性？

(2)当 $f = 200$ Hz 时,整个电路呈电感性还是电容性？

(3)如使电路呈电阻性(谐振),频率 f_0 应为多少?

2.25 一电感性负载,功率 $P = 5$ kW,接于 $U = 220$V、$f = 50$ Hz、输出电流 $I = 38.5$ A 的电源上。

(1)计算电感性负载的功率因数。

(2)若把电路的功率因数提高到 0.9,需要的电容值为多少?

(3)并联电容器后,电感性负载的功率因数以及电源输出的电流 I、有功功率 P、无功功率 Q 和视在功率 S 有无改变?

2.26 在 RLC 串联电路中,已知 $R = 10$ Ω,$L = 0.05$ H,$C = 22.5$ μF,电源电压为 $u = 40 + 180\sin \omega t + 60\sin(3\omega t + 45°)$ V,基波频率 $f = 50$ Hz,试求电路中电流。

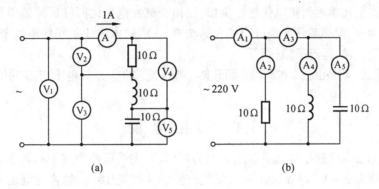

题图 2.13

第三章 三相电路

交流电与直流电比较,交流电应用更为广泛,而交流电的应用又是以三相制为主。上一章讲的交流电路,可以认为是三相制中的一相,因而也叫做单相交流电路。

三相制供电比单相制供电优越。例如,三相交流发电机比同样尺寸的单相交流发电机输出功率大;在同样条件下输送同样大的功率,三相输电线比单相输电线节省材料;三相电动机结构简单,运行平稳;等等。

所谓三相制,就是由三个彼此独立而又具有特殊关系的电动势(电压)组成的供电系统。

3.1 三相电源

三相交流发电机的结构如示意图 3.1(a)所示,其主要部件为定子和转子。定子上有三个相同的绕组 A – X、B – Y 和 C – Z,它们在空间互相差 120°。这样的绕组叫做对称三相绕组,它们的 A、B 和 C 叫做首端,X、Y 和 Z 叫做末端。转子上有励磁绕组,通入直流电流可产生磁场。当转子转动时,定子三相绕组被磁力线切割,产生感应电动势。若转子顺时针方向匀速转动时,对称三相绕组依次产生感应电动势 e_A、e_B 和 e_C,如图 3.1(b)所示。

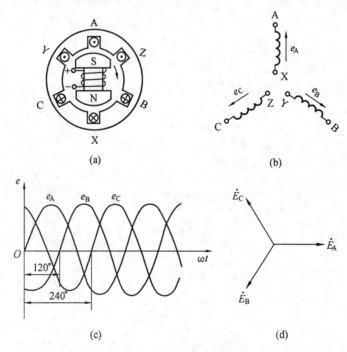

图 3.1 三相对称电动势

显然，e_A、e_B 和 e_C 频率相同，幅值(或有效值)也相同。那么在相位上，它们的关系又将如何呢？由图(a)可知，在图示情况下，A 相绕组处于磁极 N–S 之下，受磁力线的切割最甚，因而 A 相绕组的感应电动势最大。经过 120° 后，B 相绕组处于 N–S 之下，B 相绕组的感应电动势最大。同理，经过 240° 之后，C 相绕组的感应电动势最大。若以 A 相绕组的感应电动势为参考，则

$$e_A = E_m \sin \omega t$$
$$e_B = E_m \sin (\omega t - 120°)$$
$$e_C = E_m \sin (\omega t - 240°) = \qquad\qquad (3.1)$$
$$E_m \sin (\omega t + 120°)$$

e_A、e_B、e_C 的波形图如图 3.1(c) 所示。

若用相量表示，则

$$\dot{E}_A = E e^{j0°} = E\angle 0°$$
$$\dot{E}_B = E e^{-j120°} = E\angle{-120°} \qquad\qquad (3.2)$$
$$\dot{E}_C = E e^{-j240°} = E\angle 120°$$

e_A、e_B 和 e_C 的相量图如图 3.1(d) 所示。可见它们在相位上互相差 120°。这样一组幅值相等、频率相同、彼此间的相位差为 120° 的电动势，叫做对称三相电动势。显然，它们的瞬时值或相量之和为零，即

$$e_A + e_B + e_C = 0$$
$$\dot{E}_A + \dot{E}_B + \dot{E}_C = 0 \qquad\qquad (3.3)$$

三相电动势依次出现正幅值(或相应的某值)的顺序叫做相序，这里的顺序是 A—B—C。

三相发电机给负载供电，它的三个绕组可有两种接线方式，即星形接法和三角形接法，通常主要采用星形接法。下面我们只讨论星形接法的有关问题。

三相绕组的末端 X、Y 和 Z 连接在一起，而首端 A、B 和 C 分别用导线引出。这样便组成了星形连接的三相电源，如图 3.2 所示。其中，三个绕组接在一起的一点，叫做三相电源的中点或中性点，用 N 表示。从中点引出的导线叫做中线或中性线或零线。中线通常与大地相联，所以也叫做地线。从三相绕组另外三端引出的导线叫做端线或相线或火线，因为总共引出四根导线，所以这样的电源被称为三相四线制电源。

由三相四线制的电源可以获得两种电压，即相电压和线电压。所谓相电压，就是发电机每相绕组两端的电压，也就是每根火线与中线之间的电压，即图 3.2 中的 u_A、u_B 和 u_C。其有效值用 U_A、U_B 和 U_C 表示，一般统一用 U_p 表示。所谓线电压，就是每两根火线之间的电压，即图 3.2 中的 u_{AB}、u_{BC} 和 u_{CA}。其有效值用 U_{AB}、U_{BC} 和 U_{CA} 表示，一般统一用 U_l 表示。

在图 3.2 中，由于已选定发电机各相绕组的电动势的参考方向是由末端指向首端，因而各相绕组的相电压的参考方向就选定为由首端指向末端(中点)。至于线电压的参考方向，是为了使其与线电压符号的下标一致。例如，线电压 u_{AB}，其参考方向选定为由 A 端指向 B 端。

根据以上相电压和线电压方向的选定，用回路电压定律可写出星形连接的三相电源的线电压和相电压的关系式，即

$$u_{AB} = u_A - u_B$$
$$u_{BC} = u_B - u_C$$
$$u_{CA} = u_C - u_A$$

如果用相量表示,即

$$\dot{U}_{AB} = \dot{U}_A - \dot{U}_B = \dot{U}_A + (-\dot{U}_B)$$

$$\dot{U}_{BC} = \dot{U}_B - \dot{U}_C = \dot{U}_B + (-\dot{U}_C)$$

$$\dot{U}_{CA} = \dot{U}_C - \dot{U}_A = \dot{U}_C + (-\dot{U}_A) \tag{3.4}$$

由式(3.4)可画出它们的相量图,如图 3.3 所示。因为三相绕组的电动势是对称的,所以三相绕组的相电压也是对称的。由图 3.3 可见,三相电源的线电压也是对称的。线电压与相电压的大小关系,可由图中底角为 30° 的等腰三角形上找到,即

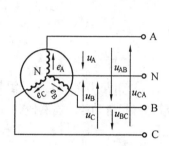

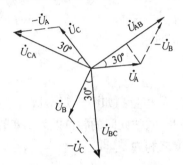

图 3.2 发电机的星形连接

图 3.3 发电机绕组星形连接时相电压和
线电压的相量图

$$\frac{1}{2} U_{AB} = U_A \cos 30° = \frac{\sqrt{3}}{2} U_A$$

$$U_{AB} = \sqrt{3} U_A$$

因为相电压和线电压都是对称的,即

$$U_A = U_B = U_C = U_p$$

$$U_{AB} = U_{BC} = U_{CA} = U_l$$

所以

$$U_l = \sqrt{3} U_p \tag{3.5}$$

一般在低压供电系统中,三相四线制电源的相电压为 220 V,线电压则为 380 V。星形连接的三相电源,也可以不引出中线,这种电源叫做三相三线制电源,它只能提供一种电压,即线电压。

思 考 题

3.1 发电机发出的三相电动势是对称的,试说明电动势对称的含义。

3.2 将发电机的三相绕组连接成星形时,如果误将其中一相的首末端颠倒,例如,在图 3.1(b)中误将 A 与 Y、Z 接成中点并引出中线,此时发电机的电压是否对称? 如果相电压为 220 V,各线电压分别为多少? 试用相量图分析。

3.3 星形连接的三相电源,已知 $\dot{U}_{AB} = 380 \underline{/0°}\, V$,试写出 $\dot{U}_A$、$\dot{U}_B$ 和 $\dot{U}_C$ 的表达式(设

相序为 A、B、C)。

3.2 三 相 负 载

三相电路的负载是由三部分组成的,其中每一部分叫做一相负载。如果每相负载的阻抗相等且阻抗角相同,则三相负载就是对称的,叫做对称三相负载。例如,生产上广泛使用的三相异步电动机就是三相对称负载。

三相负载可有星形和三角形两种接法,这两种接法应用都很普遍。

一、三相负载的星形连接

图 3.4 表示三相负载的星形连接,点 N′ 叫做负载的中点,因有中线 NN′,所以是三相四线制电路。图中通过火线的电流叫做线电流;通过每相负载的电流叫做相电流。显然,在星形连接时,某相负载的相电流就是对应的火线电流,即相电流等于线电流。

因为有中线,对称的电源电压 u_A、u_B 和 u_C 直接加在三相负载 Z_A、Z_B 和 Z_C 上,所以三相负载的相电压也是对称的。各相负载的电流为

$$I_A = \frac{U_A}{|Z_A|} \quad I_B = \frac{U_B}{|Z_B|} \quad I_C = \frac{U_C}{|Z_C|} \tag{3.6}$$

各相负载的相电压与相电流的相位差为

$$\varphi_A = \arctan \frac{X_A}{R_A} \quad \varphi_B = \arctan \frac{X_B}{R_B} \quad \varphi_C = \arctan \frac{X_C}{R_C} \tag{3.7}$$

式中 R_A、R_B 和 R_C 为各相负载的等效电阻,X_A、X_B 和 X_C 为各相负载的等效电抗(等效感抗与等效容抗之差)。

中线的电流,按图 3.4 所选定的参考方向,可写出

$$i_N = i_A + i_B + i_C$$

如果用相量表示,则

$$\dot{I}_N = \dot{I}_A + \dot{I}_B + \dot{I}_C$$

前已述及,生产上广泛使用的三相负载大都是对称负载,所以在此主要讨论对称负载的情况。所谓对称负载,是指复阻抗相等,或者

$$R_A = R_B = R_C = R \qquad X_A = X_B = X_C = X$$

由式(3.6)、(3.7)可见,因为对称负载相电压是对称的,所以对称负载的相电流也是对称的,即

$$I_A = I_B = I_C = I_p = \frac{U_p}{|Z|} \tag{3.8}$$

式中

$$|Z| = \sqrt{R^2 + X^2}$$

$$\varphi_A = \varphi_B = \varphi_C = \varphi = \arctan \frac{X}{R} \tag{3.9}$$

由相量图(见图 3.5)可知,这时中线电流等于零,即

$$i_N = i_A + i_B + i_C = 0$$

或

$$\dot{I}_N = \dot{I}_A + \dot{I}_B + \dot{I}_C = 0$$

中线既然没有电流通过,就不需设置中线了,因而生产上广泛使用的是三相三线制。

计算负载对称的三相电路,只须计算一相即可,因为对称负载的电压和电流都是对称的,它们的大小相等,相位差为 $120°$。

计算对称负载星形连接的电路时,常用到以下关系式,即

$$\begin{cases} I_l = I_p \\ U_l = \sqrt{3}\,U_p \end{cases}$$

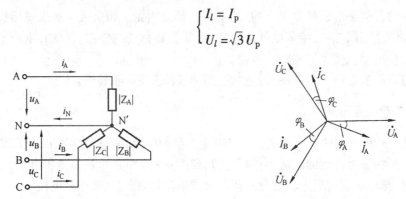

图 3.4　负载星形连接的三相四线制电路　　图 3.5　负载星形连接时的相电压与相电流的相量图

【例 3.1】　有一个星形连接的三相对称负载,每相的等效电阻 $R = 6\ \Omega$,等效感抗 $X_L = 8\ \Omega$,电源电压对称,已知 $u_{AB} = 380\sqrt{2}\sin(\omega t + 30°)$ V。试求各相电流的三角函数式。

【解】　因为电源电压和负载都是对称的,所以这是一个对称的三相电路。只要计算出其中的一相电流,另外两相电流也就知道了。现在计算 A 相。

由图 3.6 可知

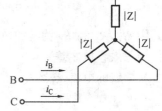

$$U_A = \frac{U_{AB}}{\sqrt{3}} = 220\ \text{V}$$

由图 3.3 可知,u_A 比 u_{AB} 滞后 $30°$,即

$$u_A = 220\sqrt{2}\sin \omega t\ \text{V}$$

图 3.6　例 3.1 的电路

A 相电流的有效值

$$I_A = \frac{U_A}{|Z_A|} = \frac{220}{\sqrt{6^2 + 8^2}} = 22\ \text{A}$$

A 相电压与 A 相电流的相位差

$$\varphi_A = \arctan \frac{X_L}{R} = \arctan \frac{8}{6} = 53°(电感性)$$

所以 A 相电流的三角函数式 $i_A = 22\sqrt{2}\sin(\omega t - 53°)$ A。

其余两相电流的三角函数式

$$i_B = 22\sqrt{2}\sin(\omega t - 53° - 120°) =$$
$$22\sqrt{2}\sin(\omega t - 173°)\ \text{A}$$

$$i_C = 22\sqrt{2}\sin(\omega t - 53° + 120°) =$$
$$22\sqrt{2}\sin(\omega t + 67°)\ \text{A}$$

电灯是单相负载。生产照明和生活照明需要的大量电灯负载不应集中接在三相电源的一相上,通常是星形接法比较均匀地分配在各相中,组成三相照明系统。尽管如此,由

于使用的分散性,三相照明负载仍难于对称。因而三相照明系统必须是三相四线制,依靠中线来维持各相照明负载的相电压等于电源的相电压,保证照明负载的相电压对称(见图 3.4)。

【例 3.2】 某三相照明系统如图 3.7 所示,设所有电灯规格相同,额定电压为 220 V。试回答以下两个问题:

(1) 有中线时,各相负载能否正常工作? 设 A 相、B 相、C 相所开电灯数之比为 3:2:1,三相负载不对称。

(2) 无中线(或中线断路)时,上面不对称的三相照明负载能否正常工作?

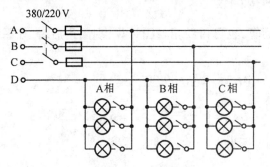

图 3.7 例 3.2 的电路

【解】 (1) 能正常工作,因为中线可以保证各相负载的相电压对称。

(2) 无中线时, 为分析方便, 我们画出如图 3.8(a)所示电路, 经分析计算之后再作结论。

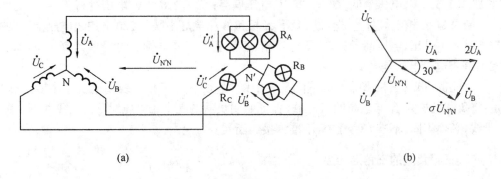

(a)

(b)

图 3.8 例 3.2 无中线的电路

在图 3.8(a)中,如果电压 $U_{N'N} = 0$,各相负载相电压即可对称,能正常工作;否则,相电压不对称,不能正常工作。由式(1.21)的相量形式,可以写出

$$\dot{U}_{N'N} = \frac{\dfrac{\dot{U}_A}{R_A} + \dfrac{\dot{U}_B}{R_B} + \dfrac{\dot{U}_C}{R_C}}{\dfrac{1}{R_A} + \dfrac{1}{R_B} + \dfrac{1}{R_C}}$$

设 $R_C = R$,则

$$\dot{U}_{\text{N'N}} = \frac{\dfrac{\dot{U}_{\text{A}}}{R/3} + \dfrac{\dot{U}_{\text{B}}}{R/2} + \dfrac{\dot{U}_{\text{C}}}{R}}{\dfrac{1}{R/3} + \dfrac{1}{R/2} + \dfrac{1}{R}} = \frac{\dfrac{3\dot{U}_{\text{A}}}{R} + \dfrac{2\dot{U}_{\text{B}}}{R} + \dfrac{3\dot{U}_{\text{C}}}{R}}{\dfrac{3+2+1}{R}} =$$

$$\frac{1}{6}(3\dot{U}_{\text{A}} + 2\dot{U}_{\text{B}} + \dot{U}_{\text{C}}) =$$

$$\frac{1}{6}\left[2\dot{U}_{\text{A}} + \dot{U}_{\text{B}} + (\dot{U}_{\text{A}} + \dot{U}_{\text{B}} + \dot{U}_{\text{C}})\right] =$$

$$\frac{1}{6}\left[2\dot{U}_{\text{A}} + \dot{U}_{\text{B}}\right]$$

至此, $\dot{U}_{\text{N'N}}$ 可采用复数运算, 也可借助相量图计算, 现采用后者, 如图 3.8(b)所示。可以看出

$$6\dot{U}_{\text{N'N}} = \sqrt{3}\,U_{\text{P}}\angle-30°$$

$$\dot{U}_{\text{N'N}} = \frac{\sqrt{3}\times220}{6}\angle-30° = 63.51\angle-30° \text{ V}$$

于是各相负载的相电压为

$$\dot{U}'_{\text{A}} = \dot{U}_{\text{A}} - \dot{U}_{\text{N'N}} = 220\angle0° - 63.51\angle-30° = 195.5\angle10.9° \text{ V}$$

$$\dot{U}'_{\text{B}} = \dot{U}_{\text{B}} - \dot{U}_{\text{N'N}} = 220\angle-120° - 63.51\angle-30° = 228\angle-136° \text{ V}$$

$$\dot{U}'_{\text{C}} = \dot{U}_{\text{C}} - \dot{U}_{\text{N'N}} = 220\angle120° - 63.51\angle-30° = 276.8\angle126.6° \text{ V}$$

即 $\dot{U}'_{\text{A}} = 195.5$ V, 电压偏低; $\dot{U}'_{\text{B}} = 228$ V, 电压偏高; $\dot{U}'_{\text{C}} = 276.8$ V, 电压过高。

结果是: C 相电灯灯丝被烧断, 余下 A 相和 B 相电灯串联于 380 V 的线电压上。两者按电阻大小分压, 电压高者亮, 电压低者暗, 不能正常工作。读者可简单计算一下此时 A 相和 B 相电灯电压是多少?

由此例可知, 三相照明负载不能没有中线, 必须采用三相四线制电源。中线的作用是: 将负载的中点 N′ 与电源的 N 相联, 保证照明负载的三个相电压对称。为了可靠, 中线(干线)必须牢固, 不准许装开关, 不准许接熔断器。

二、三相负载的三角形连接

图 3.9 表示三相负载的三角形连接, 每一相负载都直接接在相应的两根火线之间, 这时负载的相电压就等于电源的线电压。不论负载是否对称, 它们的相电压总是对称的, 即

$$U_{\text{AB}} = U_{\text{BC}} = U_{\text{CA}} = U_l = U_p \tag{3.10}$$

负载三角形连接时, 相电流和线电流是不一样的。各相负载的相电流为

$$I_{\text{AB}} = \frac{U_{\text{AB}}}{|Z_{\text{AB}}|} \quad I_{\text{BC}} = \frac{U_{\text{BC}}}{|Z_{\text{BC}}|} \quad I_{\text{CA}} = \frac{U_{\text{CA}}}{|Z_{\text{CA}}|} \tag{3.11}$$

各相负载的相电压与相电流之间的相位差为

$$\varphi_{\text{AB}} = \arctan\frac{X_{\text{AB}}}{R_{\text{AB}}} \quad \varphi_{\text{BC}} = \arctan\frac{X_{\text{BC}}}{R_{\text{BC}}} \quad \varphi_{\text{CA}} = \arctan\frac{X_{\text{CA}}}{R_{\text{CA}}} \tag{3.12}$$

负载的线电流, 可以写为

$$\dot{I}_{\text{A}} = \dot{I}_{\text{AB}} - \dot{I}_{\text{CA}}$$

$$\dot{I}_B = \dot{I}_{BC} - \dot{I}_{AB}$$

$$\dot{I}_C = \dot{I}_{CA} - \dot{I}_{BC} \tag{3.13}$$

如果负载对称,即

$$R_{AB} = R_{BC} = R_{CA} = R \quad X_{AB} = X_{BC} = X_{CA} = X$$

由式(3.11)、(3.12)可知,各相负载的相电流就是对称的,即

$$I_{AB} = I_{BC} = I_{CA} = I_p = \frac{U_p}{|Z|}$$

式中

$$|Z| = \sqrt{R^2 + X^2}$$

$$\varphi_{AB} = \varphi_{BC} = \varphi_{CA} = \varphi = \arctan \frac{X}{R}$$

此时的线电流可根据式(3.13)作出的相量图(见图3.9)看出,三个线电流也是对称的。它们与相电流的相互关系是

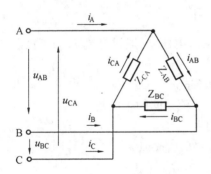
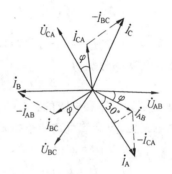

图 3.9 负载三角形连接的三相电路 　　图 3.10 对称负载三角形连接时电压与电流的相量图

$$\frac{1}{2} I_A = I_{AB} \cos 30° = \frac{\sqrt{3}}{2} I_{AB}$$

$$I_A = \sqrt{3} I_{AB}$$

即

$$I_l = \sqrt{3} I_p$$

计算对称负载三角形连接的电路时,常用的关系式为

$$\begin{cases} U_l = U_p \\ I_l = \sqrt{3} I_p \end{cases} \tag{3.14}$$

三相负载接成星形,还是接成三角形,决定于以下两个方面:

(1)电源电压;

(2)负载的额定相电压。

例如,电源的线电压为 380 V,而某三相异步电动机的额定相电压也为 380 V,电动机的三相绕组就应接成三角形,此时每相绕组上的电压就是 380 V。如果这台电动机的额定相电压为 220 V,电动机的三相绕组就应接成星形了,此时每相绕组上的电压就是 220 V;否则,若误接成三角形,每相绕组上的电压为 380 V,是额定值的√3倍,电动机将被烧毁。

思 考 题

3.4 生产上广泛采用的三相负载大多为对称负载。对称负载的含义是什么?

3.5 对称负载星形连接时,其线电压与相电压、线电流与相电流的数值各有什么关系?

3.6 对称负载三角形连接时,其线电压与相电压、线电流与相电流的数值各有什么关系?

3.7 为什么三相电动机负载可用三相三线制电源,而三相照明负载必须用三相四线制电源?

3.8 在图 3.7 所示照明电路中,电灯开关为什么安装在火线上? 安装在中线上是否也可以?

3.9 中线(干线)为什么规定不准安装开关和接熔断器?

3.3　三 相 功 率

在第二章中已讨论过,一个负载两端加上正弦交流电压 u,通过电流 i,则该负载的有功功率和无功功率分别为

$$P = UI\cos \varphi \qquad Q = UI\sin \varphi$$

式中 U 和 I 分别为电压和电流的有效值,φ 为电压和电流之间的相位差。

在三相电路里,负载的有功功率和无功功率分别为

$$P = U_A I_A\cos \varphi_A + U_B I_B\cos \varphi_B + U_C I_C\cos \varphi_C$$

$$Q = U_A I_A\sin \varphi_A + U_B I_B\sin \varphi_B + U_C I_C\sin \varphi_C$$

式中 U_A、U_B、U_C 和 I_A、I_B、I_C 分别为三相负载的相电压和相电流,φ_A、φ_B、φ_C 分别为各相负载的相电压和相电流之间的相位差。

如果三相负载对称,即

$$U_A = U_B = U_C = U_p \quad I_A = I_B = I_C = I_p \quad \varphi_A = \varphi_B = \varphi_C = \varphi$$

则三相负载的有功功率和无功功率分别为

$$P = 3 U_p I_p\cos \varphi \qquad Q = 3 U_p I_p\sin \varphi$$

工程上,测量三相负载的相电压 U_p 和相电流 I_p 常感不便,而测量它的线电压 U_l 和线电流 I_l 却比较容易。因而,通常采用下面的公式。

当对称负载是星形接法时

$$U_p = \frac{U_l}{\sqrt{3}} \qquad I_p = I_l$$

当对称负载是三角形接法时

$$U_p = U_l \qquad I_p = \frac{I_l}{\sqrt{3}}$$

代入 P 与 Q 关系式,便可得到

$$P = \sqrt{3} U_l I_l\cos \varphi \tag{3.15}$$

$$Q = \sqrt{3} U_l I_l\sin \varphi$$

式(3.15)适用于星形或三角形连接的三个对称负载。但应注意,这里的 φ 仍然是相电压和相电流之间的相位差。

由式(3.15)可知,三相对称负载的视在功率为

$$S = \sqrt{P^2 + Q^2} = \sqrt{3}\, U_l I_l \qquad (3.16)$$

【例3.3】 一对称三相负载,每相等效电阻为 $R = 6\ \Omega$,等效感抗为 $X_L = 8\ \Omega$,接于电压为 380 V(线电压)的三相电源上。试问:

(1)当负载星形连接时,消耗的功率是多少?

(2)若误将负载连接成三角形时,消耗的功率又是多少?

【解】 (1)负载星形连接时

$$P = \sqrt{3}\, U_l I_l \cos\varphi$$

式中

$$U_l = 380\ \text{V}$$

$$I_l = I_p = \frac{U_p}{|Z|} = \frac{\dfrac{U_1}{\sqrt{3}}}{|Z|} = \frac{\dfrac{380}{\sqrt{3}}}{\sqrt{6^2 + 8^2}} = 22\ \text{A}$$

$$\cos\varphi = \frac{R}{|Z|} = \frac{6}{\sqrt{6^2 + 8^2}} = 0.6$$

所以

$$P = \sqrt{3} \times 380 \times 22 \times 0.6 = 8\ 688\ \text{W} \approx 8.7\ \text{kW}$$

(2)负载误接成三角形时

$$P = \sqrt{3}\, U_l I_l \cos\varphi$$

式中

$$U_l = 380\ \text{V}$$

$$I_l = \sqrt{3}\, I_p = \sqrt{3}\, \frac{U_p}{|Z|} = \sqrt{3}\, \frac{U_l}{|Z|} = \sqrt{3}\, \frac{380}{\sqrt{6^2 + 8^2}} = 65.8\ \text{A}$$

$$\cos\varphi = \frac{R}{|Z|} = \frac{6}{\sqrt{6^2 + 8^2}} = 0.6$$

所以

$$P = \sqrt{3} \times 380 \times 65.8 \times 0.6 = 25\ 985\ \text{W} \approx 26\ \text{kW}$$

以上计算结果表明,若误将负载连接成三角形,负载消耗的功率是星形连接时的3倍,负载将被烧毁。此时,每相负载上的电压是星形连接时的 $\sqrt{3}$ 倍,因而每相负载的电流也是星形连接时的 $\sqrt{3}$ 倍。

*3.4 安 全 用 电

在使用工业和民用电气设备时,常因操作不当、疏忽大意或电气设备漏电而发生触电事故,危及人身安全。这一节简要介绍关于人体触电和防止触电的一些基本知识和措施。

一、触电的危险

由于不慎触及了带电体,电流通过人身,就会发生触电事故。触电的严重程度,取决于通过人体电流的大小、频率、持续时间以及电流通过人体的部位等因素。工频电流

1 mA或直流电流 5 mA 通过人体,就有麻痛的感觉;工频 20～25 mA 或直流 80 mA 通过人体,就会感觉麻痹,呼吸困难,自己不能摆脱电源;工频 50～100 mA 会使人窒息,停止心跳而死亡。

人体电阻因人而异,最好状态约为 10^4～10^5 Ω。当皮肤出汗、潮湿,触电时又与带电体接触紧密时,电阻只有 800～1 000 Ω。

以 50 mA 和 800 Ω 计算,此时的危险电压为 $50 \times 10^{-3} \times 800 = 40$ V。所以规定:空气干燥、工作条件较好的生产场所安全电压为 36 V。

二、触电方式

1. 直接触电

直接触电,多数是人体触及了电气设备的裸露带电部分所致。这些带电部分直接与电源的火线相联,因此相当于人体直接触及了电源的火线,如图 3.11 所示。

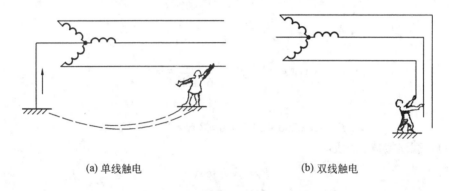

(a) 单线触电   (b) 双线触电

图 3.11　直接触电

图 3.11(a)为单线触电,人体承受相电压(一般为 220 V),很危险。图 3.11(b)为双线触电,人体承受线电压(380 V),电压很高,电流通过双手经心脏,非常危险。

2. 间接触电

电气设备的金属外壳一般是不带电的,但在使用过程中由于绝缘材料的损耗往往会使金属外壳与带电部分相通。这样,当操作人员接触金属外壳时,便间接地触及了带电部分,发生触电事故。为防止间接触电,必须对金属外壳采取安全保护措施。

三、触电的预防

除思想上高度重视外,还需要完善的技术措施和健全的规章制度。主要有:

(1) 不带电作业。安装和检修电气设备时,应先切断电源,必须带电作业时,应采取必要的防范措施。

(2) 电气设备要定期进行完全检查,及时处理隐患。

(3) 使用安全电压。空气干燥的场所用 36 V,潮湿场所用 24 V,非常潮湿场所用 12 V。

(4) 进行电工实验时,遵守操作规程。检查火线和零线时要用验电笔或万用表。不允许用手触摸裸露的导线和接线柱,等等。

(5) 三相和单相电气设备的金属外壳,要进行保护接零和保护接地。

四、电气设备的保护接零和保护接地

1. 保护接零

保护接零,就是在低压三相四线制中性点接地的供电系统中把电气设备的金属外壳与零线紧密地连接起来,如图3.12所示。

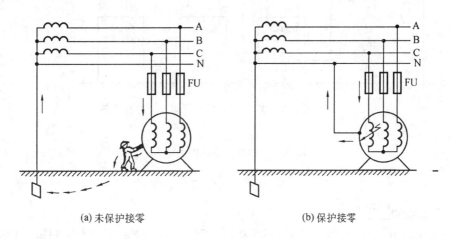

(a) 未保护接零　　　　　　　　　　　　　(b) 保护接零

图3.12　保护接零

图3.12(a)是没有采取保护接零的情况。可以设想,若因绝缘损坏致使金属外壳与火线 C 相通,一旦人体接触金属外壳,就相当于人体触及了火线 C,电流经人体流到电源中性点,极不安全。

图3.12(b)是采取了保护接零的情况。此时即使绝缘损坏,人体接触金属外壳也没有危险了,保护了人身安全。因为此时火线 C 通过金属外壳形成火线与零线之间的短路,很大的短路电流将熔丝烧断,切断电源。

住宅和办公场所的单相交流电源如图3.13所示。按规定,建筑物入口外零线还要重复接地,进户后再另设保护零线(E)。火线和零线均装有熔断器(增加短路时熔断的机会)。

图3.13是单相电气设备保护接零的几种方式。图3.13(a)是正确的,因为如果绝缘损坏时外壳带电,短路电流经过保护零线(见箭头方向)将熔断器的熔丝烧断,切断电源,避免触电事故。图3.13(b)是不正确的,因为一旦零线熔丝 FU_2 是断开的或 X 处断路(例如 N 处螺钉松动或脱落),外壳便与火线相通,存在触电的隐患。有的用户在使用日常电器(例如手电钻、电冰箱、微波炉等)时,配用的三孔插座,只是在 L、N 端接上火线和零线,而将 E 端空着不用,如图3.13(c)所示,这是非常不完全的,随时有触电的危险。

2. 保护接地

保护接地,就是把电气设备的金属外壳用接地装置与大地连接起来。保护接地用于中性点不接地的低压三相供电系统。其具体原理这里不作介绍。

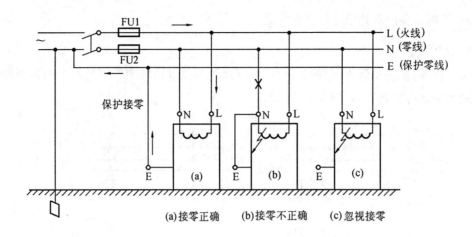

图 3.13　单相设备保护接零

本 章 小 结

1. 三相对称电压

在三相制供电系统中,大小相等、频率相同、相位差为 120° 的三个电压叫做三相对称电压。具有三相对称电压的电源叫做三相对称电源。通常使用的三相电源均为三相对称电源。

(1)三相三线制电源。这是无中线的三相对称电源,可以提供一组对称的线电压。

(2)三相四线制电源。这是有中线的三相对称电源,可以提供一组对称的线电压和一组对称的相电压。线电压与相电压的有效值之间的关系为

$$U_l = \sqrt{3}\, U_p$$

2. 三相对称负载

复阻抗相等的三相负载叫做三相对称负载。三相对称负载采用三相三线制供电。

(1)对称负载星形连接时

$$U_l = \sqrt{3}\, U_p \qquad I_l = I_p$$

(2)对称负载三角形连接时

$$U_l = U_p \qquad\qquad\qquad I_l = \sqrt{3}\, I_p$$

计算三相对称负载时,只须计算一相,其余两相可按相电压的相位差为 120° 的原则得出。

3. 三相照明负载

三相照明负载是不对称的三相负载,必须采用三相四线制供电。中线的作用是保证各相负载有对称的相电压。

4. 三相对称负载的功率

三相对称负载的功率为

$$P = 3 U_p I_p \cos\varphi = \sqrt{3}\, U_l I_l \cos\varphi$$

$$Q = 3 U_p I_p \sin\varphi = \sqrt{3}\, U_l I_l \sin\varphi$$

$$S = 3U_p I_p = \sqrt{3}U_l I_l$$

三者的关系是

$$S = \sqrt{P^2 + Q^2}$$

不对称三相负载的功率要各相分别计算。

5. 安全用电

(1) 人体电阻最不利时只有 $800 \sim 1\,000\ \Omega$。

(2) 工频 50 mA 电流通过人体就可能危及生命。

(3) 安全电压为 36 V、24 V 和 12 V。

(4) 电气设备的金属外壳要进行保护接零或保护接地。

(5) 用电要遵守操作规程。

习　题

3.1　一组星形连接的三相对称负载,如图 3.6 所示。每相负载的电阻为 8 Ω,感抗为 6 Ω。电源电压 $u_{AB} = 380\sqrt{2}\sin(\omega t + 60°)$ V。

(1)画出电压电流的相量图。

(2)求各相负载的电流有效值。

(3)写出各相负载电流的三角函数式。

3.2　一组三角形连接的三相对称负载,如果线电流 $i_A = 3\sqrt{2}\sin(\omega t + 60°)$ A。试求其余线电流及相电流(请参阅图 3.9、3.10)的三角函数式。

3.3　有一三相对称负载,每相电阻 $R = 3\ \Omega$,感抗 $X_L = 4\ \Omega$,连接成星形,接到线电压为 380 V 的电源上。试求相电流、线电流及有功功率。

3.4　如果上题中的三相负载连接成三角形,接到线电压为 220 V 的电源上。

(1)求其相电流、线电流及有功功率。

(2)将两题所得相电流和有功功率比较一下,能得出什么结论?

3.5　在三相四线制线路上接入三相照明负载,如题图 3.5 所示。已知 $R_A = 5\ \Omega$、$R_B = 10\ \Omega$、$R_C = 10\ \Omega$,电源电压 $U_l = 380$ V,电灯负载的额定电压为 220 V。

(1)求各相电流,并用相量图计算中线电流。

(2)若 C 线发生断线故障,计算各相负载的相电压、相电流以及中线电流。A 相和 B 相负载能否正常工作?

3.6　在上题中,若电源无中线,C 线断线后,各相负载的相电压和相电流是多少? A 相和 B 相负载能否正常工作? 会有什么结果?

3.7　题图 3.7 所示为一三角形连接的三相照明负载。已知 $R_{AB} = 10\ \Omega$、$R_{BC} = 10\ \Omega$、$R_{CA} = 5\ \Omega$,电源线电压为 220 V,电灯负载的额定电压为 220 V。

(1)求各相电流和电路的功率。

(2)若 C 线因故障断线,计算各相负载的相电压和相电流,并说明 BC 相和 CA 相的电灯负载能否正常工作。

3.8　题图 3.8 所示电路中,电源线电压 $U_l = 380$ V,且各相负载的阻抗值均为 10 Ω。

(1)三相负载是否对称?

(2)试求各相电流,并用相量图计算中线电流。

(3)试求三相平均功率 P。

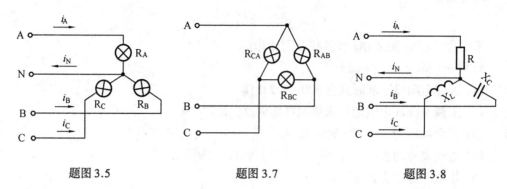

题图 3.5　　　　　　　题图 3.7　　　　　　　题图 3.8

3.9　一台星形接法的三相异步电动机,接于频率为 50 Hz、线电压为 380 V 的三相电源上,电路如题图 3.9 所示。已知电动机的输入功率为 3 kW,功率因数 $\cos \varphi = 0.6$。试求电路中的线电流及电路的视在功率和无功功率。

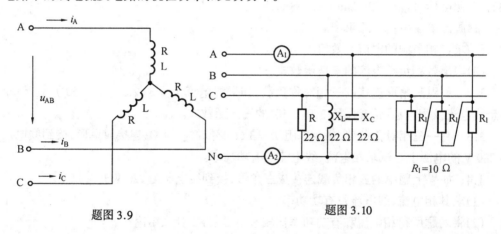

题图 3.9　　　　　　　　　　　　　　题图 3.10

3.10　已知三相电路如题图 3.10 所示。试求:(1) 电流表的读数;(2) 三相电路的总功率 P。

第四章　电路的过渡状态

前面三章,我们讨论的关于电压、电流的分析和计算都限于稳定状态。实际上在电路达到稳定状态之前,某些电路还有一个所谓过渡状态。

自然界中,事物的运动在一定的条件下处于一定稳定状态,当条件改变时又会处于新的稳定状态。但是,从一种稳定状态到另一种稳定状态往往不能跃变,而是需要一定的时间,经历一定的过程。这个过程叫做过渡过程。两个稳定状态之间的状态就叫做过渡状态。譬如,列车从静止到匀速运动,中间必有一个加速(动能的积累)过程,从均速运行到停车,又必有一个减速(动能的减少)过程。这就是说,列车的运行,由一种稳定状态过渡到另一种稳定状态,总是伴随着能量的积累或减少,而能量的积累或减少是不能跃变的。

电路中一般含有电容或电感等储能元件。因而当改变电路条件时,这些储能元件储存或放出的能量是不能跃变的,这种电路必然存在一个过渡状态。在过渡状态中,电压、电流的变化规律不同于稳定状态的变化规律,因而其分析方法也有许多特殊之处。与稳定状态相比,电路的过渡状态的实际持续时间一般极为短暂,所以过渡状态也叫做暂态。

暂态过程虽然为时短暂,但在不少实际工作中却是极为重要的。这是因为,过渡状态中可能产生过电压或过电流,它们足以毁坏电气元件或设备,必须预先防护。许多电路和仪器设备(例如,脉冲电路与电子数字计算机等),就是按电路的过渡状态设计和工作的。可见分析研究电路的过渡状态具有重要的理论与实际意义。

本章将讨论常用 RC 电路和 RL 电路的过渡状态。学习中应抓住两个主要问题,即过渡状态中电压和电流的变化规律;决定电压和电流变化快慢的时间常数。

4.1　换路定则及电压电流的初始值

电路的接通、扳断、短路、电路参数的改变以及电源电压的改变等,叫做换路。以图 4.1(a)与(b)所示 RC 串联电路和 RL 串联电路为例,当它们与电源接通时,储能元件的瞬时功率分别为

$$p_C = u_C i_C = u_C \cdot C\frac{du_C}{dt} = Cu_C\frac{du_C}{dt}$$

$$p_L = u_L i_L = L\frac{di_L}{dt} \cdot i_L = Li_L\frac{di_L}{dt}$$

RC 电路若电容元件在开关 S 闭合前未积累电荷,那么当开关闭合后,时间由 $0 \sim t$ 时,它的端电压由 0 升高到 u_C,其储存的电场能量则由 0 增长到

$$W_C = \int_0^t p_C dt = \int_0^{u_C} Cu_C\frac{du_C}{dt}dt = \frac{1}{2}Cu_C^2 \tag{4.1}$$

可见电容元件的电场能量与其端电压的平方成正比。

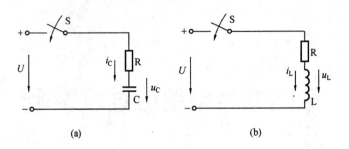

图 4.1　储能元件的换路

RL 电路当开关 S 闭合后,时间由 $0 \sim t$ 时,电感元件的电流由 0 增大到 i_L,其储存的磁场能量则由 0 增长到

$$W_L = \int_0^t p_L dt = \int_0^{i_L} L i_L \frac{d i_L}{dt} dt = \frac{1}{2} L i_L^2 \tag{4.2}$$

可见电感元件的磁场能量与其通过的电流的平方成正比。

换路瞬间,储能元件的能量是不能跃变的。对电容元件而言,在式(4.1)中,W_C 不能跃变,即 u_C 不能跃变;对电感元件而言,在式(4.2)中,W_L 不能跃变,即 i_L 不能跃变。

概括说,换路瞬间,电容元件的端电压 u_C、电感元件中的电流 i_L 是不能跃变的。这就是换路定则。在图 4.2 中,如果设 $t = 0$ 表示换路时刻,而 $t = 0_-$ 表示换路前的终了瞬间,$t = 0_+$ 表示换路后的初始瞬间,换路定则可以表示为如下的形式,即

$$u_C(0_+) = u_C(0_-)$$
$$i_L(0_+) = i_L(0_-) \tag{4.3}$$

换路定则仅仅适用于换路瞬间($t = 0$),专门用来确定换路后的初始瞬间($t = 0_+$)电路中的电压、电流的初始值。初始值是求解电路过渡状态的微分方程式的初始条件。

【例 4.1】　在图 4.3 所示电路中,$R_1 = 1\ \Omega$、$R_2 = 2\ \Omega$、$R_3 = 3\ \Omega$,开关闭合前电容元件不带电荷。电源电压 $U = 6\ V$,$t = 0$ 时电路接通。试求换路瞬间电路中的电流和电压的数值。

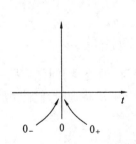

图 4.2　换路时的三个瞬间

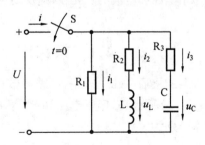

图 4.3　例 4.1 的电路

【解】

(1)　　　　　　　$i_1(0_+) = \dfrac{U}{R_1} = \dfrac{6}{1} = 6\ A$

$$u_{R1}(0_+) = i_1(0_+) \cdot R_1 = 6\ V$$

(2)　　　　　　　$i_2(0_+) = i_L(0_+)$

由换路定则知 $i_L(0_+) = i_L(0_-) = 0$

$$i_2(0_+) = 0$$

所以电阻 R_2 上无电压降,全部电源电压加在电感元件上,即 $u_L(0_+) = U = 6\,V$

(3)由换路定则知 $u_C(0_+) = u_C(0_-) = 0$,电源电压全加在电阻 R_3 上,即 $u_{R3}(0_+) = U = 6\,V$,所以 $i_3(0_+) = \dfrac{U}{R_3} = \dfrac{6}{3} = 2\,A$

(4)总电流

$$i(0_+) = i_1(0_+) + i_2(0_+) + i_3(0_+) = 6 + 0 + 2 = 8\,A$$

思 考 题

4.1 电路中为什么存在过渡过程? 这个过程为什么又叫做电路的暂态?

4.2 什么叫换路? 确定电路中电压、电流初始值的依据是什么?

4.2 RC 串联电路的充电过程

图 4.4 是 RC 串联电路,其充电过程可分两种情况讨论。

一、$u_C(0_-) = 0$(换路前,电容上未储存能量)

换路后($t \geqslant 0$),根据克希荷夫回路电压定律可以写出适用于 $t \geqslant 0$ 的电压方程

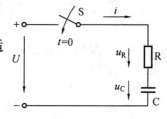

图 4.4 RC 充电电路

$$u_R + u_C = U$$

因为

$$u_R = R \cdot i \text{ 及 } i = C\frac{du_C}{dt}$$

所以

$$RC\frac{du_C}{dt} + u_C = U \qquad (4.4)$$

式(4.4)是关于 u_C 的一阶线性非齐次微分方程。它的通解有两部分,一个是特解 u_C',另一个是补函数 u_C'',即 $u_C = u_C' + u_C''$。

特解 u_C' 与式(4.4)的右端具有相同的形式。式(4.4)右端为恒定值,u_C' 也为恒定值,所以 $\dfrac{du_C'}{dt} = 0$,将 u_C' 代入式(4.4),则有

$$RC\frac{du_C'}{dt} + u_C' = U$$

因而

$$u_C' = U$$

补函数 u_C'' 等于式(4.4)所对应的齐次微分方程 $RC\dfrac{du_C}{dt} + u_C = 0$ 的通解,即

$$RC\frac{du_C''}{dt} + u_C'' = 0$$

上式的特征方程为

$$RCP + 1 = 0$$

其根为

$$P = -\frac{1}{RC}$$

于是得
$$u_C'' = Ae^{pt} = Ae^{-\frac{t}{RC}}$$

因此,式(4.4)的通解为

$$u_C = U + A\,e^{-\frac{t}{RC}} \qquad\qquad (4.5)$$

积分常数 A 的确定,要依靠初始条件。即 $t = 0_+$ 时,$u_C(0_+) = u_C(0_-)$,而 $u_C(0_-) = 0$。将 u_C 的初始值 $u_C(0_+) = 0$ 代入式(4.5),则 $0 = U + A$,所以

$$A = -U$$

最后结果为

$$U_C = U - Ue^{-\frac{t}{RC}}$$

上式就是电容器在零状态下充电电压 u_C 的变化规律。其变化曲线如图4.5所示。

设 $\qquad\qquad \tau = RC$

则 u_C 可表示为

$$u_C = U - Ue^{-\frac{t}{\tau}} =$$
$$U(1 - e^{-\frac{t}{\tau}}) \qquad (4.6)$$

式中,τ 具有时间量纲。如果电阻 R 和电容 C 分别用 Ω 和 F 作单位,则 τ 的单位为 s,所以它叫做电路的时间常数。由式 (4.6)可知,理论上需经过无限长的时间,电容器的充电过程才能结束,即 $t = \infty$ 时,$u_C = U(1-0) = U$。实际上,当 $t = 1\tau$ 时,充电电压 u_C 为

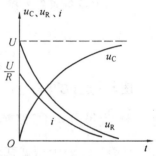

图4.5 充电时 U_C、U_R 和 i 的变化曲线

$$u_C = U(1 - e^{-1}) = U(1 - \frac{1}{2.718}) =$$
$$U(1 - 0.368) = 0.632U$$

这就是说,当 $t = 1\tau$ 时,电容元件上的电压已上升到电源电压 U 的 63.2%。其它各时刻 u_C 的数值,如下表所列。

t	1τ	2τ	3τ	4τ	5τ
u_C	$0.632U$	$0.865U$	$0.950U$	$0.982U$	$0.993U$

工程上一般认为,电路换路后,时间经过$(3\sim5)\tau$,过渡状态就已基本结束,由此所引起的计算误差不大于5%。

由过渡状态所需时间为$(3\sim5)\tau$可知,电压 u_C 上升的快慢决定于时间常数 τ 的大小。τ 愈大,u_C 上升愈慢;τ 愈小,u_C 上升愈快。而时间常数 τ 又由电路参数决定,与 RC 乘积成正比。R 愈大,C 愈大,则 τ 愈大,充电愈慢。这是因为,在相同电压下,R 愈大则使电荷量送入电容器的速率愈小;C 愈大则电容器容纳的电荷量愈多。这都使电容器充电变慢。例如在图4.4电路中,若 $R = 1\ \mathrm{k}\Omega$,$C = 2\ \mu\mathrm{F}$,则时间常数 $\tau = 2\ \mathrm{ms}$,当 $t = (3\sim5)\tau = (6\sim10)\ \mathrm{ms}$,充电过程即已结束。若 $R' = 2\ \mathrm{k}\Omega$,$C' = 4\ \mu\mathrm{F}$,则时间常数 $\tau' = 8\ \mathrm{ms}$,当 $t' = (3\sim5)\tau' = (24\sim40)\ \mathrm{ms}$,充电过程才能结束。由此可见,充电时间的长短,与外加电源 U 的大小无关,而只和 τ(即电路本身的参数 R 和 C 的乘积)有关,如图4.6所示。

换路后,电路中的电流 i 及电阻元件上的电压 u_R 的变化规律为

$$i = C\frac{\mathrm{d}u_C}{\mathrm{d}t} = \frac{U}{R}e^{-\frac{t}{\tau}} \qquad\qquad (4.7)$$

$$u_R = Ri = Ue^{-\frac{t}{\tau}} \tag{4.8}$$

它们的变化曲线如图4.5所示。由 u_C、u_R 和 i 表达式及它们的变化曲线,可以了解 RC 串联电路充电过程的全貌。

由前面的讨论已经知道:

$u_C' = U$,是电容器电压 u_C 的特解。这是个常量,它等于电路达到稳定状态时电容器上的电压值,叫做稳态分量。

$u_C'' = Ae^{-\frac{t}{\tau}}$,是电容器电压 u_C 的补函数。这是个变化量,它按指数规律单调衰减,仅仅存在于过渡状态期间,过渡状态一结束,它也就趋于零,因此叫做暂态分量。

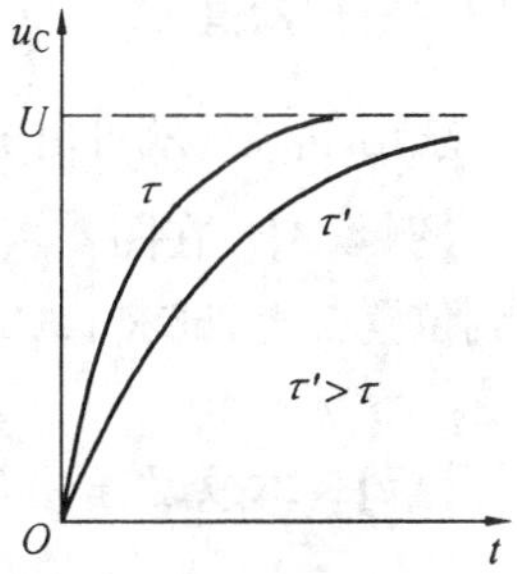

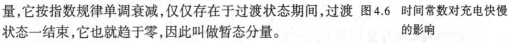

图4.6　时间常数对充电快慢的影响

【例4.2】　在图4.4中,设 $R = 1\ \text{k}\Omega$,$C = 2\ \mu\text{F}$,$U = 12\ \text{V}$,试求开关 S 闭合后 u_C、i、u_R 的变化规律。设 $u_C(0_-) = 0$。

【解】　电路的时间常数为

$$\tau = RC = 1 \times 10^3 \times 2 \times 10^{-6} = 2 \times 10^{-3}\ \text{s}$$

由式(4.6)可知,电容器电压为

$$u_C = U(1 - e^{-\frac{t}{\tau}}) = 12(1 - e^{-\frac{t}{2\times10^{-3}}}) = 12(1 - e^{-500t})\ \text{V}$$

由式(4.7)可知,电容器的充电电流为

$$i = \frac{U}{R}e^{-\frac{t}{\tau}} = 12e^{-500t}\ \text{mA}$$

由式(4.8)可知,电阻 R 上的电压为

$$u_R = Ue^{-\frac{t}{\tau}} = 12e^{-500t}\ \text{V}$$

二、$u_C(0_-) \neq 0$(换路前,电容上已储有能量)

在换路前($t = 0_-$),储能元件已储有能量,对图4.4所示的 RC 串联电路而言,就是 $u_C(0_-) = U_{C0}$。换路后,其电压的微分方程与式(4.4)相同,其解也与式(4.5)相同。即

$$u_C = U + Ae^{-\frac{t}{\tau}}$$

式中

$$u_C' = U$$

$$u_C'' = Ae^{-\frac{t}{\tau}}$$

积分常数 A 由初始条件确定,即 $t = 0_+$ 时,$u_C(0_+) = u(0_-) = U_{C0}$,就是

$$U_{C0} = U + A \qquad A = U_{C0} - U$$

可见,此时的积分常数 A 与零状态时的不同。最后可以写出

$$U_C = U + (U_{C0} - U)e^{-\frac{t}{\tau}} \tag{4.9}$$

u_C 的变化曲线如图4.7所示。由图可见 u_C 的变化曲线有两种情况。图(a)所示为 $U_{C0} < U$ 的情况,u_C 由初始值 U_{C0} 逐渐升高增长到稳态值 U,电容器处于继续充电状态;图(b)所示为 $U_{C0} > U$ 的情

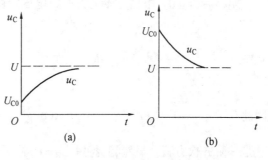

(a)　　　　　　(b)

图4.7　非零状态时 u_C 的变化曲线

况, U_C 由初始值 U_{C0} 逐渐降低衰减到稳态值 U, 电容器处于放电状态。

求出 u_C 后, 就可由 $i = C\dfrac{\mathrm{d}u_C}{\mathrm{d}t}$ 和 $u_R = Ri$ 求出 i 和 u_R。

【例 4.3】 在图 4.8(a) 所示电路中, 开关 S 长久地合在位置 1 上。如在 $t = 0$ 时把它合到位置 2 上, 试求 $t \geqslant 0$ 时电容器电压 u_C 的变化规律。已知 $R = 1\ \mathrm{k\Omega}$, $C = 2\ \mu\mathrm{F}$, $E_1 = 3$ V、$E_2 = 5$ V。

【解】 本题属于 $u_C(0_-) \neq 0$ 的问题。换路后的电路如图 (b) 所示, 由式 (4.9)

$$u_C = U + (U_{C0} - U)\mathrm{e}^{-\frac{t}{\tau}} = E_2 + (U_{C0} - E_2)\mathrm{e}^{-\frac{t}{\tau}}$$

式中

$$\tau = RC = 1 \times 10^3 \times 2 \times 10^{-6} = 2 \times 10^{-3}\ \mathrm{s}$$

U_{C0} 为换路前电容器上的电压, 即

$$U_{C0} = E_1 = 3\ \mathrm{V}$$

因而

$$u_C = 5 + (3 - 5)\mathrm{e}^{-\frac{t}{2 \times 10^{-3}}} = 5 - 2\mathrm{e}^{-500t}\ \mathrm{V}$$

u_C 的变化曲线如图 4.8(c) 所示。

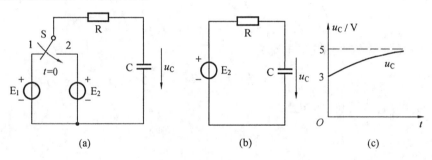

图 4.8 例 4.3 的电路及 u_C 变化曲线

4.3 RC 串联电路的放电过程

在图 4.9 中, 换路前, 开关 S 长时间在位置 "1" 上, 电容器处于充电状态, 端电压 $u = U$。$t = 0$ 时, 把开关扳到位置 "2" 上, RC 电路离开电源, 自成回路, 电容器将通过电阻 R 放电, 直到放完它储存的全部电荷和电场能量时为止, 放电过程才告结束。我们现在分析在放电过程中它的放电电压 u_C 和放电电流 i 的变化规律。

换路后 ($t \geqslant 0$), 根据克希荷夫回路电压定律可以写出

$$u_R + u_C = 0$$

式中

$$u_R = Ri \qquad \text{而} \qquad i = C\frac{\mathrm{d}u_C}{\mathrm{d}t}$$

因此有

$$RC\frac{\mathrm{d}u_C}{\mathrm{d}t} + u_C = 0$$

这是一阶齐次方程。显然, 其特解 $u_C' = 0$; 补函数 u_C'' 具有 $A\mathrm{e}^{-\frac{t}{\tau}}$

$$u_C = u_C'' = A\mathrm{e}^{-\frac{t}{\tau}}$$

式中,待定系数 A 由初始条件确定: $t = 0_+$ 时, $u_C(0_+) = U$,即

$$U = A$$

所以电压

$$u_C = U\mathrm{e}^{-\frac{t}{\tau}}$$

而电流

$$i = C\frac{\mathrm{d}u_C}{\mathrm{d}t} = -\frac{U}{R}\mathrm{e}^{-\frac{t}{\tau}}$$

式中负号表明,放电电流的实际方向与所选定的参考方向相反,即与充电电流的方向相反。电阻 R 上的电压降

$$U_R = Ri = -U\mathrm{e}^{-\frac{t}{\tau}}$$

以上各式中的时间常数

$$\tau = RC$$

RC 串联电路放电过程中 u_C、u_R 及 i 的变化曲线,如图 4.10 所示。

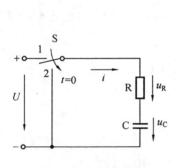

图 4.9 RC 放电电路

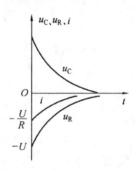

图 4.10 放电时 u_C、u_R 和 i 的变化曲线

思 考 题

4.3 为什么把 $\tau = RC$ 叫做时间常数?它的大小对电路的暂态过程有何影响?

4.4 同一个 RC 电路,以不同的电压 U 对其充电,当电容电压 u_C 增长到同一数值时,所需时间是否相同?

4.4 一阶电路的三要素法

只含有一个或可等效为一个储能元件的线性电路,其微分方程式都是一阶的,例如式 (4.4)。以 RC 串联电路的充电过程为例,电容器电压 u_C 的变化规律,可以一律用式(4.9)表达,即

$$u_C = U + (U_{C0} - U)\mathrm{e}^{-\frac{t}{\tau}}$$

若储能元件为零状态,则 $U_{C0} = 0$,这个表达式为

$$u_C = U - U\mathrm{e}^{-\frac{t}{\tau}} = U(1 - \mathrm{e}^{-\frac{t}{\tau}})$$

此与前面讨论过的零状态 u_C 的表达式(4.6)是一致的。在式(4.9)中,设 $u_C(0_+) = U_{C0}$, $u_C(\infty) = U$,则

$$u_C = u_C(\infty) + [u_C(0_+) - u_C(\infty)]e^{-\frac{t}{\tau}} \qquad (4.10)$$

一阶电路过渡状态电感电流或电容电压的变化规律的一般表达式,可仿照式(4.10)写为

$$f(t) = f(\infty) + [f(0_+) - f(\infty)]e^{-\frac{t}{\tau}} \qquad (4.11)$$

式中,$f(0_+)$为过渡状态的初始值,$f(\infty)$为过渡状态的终了值(又叫稳态值),τ为电路的时间常数。

只要求得 $f(0_+)$、$f(\infty)$和 τ 这三个要素,过渡状态中的电容电压或电感电流就可以直接写出来。这就是所谓的三要素法。前一节通过微分方程求解的方法一般叫经典法。

【例 4.4】　在图 4.11 所示电路中,已知 $R_1 = 5\ \text{k}\Omega$、$R_2 = 15\ \text{k}\Omega$,$C = 2\ \mu\text{F}$,$U = 12\ \text{V}$,开关 S 打开前电路已处于稳态。$t = 0$ 时打开开关,求换路后的电容电压 u_C 和电流 i_C。

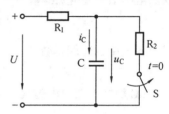

图 4.11　例 4.4 的电路

【解】　(1)用三要素法求 u_C:

① 初始值

$$u_C(0_+) = u_C(0_-) = \frac{R_2}{R_1 + R_2}U =$$

$$\frac{15}{5 + 15} \times 12 = 9\ \text{V}$$

② 稳态值

$$u_C(\infty) = U = 12\ \text{V}$$

③ 时间常数

$$\tau = R_1 C = 5 \times 10^3 \times 2 \times 10^{-6} = 10 \times 10^{-3}\ \text{s}$$

所以

$$u_C = u_C(\infty) + [u_C(0_+) - u_C(\infty)]e^{-\frac{t}{\tau}} =$$

$$12 + [9 - 12]e^{-\frac{t}{10 \times 10^{-3}}} = 12 - 3e^{-100t}\ \text{V}$$

(2)用三要素法求 i_C:

① 初始值。$t = 0_+$ 时,R_2 支路断开,电容 C 及电阻 R_1 流过同一电流,即

$$i_C(0_+) = \frac{U - u_C(0_+)}{R_1} = \frac{12 - 9}{5 \times 10^3} = 0.6 \times 10^{-3} = 0.6\ \text{mA}$$

② 稳态值

$$i_C(\infty) = 0$$

③ 时间常数

$$\tau = R_1 C = 10 \times 10^{-3}\ \text{s}$$

所以

$$i_C = i_C(\infty) + [i_C(0_+) - i_C(\infty)]e^{-\frac{t}{\tau}} =$$

$$0 + [0.6 - 0]e^{-\frac{t}{10 \times 10^{-3}}} = 0.6e^{-100t}\ \text{mA}$$

这个电路中虽然也有两个电阻,但开关断开后,电阻 R_2 已不在换路后的电路中了,所以决定时间常数 τ 的只有电阻 R_1 和电容 C。

【例 4.5】　在图 4.12(a)中,$R_1 = 3\ \text{k}\Omega$、$R_2 = 6\ \text{k}\Omega$,$C = 20\ \mu\text{F}$,$E = 12\ \text{V}$。试求电压 u_C 的变化规律,并画出曲线。设电压 $u_C(0_-) = 0$。

【解】　用三要素法求 u_C

(1)初始值

$$u_C(0_+) = u_C(0_-) = 0$$

(2)稳态值

$$u_C(\infty) = \frac{R_2}{R_1 + R_2} \cdot E = \frac{6}{3+6} \times 12 = 8 \text{ V}$$

(3)时间常数。由图(a)可知,开关 S 闭合后,电阻 R_1 和 R_2 都在换路的电路中,因此时间常数与 R_1、R_2 都有关,即时间常数等于换路后的等效电阻与电容的乘积。如何求出电路的等效电阻呢?可将图(a)应用戴维南定理把 C 以外的有源二端网路化为一个等效的电压源,如图(b)所示。其中等效电阻为

$$R_o = \frac{R_1 R_2}{R_1 + R_2} = \frac{3 \times 6}{3+6} = 2 \text{ k}\Omega$$

因此　　　　　$\tau = R_o C = 2 \times 10^3 \times 20 \times 10^{-6} = 40 \times 10^{-3} \text{s}$

所以　　　　　$u_C = u_C(\infty) + [u_C(0_+) - u_C(\infty)] e^{-\frac{t}{\tau}} =$

$$8 + (0-8)e^{-\frac{t}{40 \times 10^{-3}}} = 8(1 - e^{-25t}) \text{ V}$$

u_C 随时间变化的曲线如图(c)所示。

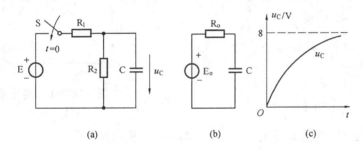

(a)　　　　　　　　(b)　　　　　　　　(c)

图 4.12　例 4.5 的电路及变化曲线

在这个例子中,我们看到,时间常数 τ 并不等于电容 C 与电阻 R_1 或 R_2 某一个电阻的乘积,而是等于电容 C 与换路后的等效电阻 R_o 的乘积。因此,一般的 RC 电路,换路后,如果电路中含有两个以上的电阻时,应采用戴维南定理或适当的方法求出等效电阻,然后计算时间常数。这一点应特别注意。

【例 4.6】　在图 4.13 所示电路中,已知 $R_1 = 1 \text{ k}\Omega$、$R_2 = 2 \text{ k}\Omega$,$C = 3 \text{ }\mu\text{F}$,$E_1 = 3 \text{ V}$、$E_2 = 5 \text{ V}$。试用三要素法求 u_C。

【解】　初始值

$$u_C(0_+) = u_C(0_-) = \frac{R_2}{R_1 + R_2} \cdot E_1 =$$

$$\frac{2}{1+2} \times 3 = 2 \text{ V}$$

稳态值

$$u_C(\infty) = \frac{R_2}{R_1 + R_2} \cdot E_2 = \frac{2}{1+2} \times 5 = \frac{10}{3} \text{ V}$$

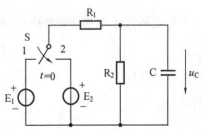

图 4.13　例 4.6 的电路

时间常数

$$\tau = RC = \frac{R_1 \cdot R_2}{R_1 + R_2} \cdot C = \frac{1 \times 2}{1 + 2} \times 10^3 \times 3 \times 10^{-6} = 2 \times 10^{-3} \text{ s}$$

由三要素法

$$u_C = u_C(\infty) + [u_C(0_+) - u_C(\infty)]e^{-\frac{t}{\tau}} =$$

$$\frac{10}{3} + (2 - \frac{10}{3})e^{-\frac{t}{2 \times 10^{-3}}} = 3.3 - 1.3e^{-500t} \text{ V}$$

4.5 RL 串联电路的过渡状态

与 RC 电路一样,在 RL 串联电路换路前,电感元件也有未储存能量和已储存能量的两种情况。

一、换路前电感中未储存能量

图 4.14 是 RL 串联电路。当将开关 S 闭合时,电路即与直流电压 U 接通。

由图 4.14 电路可见,换路前 $i(0_-) = 0$,电感元件未储存能量。换路后($t \geq 0$),其回路电压方程为

$$u_L + u_R = U$$

$$L\frac{di}{dt} + Ri = U$$

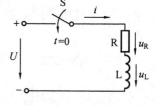

图 4.14 RL 电路与恒定电压接通

即

$$\frac{L}{R}\frac{di}{dt} + i = \frac{U}{R} \qquad (4.12)$$

式(4.12)是关于电流的一阶线性非齐次方程,与式(4.4)具有相同的形式。

因此,电流 i 也具有式(4.5)的形式,即

$$i = \frac{U}{R} + Ae^{-\frac{t}{\tau}} \qquad (\tau = \frac{L}{R}) \qquad (4.13)$$

式(4.13)中包括两部分:一部分是特解(稳态分量);另一部分是补函数(暂态分量),可以写为

$$i' = \frac{U}{R}$$

$$i'' = Ae^{-\frac{t}{\tau}}$$

待定系数 A 由初始条件确定,即

$$i(0_+) = i(0_-) = 0$$

因而式(4.13)

$$0 = \frac{U}{R} + A \quad A = -\frac{U}{R}$$

所以

$$i = \frac{U}{R} - \frac{U}{R}e^{-\frac{t}{\tau}} = \frac{U}{R}(1 - e^{-\frac{t}{\tau}}) \qquad (4.14)$$

式(4.14)即为 RL 串联电路零状态时与直流电压 U 接通时电路中电流 i 的变化规律。其

变化曲线如图 4.15 所示。式(4.14)中,τ 叫做 RL 电路的时间常数。如果 R 和 L 的单位分别为 Ω(欧姆)和 H(亨利),则 τ 的单位为 s(秒)。

与 RC 零状态电路 u_C 的变化曲线一样,RL 零状态电路 i 变化曲线也是一条通过 0 点的按指数规律上升的曲线。理论上需经无限长的时间,电流 i 才能达到稳定值 U/R,过渡状态才能结束。工程上,当 $t = (3 \sim 5)\tau$ 时,就可以认为过渡状态已基本结束。

RL 串联电路的时间常数 τ,与 L 成正比,而与 R 成反比。其原因是:L 愈大,电路中自感电动势阻碍电流变化的作用愈强,电流增长的速度就愈慢;而 R 愈小,则在同样的电压作用下,电流的稳态值 U/R 就愈大,电流增长到稳态值所需要的时间就愈长。

u_R 和 u_L 的变化规律为

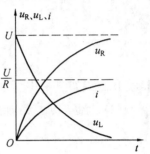

图 4.15 i、u_R 及 u_L 的变化曲线

$$u_R = iR = U(1 - e^{-\frac{t}{\tau}})$$
$$u_L = L\frac{di}{dt} = Ue^{-\frac{t}{\tau}}$$

它们的变化曲线如图 4.15 所示。

二、换路前电感中已储有能量

以图 4.16 的 RL 串联电路为例,在换路前($t = 0_-$),电感元件中已有电流,即

$$i(0_-) = I_0 = \frac{U}{R_0 + R}$$

换路后($t \geqslant 0$),电路的微分方程与式(4.12)完全相同,其解也为

$$i = \frac{U}{R} + Ae^{-\frac{t}{\tau}}$$

但其待定系数 A 与零状态不同。$t = 0_+$ 时,$i(0_+) = i(0_-) = I_0$,即

$$I_0 = \frac{U}{R} + A \qquad A = I_0 - \frac{U}{R}$$

所以

$$i = \frac{U}{R} + (I_0 - \frac{U}{R})e^{-\frac{t}{\tau}} \qquad (4.15)$$

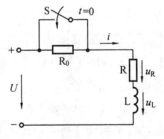

图 4.16 非零状态的 RL 串联电路

式(4.15)也可由三要素法求出。

【例 4.7】 在图 4.16 中,设 $U = 24$ V,$R_0 = 8\ \Omega$,$R = 4\ \Omega$,$L = 200$ mH,电路已处于稳态。如果在 $t = 0$ 时将 R_0 短接,试求:

(1)电流 i 的变化规律,并画出变化曲线。

(2)经过多长时间,i 才能达到 5 A?

【解】 换路前,L 中已有稳定的电流,是非零状态问题。

(1)采用三要素法求 i 的变化规律

$$i(0_+) = \frac{U}{R_0 + R} = \frac{24}{8+4} = 2 \text{ A}$$

$$i(\infty) = \frac{U}{R} = \frac{24}{4} = 6 \text{ A}$$

$$\tau = \frac{L}{R} = \frac{200 \times 10^{-3}}{4} = 50 \times 10^{-3} \text{ s}$$

所以

$$i = i(\infty) + [i(0_+) - i(\infty)]e^{-\frac{t}{\tau}} =$$

$$6 + (2-6)e^{-\frac{t}{50 \times 10^{-3}}} = 6 - 4e^{-20t} \text{ A}$$

其变化曲线如图 4.17 所示。

（2）电流 i 到达 5A 所需要的时间，由题意

$$5 = 6 - 4e^{-20t}$$

$$4e^{-20t} = 1$$

$$\frac{4}{e^{20t}} = 1$$

$$e^{20t} = 4$$

等号两边取自然对数

$$\ln e^{20t} = \ln 4$$

$$20t = 1.386$$

$$t = 0.069\ 3 \text{ s} = 69.3 \text{ ms}$$

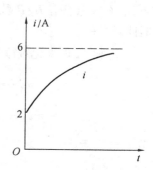

图 4.17　例 4.7 的电流 i
变化曲线

关于电路的过渡状态我们就简单地讨论到这里。至此，本课程结束了关于电路基本理论的分析。有了这个基础，从下一章开始将转入关于电工技术与电子技术的分析。

本 章 小 结

（1）含有储能元件（L、C）的电路，换路后，其中，电容上的电压和电感中的电流不是从原来的稳态值立即达到新的稳态值，而是要经历一个渐变的然而时间短暂的过渡过程。

（2）换路定则从能量不能跃变的原理出发，得出电容电压 u_C 不能跃变与电感电流 i_L 不能跃变的结论。

（3）本章的主要内容是利用微分方程（经典法）来研究一阶 RC 电路和 RL 电路在换路后（$t \geqslant 0$）的瞬变过程中电压和电流的变化规律。RC 电路的充放电过程及 RL 电路储存、释放磁场能量的过程都是按照指数规律变化的。

（4）三要素法是求解一阶电路的简便方法。三要素是：电压电流的初始值、终了值和电路的时间常数。一般表达式为 $f(t) = f(\infty) + [f(0_+) - f(\infty)]e^{-\frac{t}{\tau}}$。

（5）对于 RC 串、并联电路，$\tau = RC$；对于 RL 串、并联电路，$\tau = L/R$。τ 中的 R 是换路后电路中从储能元件两端看进去所有电源不起作用（$E = 0$，$I_S = 0$）时的等效电阻。

习 题

4.1 题图 4.1 所示电路换路前已处于稳态。试确定换路后各支路电流的初始值。

4.2 题图 4.2 所示电路换路前已处于稳态。试确定换路后各支路电流的初始值。

4.3 在题图 4.3 中,已知 $U = 100$ V,$R_1 = 1$ Ω,$R_2 = 99$ Ω,$C = 10$ μF。试求:(1)S 闭合瞬间($t = 0_+$)各支路电流及各元件两端电压的数值;(2)S 闭合后到达稳定状态时($t = \infty$),各支路电流及各元件两端电压的数值。设电容器换路前不带电荷。

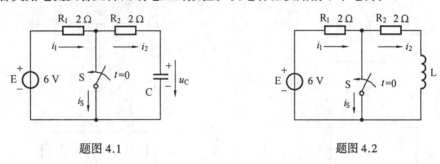

| 题图 4.1 | 题图 4.2 |

4.4 在题图 4.4 中,换路前各储能元件均未储能。试求在开关 S 闭合瞬间($t = 0_+$)各元件中的电流及其两端电压。

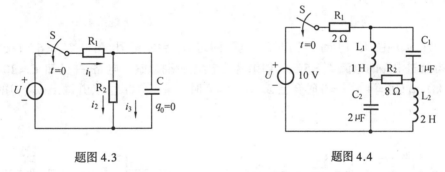

| 题图 4.3 | 题图 4.4 |

4.5 在题图 4.5 中,$E = 40$ V,$R = 5$ kΩ,$C = 100$ μF,电容器 $q_0 = 0$。试求:

(1)开关 S 闭合后电路中的电流 i 及各元件上的电压 u_C 和 u_R 的变化规律;(2)经过 $t = \tau$ 时的电流 i 的数值。

4.6 在题图 4.6 中,已知 $E = 20$ V,$R_1 = 12$ kΩ、$R_2 = 5$ kΩ,$C = 1$ μF,电容器原先不带电荷。当开关 S 闭合后,试求电容器电压 u_C 的变化规律,并画出 u_C 的变化曲线。

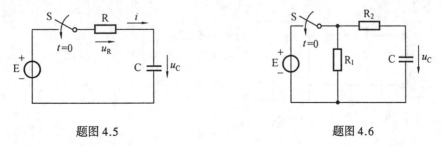

| 题图 4.5 | 题图 4.6 |

4.7 在题图 4.7 中,$I_S = 9$ mA,$R_1 = 6$ kΩ、$R_2 = 3$ kΩ,$C = 2$ μF,开关 S 闭合前电路已处于稳态。试通过计算说明开关闭合后电容器电压 u_C 的变化规律。

4.8 在题图 4.8 中，$R_1 = 3\ \Omega$、$R_2 = 6\ \Omega$，$C = 5\ \mu F$，$U = 9$ V。试通过计算说明换路后 ($t \geqslant 0$)电容电压 u_C 的变化规律，并画出 u_C 的变化曲线。

4.9 在题图 4.9 所示电路中，$E = 24$ V，$R_1 = 3\ \Omega$、$R_2 = 2\ \Omega$，$L = 20$ mH，开关 S 断开前电路已处于稳态。试求换路后($t \geqslant 0$)电流 i_L 与电压 u_L 的变化规律。

4.10 电路如题图 4.10 所示。试用三要素法求电流 i_L 及电压 u_L 的变化规律。

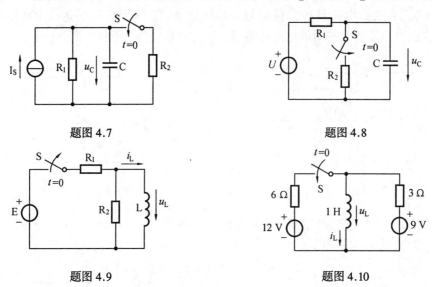

题图 4.7   题图 4.8

题图 4.9   题图 4.10

4.11 如题图 4.11 所示，已知某一电阻网络 N，接成(a)时，测得 $U_C = 6$ V；接成(b)时，测得流过电感的电流 $I_L = 5$ mA，如果将此电阻网络接成(c)电路，并已知 $C = 10\ \mu F$，$R = 0.8$ kΩ，$u_C(0) = 4$ V，$t = 0$ 时合上 S。求：$t \geqslant 0$ 时的 $u_C(t)$ 表达式，并画出 $u_C(t)$ 的变化曲线。

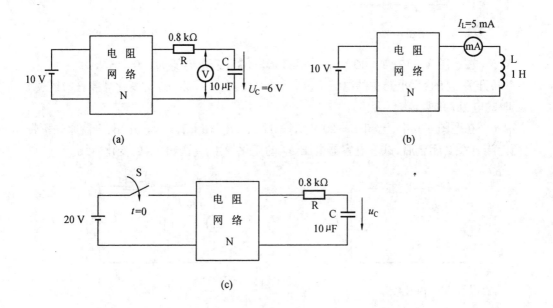

(a)   (b)

(c)

题图 4.11

4.12　如题图 4.12 所示电路,换路前电路已处于稳态。试求:换路后$(t \geqslant 0)$的 u_C 及 i_2,并画出相应曲线。

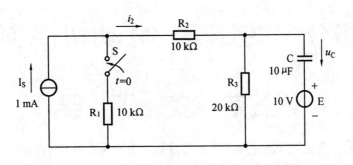

题图 4.12

第二部分 变压器、电动机及其控制

第五章 变 压 器

变压器是电力系统用来输送电能的重要设备。当输送功率 $P = \sqrt{3} U_l I_l \cos\varphi$ 及负载功率因数 $\cos\varphi$ 一定时,电压 U_l 愈高,线路电流 I_l 愈小。这样,一方面可减小导线截面积,节省材料投资,另一方面又减少了线路上的功率损耗。因此,发电厂向远方用电地区输送电能时,通过变压器将电压升高,进行高压输电(例如 220 kV、500 kV 等)。到了用电地区,再用变压器将电压降低到 10 000 V、380 V 或 220 V,以供用电设备使用。

变压器不仅能变换电压和输送能量,还具有变换阻抗和传递信号的作用,因而变压器也是电子设备中的常用器件。

下面,首先介绍变压器的基本结构,接着应用电路理论分析变压器的基本工作原理以及变压器绕组的使用方法,最后简单介绍一下特殊变压器。

5.1 变压器的基本结构

各种变压器,尽管用途不同,但基本结构相同,其主体都是由绕组和铁心两大部分组成。

一、绕组

绕组是变压器的电路部分,用导线绕制而成。图 5.1(a)为单相变压器的基本结构示意图。左右两套绕组分别套在口字形铁心的两个心柱上。每套绕组又分为高压绕组和低压绕组,高压绕组 1 在外层,低压绕组 2 在里层。这样安排的好处是能够降低对绕组和铁心之间的绝缘要求。两个高压绕组和两个低压绕组根据需要可以分别串联或并联使用,方便灵活。图 5.1(b)为三相变压器的基本结构示意图,A、B、C 三相的高压绕组 1 和低压绕组 2 分别套在日字形铁心的三个心柱 A、B、C 上。三个高压绕组和三个低压绕组根据需要可以分别联接成星形或三角形。

二、铁心

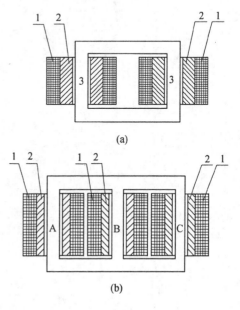

图 5.1 变压器的基本结构

铁心是变压器的磁路部分,为提高磁路的导磁能力,铁心采用磁性材料硅钢片叠成。

这样,当绕组通入电流时,就能在铁心中产生足够强的磁场,磁力线穿过高压绕组也穿过低压绕组,以磁耦合的形式把高压绕组和低压绕组联系起来(见图 5.3 和图 5.4)。

铁心之所以能产生很强的磁场,是因为磁性材料具有磁化特性。我们知道,空心的绕组通入电流时,产生的磁场很弱。然而,在绕组内加上铁心,情况就不一样了。这时,绕组磁场可把铁心强烈磁化,使铁心变成磁体,产生很强的附加磁场。于是,绕组产生的实际磁场就大大地增强了。

采用优质的磁性材料能显著改善电气设备的性能,减小设备的尺寸和重量。图 5.2 (a)、(b)是两种常用的小型变压器的外形,它们的铁心都是由导磁性能良好的磁性材料制成的。

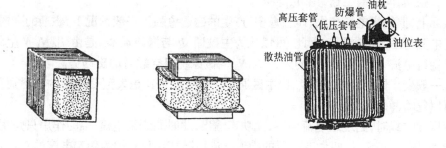

(a) 壳式铁心变压器   (b) 心式铁心变压器   (c) 三相油冷式变压器

图 5.2   变压器的外形结构

容量较大的变压器还有散热装置。因为变压器工作时,绕组和铁心都会发热,如果热量不能很好地散发掉,会加速变压器绝缘材料的老化和损坏。所以通常把绕组连同铁心浸在油箱中,油箱外面装有散热油管,以增大散热面积,如图 5.2(c)所示。

思 考 题

5.1   变压器有何用途?电力系统为什么采用高压输电?

5.2   在图 5.1 中,为什么低压绕组在里,而高压绕组在外?

5.3   变压器的铁心有什么用途?不用铁心行不行?

5.2   变压器的基本工作原理

图 5.3 是变压器的原理电路图。为便于分析,我们把高压绕组和低压绕组分别画在铁心的两边,与电源相联的一边叫原边或原绕组,与负载相联的一边叫副边或副绕组。原、副绕组的匝数分别为 N_1 和 N_2。原、副绕组没有电的联系。只是通过铁心(磁路)把两者联系起来。

一、变压器的空载状态

变压器原绕组接交流电源,副绕组开路时,叫做变压器的空载,如图 5.3 所示(图中开关 S 打开)。此时原绕组电流 $i_1 = i_{10}$,叫做空载电流。副绕组电流 $i_2 = 0$,负载不消耗功率,变压器处于空载状态。

1.电磁关系

由于铁心具有很强的导磁能力,磁阻很小。尽管原绕组电流 i_{10} 数值不大,也能产生足够强的磁场。绕组外面是空气,非磁性物质,磁阻很大。因此,原绕组产生的磁力线绝大部分通过铁心而闭合,把原、副绕组耦合起来,这部分磁通叫做主磁通(或工作磁通),用 Φ 表示。

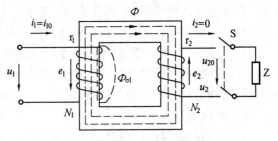

图 5.3　变压器的空载状态

只有少数磁力线经过原绕组附近空气而闭合,不参与原、副绕组的耦合。这一小部分磁通不是工作磁通,叫做漏磁通,用 $\Phi_{\sigma 1}$ 表示。

实际上,原绕组电流愈大,匝数愈多,产生的磁通愈强。一般情况下,磁通的强弱正比于绕组电流与匝数的乘积。因此,可以认为主磁通 Φ 与漏磁通 $\Phi_{\sigma 1}$ 是由 $i_{10}N_1$ 产生的,我们把原绕组电流 i_{10} 与匝数 N_1 的乘积 $i_{10}N_1$ 叫做原绕组空载时的磁动势。

在一般变压器中,漏磁通 $\Phi_{\sigma 1}$ 比主磁通 Φ 小得多,尤其是大型变压器的漏磁通更小,因而可以忽略漏磁通的影响。

变压器空载时,副绕组电流为零,无功率输出,此时原绕组电流 i_{10} 的作用只是用来产生磁通 Φ,因此,电流 i_{10} 叫做变压器的励磁电流,其数值很小,约为额定电流的 $3\% \sim 8\%$。电源电压是交变的,励磁电流及其产生的主磁通也是交变的。根据电磁感应原理,原副绕组将分别产生感应电动势 e_1 与 e_2,即

$$e_1 = - N_1 \frac{\mathrm{d}\Phi}{\mathrm{d}t} \tag{5.1}$$

$$e_2 = - N_2 \frac{\mathrm{d}\Phi}{\mathrm{d}t} \tag{5.2}$$

图 5.3 中,i_{10} 与 Φ 的参考方向按右手定则确定;Φ 与 e_1 及 e_2 的参考方向按右螺旋法则确定。

由于变压器原、副绕组的电阻 r_1 与 r_2 数值很小,i_{10} 通过 r_1 的电压降可以忽略不计。

以上分析,就是变压器空载状态时的基本物理过程,其电磁关系可简单表示如下:

$$u_1 \rightarrow i_{10}(i_{10}N_1) \rightarrow \Phi \nearrow e_1 = - N_1 \frac{\mathrm{d}\Phi}{\mathrm{d}t} \\ \searrow e_2 = - N_2 \frac{\mathrm{d}\Phi}{\mathrm{d}t}$$

$$\downarrow \Phi_{\sigma 1}$$

2.电压变换作用

(1)原边

若忽略原绕组漏磁通 $\Phi_{\sigma 1}$ 的影响和绕组电阻 r_1 上的压降,原边回路电压方程为

$$u_1 + e_1 \approx 0 \tag{5.3}$$

于是

$$e_1 \approx - u_1 \tag{5.4}$$

用相量表示

$$\dot{E}_1 \approx - \dot{U}_1 \tag{5.5}$$

式(5.3)、(5.4)表示的变压器原边回路的电压平衡关系是:加于原绕组的电源电压被其产

生的感应电动势所平衡。式(5.5)表明,主磁通在原绕组产生的感应电动势的有效值等于电源电压的有效值,即

$$E_1 \approx U_1 \tag{5.6}$$

(2)副边

副绕组虽然有感应电动势 e_2 产生,但由于副边开路,故 i_2 等于零,不产生磁通,r_2 上也没有电压降。副绕组的开路电压用 u_{20} 表示,则有

$$u_{20} = e_2$$

用相量表示

$$\dot{U}_{20} = \dot{E}_2 \tag{5.7}$$

式(5.7)表明,变压器副绕组的开路电压的有效值等于它的感应电动势的有效值。即

$$U_{20} = E_2$$

(3)电压变换作用

原、副绕组的电压变换作用是通过主磁通 Φ 实现的。主磁通按正弦规律变化,即

$$\Phi = \Phi_m \sin \omega t$$

式中,Φ_m 为主磁通最大值,ω 为电源角频率。由式(5.1)可知,原绕组的感应电动势

$$e_1 = -N_1 \frac{d\Phi}{dt} = -N_1 \frac{d(\Phi_m \sin \omega t)}{dt} =$$
$$-\omega N_1 \Phi_m \cos \omega t = \omega N_1 \Phi_m \sin(\omega t - 90°) =$$
$$E_{1m} \sin(\omega t - 90°)$$

式中
$$E_{1m} = \omega N_1 \Phi_m = 2\pi f N_1 \Phi_m$$

e_1 的有效值为

$$E_1 = \frac{E_{1m}}{\sqrt{2}} = 4.44 f N_1 \Phi_m \tag{5.8}$$

同理,由式(5.2)可得到副绕组的感应电动势的有效值

$$E_2 = 4.44 f N_2 \Phi_m \tag{5.9}$$

于是我们可以得到原、副绕组电压的变换关系。

因为
$$U_1 \approx E_1$$
$$U_{20} = E_2$$

所以

$$\frac{U_1}{U_{20}} = \frac{E_1}{E_2} = \frac{4.44 f N_1 \Phi_m}{4.44 f N_2 \Phi_m} = \frac{N_1}{N_2} = k \tag{5.10}$$

式中 k 为原、副绕组的匝数比,称为变压器的变比。一般变比是个常数,匝数多的绕组电压高,匝数少的绕组电压低。如果电源电压 U_1 一定,只要改变匝数比,就可得出不同的输出电压 U_{20}。

【例5.1】　一台变压器,原绕组匝数为825匝,接在10 000 V高压输电线上,副绕组开路电压为400 V。试求变压器的变比和副绕组的匝数。

【解】　变压器的变比

$$k = \frac{U_1}{U_{20}} = \frac{10\ 000}{400} = 25$$

副绕组的匝数

$$N_2 = \frac{N_1}{k} = \frac{825}{25} = 33 \text{ 匝}$$

二、变压器的有载状态

变压器空载时,副绕组有开路电压,为带负载作好了准备。合上开关 S,副绕组则与负载接通,产生副边电流 i_2,其参考方向如图 5.4 所示。此时变压器向负载输送电能,变压器处于有载状态。

1.电磁关系

变压器有载时,原、副绕组都有电流通过,$i_1 N_1$ 与 $i_2 N_2$ 分别为原、副绕组的磁动势,它们都有产生磁通的能力。所以此时的主磁通 Φ 不再只是由原绕组磁动势所产生,而是由磁动势 $i_1 N_1$ 与 $i_2 N_2$ 共同作用产生。简单地说,主磁通 Φ 是由原、副绕组共同产生的。

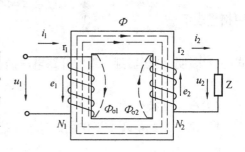

图 5.4　变压器的有载状态

主磁通穿过原、副绕组,在原、副绕组中产生感应电动势 e_1 和 e_2。

原、副绕组磁动势也产生少量的漏磁通 $\Phi_{\sigma 1}$ 和 $\Phi_{\sigma 2}$,数值很小,可以忽略不计。

变压器有载时的电磁关系可简单表示如下:

$$u_1 \rightarrow i_1 (i_1 N_1) \rightarrow \Phi \nearrow e_1 = -N_1 \frac{\mathrm{d}\Phi}{\mathrm{d}t}$$
$$e_2 = -N_2 \frac{\mathrm{d}\Phi}{\mathrm{d}t}$$
$$\Phi_{\sigma 1} \qquad i_2 (i_2 N_2)$$
$$\Phi_{\sigma 2}$$

2.电压变换作用

(1)原边

若忽略原绕组漏磁通 $\Phi_{\sigma 1}$ 的影响和原绕组电阻 r_1 上的电压降,则与空载时一样,有

$$u_1 + e_1 \approx 0$$

$$e_1 \approx -u_1$$

$$\dot{E}_1 \approx -\dot{U}_1$$

$$E_1 \approx U_1$$

(2)副边

若忽略副绕组漏磁通 $\Phi_{\sigma 2}$ 的影响和副绕组电阻 r_2 上的电压降,也有与空载时类似的关系,即

$$u_2 \approx e_2$$

$$\dot{U}_2 \approx \dot{E}_2$$

$$U_2 \approx E_2$$

原、副绕组的电压有效值之比为

$$\frac{U_1}{U_2} \approx \frac{E_1}{E_2}$$

由式(5.8)及式(5.9)

$$\frac{U_1}{U_2} \approx \frac{N_1}{N_2} = k \tag{5.11}$$

式(5.11)表明:变压器有载时与空载时一样,原、副绕组电压有效值之比等于原、副绕组匝数之比。当变比 $k > 1$ 时,$U_1 > U_2$,是降压变压器;当变比 $k < 1$ 时,$U_1 < U_2$,是升压变压器。

3.电流变换作用

变压器空载和有载时,原边电压都有如下关系,即

$$U_1 \approx E_1 = 4.44 f N_1 \Phi_\mathrm{m}$$

所以

$$\Phi_\mathrm{m} \approx \frac{U_1}{4.44 f N_1} \tag{5.12}$$

由式(5.12)可以看出,当电源电压 U_1 和频率 f 不变时,Φ_m 是个常数。就是说,无论负载怎样变化,铁心中主磁通的最大值 Φ_m 基本保持不变。

根据这个结论可以认为:变压器有载时产生主磁通的磁动势($i_1 N_1 + i_2 N_2$)与空载时产生主磁通的磁动势 $i_{10} N_1$ 基本上是相等的。即

$$i_1 N_1 + i_2 N_2 \approx i_{10} N_1$$

前已述及,变压器空载状态时的励磁电流 i_{10} 很小,与有载状态时的电流 i_1 和 i_2 相比,可以忽略。因而上式

$$i_1 N_1 + i_2 N_2 \approx 0$$
$$i_1 N_1 \approx - i_2 N_2$$

用相量表示

$$\dot{I}_1 N_1 \approx - \dot{I}_2 N_2 \tag{5.13}$$

式(5.13)中的负号说明,变压器原、副绕组的磁动势 $\dot{I}_1 N_1$ 和 $\dot{I}_2 N_2$ 在相位上接近于反相。这就是说,变压器带负载后,副绕组的磁动势 $\dot{I}_2 N_2$ 对原绕组的磁动势 $\dot{I}_1 N_1$ 有去磁作用。

由式(5.13),原、副绕组电流有效值之比

$$\frac{I_1}{I_2} \approx \frac{N_2}{N_1} = \frac{1}{k} \tag{5.14}$$

式(5.14)表明了变压器的电流变换作用。即:原、副绕组电流有效值之比等于原、副绕组匝数的反比。匝数多的绕组电流小,匝数少的绕组电流大。

变压器有载时,电流随负载的变化过程是:当负载增加(例如照明负载增加灯数)时,副绕组电流 I_2 和磁动势 $I_2 N_2$ 随之增大,对原绕组磁动势的去磁作用增强。此时,原绕组电流 I_1 和磁动势 $I_1 N_1$ 因补偿副绕组的去磁作用也随着增大,从而维持主磁通最大值 Φ_m 近乎不变。简单说就是:负载增加,电流 I_2 增大,电流 I_1 随着增大;负载减小,电流 I_2 减小,电流 I_1 随着减小。

实际上,变压器有载时,无论负载怎样变动,电流 I_1(也是电源的输出电流)总是自动适应负载电流的变化。变压器就是在副边的去磁作用与原边的补偿作用的动态平衡过程中,完成了电能的输送任务。

【例5.2】 一台额定容量为 $S_\mathrm{N} = 1\ 000$ VA、额定电压为 380/24 V 的变压器供给临时

建筑工地照明用电。试求:(1)变压器的变压比;(2)原、副绕组的额定电流;(3)副绕组能接入 60 W、24 V 白炽灯多少只?

【解】

(1)变压比　　　　　　　　　　　　　$k = \dfrac{380}{24} = 15.83$

(2)原、副绕组额定电流

$$I_{1N} = \frac{S_N}{U_{1N}} = \frac{1\,000}{380} = 2.63 \text{ A}$$

$$I_{2N} = \frac{S_N}{U_{2N}} = \frac{1\,000}{24} = 41.67 \text{ A}$$

(3)副绕组能接入的灯数为

$$\frac{I_{2N}}{\frac{60}{24}} = \frac{41.67}{2.5} = 16.7 \approx 17 \text{ 只}$$

4. 阻抗变换作用

把一个阻抗为 Z 的负载接到变压器的副边,如图 5.5(a)所示,负载阻抗可以表示为

$$|Z| = \frac{U_2}{I_2}$$

从原边来看,如图 5.5(b)所示,原先的负载阻抗就变为

$$|Z'| = \frac{U_1}{I_1} = \frac{kU_2}{\frac{1}{k}I_2} = k^2|Z| \quad (5.15)$$

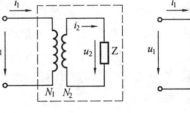

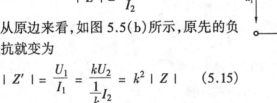

(a)　　　　　　　　　　(b)

图 5.5　变压器的阻抗变换作用

式(5.15)说明,一个阻抗为 |Z| 的负载,可以用变压器将它的阻抗增大 k^2 倍。这就是变压器的阻抗变换作用。

在电子技术中,常需要将负载阻抗值变换为放大器所需的数值,以获得最大的功率,此称为阻抗匹配。实现这种作用的变压器叫做匹配变压器。

【例 5.3】　一只 8 Ω 的扬声器接到变比为 6 的变压器的副边,试问反映到原边的电阻是多少?

【解】　反映到原边的电阻为

$$R' = k^2 \cdot R = 6^2 \times 8 = 288 \ \Omega$$

5. 变压器的功率损耗

变压器在输送能量过程中,本身存在功率损耗。损耗有铜损 ΔP_{Cu} 和铁损 ΔP_{Fe} 两部分。

(1)铜损。产生于绕组中的损耗叫做铜损。变压器工作时,原、副绕组电阻 r_1 和 r_2 均消耗功率,这就是铜损,即

$$\Delta P_{Cu} = I_1^2 r_1 + I_2^2 r_2$$

电流 I_1 与 I_2 愈大,铜损 ΔP_{Cu} 就愈大。铜损随电流而变。

(2)铁损。产生于铁心中的损耗叫做铁损。铁损包括磁滞损耗 ΔP_h 和涡流损耗 ΔP_e (关于磁滞和涡流的概念物理学中已有讲述,这里不再赘述),即

$$\Delta P_{Fe} = \Delta P_h + \Delta P_e$$

为减少磁滞损耗,铁心材料通常采用磁滞回线较窄的硅钢片;为减少涡流损耗,要使硅钢片彼此绝缘,顺着磁场方向叠成。硅钢片的厚度为 $0.35 \sim 0.5$ mm。

实验证明,当电源频率 f 一定时,一台变压器的铁损近似与 Φ_m^2 或 U_1^2 成正比。

变压器的损耗会导致变压器发热,温度过高时会加速绝缘材料的老化,缩短使用寿命。损耗还会使变压器的效率降低。因此要力求减小变压器的损耗。实际上,变压器的损耗可以控制在很小的范围内,效率通常在 90% 以上。大容量变压器,效率可达 98% ~ 99%。

思 考 题

5.4 变压器原边与副边没有电的联系,那么原边的电能是怎样传递到副边的?

5.5 变压器的负载电流增大时,原边电流为什么也随之增大?

5.6 如果变压器副边短路,对原边有无影响? 原边是否也相当于短路? 为什么?

5.7 一台变压器,额定电压为 220 /110 V,$N_1 = 2\,500$ 匝,$N_2 = 1\,250$ 匝,如果为了节省铜线将 N_1 改为 50 匝,N_2 改为 25 匝,这样做行吗? 为什么?

5.3 变压器绕组的极性与连接

一、绕组极性的判别

已经制成的变压器(或其它有绕组的电器设备),由于经过浸漆或其它工艺处理,从外观上无法辨认绕组的绕向。对于这种情况通常采用实验方法进行测定。常用的实验测定方法有直流法和交流法,本书只对直流法作一简单介绍。

直流法测定绕组极性的电路如图 5.6 所示。在开关闭合瞬间,如果毫安表的指针正向偏转,则 1 和 3 是同名端;如果指针反向偏转,则 1 和 4 是同名端。其原理是:

在开关闭合瞬间,电路中出现变化的电流 i_1,其实际方向如图所示。i_1 产生的磁通在两个绕组中产生感应电动势 e_1 和 e_2。由楞次定则可知,e_1 阻碍电流 i_1 增长,其实际方向如图所示。e_2 的实际方向可根据电流表指针偏转方向推知。若指针正向偏转,说明 e_2 的实际方向如图所示,因而 1 与 3 是同名端。若指针反向偏转,则 e_2 的实际方向与图示相反,1 与 4 是同名端。

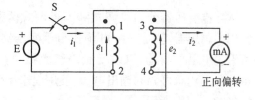

图5.6 直流法测定绕组的极性

二、绕组的连接

绕组的极性确定之后,即可根据实际需要将绕组连接起来。绕组串联可以提高电压,绕组并联可以增大电流。但是,只有额定电流相同的绕组才能串联,额定电压相同的绕组才能并联。

1.串联

将两个绕组按首—末—首—末顺序连接起来,可向负载提供 200 V 电压和 2 A 电流,如图 5.7(a)所示。

2.并联

将两个绕组按首—首、末—末分别连接起来,可向负载提供 100 V 电压和 4 A 电流,如图 5.7(b)所示。

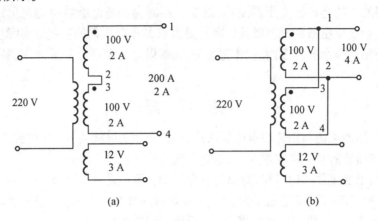

(a) (b)

图 5.7　变压器绕组的串并联

5.4　特殊变压器

特殊用途的变压器种类繁多,例如:自耦变压器、电压互感器和电流互感器等。本书只介绍常用的自耦变压器。

图 5.8 是自耦变压器的原理电路,主要特点是:副边由 a、b 两点引出,副绕组是原绕组的一部分。原、副绕组的电压关系和电流关系仍然是

$$\frac{U_1}{U_2} = \frac{N_1}{N_2} = k \qquad \frac{I_1}{I_2} = \frac{N_2}{N_1} = \frac{1}{k}$$

自耦变压器分为可调式和不可调式两种。实验室常用的调压器,就是一种可调式自耦变压器,它的 b 点可沿绕组上下滑动,以改变副绕组匝数 N_2 的方式,获得大幅度随意可调的输出电压,使用起来十分方便。外形如图 5.9(a)所示。

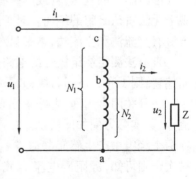

图 5.8　自耦变压器

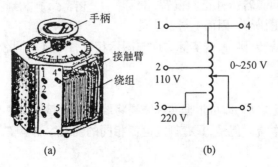

(a) (b)

图 5.9　自耦变压器的外形和电路

本 章 小 结

(1)变压器在电力系统和电子线路中应用广泛,其任务是输送能量或传递信号。在此过程中,表现出电压变换、电流变换和阻抗变换作用。即

$$\frac{U_1}{U_2} = k \qquad \frac{I_1}{I_2} = \frac{1}{k} \qquad |Z'| = k^2 |Z|$$

(2)变压器是电路与磁路的有机结合体,原边电路与副边电路通过磁通联系起来。主磁通的幅值为

$$\Phi_m \approx \frac{U_1}{4.44fN_1}$$

变压器在运行过程中,Φ_m 保持基本不变,副边电流 I_2 增大,原边电流 I_1 随着增大。

(3)接用多绕组变压器时,要先确定绕组的极性,然后根据实际条件采用适当方法找出绕组的同名端。

(4)特殊变压器的用途和使用方法各有特点,但基本结构和原理与一般变压器相同。

习 题

5.1 一台电压为 3 300/220 V 的单相变压器,向 5 kW 的电阻性负载供电。试求变压器的变压比及原、副绕组的电流。

5.2 有一台单相照明变压器,容量为 10 kVA,电压为 3 300/220 V。今欲在副边接上 60 W、220 V 的白炽灯,如果变压器在额定状态下运行,这种电灯能接多少只? 原、副绕组的额定电流是多少?

5.3 变压器的额定电压为 220/110 V,如果不慎将低压绕组接到 220 V 电源上,试问铁心中的磁通有何变化? 后果如何?

5.4 在题图 5.4 所示电路中,已知信号源的电动势 $e = 20\sqrt{2}\sin \omega t$ V,内阻 $R_0 = 200$ Ω,负载电阻 $R_L = 8$ Ω。试计算:

(1)当负载电阻 R_L 直接与信号源连接时,信号源输出的功率 P 为多少 mW?

(2)若将负载 R_L 等效到匹配变压器的原边,并使 $R_L' = R_0$ 时,信号源将输出最大功率 P_{max}。试计算此变压器的变比 k 为多少? 信号源最大输出功率 P_{max} 为多少?

5.5 测定绕组极性的电路如题图 5.5 所示。在开关 S 闭合瞬间发现电流表的指针反偏,试解释原因并标出绕组的极性。

5.6 某电源变压器各绕组的极性以及额定电压和额定电流如题图 5.6 所示。

当负载需要 12 V、2 A 时,请画出副绕组的接线图。

5.7 实验室常用的自耦调压器电路如题图 5.7 所示。1 – 2 是电源端,接额定电压 220 V。3 ~ 4 是负载端,触头在 $a \sim d$ 间滑动可得 0 ~ 250 V 电压。请解释:绕组的 $c \sim d$ 段是开路的,为什么还有电压?

5.8 变压器空载运行时,原边电流为什么很小? 有载运行时,原边电流为什么变大? 空载运行和有载运行磁通 Φ_m 是否相同? 为什么?

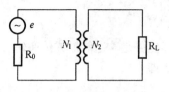

题图 5.4

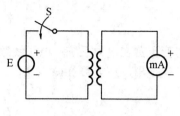

题图 5.5

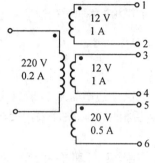

题图 5.6

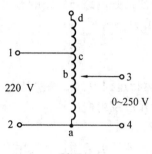

题图 5.7

第六章　三相异步电动机

三相异步电动机是最常用的一种电动机。它具有结构简单、价格便宜和使用方便等优点,广泛用于驱动各种金属切削机床、起重设备、锻压与铸造机械、传送带以及功率不大的通风机和水泵等。

从基本作用原理来看,各种电动机(包括三相异步电动机)都是以"载流导体在磁场中受电磁力的作用"为其物理基础。因此,在结构上,各种电动机都有产生磁场的部分和获得电磁力的部分。

6.1　三相异步电动机的转动原理和基本构造

三相异步电动机的构造是由其转动原理决定的,其转动原理可通过如图 6.1 所示的一个模型实验来说明。

一、转动原理

图 6.1 中的主要部分是:一个可以旋转的永久磁铁,一个由许多铜条组成的转子。因该转子形似鼠笼,故叫做鼠笼式转子。

当我们通过手柄摇动磁极时,发现鼠笼转子跟着磁极一起转动。摇得快,转子也转得快;摇得慢,转子也转得慢;反摇,转子则跟着反转。通过这一现象,我们来讨论转子的转动原理。

转子与磁极没有机械联系,但转子却能跟着磁极转动。可以肯定,转子与磁极之间存在电磁力,如图 6.2 所示。

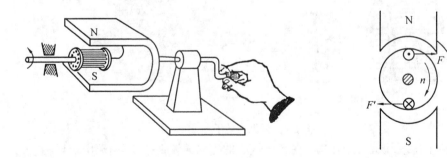

图 6.1　旋转的磁场拖动鼠笼式转子旋转　　　　图 6.2　转子转动原理图

当顺时针方向摇动磁极时,磁极的磁力线切割转子铜条(图 6.2 中只示出两根),铜条中产生感应电动势,电动势的方向由右手定则确定。这里应用右手定则时,可假设磁极不动,而转子铜条向逆时针方向转动切割磁力线(这与实际上磁极顺时针方向旋转,磁力线切割转子铜条是相当的)。铜条中产生的感应电动势的方向如图 6.2 中的 $\odot$ 和 $\otimes$ 所示。在电动势的作用下,闭合的铜条中出现电流。

该电流处于磁场之中,在磁场作用下,转子铜条上产生电磁力 F 与 F'。电磁力产生电磁转矩,转子就转动起来。电磁力的方向可用左手定则确定。由图 6.2 可见,转子转动的方向与磁极旋转的方向相同。

二、基本构造

由上面的实验可知,要使转子转动,必须有一个旋转的磁场。但是,实际的三相异步电动机中的旋转磁场,是不能像模型中那样用手摇的。为获得一个自动旋转的磁场,实际的三相异步电动机具有如下结构,如图 6.3 所示,其主要部件为:定子和转子。

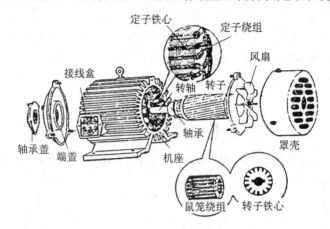

图 6.3 三相鼠笼式异步电动机的结构

定子(固定部分):由机座内的圆筒形的铁心组成。铁心内放置对称的三相绕组 A－X、B－Y 和 C－Z(组成定子绕组)。三相绕组可接成星形或三角形。当三相绕组通入对称的三相电流时,便可在定子铁心内膛空间产生旋转的磁场(详细分析见下节)。

转子(转动部分):有鼠笼式的,也有绕组式的,如图 6.4 和图 6.5 所示。

(a)   (b)

图 6.4 鼠笼式转子

鼠笼式转子:转子铁心是圆柱状,在转子铁心的槽内放置铜条,其两端用端环相接,如图 6.4(a)所示,呈鼠笼状,所以叫鼠笼式转子绕组。也可以在转子铁心的槽内浇铸铝液,铸成一个鼠笼。这样便可以用铝代替铜,既经济又便于生产,如图 6.4(b)所示。目前,中小型鼠笼式异步电动机几乎都采用铸铝转子。

绕线式转子:这种转子的特点是,在转子铁心的槽内不是放铜条或铸铝,而是和定子一样,放置对称的三相绕组,接成星形,如图 6.5 所示,转子绕组的三个出线头连接在三个铜制的滑环上,滑环固定在转轴上。环与环、环与转轴都互相绝缘。在环上用弹簧压着碳质电刷。电刷上又联接着三根外接线。

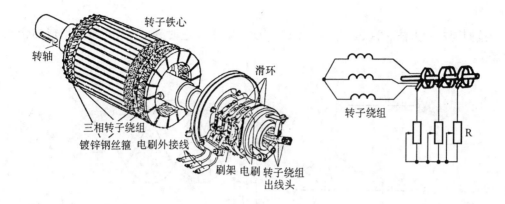

图 6.5 绕线式转子

鼠笼式电动机和绕线式电动机的明显特征,主要体现在转子上,最简单的辨认办法是看看异步电动机轴上有没有三个互相绝缘的滑环。如有,则为绕线式;如没有,则为鼠笼式。鼠笼式与绕线式只是转子构造有些不同,其工作原理是一样的。

思 考 题

6.1 在图 6.1 中,旋转磁极为什么能拖动鼠笼转子旋转?电磁力从何而来?

6.2 三相异步电动机的定子和转子各由几部分组成?各起什么作用?

6.3 鼠笼式三相异步电动机和绕线式三相异步电动机在结构上有何不同?怎样简单地区分出一台三相异步电动机是鼠笼式的还是绕线式的?

6.2 三相异步电动机的定子旋转磁场

当定子的三相绕组通入三相对称电流时,就可形成一个旋转磁场。通过这个磁场,定子把由电源获得的能量传递到转子,并使转子转动,带动生产机械,完成由电能到机械能的转换。这里定子是不动的,为什么通入三相电流就会产生旋转磁场呢?下面作一简要分析。设定子绕组接成星形,接在三相电源上,绕组中便通入三相对称电流,即

$$i_A = I_m \sin \omega t$$
$$i_B = I_m \sin(\omega t - 120°)$$
$$i_C = I_m \sin(\omega t + 120°)$$

其电路与电流的波形如图 6.6(a)、(b)所示。我们分析以下几个时刻。

① $\omega t = 0°$ 时: $i_A = 0$,A 相绕组无电流通过;i_B 是负的,其实际方向与参考方向相反,即 Y 端进、B 端出;i_C 是正的,其实际方向与参考方向相同,即 C 端进、Z 端出。这时,三相电流所形成的合成磁场如图 6.7(a)所示,磁力线穿过空气隙和转子铁心,而后经定子铁心闭合。

② $\omega t = 60°$ 时: i_A 是正的,其实际方向与参考方向相同,即 A 端进、X 端出;i_B 是负的,其实际方向与参考方向相反,即 Y 端进、B 端出;$i_C = 0$,C 相绕组无电流通过。这时,三相电流所形成的合成磁场如图 6.7(b)所示。与图 6.7(a)相比,合成磁场在空间已转过 60°。

③ $\omega t = 120°$ 时:同理可知,这时三相电流所形成的合成磁场在空间已转过 120°,如图

6.7(c)所示。

按照同样的方法,可以分析 $\omega t = 180°$、$270°$、$360°$等其它时刻由三相电流所形成的合成磁场。

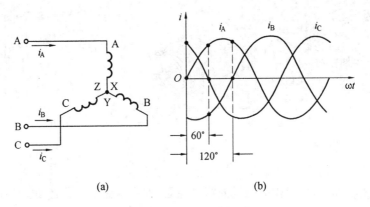

(a)　　　　　　　　　(b)

图 6.6　定子绕组与三相对称电流

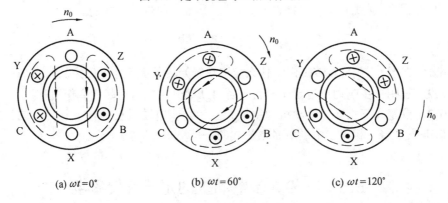

(a) $\omega t = 0°$　　　　(b) $\omega t = 60°$　　　　(c) $\omega t = 120°$

图 6.7　三相电流产生的旋转磁场($p = 1$)

由此可知,定子绕组通入三相电流后,它们共同产生的合成磁场是随电流的交变而在空间不断旋转着的,这便是旋转磁场。这个旋转磁场同永久磁铁的 N – S 磁极在空间旋转(如图6.1)所起的作用是一样的。在这个旋转磁场的切割作用下,转子绕组(铜条或铝条)中感应出电动势和电流(转子电流)又同旋转磁场相互作用而产生电磁力,使电动机转动起来。电动机的转动方向和旋转磁场的方向是相同的。

如要电动机反转,显然,只需改变旋转磁场的方向。为此,可将与三相电源联接的三根导线中的任意两根的一端对调,例如,对调 B 与 C 两相,则电动机三相绕组的 B 相与 C 相对调位置(此时电源的三相端子的相序未变),旋转磁场因此反转,电动机改变转动方向。

思 考 题

6.4　三相异步电动机定子旋转磁场是如何产生的? 画出图6.6(b)所示电流波形 $\omega t = 90°$时合成磁场的图形。

6.5　电动机的转动方向是否与旋转磁场的方向相同? 怎样改变接线才能使电动机反转?

6.3　三相异步电动机的极数与转速

三相异步电动机的极数就是旋转磁场的极数。旋转磁场的极数与定子三相绕组的安排有关。前面我们分析的旋转磁场,是每相绕组只有一个绕组的情况,它在空间相当于有一对磁场在旋转,即 $p=1$(p 是磁极对数)。如果定子绕组每相中有两个线圈串联,则产生的旋转磁场具有两对磁极,即 $p=2$,如图 6.8 所示。同理,如果要求电动机有三对极,即 $p=3$,每相绕组则必须串联三个线圈。

三相异步电动机的转速(即转子的转速),与其旋转磁场的转速 n_0 有关。而 n_0 又与定子电流频率 f_1 和旋转磁场的极对数 p 有关。

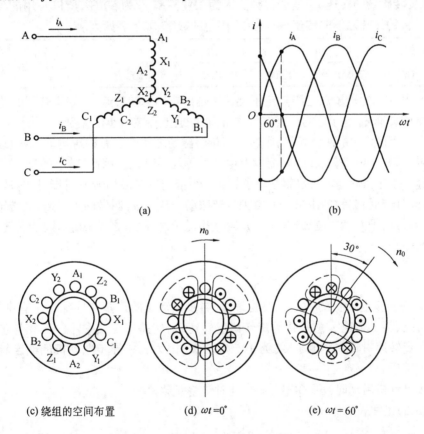

(a)　　　　　　　　　　　(b)

(c) 绕组的空间布置　　　(d) $\omega t = 0°$　　　(e) $\omega t = 60°$

图 6.8　四极旋转磁场的产生

当 $p=1$(一对极)时,由图 6.7 可知,电流从 $\omega t = 0°$ 变到 $\omega t = 60°$ 时,磁场在空间转过 60°;电流交变一次(一个周期)时,磁场在空间转过一圈;定子电流每秒交变 f_1 次,磁场在空间则转过 f_1 圈;定子电流每分钟交变 $60f_1$ 次,磁场在空间则转过 $60f_1$ 圈,即磁场每分钟的转速为

$$n_0 = 60f_1$$

当 $p=2$(两对极)时,由图 6.8 可知,电流从 $\omega t = 0°$ 变到 $\omega t = 60°$ 时,磁场在空间只转 30°,比一对极时慢了一半。即

$$n_0 = \frac{60f_1}{2}$$

同理,当 $p = 3$(三对极)时,旋转磁场的转速为

$$n_0 = \frac{60f_1}{3}$$

由此推知,当旋转磁场具有 p 对极时,其转速为

$$n_0 = \frac{60f_1}{p} \qquad (6.1)$$

转速的单位为 r/min。

对已制造好的三相异步电动机而言,其磁极对数 p 已确定,使用的电源频率也已确定,因此旋转磁场的转速 n_0 是个常数。因为工业频率 f_1 为 50 Hz,所以常用的各种三相异步电动机的旋转磁场的转速 n_0 为几个固定的数字,如下表所列。

p(对数)	1	2	3	4	5	6
$n_0/(\text{r}\cdot\text{min}^{-1})$	3 000	1 500	1 000	750	600	500

异步电动机的转子总是跟随定子旋转磁场而转动。初看起来,好像转子的转速 n 与旋转磁场的转速 n_0 是相等的。其实 n 与 n_0 在数值上存在微小的差别:n 小于 n_0,但又近似等于 n_0。因为,如果两者相等,则转子与旋转磁场之间就没有相对运动,磁力线就不切割转子导体,转子电动势、转子电流以及电磁力等均不存在。因此,转子的转速 n 与旋转磁场转速 n_0 之间必有差值,也就是转子转速不可能与旋转磁场转速同步,只能是异步的。这就是异步电动机名称的由来。通常把旋转磁场的转速 n_0 叫做同步转速,把转子转速 n 叫做异步转速,把两者之差 $\Delta n = n_0 - n$ 叫做相对转速,两者之差 Δn 与同步转速 n_0 的比值叫做转差率,即

$$s = \frac{\Delta n}{n_0} = \frac{n_0 - n}{n_0} \times 100\% \qquad (6.2)$$

转差率 s 是异步电动机的一个重要物理量,异步电动机的许多特性都与 s 有密切关系。由上式可见,转子转速 n 愈是接近旋转磁场转速 n_0,转差率 s 就愈小。三相异步电动机运行于额定转速时转差率很小,约为 1.5% ~ 6%,因为三相异步电动机的额定转速与同步转速很接近。

异步电动机启动时,$n = 0$,故 $s = 1$,此时转差率最大。

式(6.2)也常表示为

$$n = (1 - s)n_0 \qquad (6.3)$$

式(6.3)表明,转子转速 n 比同步转速 n_0 小。n 总比 n_0 小百分之几。

【例 6.1】 有一台三相异步电动机,其额定转速 $n_N = 975$ r/min,试求电动机的极对数 p 和额定负载时的转差率 s_N。

【解】 由于异步电动机的额定转速接近而略小于同步转速,而同步转速对应于不同的极对数有一系列固定的数值,显然与 975 r/min 相接近的同步转速为 $n_0 = 1\ 000$ r/min,与此相对应的极对数为 $p = 3$。

额定负载时的转差率为

$$s_N = \frac{n_0 - n_N}{n_0} \times 100\% = \frac{1\ 000 - 975}{1\ 000} \times 100\% = 2.5\%$$

思 考 题

6.6 什么叫极数？什么叫极对数？

6.7 试说明 n_0、n、Δn、s 的含义，它们之间存在什么关系？

6.4 三相异步电动机的机械特性

从使用的角度来说，我们最关心的就是三相异步电动机在驱动生产机械时，其转矩 T 和转速 n 的变化情况。T 和 n 之间的关系 $n = f(T)$ 叫做电动机的机械特性。

表示机械特性的两个物理量 T 和 n，与异步电动机的定子绕组和转子绕组的电压、电流、旋转磁场的磁通密切相关。三相异步电动机在结构和电磁关系上与变压器有极大的相似性。我们知道，变压器有原、副绕组，两个绕组之间通过磁场建立联系。与此类似，三相异步电动机有定、转子绕组，彼此通过旋转磁场联系起来。

一、定子绕组

与变压器原绕组产生感应电动势的原理相同，异步电动机的定子三相绕组接通交流电源后，定子每相绕组因被旋转磁场的磁通切割而产生感应电动势，其有效值为

$$E_1 = 4.44 f_1 N_1 \Phi \tag{6.4}$$

式中：f_1 为定子绕组感应电动势的频率，等于外加电源电压或定子电流的频率；N_1 为定子每相绕组的匝数；Φ 为旋转磁场的每极磁通。

在一般的电动机中，定子绕组本身的阻抗电压降比 E_1 小得多，因此定子每相绕组电压有效值

$$U_1 \approx E_1 = 4.44 f_1 N_1 \Phi$$

因而

$$\Phi \approx \frac{U_1}{4.44 f_1 N_1} \tag{6.5}$$

二、转子绕组

三相异步电动机的转子绕组虽然与变压器副绕组相似，但也有其不同之处。主要表现在：变压器副绕组是静止的，而异步电动机的转子绕组只有在电动机刚刚接上电源启动的一瞬间（或因负载过重而被迫停转时）才是静止的，一般情况下总是转动的。

1. 转子静止时

转子静止时，旋转磁场像切割定子绕组一样，也同时以相同的转速切割转子绕组，转子绕组因而产生感应电动势。若以 E_{20} 表示转子静止时每相绕组感应电动势的有效值，则

$$E_{20} = 4.44 f_2 N_2 \Phi \tag{6.6}$$

式中：N_2 为转子每相绕组的匝数；f_2 为转子绕组感应电动势或转子绕组电流的频率。此时因转子与定子一样静止不动，它们的感应电动势的频率是相同的，即 $f_2 = f_1$。所以

$$E_{20} = 4.44 f_1 N_2 \Phi \tag{6.7}$$

若以 X_{20}、I_{20} 和 $\cos \varphi_{20}$ 分别表示转子静止时其每相绕组的感抗、电流和功率因数，则

有

$$X_{20} = 2\pi f_2 L_{\sigma2} = 2\pi f_1 L_{\sigma2} \tag{6.8}$$

$$I_{20} = \frac{E_{20}}{\sqrt{R_2^2 + X_{20}^2}} \tag{6.9}$$

$$\cos \varphi_{20} = \frac{R_2}{\sqrt{R_2^2 + X_{20}^2}} \tag{6.10}$$

以上各式中,R_2 与 $L_{\sigma2}$ 为转子每相绕组的电阻和电感。

2.转子转动时

转子转动时,其转动方向与旋转磁场方向相同,其转速略低于旋转磁场的转速。它们的相对转速为 $\Delta n = n_0 - n$。此时若把转子看做相对静止,旋转磁场则以相对转速 Δn 旋转并切割转子绕组。根据转速的一般关系式(6.1),频率与转速之间的关系可以写为

$$f = \frac{pn}{60} \tag{6.11}$$

由式(6.11)可知,旋转磁场以相对转速 Δn 切割转子绕组时,转子绕组感应电动势的频率为

$$f_2 = \frac{p\Delta n}{60} = \frac{p(n_0 - n)}{60} = \frac{pn_0}{60} \cdot \frac{(n_0 - n)}{n_0} = sf_1 \tag{6.12}$$

式(6.12)表明,转子转动时,其感应电动势的频率 f_2 与转差率 s 成正比。

例如,电动机启动瞬间,$n = 0$,$s = 1$,此时 $f_2 = sf_1 = f_1 = 50$ Hz,电动机转速 n 升高后,s 减小,f_2 也减小;电动机在额定转速下运行时,$s = 0.015 \sim 0.06$,$f_2 = sf_1 = (0.015 \sim 0.06) \times 50 = (0.75 \sim 3)$ Hz。显然,电动机在额定状态下运行时,转子感应电动势和转子电流的频率是很低的。

由于 f_2 随 s 而变化,所以转子电动势、转子感抗、转子电流和转子功率因数都与 s 有关,即

$$E_2 = 4.44 f_2 N_2 \Phi = 4.44 sf_1 N_2 \Phi = sE_{20} \tag{6.13}$$

$$X_2 = 2\pi f_2 L_{\sigma2} = 2\pi sf_1 L_{\sigma2} = sX_{20} \tag{6.14}$$

$$I_2 = \frac{E_2}{\sqrt{R_2^2 + X_2^2}} = \frac{sE_{20}}{\sqrt{R_2^2 + (sX_{20})^2}} \tag{6.15}$$

$$\cos \varphi_2 = \frac{R_2}{\sqrt{R_2^2 + X_2^2}} = \frac{R_2}{\sqrt{R_2^2 + (sX_{20})^2}} \tag{6.16}$$

【例 6.2】 一台四极 50 Hz、1 450 r/min 的三相异步电动机,转子电阻 $R_2 = 0.02$ Ω,转子感抗 $X_{20} = 0.08$ Ω,E_1/E_{20} 为 10。当 $E_1 = 200$ V 时,求(1)电动机启动瞬间的 E_{20}、I_{20} 及 $\cos \varphi_{20}$;(2)达到额定转速时的 E_2、I_2 及 $\cos \varphi_2$。

【解】 (1)启动瞬间

$$E_{20} = \frac{E_1}{10} = \frac{200}{10} = 20 \text{ V}$$

$$I_{20} = \frac{E_{20}}{\sqrt{R_2^2 + X_{20}^2}} = \frac{20}{\sqrt{0.02^2 + 0.08^2}} = 242.8 \text{ A}$$

$$\cos \varphi_{20} = \frac{R_2}{\sqrt{R_2^2 + X_{20}^2}} = \frac{0.02}{\sqrt{0.02^2 + 0.08^2}} = 0.25$$

(2)额定转速时

$$n_0 = \frac{60 f_1}{p} = \frac{60 \times 50}{2} = 1\,500 \text{ r/min}$$

$$s = \frac{n_0 - n}{n_0} = \frac{1\,500 - 1\,450}{1\,500} = 0.05$$

$$E_2 = sE_{20} = 0.05 \times 20 = 1 \text{ V}$$

$$X_2 = sX_{20} = 0.05 \times 0.08 = 0.004 \ \Omega$$

$$I_2 = \frac{E_2}{\sqrt{R_2^2 + X_2^2}} = \frac{1}{\sqrt{0.02^2 + 0.004^2}} = 49 \text{ A}$$

$$\cos \varphi_2 = \frac{R_2}{\sqrt{R_2^2 + X_2^2}} = \frac{0.02}{\sqrt{0.02^2 + 0.004^2}} = 0.98$$

由本例可见:电动机启动时,因相对转速最大(等于 n_0),转子绕组受磁场切割最甚,产生的感应电动势 E_{20} 最大,因而启动电流 I_{20} 也最大,约为额定状态的 5 倍。这样大的启动电流会带来一些什么不利影响,将在后面讨论。

三、转矩

从异步电动机的工作原理我们知道,异步电动机的电磁转矩是由于具有电流 I_2 的转子绕组在磁场中受力而产生的。因此,电磁转矩的大小应与转子电流 I_2 以及旋转磁场每极磁通 Φ 成正比。值得注意的是:转子绕组有感抗存在,转子电路的功率因数不等于1。同一般交流电路的有功功率要考虑功率因数一样,异步电动机的电磁转矩(电动机通过其转矩对外做机械功,输出有功功率)也应考虑转子的功率因数。即

$$T = K_T \Phi I_2 \cos \varphi_2 \tag{6.17}$$

式中 K_T 为常数,它与电动机的结构有关。

为叙述方便,以下把电磁转矩简称转矩。在式(6.17)中,若引用式(6.5)、(6.7)、(6.15)、(6.16)中各量的关系,则可获得更为具体的转矩表达式。即

$$\Phi \approx \frac{U_1}{4.44 f_1 N_1}$$

$$I_2 = \frac{sE_{20}}{\sqrt{R_2^2 + (sX_{20})^2}} = \frac{s(4.44 f_1 N_2 \Phi)}{\sqrt{R_2^2 + (sX_{20})^2}}$$

$$\cos \varphi_2 = \frac{R_2}{\sqrt{R_2^2 + (sX_{20})^2}}$$

将以上三式代入式(6.17)中,得

$$T = K \frac{sR_2 U_1^2}{R_2^2 + (sX_{20})^2} \tag{6.18}$$

式中 K 为常数。

上式说明,异步电动机的转矩 T 与电源电压 U_1 的平方成正比。电源电压的波动对转矩的影响很大。例如电源电压降低到额定电压的 70% 时,则转矩下降到原来的 49%。过低的电源电压往往使电动机不能启动,在运行中如果电源电压下降太多,很可能使电动机因其转矩小于负载转矩而停转。这些现象的发生都会引起电动机的电流的增加以致超过其额定电流,如不及时断开电源,则可能将电动机烧毁。一般来说,当电源电压低于额定值的 85% 时,就不允许异步电动机投入运行。

四、三相异步电动机的机械特性

在一定的电源电压 U_1 和转子电阻 R_2 的条件下,转矩 T 和转差率 s 的关系曲线 $T = f(s)$ 或转速 n 和转矩 T 的关系曲线 $n = f(T)$ 叫做三相异步电动机的机械特性曲线。由式 (6.18) 可画出 $T = f(s)$ 曲线,如图 6.9 所示。将 $T = f(s)$ 曲线顺时针方向转过 $90°$,再将表示 T 的横坐标轴移下,纵坐标表示 n,则得 $n = f(T)$ 曲线,如图 6.10 所示。

在电动机的机械特性曲线上,可以分析电动机的运行性能。通常我们注意以下三个转矩:

1. 额定转矩 T_N

额定转矩是电动机在额定负载时的转矩。这时的转差率和转速分别叫做额定转差率和额定转速。在图 6.10 中,若 A 点表示电动机的额定状态,则其对应的转矩和转速即为额定转矩 T_N 和额定转速 n_N。电动机的额定转矩 T_N 可根据其名牌上所标的额定功率 P_N (kW)和额定转速 n_N(r/min)求得,计算公式为

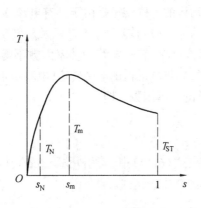

图 6.9 $T = f(s)$曲线

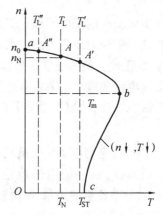

图 6.10 $n = f(T)$曲线

$$T_N = 9\,550\,\frac{P_N}{n_N}\,\text{N} \cdot \text{m} \tag{6.19}$$

例如,普通车床的主轴电动机 $JO_2.51.4$ 型的额定功率为 7.5 kW,额定转速为 1 450 r/min,则额定转矩为

$$T_N = 9\,550\,\frac{P_N}{n_N} = 9\,550 \times \frac{7.5}{1\,450} = 49.4\ \text{N} \cdot \text{m}$$

三相异步电动机一般都工作在机械特性曲线的 ab 段(图 6.10),而且能自动适应负载的变动。设电动机工作在额定状态下(A 点),此时电动机的转矩 T_N 等于负载转矩 T_L,即 $T_N = T_L$。我们讨论以下两种情况:

① 若负载转矩增大时(例如,起重机的起重量加大,车床的吃刀量加大等等),负载转矩

由 T_L 变为 T'_L，电动机的转矩小于负载转矩，即 $T_N < T'_L$。于是电动机的转速 n 沿 ab 段曲线下降。由这段曲线可见，随着转速 n 的下降，电动机的转矩 T 却在增大，当增大到与负载转矩相等时，即 $T = T'_L$，电动机就在新的额定状态（A' 点下）运行，这时的转速较前为低。

② 若负载转矩减小时，负载转矩由 T_L 变为 T''_L，电动机的转矩大于负载转矩，即 $T_N > T''_L$。于是电动机的转速沿 Aa 段曲线上升。随着转速 n 的上升，电动机的转矩 T 在减小，当减小到与负载转矩相等时，即 $T = T''_L$，电动机又在新的稳定状态（A'' 点）下运行。这时转速较前为高。

一般三相异步电动机的机械特性曲线上的 ab 段均较平坦，虽然转矩 T 的范围很大，而转速 n 的变化不大。这种特性叫做硬机械特性（简称硬特性），特别适用于一般金属切削机床等生产机械。

2. 最大转矩 T_m

最大转矩是电动机转矩的最大值。最大转矩也叫临界转矩。对应于最大转矩的转差率为 s_m，叫做临界转差率。为求得最大转矩 T_m，可以把式 (6.18) 对 s 微分，并令 $\dfrac{dT}{ds} = 0$，得

$$s_m = \frac{R_2}{X_{20}} \qquad (6.20)$$

将式 (6.20) 代入式 (6.18)，便得最大转矩

$$T_m = K \frac{U_1^2}{2X_{20}} \qquad (6.21)$$

由式 (6.21) 可见，电动机的最大转矩 T_m 与电源电压 U_1 的平方成正比，而与转子电阻 R_2 无关。这种情况可由图 6.11 表示出来。在图 6.11 中，曲线 1 表示正常电源电压 U_1 时的机械特性，曲线 2 表示当电源电压波动由 U_1 降低为 U'_1 时的机械特性。由曲线 2 可见，最大转矩由 T_m 降低为 T'_m。

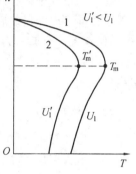

图 6.11　不同电源电压 U_1 时的 $n = f(T)$ 曲线（$R_2 =$ 常数）

最大转矩 T_m 为什么又叫临界转矩呢？

工作在 ab 段的电动机（见图 6.10），当负载转矩超过电动机的最大转矩 T_m 时，电动机因带不动负载而沿 ab 段曲线减速。随着转速 n 的下降，转矩 T 增大，至 b 点时，电动机的转矩虽然达到最大值 T_m，但仍小于负载转矩，因而便沿 bc 段曲线继续减速。由 bc 段曲线可见，随着转速 n 的下降，电动机的转矩 T 也在减小，电动机的转速 n 将继续下滑（bc 段是不稳定区），直到停止转动为止（这叫做闷车）。一旦闷车，旋转磁场切割转子导体的相对转速达到最大，电动机的电流剧增，绕组将因过热而烧毁。在机械特性曲线上，b 点是电动机稳定工作区（ab 段）和不稳定区（bc 段）的临界点，因而 b 点所对应的最大转矩 T_m 又叫做临界转矩。

在 ab 段，当负载转矩等于电动机的额定转矩时，电动机处于额定状态；当负载转矩小于电动机的额定转矩时，电动机处于轻载状态；当负载转矩大于电动机的额定转矩时，电动机则处于过载状态。长期连续运行的电动机，基本上是在额定状态下运行。

电动机运行，允许短时过载。不同类型的异步电动机，过载能力是不同的。三相异步电动机的最大转矩 T_m 的大小就标志着它的过载能力的大小。在产品目录中，过载能力是以最大转矩与额定转矩的比值 T_m/T_N 的形式给出的，这个比值叫做电动机的过载系

数,用字母 λ 表示,即

$$\lambda = \frac{T_{\mathrm{m}}}{T_{\mathrm{N}}} \tag{6.22}$$

一般的三相异步电动机,$\lambda = 1.8 \sim 2.2$;起重与冶金机械用的三相异步电动机过载系数较大,$\lambda = 2 \sim 3$。使用三相异步电动机时,要使负载转矩小于最大转矩,给电动机留有余地。这样,一旦电动机受到突然的负载冲击时,仍不致因超出最大转矩而停车。

3.启动转矩 T_{ST}

启动转矩是电动机刚启动($n = 0, s = 1$)时的转矩。将 $s = 1$ 代入式(6.18),可得

$$T_{\mathrm{ST}} = K \frac{R_2 U_1^2}{R_2^2 + X_{20}^2} \tag{6.23}$$

可见启动转矩 T_{ST} 与 U_1 的平方成正比。当电源电压因波动而使 U_1 降低时,启动转矩 T_{ST} 会显著减小(见图6.11),因而有可能使带有负载的电动机不能起动。

在产品目录中,给出启动转矩和额定转矩的比值 $T_{\mathrm{ST}}/T_{\mathrm{N}}$,以表示电动机的启动能力。一般三相异步电动机的启动转矩不大,它与额定转矩的比值为 $1.4 \sim 2.2$。

【例6.3】 已知一台三相鼠笼式异步电动机的下列技术数据:$P_{\mathrm{N}} = 22$ kW,$n_{\mathrm{N}} = 1\ 470$ r/min,$T_{\mathrm{ST}}/T_{\mathrm{N}} = 1.4$,$T_{\mathrm{m}}/T_{\mathrm{N}} = 2$。试求这台电动机的额定转矩、启动转矩和最大转矩各为多少?

解 额定转矩 $T_{\mathrm{N}} = 9\ 550\ \dfrac{P_{\mathrm{N}}}{n_{\mathrm{N}}} = 9\ 550 \times \dfrac{22}{1\ 470} = 142.9$ N·m

启动转矩 $T_{\mathrm{ST}} = 1.4 T_{\mathrm{N}} = 1.4 \times 142.9 = 200$ N·m

最大转矩 $T_{\mathrm{m}} = 2 T_{\mathrm{N}} = 2 \times 142.9 = 285.8$ N·m

思 考 题

6.8 试说明三相异步电动机在结构和电磁关系上与变压器的相似性和差异性。

6.9 为什么电动机在额定状态下运行时 $f_2 < f_1$,而在启动瞬间 $f_2 = f_1$?

6.10 电动机的电磁转矩和哪些量有关?

6.11 当电源电压波动时,电动机的电磁转矩是否随之变化?为什么?

6.12 从机械特性曲线上看,电动机正常工作在曲线的哪一段?为什么?

6.13 在正常工作时,电动机的负载转矩为什么不能超过电动机的最大转矩?

6.5 三相异步电动机的使用

一、启动

我们以启动时的电流和转矩两个方面来分析异步电动机的启动性能。

在启动开始瞬间,$n = 0, s = 1$,由于旋转磁场对静止的转子有着很大的相对转速,磁力线切割转子导体的速度很快,因而转子绕组感应出来的电动势和电流都很大。和变压器的道理一样,转子电流增大,定子电流也必然相应增大,约为额定电流的 $5 \sim 7$ 倍。电动机启动后,转速很快升高,电流便很快减少。

异步电动机的启动电流虽然很大,但因启动过程很短(几秒钟),除非频繁启动,一般

对电动机本身影响不大,不会引起过热和损坏。但是,过大的启动电流会引起供电线路上电压的下降,以致影响接在同一供电线路上的其它用电设备的正常工作(例如,电灯亮度突然变暗,正在工作的电动机转矩突然降低等等)。

启动电流大,但启动转矩并不大,这是因为启动时,转子的功率因数是很低的(式6.16)。如果启动转矩太小,则会延长启动时间,甚至不能带负载启动。因此,一般机床的主电动机都是空载启动(启动后再切削),对启动转矩没有特殊要求。而起重用的电动机则要求采用启动转矩大的异步电动机(见6.6节)。

由上述可知,异步电动机启动时的主要缺点是启动电流大。为了减小启动电流,必须采用适当的启动方法。

1. 直接启动

一台异步电动机能否直接启动,有一定的规定。原则是,电动机的启动电流在供电线路上引起的电压下降应在允许的范围内。这样才不会明显影响同一线路上其它电器设备和照明负载的工作。二三十千瓦以下的异步电动机一般都可以直接启动。

2. 降压启动

如果直接启动时会引起较大的线路电压降,则必须采用降压启动的方式。降压启动,就是在启动时降低加在定子绕组上的电压,以减小启动电流。鼠笼式异步电动机的降压启动常采用以下几种方法:

(1)星形 – 三角形(Y – △)换接降压启动

这种方法只适用于电动机的定子绕组在正常

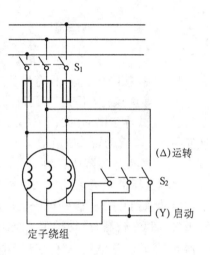

图 6.12 Y – △换接启动

工作时接成三角形的情况。启动时,把定子三相绕组先接成星形,待启动后转速接近额定转速时,再将定子绕组换接成三角形。Y – △换接启动线路如图 6.12 所示。

设定子每相绕组的等效阻抗为 $|Z|$,电源线电压为 U_l,当绕组接成 Y 时,如图 6.13 (a),其线电流

$$I_{lY} = I_{pY} = \frac{U_{pY}}{|Z|} = \frac{U_l/\sqrt{3}}{|Z|} = \frac{1}{\sqrt{3}} \frac{U_l}{|Z|}$$

当绕组接成△时,如图 6.13(b),其线电流

$$I_{l\triangle} = \sqrt{3} I_{p\triangle} = \sqrt{3} \frac{U_l}{|Z|}$$

两种接法线电流之比为

$$\frac{I_{lY}}{I_{l\triangle}} = \frac{\frac{1}{\sqrt{3}} \frac{U_l}{|Z|}}{\sqrt{3} \frac{U_l}{|Z|}} = \frac{1}{3}$$

即启动时,因定子绕组连接成 Y 形,每相绕组上的电压降低到正常工作电压的 $\frac{1}{\sqrt{3}}$,则启动电流只有连成△形直接启动时的 $\frac{1}{3}$。

由于电动机转矩与电源电压的平方成正比,接成 Y 形启动时,定子绕组相电压只有 △ 形连接时的 $\frac{1}{\sqrt{3}}$,所以启动转矩降低,只有直接启动时的 $\frac{1}{3}$。因此采用这种方法时,电动机应当空载或轻载启动。

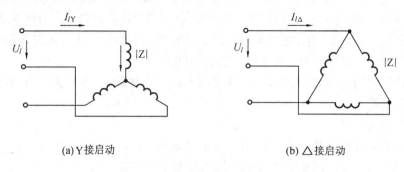

(a) Y 接启动　　　　　　　　　(b) △ 接启动

图 6.13　不同联接时的启动电流

Y – △ 换接降压启动,具有设备简单、维护方便、动作可靠等优点,应用较广泛,目前 Y 系列 4 ~ 100 kW 的鼠笼式异步电动机都已为 380 V、△ 形连接,以便使用 Y – △ 启动器降压启动。

（2）自耦变压器降压启动

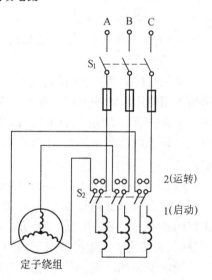

图 6.14　自耦变压器降压启动

自耦变压器降压启动方法的线路如图 6.14 所示。启动前把开关 S_1 合到电源上。启动时,把开关 S_2 扳到"启动"位置,电动机定子绕组便接到自耦变压器的副边,于是电动机就在低于电源电压的条件下启动。当其转速接近额定转速时,再把开关 S_2 拉到"运转"位置上,使电动机的定子绕组在额定电压下运行。

自耦变压器通常备有几个抽头,以便得到不同的电压,根据对启动转矩的要求选用。自耦降压启动适用于容量较大的或者正常运行时定子绕组联成星形不能采用 Y – △ 换接启动的鼠笼式异步电动机。

采用自耦降压启动,也能同时使启动电流和启动转矩减小。

二、反转

生产过程中,有时要求电动机反转。如前所述,只要将接到电动机定子绕组的三根电源线任意对调两根即可。有一种叫做倒顺开关的装置,就是起这种作用的。

三、调速

电动机的调速,就是用人为的方法改变电动机的机械特性,使在同一负载下获得不同的转速,以满足生产过程的需要。例如,起重机在提放重物时,为了安全需要随时调整转速。车床加工零件时为保证不同的光洁度,则需调整车刀的切削速度。讨论异步电动机的调速方法时,可从下式出发,即

$$n = (1 - s)n_0 = (1 - s)\frac{60f_1}{p}$$

由此式可见,改变电动机的转速有三种可能:改变电动机的极对数 p、改变电动机的电源频率 f_1 和改变转差率 s。其中改变转差率 s 的调速方法只适用绕线式异步电动机(见 6.6 节)。

1. 变极调速

三相异步电动机磁极对数 p 和同步转速 n_0 之间的关系已在前面讨论过。但是,普通三相异步电动机的磁极对数已经固定,不能再用改变磁极对数的方法进行调速。为了调速,厂家专门设计制造双速及多速鼠笼式异步电动机。例如 YD160M – 6/4/2 型多速电动机,其同步转速 $n_0 = 1\,000//1\,500//1\,000$ r/min。由于磁极对数只能成对改变,所以这种方法只能是有级调速。

2. 变频调速

改变电源频率进行调速,可以得到很大的调速范围,很好的调速平滑性和有足够硬度的机械特性。变频调速是三相异步电动机最理想的调速方法。近年来,由于大功率电子技术的发展,变频调速发展很快,广泛应用于对调速要求较高的机械、冶金、纺织、给水设备以及高级电梯控制等领域。

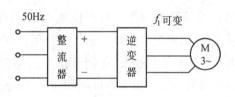

图 6.15 变频调速器原理

图 6.15 为变频调速原理框图。由可控硅整流器将工频三相交流电变换为直流电;再由可控硅逆变器将直流电变换为频率 f_1 可调、电压(有效值)也可调的三相交流电,供给鼠笼式电动机。显然,这种方法可以实现无级调速。

四、制动

由于电动机的转动部分有转动惯量,当电动机断开电源后,电动机将继续转动很长时间才能停下来。为了缩短辅助工时,提高劳动生产率和安全性,需要对电动机进行制动,即强迫停车。下面我们简单介绍一下常用的能耗制动和反接制动。

1. 能耗制动

能耗制动的电路及其原理,如图 6.16(a)、(b)所示。在拉开开关 S,定子绕组脱离三相电源,定子旋转磁场消失的同时,立即接通直流电源,使直流电通入定子绕组而产生直流磁场。转子由

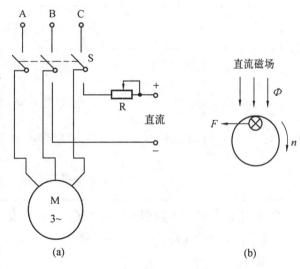

图 6.16 能耗制动

于惯性继续在原方向转动,转子导体便产生感应电流。根据右手定则和左手定则可以确定转子电流和直流磁场相互作用产生的转矩的方向,它总是与电动机的转动方向相反,起制动作用,因而叫做制动转矩。制动转矩的大小与直流电流的大小有关,可根据需要进行调节,但通入的直流不能大于定子绕组的额定电流,否则会烧坏定子绕组。

这种方法是用消耗转子的动能的原理来制动的,因而叫做能耗制动。

2.反接制动

反接制动的方法如图 6.17(a)、(b)所示。

电动机停车时,立即将开关由 1 投向 2 位置,因有两根电源线对调位置,使旋转磁场

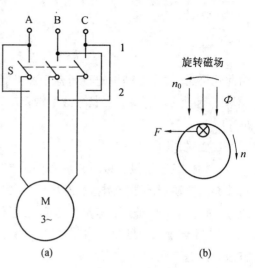

图 6.17　反接制动

反向旋转,而电动机转子由于惯性仍在原方向转动。由图 6.17(b)可见,这时转矩方向与电动机转动方向相反,起制动作用。当电动机转速接近零时,可利用一种叫做速度继电器的控制电器将三相电源自动切断(否则电动机将反向旋转)。

反接制动时,反向旋转磁场与正向转动的转子之间的相对转速($n_0 + n$)很大,因而电流也大。对功率较大的电动机,反接制动时,必须在定子电路中接入电阻,以限制电流。

五、三相异步电动机的铭牌和技术数据

要正确使用电动机,还应当会看电动机的铭牌,懂得铭牌上的各项数据的意义。

例如,Y160M – 4 型三相异步电动机,它的铭牌如下:

三相异步电动机		
型　　号　Y160M – 4	功率 11 千瓦	频　　率　50 赫
电　　压　380 伏	电流 22.6 安	接　　法　△
转　　速　1 460 转/分	绝缘等级　B	工作方式　连续
××电机厂　　年　　月		

此外,它的主要技术数据还有效率 $\eta_N = 88\%$,功率因数 $\cos \varphi_N = 0.84$,$I_{ST}/I_N = 7$,$T_{ST}/T_N = 2.2$,$T_m/T_N = 2.2$ 等,列在产品目录中。

1.型号

按规定,电机产品的型号,一律采用大写印刷体汉语拼音字母和阿拉伯数字表示。我国已于 1982 年 4 月开始生产 Y 系列新产品,以取代以前的 J 系列产品。上述 Y160M – 4 型号的含义是:

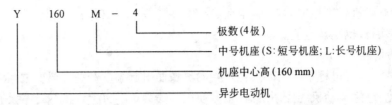

目前我国异步电动机产品尚处于新旧交替阶段，J 系列产品还在广泛使用。以 JO2 - 51 - 4 型为例，说明一下 J 系列产品型号的含义：

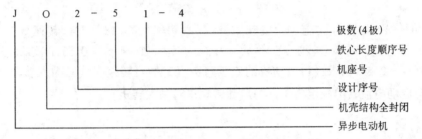

常用的异步电动机新旧名称代号如表 6.1 所示，以供对照。

表 6.1　常用异步电动机的名称代号

电动机名称	名称新代号	名称旧代号
异步电动机	Y	J、JO 等
绕线式异步电动机	YR	JR、JRO
防爆用异步电动机	YB	JB
起重冶金用异步电动机	YZ	JZ
起重冶金用绕线式异步电动机	YZR	JZR

2. 功率

铭牌上的功率值是指电动机在额定情况下运行时轴上输出的机械功率（不是定子绕组的输入功率）。定子绕组的输入功率扣除电机的各种损耗，余下的就是轴上输出的机械功率。电动机的额定功率也叫额定容量，单位用千瓦（kW）表示。

3. 电压和接法

电动机铭牌上的电压值是指电动机运行于额定情况时定子绕组应加的线电压。Y 系列电动机额定电压都是 380 V。额定功率小于 3 kW 的电机，其定子绕组都是星形接法，4 kW 以上的电动机都是三角形接法。有些旧型号（如 J、JO 系列）电机，额定电压有 380/220 V 两个数值，表示该电机定子绕组有两种接法：如电源线电压为 380 V，电动机定子绕组接成星形；如电源线电压为 220 V，电动机定子绕组则接成三角形。这样，加在每相绕组上的电压，都是 220 V。

4. 电流

铭牌上的电流值是指电动机运行于额定状态时定子绕组的线电流。对上面列出的 Y160M - 4 型电动机来说，就是在额定电压 380 V、三角形接法、频率为 50 Hz、输出额定功率 11 kW 时，定子绕组的线电流为 22.6 A。

5. 转速

铭牌上给出的转速值是指电动机运行于额定状态时的转速。

以上,电动机名牌标出的电压、电流、功率、转速等,都是指的额定值;产品目录列出的效率和功率因数也是额定值。

6.绝缘等级

电动机在运行过程中因功率损耗产生的热量而引起温度升高。温度过高将加速绝缘材料的老化,缩短电动机的使用寿命(正常使用寿命为 15～20 年)。不同等级的绝缘材料容许的温升是不同的。上面列出的 Y160M－4 型电动机是 B 级绝缘,B 级绝缘容许温升为 85℃。因而在环境温度为 40℃时,电动机定子绕组的容许温度为

$$40℃ + 85℃ = 125℃$$

【例 6.4】　Y180M－4 型电动机的技术数据为:功率 $P_N = 18.5$ kW,转速 $n_N = 1\ 470$ r/min,电压 $U_N = 380$ V,△形接法,效率 $\eta_N = 91\%$,功率因数 $\cos \varphi_N = 0.86$,$I_{ST}/I_N = 7$,$T_{ST}/T_N = 2$,$T_m/T_N = 2.2$。试求:(1)电动机的磁极对数;(2)额定转差率;(3)输入功率;(4)额定电流;(5)启动电流;(6)额定转矩;(7)启动转矩;(8)最大转矩。

【解】

(1)磁极对数

由于 $n_N = 1\ 470$ r/min,所以 $n_0 = 1\ 500$ r/min,可知是两对极($p = 2$)。实际上,由其型号最后的数字也可看出这是两对极的电动机。

(2)额定转差率

$$s_N = \frac{n_0 - n_N}{n_0} = \frac{1\ 500 - 1\ 470}{1\ 500} = 0.02$$

(3)输入功率

因为　　　　　　　　　　　　$\eta_N = \dfrac{P_N}{P_1}$

所以　　　　　$P_1 = \dfrac{P_N}{\eta_N} = \dfrac{18.5}{0.91} = 20.3$ kW

(4)额定电流(定子)

因为　　　　　　　　　$P_1 = \sqrt{3}\, U_N I_N \cos \varphi_N$

所以　　　$I_N = \dfrac{P_1}{\sqrt{3}\, U_N \cos \varphi_N} = \dfrac{P_N}{\sqrt{3}\, U_N \eta_N \cos \varphi_N} =$

$$\frac{18.5 \times 10^3}{\sqrt{3} \times 380 \times 0.91 \times 0.86} = 35.9\ \text{A}$$

(5)启动电流

因为　　　　　　　　　　$I_{ST}/I_N = 7$

所以　　　　$I_{ST} = 7 \times 35.9 = 251.3$ A

(6)额定转矩

$$T_N = 9\ 550\, \frac{P_N}{n_N} = 9\ 550\, \frac{18.5}{1\ 470} = 120.2\ \text{N·m}$$

(7)启动转矩

因为　　　　　　　　　$T_{ST}/T_N = 2$

所以　　　$T_{ST} = 2 T_N = 2 \times 120.2 = 240.4$ N·m

(8)最大转矩

因为　　　　　　　　　$T_m/T_N = 2.2$

所以 $$T_m = 2.2 T_N = 2.2 \times 120.2 = 264.4 \text{ N·m}$$

【例 6.5】 $JO_2 - 32 - 4$ 型电动机，$P_N = 3$ kW，$n_N = 1\,430$ r/min，$U_N = 220/380$ V，接法 $\triangle/Y$，$\eta_N = 83.5\%$，$\cos\varphi_N = 0.84$。试求：(1)定子绕组采用$\triangle$形接法时的额定电流；(2)定子绕组采用 Y 形接法时的额定电流。

【解】

(1)$\triangle$形接法

当电源电压为 220 V(线电压)时，这台电动机采用$\triangle$形接法。电动机的输入功率

$$P_1 = \sqrt{3}\, U_N I_N \cos\varphi_N$$

$$\eta_N = \frac{P_N}{P_1}$$

所以 $$I_N = \frac{P_N}{\sqrt{3}\, U_N \eta_N \cos\varphi_N} = \frac{3 \times 10^3}{\sqrt{3} \times 220 \times 0.835 \times 0.84} = 11.2 \text{ A}$$

(2)Y 形接法

当电源电压为 380 V 时，这台电动机则应采用 Y 形接法。此时

$$I_N = \frac{P_N}{\sqrt{3}\, U_N \eta_N \cos\varphi_N} = \frac{3 \times 10^3}{\sqrt{3} \times 380 \times 0.835 \times 0.84} = 6.5 \text{ A}$$

显然，$\triangle$形接法时的线电流 I_N 是 Y 形接法时的$\sqrt{3}$倍，而 Y 形接法时线电压 U_N 是$\triangle$形接法时的$\sqrt{3}$倍。两种接法的输出功率相同。

思 考 题

6.14　为什么电动机在启动瞬间，定子电流很大？

6.15　为了限制启动电流，常用的降压启动有几种方法？

6.16　Y – $\triangle$换接降压启动的方法在什么情况下才能使用？

6.17　电动机的调速方法有几种？

*6.6　绕线式三相异步电动机的启动和调速

绕线式电动机转子结构比鼠笼式复杂，价格也比鼠笼式高，但绕线式电动机的启动性能和调速性能却比鼠笼式优越得多。因此，绕线式电动机广泛应用于要求启动转矩大、调速方便的起重设备中。

一、启动

绕线式电动机的启动电路如图 6.18 所示，转子绕组通过滑环、电刷与外电路的启动电阻 R_{ST} 相连。

启动前，将 R_{ST} 调到最大(三个 R_{ST} 用手柄同轴调节)。合上电源开关 Q，电动机开始启动。

由式(6.15)可知，此时转子电流

$$I_2 = \frac{sE_{20}}{\sqrt{(R_2 + R_{ST})^2 + (SX_{20})^2}}$$

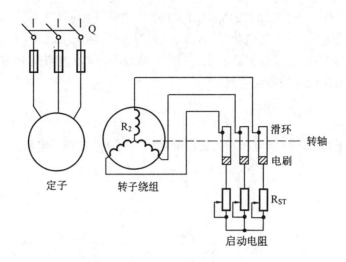

图 6.18　绕线式电动机的启动电路

可以看出,R_{ST}的引入,使转子启动电流减小,定子启动电流随着减小。当电阻 R_{ST} 调至最大时,启动电流最小。

另由式(6.20)和式(6.21)可知,当转子电路引入 R_{ST} 后

$$S_m = \frac{R_2 + R_{ST}}{X_{20}}$$

$$T_m = K \frac{U^2}{2X_{20}}$$

可以画出如图 6.19 的转矩曲线。图中① 是 $R_{ST} \doteq 0$ 时的曲线,启动转矩 T_{ST1} 小;②和③ 是 R_{ST} 增大时的曲线(R_{ST}增大,曲线右移,但 T_m 不变),启动转矩 T_{ST2} 和 T_{ST3} 显著增大。从曲线上可以看出,如果 R_{ST} 调得合适,可使 $T_{ST} = T_m$。

引入启动电阻的结果:启动电流小,启动转矩大,一举两得。

当电动机达到一定转速后,逐渐减小启动电阻 R_{ST},直至 $R_{ST} = 0$,电动机启动结束。

二、调速

绕线式电动机的调速采用改变转差率的方法,其调速电路与启动电路完全一样,只是把启动电阻换成调速电阻即可(实际上,经过计算调速电阻可兼作启动电阻)。

由图 6.19 可以看出,当外接电阻增大而转矩曲线右移时,相当于图 6.20 中的曲线下降(T_m 不变)。图 6.20 即为绕线式电动机的调速曲线。可以看出,当转子电路串联不同的调速电阻时,其机械特性曲线也不同,它们与负载转矩 T_L 直线的交点分别为 a、b、c…,而转速分别为 n_1、n_2、n_3…。

调速过程如下:如果电动机原来稳定工作在 a 点,转速为 n_1,其转矩 T 与负载转矩 T_L 平衡(相等)。当增大调速电阻时,由于惯性的原因,转子转速来不及变化,但转子电流却立即减小,转矩 T 也减小,其工作状态由曲线①上的 a 点立即变为曲线②上的 a′点。如果负载转矩 T_L 不变,电动机转矩 $T < T_L$,转速因而沿曲线②下降,转矩 T 增大,直到 b 点,$T = T_L$,达到新的稳定状态,此时电动机转速为 n_2。继续增大调速电阻时,与上述过程相同,其工作点由 b 点到 c 点,电动机转速为 n_3。这种方法是无级调速。

综上所述,绕线式电动机启动和调速设备简单,操作方便,启动性能和调速性能良好。

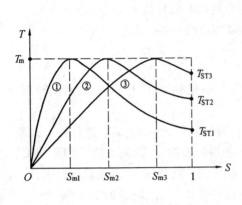

图 6.19　启动时的转矩曲线

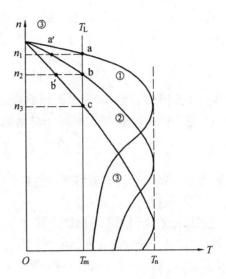

图 6.20　绕线式电动机的调速

思 考 题

6.18　绕线式电动机,转子电路串联启动电阻启动时,为什么能使启动电流小而启动转矩大? 是不是启动电阻愈大,启动转矩就愈大?

6.19　绕线式电动机,转子电路串联调速电阻时,为什么能进行无级调速?

*6.7　单相异步电动机

单相异步电动机常见于家用电器,例如电风扇、洗衣机、电冰箱等。生产上一些流动使用的电动工具,例如手电钻等,也常采用单相异步电动机。单相异步电动机的功率不大,容量一般在 1 kW 以下。因此常应用于小功率机械,例如,小型鼓风机、空气压缩机、医疗器械以及自动装置中。

从构造上看,顾名思义,单相异步电动机的定子,只有一相绕组。

一、定子的脉动磁场

流过定子绕组的单相正弦电流,产生的是正弦磁场 $\Phi = \Phi_m \sin \omega t$,它只在一个方向上有强弱和正负的变化,所以叫做脉动磁场。显然,脉动磁场不是旋转的,因而转子不能产生转矩,不能转动。

作为电动机,就必须能够转动。怎样才能把单相异步电动机开动起来? 只有进一步查明它不能转动的原因,才能找到相应的方法。下面,我们应用已掌握的三相异步电动机的原理作简要的分析。

二、脉动磁场分解为两个方向相反的旋转磁场

经证明,单相电流所产生的脉动磁场可以分解为两个旋转磁场。这两个旋转磁场的

特点是：

① 它们的转速相等，但方向相反。即用 n'_0 和 n_0'' 分别表示这两个旋转磁场的同步转速，则

$$n'_0 = +\frac{60f_1}{p}; \qquad\qquad n_0'' = -\frac{60f_1}{p}$$

式中：f_1 是定子电流频率（即电源频率）；p 是定子磁场的极对数。

② 它们的磁通值相等，都等于脉动磁场磁通幅值的一半。即

$$\varPhi' = \frac{\varPhi_m}{2} \qquad\qquad \varPhi'' = \frac{\varPhi_m}{2}$$

因此，由这样的两个旋转磁场产生的启动转矩也大小相等、方向相反，总的启动转矩等于零，电动机不能启动。

但是，如果我们用手帮助转子转动一下，转子就会开始转动起来。这是什么道理呢？假设此时的转子是顺着正向（顺时针方向）旋转磁场的方向旋转，那么转子和正向旋转磁场 $\varPhi'$ 的相对转速比较小，正向转差率 $s' < 1$，而和反向旋转磁场 $\varPhi''$ 的相对转速大，反向转差率 $s'' > 1$。此时转子同时受两个转矩的作用：正向转矩 T'，反向转矩 T''，哪一个大，转子就按哪一个方向旋转。可以证明，$T' > T''$，于是电动机便顺着正向转矩的方向转动下去。

同理，如果用手反向推动一下转子，转子便顺着反向转矩的方向转动下去，因为此时 $T'' > T'$。

三、启动方法

由以上分析可知，单相异步电动机没有启动转矩。要想让它转动，必须给它增加一套产生启动转矩的启动装置。实际上，这种启动装置并不复杂，容易实现。常用的启动方法有：

1. 电容式启动

电容式启动的原理如图 6.21 所示。在单相异步电动机的定子内，除原来绕组（称作工作绕组或主绕组）外，再加一个启动绕组（副绕组），两者在空间相差 90°。接线时，启动绕组串联一个电容器，然后与工作绕组并联接于交流电源上。选择适当的电容量，可使两绕组电流的相位差为 90°。这样，在相位上相差 90°的电流通入在空间也相差 90°的两个绕组后，产生的磁场也是旋转的（分析方法与三相异步电动机的旋转磁场的分析方法相同）。于是，电动机便转动起来。

电动机转动起来之后，启动绕组可以留在电路中，也可以利用离心式开关把启动绕组从电路中切断。按前者设计制造的叫做电容运转电动机，按后者设计制造的叫做电容启动电动机。

图 6.22 所示为家用洗衣机原理电路图。目前国产洗衣机一般采用电容运转式电动机，额定功率为 80 ~ 120 W。图中 A 与 B 为电动机的主、副组（它们互为启动绕组，结构与参数完全相同）；S_1 与 S_2 为定时开关。定时后，S_1 闭合与电源接通，S_2 则分别与 A、B 两个绕组定时轮流接通，实现电动机的正转和反转（中间停止 5 s）。

2. 罩极式启动

罩极式启动机构如图 6.23 所示。工作绕组 1 绕在磁极 2 上。在磁极的 1/3 ~ 1/4 部分罩着一个短路铜环 3。这个短路铜环相当于启动绕组，在它的配合下，产生旋转磁场，

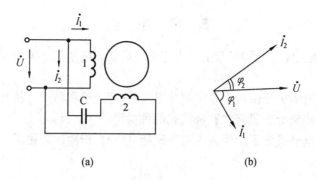

1—工作绕组;2—启动绕组

图 6.21 电容式单相异步电动机

转子获得转矩,由未罩部分向被罩部分的方向转动。

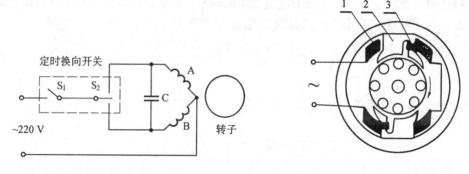

图 6.22 洗衣机原理电路   图 6.23 罩极式单相异步电动机

四、三相异步电动机的单相状态

三相异步电动机定子电路的三根电源线,如果断了一根(例如该相电源的熔断器已熔断),就相当于单相异步电动机。有两种情况:

(1)启动时断了一线:这是三相异步电动机的单相启动。转子不能转动,转子电流和定子电流很大。

(2)工作时断了一线:这是三相异步电动机的单相运行。电动机虽仍能转动,但电流将超过额定值。

以上两种情况,电动机均会因过热而遭致损坏。为避免发生单相启动和单相运行,最好给三相异步电动机配备“缺相保护”装置。电源线一旦断路(缺相),保护装置立即将电源切断,并发出缺相信号。

思 考 题

6.20 单相异步电动机的定子绕组与三相异步电动机的定子绕组有什么不同? 单相异步电动机的磁场为什么是脉动磁场?

6.21 单相异步电动机是如何启动起来的?

6.22 三相异步电动机能否当作单相异步电动机使用?

本 章 小 结

异步电动机是工业生产和日常生活中应用最广泛的电动机。本章主要内容有以下几方面：

(1)三相异步电动机是由两个基本部分组成的，即定子和转子。从转子绕组的结构来看，三相异步电动机又分为鼠笼式和绕线式两种类型。

(2)三相异步电动机定子绕组通入对称三相电流时，产生旋转磁场。旋转磁场转速的基本关系式为

$$n_0 = \frac{60f_1}{P}$$

①旋转磁场转速的大小决定于电源频率 f_1 和电动机的极对数 P；

②旋转磁场的旋转方向决定于通入定子绕组三相电流的相序；

③旋转磁场使转子绕组产生感应电流及电磁转矩。转子转动方向与定子旋转磁场的方向一致。转子转速 n 略小于旋转磁场转速 n_0，转差率为

$$s = \frac{n_0 - n}{n_0} \times 100\%$$

(3)三相异步电动机的转矩基本关系式为

$$T = K \frac{sR_2 U_1^2}{R_2^2 + (sX_{20})^2}$$

①转矩 T 与电源电压 U_1 的平方成正比，电源电压的波动对转矩影响较大；

②机械特性曲线 $n = f(T)$ 能反映电动机的工作状态。在稳定工作区，电动机能自动调整转速与转矩，以适应负载的变化。电动机额定转矩 T_N 与轴上输出的额定机械功率 P_N 的关系为

$$T_N(N \cdot m) = 9\,550 \frac{P_N(kW)}{n_N(r/min)}$$

(4)三相异步电动机的使用

①三相异步电动机的名牌和技术资料给出的功率、转速、电压、电流、效率和功率因数等均为额定值。

②三相异步电动机的启动、反转、调速和制动。

Ⅰ.启动：大功率电动机的启动要采取降压措施(鼠笼式：Y–△换接降压启动和自耦变压器降压启动)。

Ⅱ.反转：将定子绕组的三根电源线任意对调两根，即可改变电动机的转动方向。

Ⅲ.调速：鼠笼式电动机采用改变极对数 p 和改变电源频率 f_1 的方法。

Ⅳ.绕线式电动机通过转子电路串联附加电阻的办法，改善启动性能和调速性能。

Ⅴ.制动：主要采用能耗制动和反接制动两种方法。

(5)单相异步电动机的转动原理可用双旋转磁场理论予以解释；三相异步电动机的单相启动和单相运行又可用单相异步电动机原理解释。

习　题

6.1　有一台三相异步电动机,怎样从结构上判别它是鼠笼式还是绕线式的?

6.2　当异步电动机的负载增大时,定子电流为什么也增大? 这时异步电动机的输入功率有什么变化?

6.3　在稳定运行的情况下,当负载转矩增加时,三相异步电动机的转矩为什么也相应增加? 当负载转矩大于其最大转矩时,电动机将出现什么情况?

6.4　有些三相异步电动机的名牌上标有 380/220 V 两种额定电压及 Y/△ 两种接法。试说明,在什么情况下采用 Y 形或△形接法? 两种接法时电动机的额定值(相电压、线电压,相电流、线电流,功率、转速等等)是否相同?

6.5　三相异步电动机在运行过程中,如果其转子突然被卡住而不能转动,这时电动机的电流有何变化? 对电动机的影响如何?

6.6　三相异步电动机在满载和空载下启动时,它的启动电流是否相同? 启动转矩是否相同?

6.7　三相异步电动机在一定的负载转矩下运行时,如果电源电压降低,电动机的转矩、转速和电流有无变化?

6.8　已知 $JO_2 - 42 - 4$ 型三相异步电动机的部分技术数据如下:5.5 kW,220/380 V,△/Y 接法,1 440 r/min,$\cos \varphi = 0.86$,$\eta = 85.5\%$。若电源电压为 220 V,频率为 50 Hz,试求:

(1)额定相电流和额定线电流;

(2)额定转矩;

(3)额定转差率。

6.9　上题中的电动机 $\frac{T_{ST}}{T_N} = 1.6$,$\frac{T_m}{T_N} = 2.0$,$\frac{I_{ST}}{I_N} = 7.0$。试计算其启动转矩 T_{ST}、最大转矩 T_m 和启动电流 I_{ST}。

6.10　两台异步电动机的额定功率都是 30 kW,但转速不同,一台是 2 940 r/min,另一台是 1 470 r/min,试求两台电动机的额定转矩。

6.11　额定电压为 220/380 V、△/Y 接法的三相鼠笼式异步电动机,当电源电压为 380 V 时,能否采用 Y – △降压法启动?

6.12　三相异步电动机断了一根电源线后,为什么不能启动? 而在运行过程中断了一根电源线,为什么还能继续转动?

第七章　直流电动机

　　异步电动机虽然具有结构简单、价格便宜、使用方便等许多优点,但是由于它的调整性能欠佳,启动转矩较小,因此,对调速要求较高和需要较大启动转矩的生产机械,往往采用直流电动机驱动。

　　从原理和构造上看,直流电动机也有产生磁场的部分和获得电磁力的部分,这是电动机的共性。特殊性在于,异步电动机是将交流电能转换成机械能,而直流电动机则是将直流电能转换成机械能。因此,反映在具体原理和具体结构上就有所差别。

7.1　直流电动机的基本构造

　　直流电动机的构造如图7.1所示。和异步电动机一样,直流电动机也有定子和转子两大基本部分。其定子主要包括机座和主磁极,主磁极由磁极铁心和励磁绕组构成。在励磁绕组中通入直流励磁电流便形成主磁场。

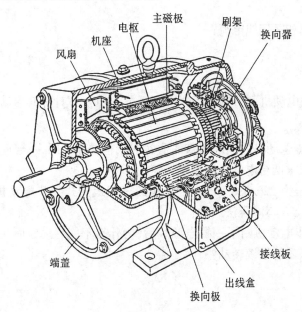

图 7.1　直流电动机的构造

　　直流电动机的转子通常叫做电枢,电枢主要由电枢铁心和电枢绕组构成。

　　直流电动机的主要辅助装置有换向器和电刷。换向器位于转轴的一端,它是直流电机区别于交流电机的特殊装置。电刷通过刷架安装在机座上。这样,电枢电流就可以通过电刷与换向器的滑动接触而流入电枢绕组。换向磁极也是直流电机的辅助装置,用以改善换向性能。

7.2　直流电动机的基本工作原理

直流电动机的基本工作原理如图 7.2 所示。图中的 N 和 S 表示固定的主磁极(以下简称磁极),它们是由励磁电流通过励磁绕组而产生的。为使图面清楚,图中只画出了磁极铁心,没有画出励磁绕组。在 N 极和 S 极之间的是可以转动的电枢,图中只画出了代表电枢绕组的一匝线圈。线圈的两端 a 和 d 分别与两个彼此绝缘并与线圈同轴旋转的换向片 1 和 2 相连。

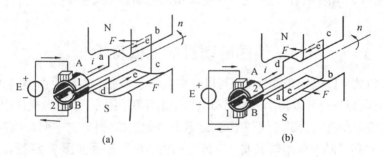

图 7.2　直流电动机的工作原理

当直流电源与电刷 A 和 B 接通时,由图 7.2(a)可见,电流则按 A→a→b→c→d→B 的方向流入线圈。根据左手定则,可知电枢绕组的导体受到如图所示的电磁力的作用,电动机逆时针方向转动。转过 180°时,线圈的 ab 边转到 S 极下,cd 边转到 N 极下,如图 7.2(b)所示。此时,如果线圈电流仍为 a→b→c→d 的方向,电磁力的方向则与原先相反,电动机就不能旋转。因此,当 ab 边和 cd 边交换位置后,必须相应改变线圈中电流的方向。实际上,这一任务已由换向片和电刷完成了。因为在线圈 ab 边和 cd 边交换位置时,与线圈两端相连的换向片 1 和 2 也同时交换了位置。这样,电流就变为 A→d→c→b→a→B 的方向,电磁力方向不变。当转过 360°时,电流又变回 A→a→b→c→d→B 的方向。线圈电流虽然不断改变方向,但电动机却始终按一个方向旋转。

上面讨论的是电枢绕组只为一匝的情况,实际的电枢绕组有许多导体,换向器上也有许多换向片。换向器的作用就是保证电枢绕组所有导体中的电流能及时变换方向,以保持电磁力的方向不变,使电动机按一个方向旋转。

电动机转动时,由于电枢绕组的导体切割磁力线,线圈中将产生感应电动势,如图 7.2(a)、(b)所示。由右手定则可知,感应电动势的方向总是与导体中电流或外加电压方向相反,所以叫做反电动势。磁场愈强,转速愈高,反电动势的数值就愈大。直流电动机电枢绕组总的反电动势可表示为

$$E = K_E \Phi n \tag{7.1}$$

式中:K_E 叫做电动机的电动势系数,是一个与电机结构有关的常数;Φ 为一个磁极的磁通量;n 为电动机的转速。

电枢绕组中的电流与磁极磁通相互作用产生电磁力和电磁转矩,推动电枢转动,直流电动机的电磁转矩可表示为

$$T = K_T \Phi I_a \tag{7.2}$$

式中:K_T 叫做电动机的转矩系数,它也是一个与电机结构有关的常数;Φ 为每极磁通量;I_a 为电枢绕组的总电流。

在正常工作条件下,电动机运行时,其电磁转矩 T 能与负载转矩 T_L 保持平衡,以稳定的转速旋转。

思 考 题

7.1 换向器在直流电动机中起何作用?

7.2 试用图7.2的原理图说明为什么电动机的电动势是反电动势?

7.3 他励电动机的机械特性

直流电动机的励磁电流和电枢电流可以分别由两个单独的电源提供(前者叫励磁电源,后者叫电枢电源),也可以将励磁绕组与电枢绕组并联,由同一个电源提供励磁电流和电枢电流。直流电动机按励磁方式的不同,通常分为他励式、并励式、串励式和复励式四种类型。他励式和并励式应用较普遍。直流电动机的电路符号如图7.3所示,他励式与并励式直流电动机的接线如图7.4所示。

在图7.3中,左边线圈表示励磁绕组,I_f 表示励磁电流。右边的圆形符号表示电枢,I_a 表示电枢电流,R_a 表示电枢电阻,E 表示反电动势。在图7.4(a)所示他励式电动机中,U_f 和 U 分别表示励磁电源电压和电枢电源电压。R_f' 表示励磁电路的串联电阻,用以调节励磁电流,改变磁极磁通。在图7.4(b)所示并励式电动机中,励磁绕组和电枢绕组共用一个电源,U 是电源电压,I 是电源电流。下面我们以常用的他励直流电动机为例讨论其机械特性和使用。

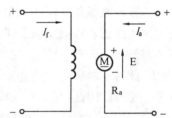

图7.3 直流电动机的电路符号

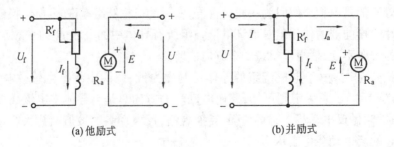

(a) 他励式　　　　　　　(b) 并励式

图7.4 直流电动机的接线图

与三相异步电动机的机械特性一样,直流电动机的机械特性给出的也是转速 n 和转矩 T 间的关系 $n = f(T)$。分析这种关系,要涉及外加电压 U、反电动势 E 和电枢电压降 $I_a R_a$ 等几个因素。由图7.4(a)可知

$$I_a = \frac{U - E}{R_a}$$

即

$$E = U - I_\mathrm{a}R_\mathrm{a}$$

由式(7.1)

$$n = \frac{E}{K_\mathrm{E}\Phi} = \frac{U - I_\mathrm{a}R_\mathrm{a}}{K_\mathrm{E}\Phi} = \frac{U}{K_\mathrm{E}\Phi} - \frac{R_\mathrm{a}}{K_\mathrm{E}\Phi}I_\mathrm{a}$$

由式(7.2)

$$I_\mathrm{a} = \frac{T}{K_T\Phi}$$

所以

$$n = \frac{U}{K_\mathrm{E}\Phi} - \frac{R_\mathrm{a}}{K_\mathrm{E}K_T\Phi^2}T \tag{7.3}$$

式(7.3)表示了他励电动机转速 n 与电磁转矩 T(以下简称转矩)的关系。在电源电压 U 和励磁电阻 R_f(包括励磁调节电阻 R_f' 和励磁绕组本身电阻)保持不变(即磁通 Φ 不变)的条件下,n 与 T 的关系 $n = f(T)$ 叫做他励电动机的机械特性。

式(7.3)也可写为

$$n = n_0 - KT \tag{7.4}$$

式中

$$n_0 = \frac{U}{K_\mathrm{E}\Phi} \quad K = \frac{R_\mathrm{a}}{K_\mathrm{E}K_\mathrm{T}\Phi^2}$$

n_0 是转矩 $T = 0$ 时的转速,叫做他励电动机的理想空载转速;K 是一个数值很小的常数(电枢电阻 R_a 数值很小)。由此可知,他励电动机的机械特性是一条直线,随着转矩 T 的增大,转速 n 略有下降,属于硬特性,如图7.5(a)所示。

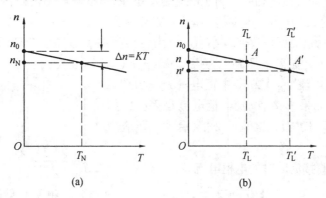

图 7.5　他励电动机的机械特性

与异步电动机一样,直流电动机也能自动适应负载转矩的变化。下面简单说明直流电动机的适应过程。设电动机原来在机械特性曲线 A 点稳定运行,如图7.5(b)所示。转速为 n,转矩为 T,与负载转矩 T_L 平衡,即 $T = T_\mathrm{L}$。如果负载转矩由 T_L 增大到 T_L',由于电动机转矩小于负载转矩,即 $T < T_\mathrm{L}'$,电动机的转速 n 开始沿特性曲线的 AA' 段下降,电枢绕组的反电动势 E 随着减小。于是,电枢电流 I_a 增大,转矩 T 也增大,直到电动机转矩与负载转矩重新平衡,即 $T = T_\mathrm{L}'$,电动机便在新的稳定状态下运行,但转速(n')比原先

降低了,转矩(T')和电枢电流比原先增大了。如果负载转矩减小,过程与上述相反,请读者自行分析。

思　考　题

7.3　当他励电动机机械负载减小时,它的转速、电枢电动势和电枢电流有何变化?为什么?

7.4　他励电动机的使用

使用直流电动机时,经常遇到关于启动、反转、调速和制动等方面问题。我们仍以他励电动机为例进行讨论。

一、启动

他励电动机的工作电路如图7.6所示。启动步骤是:

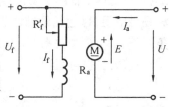

图 7.6　他励电动机的工作电路

先接通励磁电源,使磁极产生磁通,然后接通电枢电源,进行启动。在与电枢电源接通的瞬间,由于惯性,电枢来不及转动,反电动势 E 等于零,这时电枢的启动电流

$$I_{aQ} = \frac{U - E}{R_a} = \frac{U}{R_a}$$

由于电枢电阻 R_a 很小,启动电流将达到额定电流的 $10 \sim 20$ 倍。这样大的电流是电动机换向所不允许的。另一方面,因为 $T = K_T \Phi I_a$,所以启动转矩也能达到额定转矩的 $10 \sim 20$ 倍。过大的启动转矩会使电动机与它所驱动的生产机械遭受很大的机械冲击。因此,他励电动机是不允许直接启动的。为了限制启动电流,只要在电枢电路内串联一个启动电阻 R_Q 即可,如图7.7所示。电动机启动后,随着转速的逐步升高,反电动势逐渐增大,电枢电流逐渐减小,这时就可逐步减小启动电阻值,直到将启动电阻全部切除。

【例 7.1】　额定励磁电压和电枢电压 $U_{fN} = U_N = 110\ V$,额定电枢电流 $I_{aN} = 50\ A$,电枢电阻 $R_a = 0.12\ \Omega$ 的他励电动机,如果直接启动,电枢电流是多少? 如果使启动电流不超过额定电流的 2 倍,启动电阻应为多少?

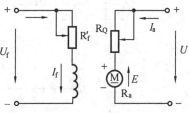

图 7.7　串有 R_Q 的他励电动机的启动

【解】　(1)直接启动时的电枢电流

$$I_{aQ} = \frac{U_N}{R_a} = \frac{110}{0.12} = 916.7\ A$$

$$\frac{I_{aQ}}{I_{aN}} = \frac{916.7}{50} = 18.3\ 倍$$

(2)串联启动电阻所需的阻值

$$\frac{U_N}{R_a + R_Q} = 2I_{aN}$$

则

$$R_Q = \frac{U_N}{2I_{aN}} - R_a = \frac{110}{2 \times 50} - 0.12 = 0.98 \ \Omega$$

由上例可见,在电枢电路中串联启动电阻能显著地减小启动电流。但启动电流也不宜过小,否则启动转矩减小太多(因为 $T = K_T\Phi I_a$),会延长启动时间。为此,一般取

$$I_{aQ} \leqslant (1.5 \sim 2.5)I_{aN}$$

二、反转

如果要求他励电动机改变转动方向,必须改变其转矩的方向。由转矩公式 $T = K_T\Phi I_a$ 可知有下列两种方法可以实现:

① 当磁极磁通 Φ 的方向不变时,改变电枢电流 I_a 的方向(即把电枢绕组引线的两端对调位置);

② 当电枢电流 I_a 的方向不变时,改变磁极磁通 Φ 的方向(即把励磁绕组引线的两端对调位置)。

两种方法取其一。若同时采用,电动机的转动方向不变。值得注意的是,改变电枢绕组或励磁绕组的接线,必须在停机和断开电源的情况下进行。

三、调速

他励电动机具有十分优良的调速性能,能实现无级调速,因而可以大大简化机械变速机构。

根据他励电动机的转速公式

$$n = \frac{U - I_a R_a}{K_E\Phi}$$

可以看出,通过改变电枢电路电阻或磁通 Φ 或电压 U,即可进行调速。

1.改变电枢电路的电阻

电枢电阻 R_a 是不能改变的,但是可以在电枢电路中串联一个可变电阻 R_T 来实现调速,如图 7.8 所示。这时电枢电路的总电阻为$(R_a + R_T)$,机械特性为

$$n = \frac{U}{K_E\Phi} - \frac{R_a + R_T}{K_E K_T \Phi^2}T$$

在电枢电压 U 和磁通 Φ 不变的情况下,理想空载转速 $n_0 = \dfrac{U}{K_E\Phi}$ 不变,转速 n 随着可变电阻 R_T 的增大而降低。由图 7.9 可见,当负载转矩 T_L 不变时,电阻 R_T 愈大,电动机的机械特性愈陡,由硬特性变为软特性。其中 $R_T = 0$ 的机械特性,叫做自然机械特性,其余的叫做人工机械特性。

这种调速方式的主要优点是方法简单,容易实现。缺点是特性变软,调速电阻 R_T 上的能量损耗较大。在负载对机械特性硬度要求不高且功率不大的情况下,这种方法是可以采用的。

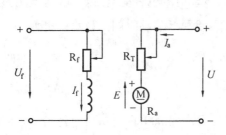

图 7.8 电枢电路串电阻调速

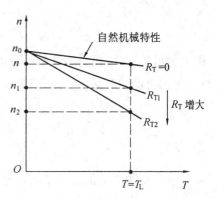

图 7.9 电枢电路串电阻调速的机械特性

2. 改变磁通 $\varPhi$

由图 7.10 可知,当电枢电压 U 不变而 R_f' 逐渐增大时, I_f 逐渐减小,于是磁通 $\varPhi$ 减小,理想空载转速 $n_0 = \dfrac{U}{K_E \varPhi}$ 上升。由图 7.11 可以看出,机械特性上移。在负载转矩 T_L 不变的情况下,随着磁通 $\varPhi$ 的减小,转速要升高。各条机械特性曲线不是平行的,随着 $\varPhi$ 的减小,曲线要变陡一些,但仍属硬特性。

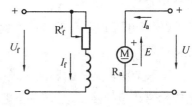

图 7.10 改变磁通 $\varPhi$ 的调速

这种调速方式的主要优点是:

① 调速平滑,控制方便;

② 调速后所得机械特性比较硬,电动机运行的稳定性比较好;

③ 调速电阻 R_f' 上的功率损耗小(因为励磁电流 I_f 很小),比较经济;

④ 调速范围大,专门生产的调速电动机,其调速幅度(即 $D = \dfrac{n_{\max}}{n_{\min}}$)可达 3～4。

3. 改变电枢电压 U

保持励磁电流 I_f 为额定值($\varPhi$ 不变)时,降低电枢电压 U,由机械特性

$$n = \frac{U}{K_E \varPhi} - \frac{R_a}{K_E K_T \varPhi^2} T = n_0 - KT$$

可以看出, n_0 降低了,而 KT 不变(因为转矩不变)。降低电枢电压可以得到一系列平行的机械特性,如图 7.12 所示,由于受到电枢额定电压的限制,只能采用降低电压 U 的方式,因而只能实现低于额定转速的调速。

这种调速方法有以下主要优点:

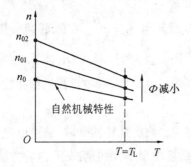

图 7.11 改变磁通 $\varPhi$ 调速的机械特性

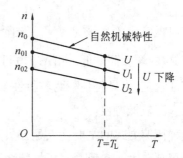

图 7.12 改变电枢电压调速的机械特性

① 调速平滑,控制方便;

② 调速后所得机械特性是硬特性,稳定性好;

③ 调速范围大,可达 6~10。

如果把改变磁通和改变电枢电压两种方法结合起来,则可获得很大的调速范围。近年来已普遍采用晶闸管整流电源对直流电动机进行调磁(即改变磁通)和调压(即改变电枢电压),可以获得较宽的调速范围。

【例7.2】 他励电动机额定电压 $U_f = U = 110$ V,电枢额定电流 $I_a = 263$ A,电枢电阻 $R_a = 0.04$ Ω,额定转速 $n = 1\,000$ r/min。为提高转速,增大励磁调节电阻 R_f',使磁通 Φ 减少 20%,如果负载转矩不变,调速后的转速提高了多少?

【解】 (1)磁通减少后的电枢电流 I_a'

磁通减少 20% 时,即

$$\Phi' = 0.8\Phi$$

由于转矩不变

$$T = K_T\Phi I_a = K_T\Phi' I_a'$$

因而

$$I_a' = \frac{\Phi}{\Phi'}I_a = \frac{1}{0.8}I_a = \frac{1}{0.8} \times 263 = 328.75 \text{ A}$$

(2)磁通减少后的转速 n'

减少前

$$n = \frac{U - I_a R_a}{K_E\Phi} = \frac{110 - 263 \times 0.04}{K_E\Phi} = \frac{99.48}{K_E\Phi}$$

减少后

$$n' = \frac{U - I_a' R_a}{K_E\Phi'} = \frac{110 - 328.75 \times 0.04}{0.8K_E\Phi} = \frac{121.06}{K_E\Phi}$$

$$\frac{n'}{n} \times 100\% = \frac{121.06}{99.48} \times 100\% = 121.70\%$$

转速提高 21.7%,达到

$$n' = n \times 121.7\% = 1\,000 \times 121.7\% = 1\,217 \text{ r/min}$$

需要注意的是,他励电动机在运行过程中(包括启动),励磁回路切不可断电,否则励磁电流 $I_f = 0$,磁通 $\Phi \approx 0$(铁心磁化后留下很小的剩磁),由公式 $E = K_E\Phi n$ 和 $I_a = \frac{U - E}{R_a}$ 可知,电枢电流 I_a 将急剧增大。如果电动机是处于空载或轻载运行,由式(7.3)、(7.4)所表示的机械特性可知,n_0 很大,而 R_a 与 T 很小,转速 n 将急剧上升,会发生"飞车"事故。

四、制动

和异步电动机的制动一样,直流电动机也可以实行能耗制动或反接制动。具体制动原理,本书在此不作详细分析,只简单介绍一下能耗制动。所谓能耗制动,就是将电动机所储存的动能变成电能消耗掉,以达到电动机立即停车的目的。图7.13(a)是并励电动机能耗制动的原理电路。当开关合在位置1时,电动机处于运行状态。

在需要电动机制动时,则将开关 S 拉开并投到位置 2 上。这样,电枢绕组被切断电源且与电阻 R 接通。由于惯性,电枢继续按原方向旋转。而励磁绕组仍接在电源上,照常

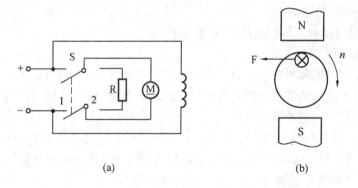

图 7.13　并励电动机的能耗制动

产生磁通 Φ。电枢绕组切割磁力线，产生感应电动势 E，电动势 E 加在电阻 R 上，产生电流，这时电动机变成了发电机。此电流在电枢绕组中的流动方向可由右手定则确定，如图 7.13(b)所示(图中只画出了 N 极下的一根载流导体)。再由左手定则可知载流导体的受力方向与电动机的转动方向相反，起制动作用。在制动力矩的作用下，电动机便很快停下来。当转速降为零时，电动势 E 和电枢电流也为零，制动力矩自行消失。

上述制动过程中，从能量角度上看，就是将电枢及其拖动的生产机械的动能转换成电能并消耗在电阻 R 上。因此，R 叫做制动电阻。

思 考 题

7.4　直流电动机和三相异步电动机的启动电流是否相同？并分析启动电流较大的原因。

7.5　采用降低电枢电源电压的方法来降低他励电动机的启动电流是否可行。

本 章 小 结

直流电动机具有启动转矩大和调速性能好的优点，可以满足对启动转矩和调速性能有较高要求的生产场合的需要。本章重点分析了他励电动机，主要内容有以下几方面：

(1)直流电动机也是由定子(磁极)和转子(电枢)两部分组成，在电枢上还装有换向器(这是区别于交流电机的特殊装置)。

(2)定子上的励磁绕组通入励磁电流后，产生静止的磁场(N－S 极)。如果电枢通入电流，便产生电磁力和电磁转矩；电磁转矩作用于电枢导体，使电枢转动；电枢导体又反过来切割磁力线产生反电动势，制约电枢电流。它们之间的关系为

$$I_{\mathrm{a}} \rightarrow T \rightarrow n \rightarrow E$$

①电磁转矩

$$T = K_T \Phi I_{\mathrm{a}}$$

②反电动势

$$E = K_E \Phi n$$

③电枢电流

$$I_{\mathrm{a}} = \frac{U - E}{R_{\mathrm{a}}}$$

以上三式是他励电动机的基本关系式。

(3)他励电动机的机械特性 $n = f(T)$ 是一条直线,当负载转矩增大时,电动机转速下降很少,是硬特性。其表达式为

$$n = \frac{U}{K_E \Phi} - \frac{R_a}{K_E K_T \Phi^2} T$$

(4)他励电动机的使用:

① 启动:他励电动机不许在额定电压下直接启动,一般采取在电枢电路中串联启动电阻的方式,适当限制启动电流。

② 反转:对调励磁绕组两端接线或对调电枢绕组两端接线,即可实现反转。

③ 调速:可通过改变电枢电路电阻、减小磁通、降低电枢电压的方式,进行无级调速。

④ 制动:生产上广泛采用能耗制动。

习 题

7.1 一台 2.5kW 的他励电动机,电枢绕组的电阻 $R_a = 0.4\ \Omega$,外加电源电压 $U_f = U = 110\ V$,磁场假设是不变的。当转速 $n = 0$ 时,反电动势 $E = 0$;当 n 为 $\frac{1}{4}$ 额定转速时,$E = 25\ V$;当 n 为 $\frac{1}{2}$ 额定转速时,$E = 50\ V$;当 n 为额定转速时,$E = 100\ V$。试求电动机在以上四种转速情况下的电枢电流 I_a,并解释这组计算结果说明了什么?

7.2 他励电动机在下列条件下其转速、电枢电流及电动势是否改变?

(1)励磁电流和负载转矩不变,电枢电压降低;

(2)电枢电压和负载转矩不变,励磁电流减小;

(3)电枢电压、励磁电流和负载转矩都不变,电枢串联一个适当阻值的电阻 R_a'。

7.3 有一他励电动机,其额定数据如下:$P_2 = 2.2\ kW$,$U = U_f = 110\ V$,$n = 1\ 500\ r/min$,$\eta = 0.8$;并已知 $R_a = 0.4\ \Omega$,$R_f = 82.7\ \Omega$。试求:(1)额定电枢电流;(2)额定励磁电流;(3)励磁功率;(4)额定转矩;(5)额定电流时的反电动势。

7.4 对上题的电动机,试求:(1)启动电流;(2)如果使启动电流不超过额定电流的 2 倍,求启动电阻和启动转矩。

7.5 一台直流电动机的额定转速为 3 000 r/min,如果电枢电压和励磁电流均为额定值时,试问该电机是否允许在转速为 2 500 r/min 下长期运行? 为什么?

* 第八章 控制电机

控制电机一般指用于自动控制、自动调节、远距离测量、随动系统以及计算装置中的微特电机。其机壳外径通常在 10～130 mm 之间,输出功率从几百毫瓦到几百瓦(在大功率自动控制系统中,控制电机的体积和输出功率远比这些数字大)。

控制电机的应用非常广泛。例如,在国防领域中的火炮自动瞄准、飞机和军舰自动导航、导弹遥测遥控、雷达自动扫描跟踪、航天器飞行与控制;在工农业领域中的机床加工,机器人,自动生产线控制——纺织、印染、造纸、轧钢、矿山机械的自动控制,自动记录仪表,水坝闸门自动开启,水位自动指示;在日常生活中的自动电梯系统,高级音响及影视摄录放设备,计算机的软、硬、光盘驱动器,石英电子表等都大量使用控制电机。可以说现代生产、生活与各种控制电机已愈来愈密不可分。

一、控制电机的种类

控制电机的种类很多,根据它们在自动控制系统中的作用大致可分为以下几类:

1. 执行元件

执行元件主要包括交直流伺服电动机、步进电动机、直线电动机等。这些电动机的任务是将电信号转换成轴上的角位移或角速度以及直线位移和线速度,并带动控制对象运动。

理想交直流伺服电动机的转速与电信号的关系如图 8.1 所示,转速和控制电压的关系为正比关系,转速的方向由控制电压的极性决定。

步进电动机的转速与脉冲电压的频率成正比,如图 8.2 所示。

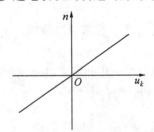

图 8.1　理想交直流伺服电动机的
转速与控制信号的关系

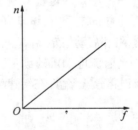

图 8.2　步进电动机的转速与控制
信号频率的关系

2. 测量元件

测量元件包括交直流测速发电机、自整角机和旋转变压器等。它们能够用来测量转速、机械转角和转角差,一般在自动控制系统中作为敏感元件和校正元件。

测速发电机可以把转速转换成电信号,它的输出电压与转速成正比;自整角机可以把发送机和接收机之间的转角差转换成与角差成正弦关系的电信号;旋转变压器的输出电压与转子相对于定子的转角成正、余弦或线性关系。

以上所列是几种主要的控制电机,除此之外,还有许多特殊用途的控制电机。

二、控制电机的特点

控制电机是在一般驱动用旋转电机的基础上发展起来的小功率电机。就其电磁过程及所遵循的电磁规律而言，与一般的驱动用旋转电机并无本质的区别(都以"电"和"磁"相互作用的两个基本规律为基础——在一定条件下，电与磁可以相互转化；载流导体在磁场中要受到力的作用)，只是所起作用和基本要求不同而已。一般情况下，驱动电机主要用来完成能量的变换，因而要求具有较高的功率因数和效率；而控制电机主要用来完成控制信号的传递和变换，故要求技术性能稳定、可靠、灵敏、精度高、体积小、重量轻、耗电少。

控制电机的种类繁多，型号各异。本章主要简单介绍伺服电动机、步进电动机、直线电动机的原理和应用，使读者对它们有个大致的了解。

8.1 伺服电动机

伺服电动机又称执行电动机，它将控制电压信号转换为轴上的角位移或角速度，而且在信号来到之前，转子静止不动；信号来到之后，转子立即以一定的速度转动，信号大转动快、信号小转动慢；信号反相时，电动机反转；当信号消失，转子能即刻自行停转。伺服电动机正是由于具有这种服从控制信号的要求而动作的"伺服"特征而得名。

按在自动控制系统中的功用要求，伺服电动机必须具备可控性好、稳定性高和速应性强等基本性能。可控性好是指控制信号到来或消失以后，能立即转动或立即自行停转；稳定性高是指转速随转矩的增加而均匀下降；速应性强是指反应快、动作灵敏。

常用的伺服电动机按电源的不同分为两类：以交流电源供电的称为交流伺服电动机；以直流电源供电的称为直流伺服电动机。

一、交流伺服电动机

交流伺服电动机的基本结构和单相异步电动机相似，其定子铁心由冲有槽的硅钢片叠压而成，槽中装有励磁绕组 W_f 和控制绕组 W_C，它们在空间相差 90°。根据转子结构的不同分为笼型和杯型两种形式。前者与三相异步电动机鼠笼型转子完全一样；后者除普通定子外还有一个由硅钢片叠压成的圆柱形内定子(上面不放绕组而只是代替笼型转子铁心作为磁路的一部分，以减小磁阻)，在定子和内定子之间有一个由非磁性导电材料制成的薄壁空心杯，杯底固定在转轴上(见图 8.3)。电动机旋转时定子和内定子不动，只有空心杯转子在内外定子之间转动。图 8.4 为交流伺服电动机电气原理图。

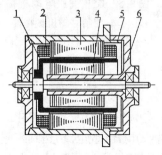

图 8.3 杯型转子交流伺服电动机
1—杯形转子;2—定子绕组;3—外定子;4—内定子;5—机壳;6—端盖

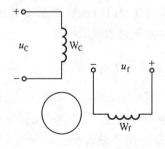

图8.4 交流伺服电动机原理图

交流伺服电动机的工作原理与单相异步电动机相似。当它的励磁绕组接恒定电压,控制电压为零时,气隙内的磁场为脉振磁场,电动机无启动转矩,转子不转;当有控制电压加在控制绕组上,且控制绕组内流过的电流和励磁绕组内的电流不同相,则在气隙内建立起一定大小的旋转磁场。此时就电磁过程而言,交流伺服电动机就相当于一台分相式的单相异步电动机,因此在旋转磁场作用下,电动机便有了启动转矩,转子就旋转起来。如果负载转矩不变,随着控制信号的增大,转子的速度就增加,如果将控制电压的相位改变180°,旋转磁场的转向相反,产生的转矩也相反,转子反转。但与单相异步电动机所不同的是,当控制信号变为零(或消失)而只有励磁绕组通电时,交流伺服电动机内的磁场将是脉动磁场,如果是普通单相异步电动机,这时是不会停下来的。为避免出现这种"失控"或"自转"现象,交流伺服电动机将转子电阻设计得较大,因此在运行过程中,一旦控制信号为零或消失,便产生负转矩,使转子能自行停转。

笼型转子交流伺服电动机气隙小,在相同的性能指标下,比杯型转子的体积小,重量轻,效率高,机械强度高,耐高温、振动和冲击,可靠性高,广泛用于自动控制系统和随动系统中。

杯型转子交流伺服电动机转子轻,惯量小,摩擦转矩小,快速响应好;无齿槽,运行平稳,噪音低,灵敏度高;气隙大,力能指标低,电机尺寸大;在高温和振动条件下,容易变形,一般用于要求转速平稳的装置中。

与普通驱动用微型异步电动机相比,交流伺服电动机具有一些显著特点:① 调速范围大。转速随着控制电压的改变能在宽广的范围内连续调节;② 在运行范围内机械特性接近线性;③ 当控制电压为零时,能立即停转,无"自转"现象;④ 机电时间常数小,响应速度快。采用细长转子,转动惯量小,转子电阻大,启动转矩和堵转转矩大,启动速度快。

交流伺服电动机的控制方法一般有三种:

① 幅值控制:即保持控制电压的相位不变,仅通过改变其幅值来进行控制。

② 相位控制:即保持控制电压的相位不变,仅通过改变其相位来进行控制。

③ 幅 – 相控制:同时改变控制电压的幅值和相位来进行控制。

这三种方法的实质,就是通过改变正转与反转旋转磁场大小的比例关系,来改变正转和反转电磁转矩的大小,进而达到改变合成电磁转矩和转速的目的。图 8.5 为幅度 – 相位控制时的机械特性。

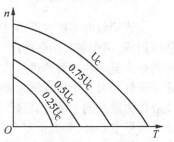

图 8.5 交流伺服电动机幅 – 相控制时的机械特性

二、直流伺服电动机

直流伺服电动机的基本结构和工作原理与普通直流电动机相同,只是为了减小转动惯量而将转子做得细长一些。它的控制方法同样也有两种,即电枢控制和磁场控制。在磁通不变时,通过改变电枢的电压(或电流)达到控制电动机的转速、转距或转角的目的称作电枢控制;在电枢电压不变时,通过调节励磁电流来改变磁通,从而实现控制电动机的转速、转距或转角的目的称作磁场控制。电枢控制具有优良的线性机械特性(见图 8.6),所以在应用较多的中小功率(1~600 W)和快速性要求高的调速系统中多采用这种方法。

直流伺服电动机除了具有普通直流电动机优良的调速性能外,还具有体积小、重量轻、效率高、惯性小、调速范围大、响应迅速等特点。但同时也存在结构复杂,有换向火花,特别是低速运行时转速和输出转矩不稳定等缺点。

为适应现代控制系统的需要,直流伺服电动机的类型也在不断发展,下面简介几种最常用的直流伺服电动机。

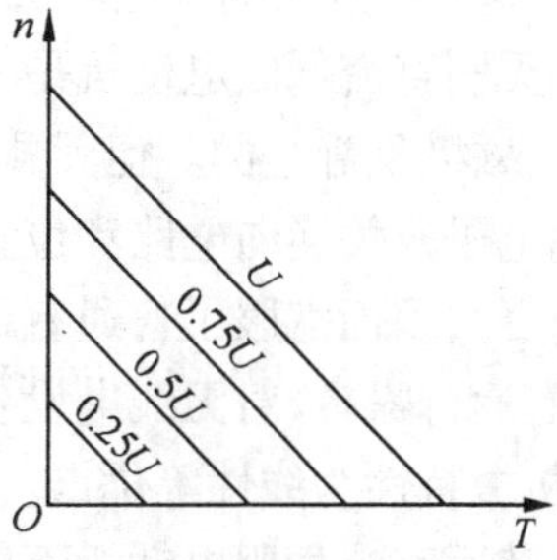

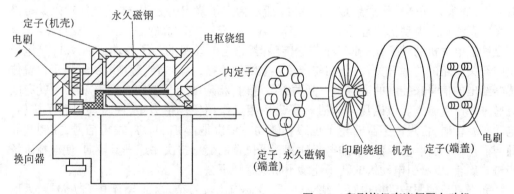

图 8.6 直流伺服电动机电枢控制时的机械特性(Φ 恒定)

1. 低惯量型直流伺服电动机

低惯量直流伺服电动机的工作原理与传统的直流伺服电动机相同,也是由定子的励磁磁通和电枢电流相互作用产生电磁转距的。但这种电动机在结构上与传统式直流伺服电动机有较大差别,主要表现为:① 转子轻,转动惯量小;② 机电时间常数很小,动态响应迅速,灵敏度高;③ 损耗小,效率高;④ 力矩传递均匀,波动小,低速运转平稳,噪音低;⑤ 绕组电感小,换向性能好(几乎无换相火花),运行寿命长。

低惯量电动机多用于高精度快速自动控制系统,频繁启动、频繁正反转系统以及快速测量与记录装置中。

根据转子结构的不同,常分为:杯型转子直流伺服电动机和印刷绕组直流伺服电动机(常称为印刷电动机),见图 8.7、8.8。前者输出功率从零点几瓦至 5 千瓦,多用于高精度的自动控制系统及测量装置等设备中,如电视摄像机、各种录音机、X – Y 函数记录仪、机床控制系统等方面,用途日趋广泛,是今后直流伺服电动机的发展方向。后者适用于低速和启动、反转频繁的系统中,目前其输出功率一般在几瓦到 1 千瓦以内,功率较大的主要用于数控机床、雷达天线驱动和其它伺服系统方面。

图 8.7 杯形转子直流伺服电动机

图 8.8 印刷绕组直流伺服电动机

2. 宽调速直流伺服电动机

宽调速直流伺服电动机(亦称大惯量电动机)是在低惯量电动机和力矩电动机基础上发展起来的,主要在数控机床伺服系统中和其它闭环控制系统中作为执行元件。与普通直流伺服电动机相比,它具有如下突出优点:① 转距大,调速范围宽,能在很低的转速下平稳运行,可以和机床进给丝杠等负载直接连接;② 转子惯量大,其机床伺服系统适用于各类机床;③ 热容量大,耐热性能好,过载能力强。

3. 无刷直流伺服电动机

无刷直流伺服电动机是一种新型的直流伺服电动机。一般的直流电动机的电枢是旋转的,磁极是静止的。但无刷直流电动机刚好相反,其电枢是静止的,而磁极是旋转的。它用电子开关换向电路和位置传感器构成的电子换向器代替传统机械换向装置(电刷和换向器),因而克服了普通有刷直流伺服电动机有换向火花、摩擦转矩大、可靠性差、寿命短、有运行噪音、对无线电设备有干扰等缺点,保持了直流伺服电动机调速性能好、启动迅速、机械特性为线性等优点。近年来无刷电动机得到了迅速发展,并在一些设备和装置上以及普通直流伺服电动机不能胜任的特殊工作环境下获得了越来越多的应用。例如,航空航天技术领域、电子计算机外部设备、电视摄像和录像设备等。

无刷直流伺服电动机通常由电动机本体、转子位置传感器和电子开关控制电路三大部分组成,它的原理方框图和简要结构图如图8.9和8.10所示。

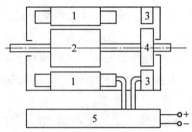

图 8.10　无刷直流伺服电动机结构示意图
1—主定子;2—主转子;3—传感器定子;4—传感器转子;5—电子换向开关电路和传感器电源电路

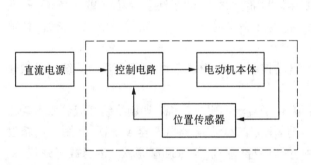

图 8.9　无刷直流伺服电动机原理图方框图

电动机由多相(例如三相、四相、五相等)电枢绕组定子和一定极对数(一对极、二对……)的永久磁体转子所组成。图8.11所示为定子绕组为三相,转子是一对永久磁极的无刷直流伺服电动机原理图。其中:AX、BY、CZ 表示电动机的三相定子绕组;N – S 永久磁铁是电动机的转子;PS 是转子位置传感器,它与电动机的转子同轴;T_1、T_2、T_3 是电子换向开关线路的功率开关管,分别与定子各项绕组相接,其导通或截止取决于转子位置传感器给出的信号来控制的。当某一开关管导通时,相应的定子绕组(电枢绕组)中就有电流通过并产生磁场。该磁场与永磁转子磁场相互作用便产生力矩,使电动机转子旋转。电动机旋转时,位置传感器的转子也跟着转动并依次地向 T_1、T_2、T_3 发出信号,控制其导通与截止,从而使电枢绕组中的电流随着转子位置的变化按次序地进行换向,使电枢磁场步进式旋转,以吸引电动机的转子连续不断地旋转下去。

无刷直流伺服电动机也存在缺点,主要是结构比较复杂,内部含有电子换向器,因而体积较大,当定子相数、转子极对数较少时,转矩波动较大,低速运行时转速的均匀性差。

4. 直流力矩电动机

直流伺服电动机和直流力矩电动机都是控制用直流电动机。但普通直流伺服电动机属于高速电动机,其额定转速一般为每分钟几千转,低速性差,不能在低速下正常运行,更不适合在堵转下工作,而且输出转矩不是很大,因此带动低速负载及大转矩负载时要用齿轮减速器。由于齿轮系的误差,因此往往会使控制系统的精度和稳定性降低。直流力矩电动机是一种低转速、大转矩的直流电动机,可在堵转下长期工作。它可以直接带动低速负载和大转矩负载,具有转速和转矩波动小、机械特性和调节特性线性度好等优点,特别适用于高精度的位置伺服系统和低速控制系统。

直流力矩电动机的工作原理和基本特性与普通直流伺服电动机相类似,即由永久磁铁产生的磁通和电枢绕组中的电流相互作用产生电磁转矩,电磁转矩的大小和方向则由电枢绕组所加的控制电压决定。但它们在结构和外形尺寸上有所不同。一般直流伺服电动机为了减小其转动惯量,大多数都做成细长圆柱形,而直流力矩电动机为了能在相同的电枢体积和电枢电压下产生比较大的转矩和较低的转速,一般做成圆盘扁平形状,电枢长度与其直径之比为 0.2 左右。图 8.12(a)、(b)分别是普通直流伺服电动机和直流力矩电动机电枢模型示意图。

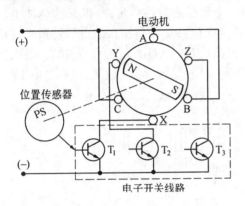

图 8.11 无刷直流伺服电动机原理图

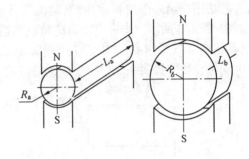

图 8.12 直流伺服电动机和直流力矩电动机电枢模型示意图

图 8.13 是直流力矩电动机结构示意图。定子是用软磁材料做成带槽的圆环,槽中镶入永久磁铁,形成永磁多极形式;为了减少转矩和转速的波动,电枢的槽数、换向片数和串联导体数选得较多。

与采用齿轮传动减速的间接驱动相比,采用力矩电动机直接驱动的控制系统具有明显的优点:① 快速响应。由于直流力矩电动机本身的机电时间常数和电磁时间常数很小,因而其动态响应迅速,故特别适用于要迅速启动和停转的高加速的应用场合。② 速度和位置控制的精度高,系统稳定。③ 机械特性的线性度好,运行平稳。④ 由于没有减速器,所以结构紧凑、运行可靠、维护方便、振动和机械噪音小。采用直流力矩电动机直接驱动的伺服系统具备很好的静态和动态特性,以及显著的平稳低速运行性能,这是齿轮传动或液压传动系统无法比拟的。图 8.14 为两种驱动方式示意图。

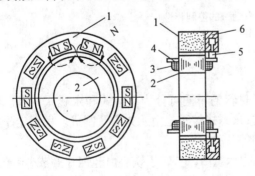

图 8.13 是直流力矩电动机结构示意图
1—定子;2—转子铁心;3—绕组;4—槽楔兼换向器片;5—电刷;6—电刷架

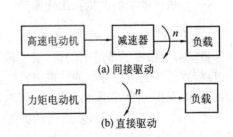

图 8.14 两种驱动方式示意图

直流力矩电动机也可以做成无刷结构,即无刷直流力矩电动机。它既具有直流力矩电动机低速、大转矩的特点,又具备无刷直流电动机无换向火花、寿命长、噪音低的特点。因而在空间科技领域、位置和速度控制系统、录像机以及一些特殊环境的装置中也得到了广泛的应用。

8.2 步进电动机

步进电动机是一种可以将脉冲电信号变换为机械位移(角位移或线位移)的控制电动机。其功用是给一个控制脉冲,电动机就转动一个角度或前进一步,所以又称脉冲电动机。如图 8.15 所示。步进电动机的角位移量 θ 或线位移量 S 与输入的电脉冲数 k 成正比,其转速 n 或线速度 v 与电脉冲频率成正比,见图 8.16(a)、(b)。作为一种执行元件,步进电动机在数字控制系统中有着广泛的应用。

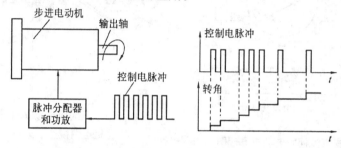

图 8.15 步进电动机的功用

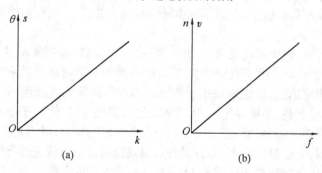

图 8.16 步进电动机的控制特性

一、步进电动机的结构和工作原理

1. 基本结构

目前应用最多的步进电动机,根据转子材料的不同可分为反应式和永磁式两种。其中,反应式转子由高磁导率的软磁材料制成;永磁式转子是由永久磁铁制成。根据定子相数的不同,又可分为三相、四相、五相和六相等几种。

图 8.17 是三相反应式步进电动机的结构示意图,定、转子铁心由硅钢片叠成,定子具有均匀分布的六个磁极,每两个相对的极上绕有同一相绕组,定子的三相绕组即为控制绕组,转子有四个无绕组的磁极(即四个齿)。当控制绕组通电时,相应的定子磁极被磁化,由于磁力线力图通过磁阻最小的途经,因而在磁场的作用下,转子总是力图转到使磁路磁阻最小的位置。

2.工作原理

(1) 三相单三拍工作方式。当 A 相绕组通电时(B、C 两相不通电),转子齿 1、3 的轴线将与 A 相绕组磁极轴线对齐;接着当 B 相通电(A、C 两相不通电),离 B 相两个磁极较近的齿 2、4 将顺时针转过 30°,使其轴线与 B 相绕组磁极轴线对齐;同理当 C 相通电(A、B 两相不通电),离 C 相两个磁极较近的齿 3、1 将再顺时针转过 30°,使其轴线与 C 相绕组磁极轴线对齐。如此,按 A—B—C—A… 的顺序轮流给三相控制绕组通电(对每相绕组来说实际为方波脉冲电压),转子就顺时针一步一步地转动,每一步的转角为 30°(称为步距角),如图 8.18 所示。显然,控制绕组通电频率越高(即输入脉冲频率),转子则转动得越快。

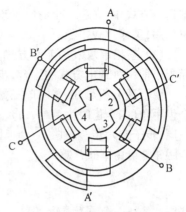

图 8.17 三相反应式步进电动机的结构示意图

旋转方向取决于绕组的通电顺序,若通电顺序改为 A—C—B—A…,则电动机将反方向旋转。这种三相依次单独通电的方式,称为"三相单三拍运行","三相"指三相绕组,"单"指每次只有一相绕组通电,"三拍"指三次轮流通电为一个循环,第四次重复第一次情况。

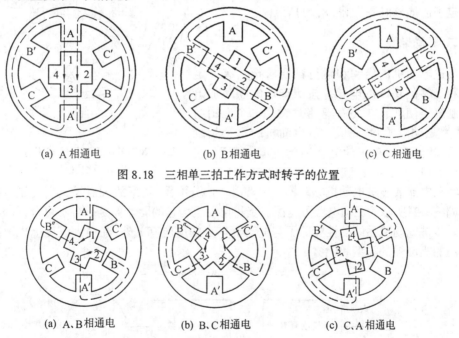

(a) A 相通电   (b) B 相通电   (c) C 相通电

图 8.18 三相单三拍工作方式时转子的位置

(a) A、B 相通电   (b) B、C 相通电   (c) C、A 相通电

图 8.19 三相双三拍工作方式时转子的位置

(2) 三相双三拍工作方式。每次有两相绕组通电,即按照 AB—BC—CA—AB… 的顺序给三相控制绕组通电。不难看出,AB 相通电后所建立的磁场轴线与未通电的 C 相磁极轴线重合,转子齿 1、4 和 2、3 分别受 AB 两组磁极大小相等、方向相反的磁拉力的作用而处于动态平衡状态,其对称轴线与未通电的 C 相磁极轴线对齐。同理,当 BC 相通电后转子齿 2、1 和 3、4 的对称轴与 A 相磁极对齐;CA 相通电后转子齿 3、2 和 4、1 的对称轴与 B 相磁极对齐。由图 8.19 可见,通电状态每改变一次,转子转动 30°,这种运行方式的步距角与"单三拍"相同。事实上,在实际使用中,三相单三拍运行方式很少采用,因在切换通电绕组时易使转子在平衡位置附近来回摆动,即产生振荡,造成运行不稳定。而三相双三

拍运行方式中,在由一个通电状态转变为另一个通电状态时,总有一相持续导通,具有阻尼作用,工作比较平稳。

(3) 三相单双六拍工作方式。绕组按照 A—AB—B—BC—C—CA—A…的方式通电,相当于前两种通电方式的综合,步距角为"三拍"的一半,即 15°,见图 8.18 和图 8.19。

由上述分析可知,采用单三拍和双三拍方式时,磁场旋转一周,转子走三步,前进了一个齿距角(四个齿时为 90°),每走一步前进了 1/3 齿距角;采用单双六拍方式时,磁场旋转一周,转子走六步,前进了一个齿距角(四个齿时为 90°),每走一步前进了 1/6 齿距角,故步距角 θ 可由下式计算

$$\theta = \frac{360°}{Z_r m}$$

式中　Z_r——转子齿数;

　　　m——运行拍数。

实际中,一般步进电动机的步距角不是 30°和 15°,而常常是 3°和 1.5°。此时转子上不是 4 个齿而是 40 个齿(齿距角为 9°),定子 6 个极上每个极面分布有 5 个与转子齿宽和齿距相同的小齿,以使转子齿与定子齿能够对齐,如图 8.20 所示。

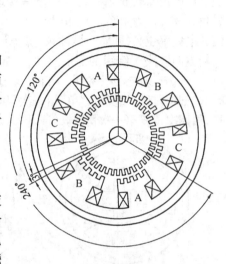

图 8.20　多齿三相反应式步进
电动机原理结构图

二、驱动电源

步进电动机的启动和运行都要求把具有一定频率和足够的功率的电脉冲按照选定的顺序加给各控制绕组使其通电,这一任务通常用一个专用电源(称为驱动电源)来完成。从电动机的每个相绕组来看,相当于将绕组轮流接通到直流电源上,这个工作由电子电路来完成。所以驱动电源有时也称为驱动电路或步进电动机驱动器。它常由环形分配器、功率放大器及其它控制电路组成。如图 8.21 所示为驱动电源方框图。步进电动机与它的驱动器是一个不可分开的有机整体。步进电动机系统的性能除了与电动机本身的性能有关外,在很大程度上也取决于所使用的驱动器的类型和优劣。

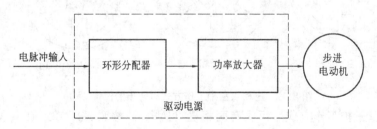

图 8.21　驱动电源方框图

三、应用举例

由于步进电动机的步距(或转速)不受电源电压和负载变化的影响,也不受环境条件(如温度、压力、冲击、振动等)的限制,而只与电源脉冲频率成正比,因此它能按照控制脉冲的要求,立即启动、停止、反转和无级调速。在不丢步的情况下运行时,角位移的误差不

会长期积累,所以步进电动机能在开环系统中实现高精度的角度控制。步进电动机有结构简单、维护方便、精确度高、启动灵敏、停车准确等优点,因而应用范围很广,除数控机械、工业控制、计算机外部设备、钟表中大量使用外,在工业自动线、印刷机、遥控指示装置、航空航天系统中,都已成功地应用了步进电动机。

1. 软盘驱动系统

软磁盘驱动器是一种常用的计算机外部存储装置。典型的 3.5 in(英寸)软盘上有 80 个磁道,各磁道中心距间隔为 0.020 8 in。软磁盘系统作为一种机电式磁记录装置,包含有盘片驱动系统和磁头定位系统。如图 8.22 所示。其中,盘片驱动由 + 12 V 的微型直流伺服电动机完成,它带动主轴旋转并使软盘在盘套内以 300 r/s 的恒速转动。磁头定位系统采用四相双拍微型步进电动机。步进电动机通过精密螺杆带动磁头小车沿磁盘半径方向作径向直线运动,把步进电动机的转角变换为读写磁头在磁道间的位移,并准确定位在需要的磁道上。步进电动机每走一步,磁头移动一个磁道。

2. 数控机床

数控机床(数字程序控制机床的简称)是步进电动机在数字程序控制系统中的典型应用。数控机床的加工过程实质上是按最小位移量和规定方向逼近曲线或直线的过程。图 8.23 是一台三轴数控铣床的工作原理示意图。工件固定平台由三台步进电动机拖动,保证工件可在 X 轴、Y 轴和 Z 轴方向移动。

程序控制就是把机床工作机构的动作顺序、运动规律、速度等以计算机程序的形式事先编制好并存储在计算机中,加工时,计算机按所给的原始数据和控制程序进行计算,然后根据所得的结果向各坐标轴(X、Y、Z 方向)步进电动机分配指令脉冲,每来一个指令脉冲,相应方向的步进电动机就旋转一个角度,它所拖动的工作台就相应地完成一个脉冲当量(每来一个脉冲,步进电动机带动负载所转的角度或直线位移称作脉冲当量)的位移。这样通过两个或三个坐标轴的联动就能加工出控制程序中记录的二维或三维几何图形来。多么复杂的零件形状,只要能编制出控制程序,都可以加工出来。

这种控制系统没有位置检测反馈装置,是一种结构简单、工作可靠的开环控制系统。

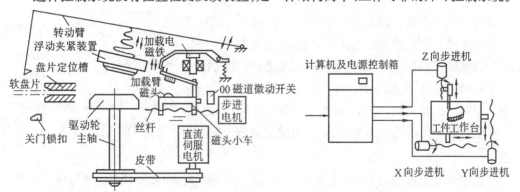

图 8.22 软盘驱动器的传动机构

图 8.23 数控铣床的工作原理示意图

8.3 直线电动机

直线电动机是近年来国内外积极研究发展和应用的新型电动机之一。它是一种不需要中间机械转换装置,而能直接作直线运动的电动机械装置。目前在交通运输、机械工业和仪器仪表工业中,直线电动机正日益得到推广和应用。例如,在铁路运输上采用直线感应电动机可以实现 250~300km/h 的高速列车,并且向更高的 400~500 km/h 的超高速列车的目标发展。在一些生产线上,各种传送带已开始采用直线电动机来驱动。在仪器仪表系统中,直线电动机作为驱动、指示和测量的应用更加广泛,如快速记录仪,X-Y 绘图仪,磁头定位系统,打字机以及电子缝纫机中都得到应用。可以预见,在直线运动领域里旋转电动机必将被直线电动机所取代。

直线电动机有多种形式,原则上对于每一种旋转电机都有其相应的直线电机,且两者原理上基本相同。下面以异步电动机为例介绍直线电动机的基本概念和应用。

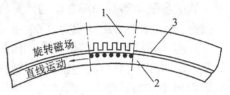

图 8.24 直径很大、极数很多的异步电动机
1—定子;2—转子;3—气隙

一、直线电动机的结构、原理与分类

对于一直径很大、极数很多的异步电动机(见图 8.24),沿某一段气隙圆弧来看,由于圆弧曲率很小,转子导体的运动轨迹可近似为一种直线运动。当将异步电动机定、转子沿轴线半径"切开"并展开成一个平面(相当于半径为无限大)时便"成为"一台可作直线运动的异步电动机,如图 8.25 所示。

当直线异步电动机的原边三相绕组中通过对称三相交流电流以后,建立三相合成磁势,和旋转的异步电动机一样,在合成磁势的作用下,也产生气隙磁场,不过这个气隙磁场不再是旋转的,而是按 A、B、C 相序沿直线移动的一种磁场,称为行波磁场。见图 8.26。很明显,行波磁场直线移动速度与旋转磁场在定子内圆表面上的线速度是一样的。行波磁场切割拉直的转子所形成的条铁的导条,将在其中产生感应电势及电流,所有导条中的电流与行波磁场相互作用,便产生电磁力,在此电磁力的作用下条铁跟随着行波磁场移动而移动。由此可见,直线异步电动机的工作原理与旋转异步电动机并无本质上的差别,只是机械运动方式不同而已。

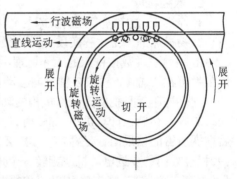

图 8.25 异步电动动机在垂直轴线上切开

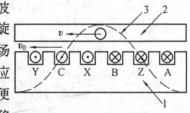

图 8.26 直线运动的异步电动机
原边(定子);2—副边(转子);3—行波磁场

直线电动机按结构不同可分为平板型、管型、盘型和弧型几种,图 8.27 为平面型和管型示意图。

二、直线电动机的应用

直线电动机的应用面很宽,应用实例也很多。以下简要列举几种已经在工业中取得良好应用效果和富有前景且意义重大的应用。

1. 高速列车

直线电动机用于高速列车是一个举世瞩目的课题。它与磁悬浮技术相结合,可使列

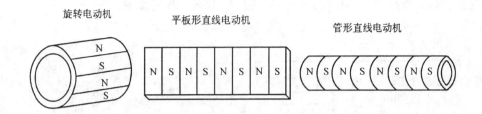

图 8.27　平面型和管型直线电动机示意图

车达到高速而无振动噪声,成为一种最先进的地面交通工具。

2.传送带

图 8.28 为采用双边型直线异步电动机的三种物料传送方式,图中直线异步电动机的初级固定,次级就是传送带本身,其材料为金属带或金属网与橡胶的复合皮带。

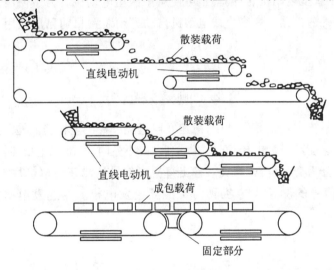

图 8.28　直线异步电动机物料传送带

3.机械手

直线异步电动机可用于往复运动的机械手,与气动或液压传动的机械手相比,具有行程长、速度快、结构简单、制造方便等优点。水平运动的机械手可采用平板型直线电动机,而垂直运动的机械手可采用管型直线电动机,不同的机械手可以组合使用,从而构成复合运动。

4.电动门

使用直线异步电动机的电动门可省去普通电动门的变速箱和绳索装置,结构简单,深受使用者欢迎。常用于各种大门、冷藏库门、电梯门的自动开闭。

5.电磁锤

电磁锤是一种利用直线异步电动机的垂直运动装置,向上运动时积聚的位能,落下时转变为动能来击打物体。可应用于耐火砖坯制作、金属箔片击打等方面。

6.搬运钢材

在搬运钢材时,利用钢材本身导磁导电的特点,将其直接作为次级,用直线异步电动机的初级来推动。图 8.29 是一种用于搬运型钢或钢板进料的装置,型钢(或钢管)用导辊

（或导轮）支撑,直线异步电动机的初级固定在下方,每隔一段距离安放一个。

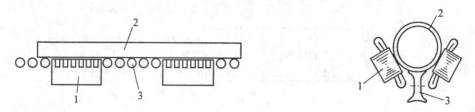

图 8.29　钢材搬运或钢板进料装置
1—直线异步电动机初级;2—型钢或钢管(次级);3—导辊或导轮

7. 帘幕驱动

使用直线异步电动机,可做成窗帘或舞台幕布的自动开闭装置。开闭窗帘的直线电动机较小,可使用管型电动机;开闭幕布可使用平板型电动机。为了使用方便,还可配置无线电遥控或红外遥控器。窗帘直线电动机自动开闭装置目前已成功用于宾馆、办公楼和家庭中。

8.4　测速发电机

在自动控制系统中及计算装置中,测速发电机是一种测量转速的检测元件,其基本任务是将机械旋转速度转换为电压信号输出;当励磁不变时,其输出电压与转速成正比。

测速发电机分为交、直流两大类。输出直流电信号的测速发电机称为直流测速发电机;输出交流电信号的测速发电机称为交流测速发电机。测速发电机的电气符号如图 8.28 所示。

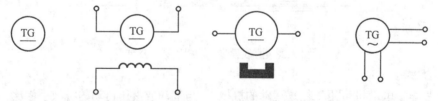

(a)直流测速发电机　(b)电磁式直流测速发电机　(c)水磁式直流测速发电机　　(d)交流测速发电机

图 8.30　测速发电机的电气符号图

一、交流测速发电机

交流异步测速发电机的结构与交流伺服电动机完全一样,也有笼型和杯型之分。由于杯型转子的转动惯量小,对提高测试系统的快速性和灵敏度有益,因此目前被广泛采用。

图 8.31 是杯型转子异步测速发电机的工作原理图。定子上安放有两组空间相差 90° 的绕组 W_1,一组是励磁绕组 W_2,一组是输出绕组。当频率为 f 的恒定单相交流励磁电压 U_1 加于励磁绕组时,内、外定子间的气隙中就会产生一个与励磁绕组轴线一致的同频脉动磁通 Φ_1。当转子静止时,因磁通 Φ_1 与输出绕组轴线相互垂直,所以输出绕组没有感应电动势,输出电压 $U_2 = 0$;当转子被驱动电动机拖动以转速 n 旋转时,杯型转子切割磁通

Φ_1，从而产生感应电势和电流，这些电流共同作用形成频率同为 f 的脉动磁通 Φ_2，该磁通在空间的位置是固定的，而且与输出绕组的轴线一致，因此在输出绕组中就会感应出频率为 f 的输出电压 U_2，U_2 的大小与转子转速 n 成正比，其频率与励磁电压频率相同而与转子转速无关。转子转动方向改变时，输出电压相位也随之改变 $180°$。这就是异步测速发电机的工作原理。

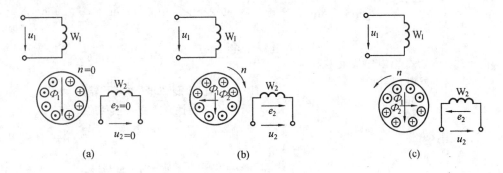

图 8.31　杯型转子异步测速发电机的工作原理图

二、直流测速发电机

1. 结构、原理与分类

直流测速发电机的结构与普通小型直流发电机相同。转子上有电枢铁心、电枢绕组和换向器，根据励磁方式不同，可分为电磁式和永磁式两种。前者定子有励磁绕组并由外部供电，通电后产生恒定磁场；后者的定子磁极由永久磁钢制成，没有励磁绕组。永磁式结构简单、紧凑、温度变化对磁通影响小，目前最为常用。图 8.32 为永磁式直流测速发电机的原理电路图。转子由原动机带动下在磁通为 Φ 的恒定磁场中旋转时，电枢绕组中产生交变感应电动势，经电刷和换向器转换成与转子旋转速度成正比的直流电动势 E。由前面章节介绍的直流电动机内容和图 8.32 可知

$$E = K_E \Phi n$$

$$U = E - R_a I_a = K_E \Phi n - R_a \frac{U}{R_L}$$

则化简以上二式可得

$$U = \frac{E}{1 + \dfrac{R_a}{R_L}} = \frac{K_E \Phi}{1 + \dfrac{R_a}{R_L}} n$$

即，当 Φ、R_a、R_L 为常数时直流测速发电机的输出电压 U 与转速 n 成正比。图 8.33 为直流测速发电机的输出特性曲线 $U = f(n)$。从图中可以看出，当直流测速发电机带有负载且转速很高时，输出特性已不是严格的线性关系了。这种误差是由于电枢反应引起的。所谓电枢反应就是电枢电流 I_a 产生的磁场对磁极磁场的影响，其结果使电机内的合成磁通小于磁极磁通。I_a 越大，磁通减小得越多。当负载电阻 R_L 越小、转速 n 越高时，电流 I_a 就越大，磁通 Φ 就越小，则线性误差也越大。为了减小电枢反应对输出特性的影响，在直流测速发电机的技术数据中标有"最大转速"和"最小负载电阻值"。在使用时，转速

不得超过最大转速,所接负载电阻不得小于给定的电阻值,以保证非线性误差较小。

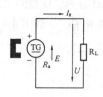

图 8.32　永磁式直流测速发电机
　　　　　的原理电路图

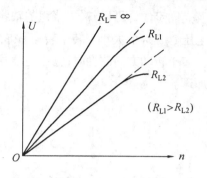

图 8.33　直流测速发电机的输出特性
实线—实际特性　虚线—理想特性

2. 应用举例

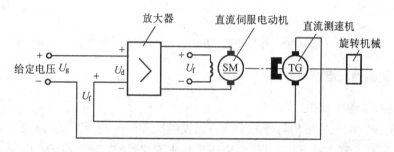

图 8.34　恒速控制系统原理图

图 8.34 是一恒速控制系统的原理图。负载是一个由直流伺服电动机控制的旋转机械,负载转矩变化时,电动机的转速也随之改变。为了使旋转机械保持恒速,在电动机的输出轴上接一测速发电机,并将其输出电压 U_f 和给定电压 U_g 相减后加入放大器,经放大后供给直流伺服电动机作为控制电压。给定电压取自恒压电源,改变给定电压便能达到所希望的速度。当负载阻力矩由于某种因素减小时,电动机的转速便上升,此时测速发电机的输出电压增大,给定电压和输出电压的差值变小,经放大后加到直流电动机的电压减小,电动机减速;反之,若负载转矩变大,则电动机转速下降,测速发电机输出电压减小,给定电压和输出电压的差值增大,经放大后加到直流电动机的电压变大,则电动机转速回升。因此,即使负载转矩可能发生扰动,但由于该系统的所具有的调节作用,使旋转机械的转速变化很小,近似于恒速。图 8.34 的系统控制方框图如图 8.35 所示。

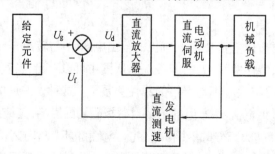

图 8.35　恒速控制系统控制方框图

本 章 小 结

伺服电动机在自动控制系统中用作执行元件,分为交、直流两类。交流伺服电动机实质上就是一台分相式单相异步电动机,其励磁绕组和控制绕组分别相当于分相式电动机的主绕组和辅助绕组,所不同的是,启动后,一旦控制信号消失,交流伺服电动机(转子电阻设计得较大)会立即停转,而单相异步电动机则继续转动。交流伺服电动机的控制方法分为幅值控制、相位控制和幅 – 相控制三种。直流伺服电动机实质上就是一台他励式直流电动机,有所区别的是,直流伺服电动机的机械惯量小,因此响应迅速。直流伺服电动机有电枢控制和磁场控制两种控制方式,其中电枢控制方式的机械特性是线性的,因而最为常用。根据不同的要求,直流伺服电动机常分为:低惯量型、宽调速型、无刷型、力矩型等多种类型。

步进电动机是数字控制系统中的一种执行元件,其作用是将脉冲电信号变换为相应的角位移或直线位移。它的角位移或线位移量与脉冲数成正比,转速或线速度与脉冲频率成正比。步进电动机是建立在磁力线力图通过磁阻最小途径这一的工作原理上的。步进电动机能按照控制脉冲的要求迅速启动、反转、停止和无级调速。步进电动机由专用电源提供电脉冲,每输入一个电脉冲,转子转过一个步距角(由转子齿数和运行拍数决定)。每台步进电动机根据运行拍数的不同一般有两种步距角。在不丢步的情况下,角位移的误差不会长期积累。用步进电动机可实现精确的开环数字控制。

直线电动机是近年来国内外积极研究发展的一种新型电动机。它可以将电能直接转换成直线运动的机械能,从而消除了旋转电机由旋转到直线运动所必需的曲柄连杆或蜗轮蜗杆等中间传动机构,使系统结构简化,响应迅速,振动和噪音减少,控制精度提高。直线电动机往往可与其它机件合成一体,有很好的装配灵活性。在交通运输,机械工业和仪器仪表工业中正得到推广和应用。常用的直线异步电动机的工作原理与旋转异步电动机无本质上差别,只不过气隙磁场不再是旋转的而是直线移动的(称为行波磁场),因而机械运动方式不同。

测速发电机能将转速变换成电信号(一般是电压信号),其输出的电信号与转速成正比。测速发电机包括直流测速发电机和交流测速发电机。输出直流电信号的称为直流测速发电机,输出交流电信号的称为交流测速发电机。交流测速发电机当励磁绕组产生的磁通 Φ_1 保持不变时,输出电压的大小与转速成正比,但其频率与转速无关,等于电源的频率。直流测速发电机是根据"导体在磁场中运动产生感应电势"的原理将转速转化为与之成正比的直流电压的,其理想输出特性为一直线,但由于电枢反应,实际特性与直线有偏差。使用时必须注意电机转速不得超过规定的最高转速,负载电阻不可小于给定值。

习 题

8.1 当直流伺服电动机的电枢电压、励磁电压都不变时,如果负载转矩减小,则此时电枢电流、电磁转矩以及转速将怎样变化?

8.2 试列举低惯量直流伺服电动机、无刷直流伺服电动机、力矩直流电动机的主要特点。

8.3 反应式步进电动机的步距角大小和哪些因素有关?

8.4 如何控制步进电动机输出的角位移量 θ 及转速 n?

8.5 若有一台四相反应式步进电动机,其技术指标中的步距角为 $1.8°/0.9°$。试问:(1) 这代表什么意思? (2) 其转子齿数为多少? (3) 写出四相八拍运行方式时的一个通电顺序。(4) 如测得某相绕组中电流频率为 600 Hz,则此步进电动机每分钟的转速是多少?

8.6 直线电动机的突出优点是什么?

8.7 转子不动时,交流测速发电机为何没有电压输出? 转动时,为何输出电压与转速成正比,但频率却与转速无关?

8.8 为什么直流测速发电机的转速不得超过规定的最高转速? 负载电阻不能小于给定值?

第九章　继电 – 接触器控制

在工农业生产中,大多数生产机械是由电动机拖动的。要使电动机按照生产实际的需要运转,必须配置一定的控制设备,并将它们组合成控制线路才能实现。生产过程往往是复杂的,但不外乎是由电动机的启动、停车、反转、调速和制动等基本动作组合而成;控制线路也往往是复杂的,但也不外乎是由控制电动机的启动、停车、反转、调速和制动等基本单元控制线路所组成。

用按钮、继电器和接触器等有触点电器组成的控制线路,叫做继电 – 接触器控制。与无触点的电子控制线路相比,虽然有一些缺点,但由于继电 – 接触器控制线路简单,价格低廉,维护方便,目前生产上仍在广泛应用。因而对这部分内容的学习具有重要的实际意义。

本章首先介绍几种常用的低压控制电器,然后讨论三相异步电动机的基本控制线路,为以后分析较复杂的继电 – 接触器控制线路奠定基础。

9.1　常用低压控制电器

凡是用来对低压(500 V 以下)电气设备进行控制和保护的电器叫做低压控制电器。常用的低压控制电器,类型繁多,可分为手动电器和自动电器。手动电器是由操作人员用手控制的;自动电器则是按照指令、信号或物理量(例如电压、电流以及生产机械运动部件的速度、行程和时间等等)的变化自动动作的。常用控制电器的图形符号可参阅附录三。

一、手动电器

1.闸刀开关

闸刀开关也叫刀闸开关,是最简单的手动电器,用于不经常开断的低压电路中,作为电源的引入开关。刀闸开关的结构如图 9.1(b)所示,主要由刀片(动触头)、刀夹(静触头)、瓷质底座和胶木盖组成。闸刀开关的图形符号如图 9.1(c)所示。

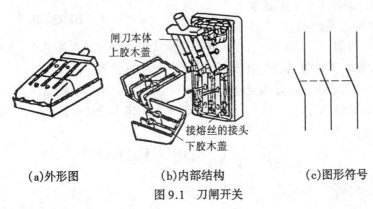

闸刀本体
上胶木盖

接熔丝的接头
下胶木盖

(a)外形图　　　　(b)内部结构　　　　(c)图形符号

图 9.1　刀闸开关

安装闸刀开关时要注意:电源线应接在开关的静触头上,负载应接在动触头的出线端上。这样,在拉开开关时,电源被切断,刀片以下的电路就与电源隔离,既便于更换保险丝,也有利于设备的安全检修。

2.铁壳开关

铁壳开关也叫负荷开关,其结构如图9.2所示,主要由刀片、速断弹簧、刀座(即刀夹)、操作手柄和熔断器等组成,并将它们装在一个铁壳内。铁壳开关可作为容量不大的三相异步电动机的不频繁直接启动和停止之用。

3.按钮

按钮是一种发出指令的电器,主要用来与自动电器(例如,下面要介绍的接触器、继电器等)相配合,实现对电动机或其它电气设备的远距离控制。

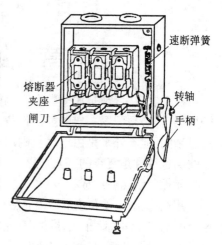

图9.2　铁壳开关

按钮的结构如图9.3(a)所示,其中1是按钮帽,2是动触头,3是静触头。按钮不工作时(1未被按下),上面的一对静触头是闭合的,叫做常闭触头;下面的一对触头是断开的,叫做常开触头。按钮工作时(1被按下),动触头下移,上面的常闭触头断开,而下面的常开触头闭合。当松开按钮帽时,复位弹簧将动触头上移,各对触头恢复原来状态。按钮的常闭触头和常开触头的图形符号如图9.3(b)所示。

为了满足不同的操作与控制要求,按钮可以有多对触头(有一对常开触头和一对常闭触头的按钮称为复式按钮),也可以把多个按钮装在一起,构成双联、三联等多联按钮。

二、自动电器

1.熔断器

熔断器是一种最简单的保护电器。其中的熔丝或熔片是用电阻率较高的易熔合金(例如铅锡合金)制成;或者用截面积甚小的良导体(例如铜、银等)制成。电路在正常工作时,熔断器不应熔断,只有在电路发生短路故障时,很大的短路电流通过熔断器,使其熔体(熔丝或熔片)发热而自动熔断,切断电路,

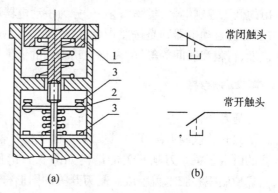

图9.3　按钮的结构与符号

达到短路保护的目的。常用的管式、插入式和螺旋式熔断器的结构如图9.4所示。

选用熔断器时,其熔体的额定电流应按以下几种情况计算:

(1)电灯支线的熔体。熔体额定电流≥支线上所有电灯工作电流总和。

(2)一台电动机的熔体。为防止电动机启动时电流较大而将熔体烧断,熔体不能按电动机额定电流来选择,应按下式计算

$$熔体额定电流 \geq \frac{电动机的启动电流}{2.5}$$

(3)几台电动机合用的熔体

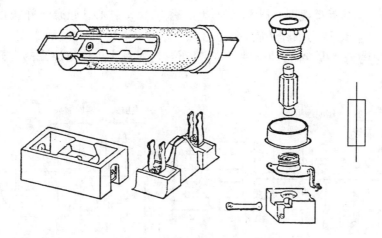

图9.4 熔断器的外形与符号

$$熔体额定电流 \geqq \frac{容量最大电动机的启动电流 + 其余电动机的额定电流}{2.5}$$

2.热继电器

热继电器是用于电动机免受长期过载的一种保护电器。它是利用电流的热效应而动作的,其动作原理如图9.5所示。图中1是发热元件(一小段电阻丝),2是双金属片(由两种不同膨胀系数的金属片压制而成)。发热元件串联在电动机主电路中,当电动机的工作电流长时间超过容许值(过载)时,发热元件发出的热量使双金属片膨胀变形,下层金属片膨胀系数大,向上弯曲,造成脱扣。于是,扣扳3在拉力弹簧4作用下将常闭触头5断开(常闭触头串联在电动机的控制回路中),它的断开使控制电路动作,从而切断电动机的主电路,电动机脱离电源。

当需要热继电器常闭触头复位时,按下复位按钮6即可。新型的热继电器既可手动复位也可自动复位。

热继电器不能用于短路保护,因为短路事故需要立即切断电源,而热继电器由于热惯性不能立即动作。

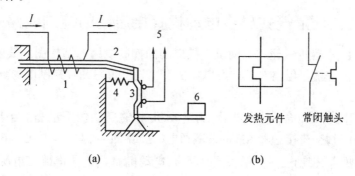

(a)   发热元件   常闭触头   (b)

图9.5 热继电器

3.接触器

接触器是利用电磁吸力使触头闭合与断开的电磁开关,根据控制指令或信号(例如,按钮或其它电器触头的闭合、断开),它可以接通或切断由电源到电动机的主电路。接触器有直流的和交流的两类,作用原理基本相同,本节讨论交流接触器。交流接触器的结构如图9.6所示。当接触器线圈8通电时,产生电磁力,将动铁心6吸合于静铁心7。于是带动全部触头,使常开触头闭合(触头1、2、3和5),使常闭触头断开(触头4)。当接触器线圈断电时,电磁力消失,弹簧使动铁心恢复原位,各对触头也恢复原来的常开、常闭状态。

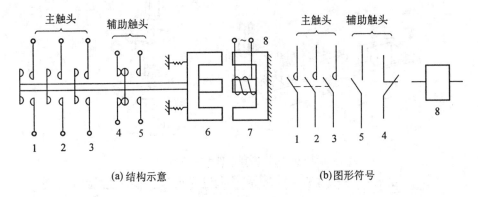

(a) 结构示意　　　　　　　　　(b) 图形符号

图9.6　交流接触器

根据用途不同,接触器的触头分为主触头和辅助触头两种。主触头能通过较大的电流,一般接在电动机的定子电路中;辅助触头能通过的电流较小,一般接在电动机的控制电路中。每一种接触器都有一定数量的主触头和辅助触头,例如,CJ10.5型交流接触器有三对主触头(常开)和一对辅助触头(常开),而CJ10.10型交流接触器却有三对主触头(常开)和四对辅助触头(两对常开,两对常闭)。交流接触器的图形符号如图9.6(b)所示。

思 考 题

9.1　常用的低压控制电器有几种? 它们各有什么用途?

9.2　交流接触器的常开触头、常闭触头是怎么动作的?

9.2　鼠笼式异步电动机直接启动的控制线路

图9.7是中、小容量鼠笼式电动机直接启动的控制线路的结构图。其中用了闸刀开关Q、熔断器FU、交流接触器KM、热继电器KH和按钮SB等几种控制电器。现分析其控制原理。

先将闸刀开关Q闭合,引入电源,为电动机M的启动做好准备。当按下启动按钮SB₁(常开触头)时,交流接触器KM的线圈通电(见回路1-2-3-4-5-6-7-8-9),吸力将动铁心吸合,带动三对主触头同时闭合,电动机M的定子电路与电源接通,电动机启动。当松开按钮SB₁时,在弹簧的作用下,SB₁触头断开,恢复原来位置,线圈失电,吸力消失,释放动铁心,主触头断开,脱离电源,电动机停止转动。

按下启动按钮,电动机就转动,一松开启动按钮,电动机就停止转动。这种控制方式叫点动控制。

如果要求电动机连续运转,即一经启动,松开启动按钮电动机也能继续转动下去,就必须保证:松开启动按钮SB₁后,线圈不断电。解决办法是:在接触器辅助触头中选用一对常开触头,并联到启动按钮 SB_1 两端(如图中虚线所示)。这样,电动机启动后,即使松开 SB_1,因常开辅助触头已经闭合,能够保证线圈回路畅通,电动机可以继续转动下去。接触器的这对常开触头起了自锁作用,叫做自锁触头。

如将停止按钮 SB_2(常闭触头)按下,接触器线圈电路被切断,线圈失电,动铁心恢复原位,主触头断开,切断电源,电动机停止转动。

上面的控制线路除具有对电动机的启、停控制功能外,还具有短路保护、过载保护、失压和欠压保护作用。

起短路保护作用的是熔断器 FU。由图可见,一旦发生短路事故,熔断器立即熔断,电动机马上停转。

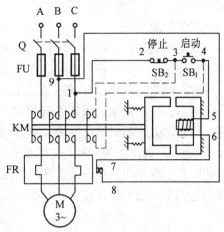

图 9.7　鼠笼式电动机直接启动控制线路的结构图

起过载保护作用的是热继电器 KH 。当电动机过载时,它的发热元件发热促使其常闭触头断开,因而接触器线圈断电,主触头断开,电动机停转。为了可靠地保护电动机,常用两个发热元件分别串联在任意两相电源线中。这样做用意在于,当三相中任意一相的熔断器熔断后(这种情况一般不易觉察,因为此时电动机按单相异步电动机运行,还在转动,但电流增大了),仍保证有一个或两个发热元件在起作用,电动机还可得到保护。

起失压与欠压保护作用的是交流接触器。所谓失压与欠压保护就是当电源停电或者由于某种原因电源电压降低过多(欠压)时,保护装置能使电动机自动从电源上切除。这里,接触器为什么具有这种作用呢? 这是因为:当失压或欠压时,接触器线圈电流将消失或减小,失去电磁力或电磁力不足以吸不住动铁心,因而能断开主触头切断电源。失压保护的好处是,当电源电压恢复时,如不重新按下启动按钮,电动机就不会自行转动(因自锁触头也是断开的),避免发生事故。如果不是采用继电接触控制,而是直接用刀闸开关进行控制,由于在停电时往往忽视拉开电源开关,当电源电压恢复时,电动机即自行启动,会发生事故。欠压保护的好处是,可以保证异步电动机不在电压过低的情况下运行。

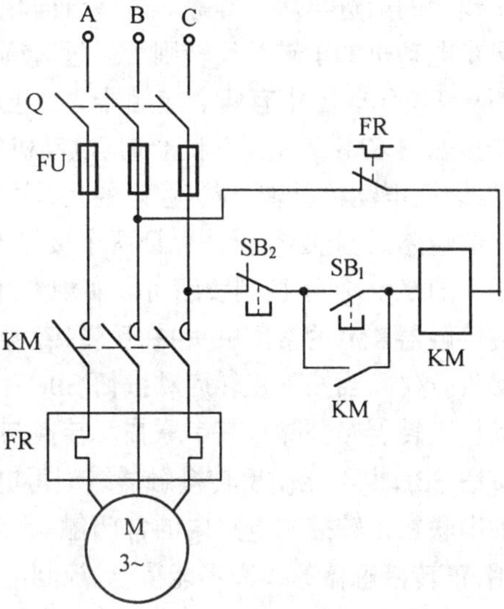

图 9.8　鼠笼式电动机直接启动控制线路的原理图

图 9.7 所示的控制线路可分为两部分,一部分是主电路,一部分是控制电路。主电路是:由三相电源开始,经接触器主触头和热继电器发热元件到电动机。控制电路是:由三相电源的一相开始,经按钮、接触器线圈及热继电器的常闭触头回到三相电源的另一相。

在图 9.7 中,各个电器是按它们的实际位置画出的,属于同一电器的各个部件都画在一起,这样的图叫做控制线路的结构图。其优点是比较直观、便于安装和检修。但这种画法过于繁琐,为了使控制电路简单而清楚,我们用电路符号表示各种电器。这样的图叫做控制线路的原理图。

在控制线路的原理图中,同一电器的各个电气部分是分散的。为了识别它们,分散的各个部分用同一文字符号表示。这样,我们就得到如图9.8所示的控制线路原理图。

在不同的工作状态下,各个电器具有不同的动作,触头时开时闭。然而,在原理图上只能表示出一种情况。因此人们约定:原理图上所有控制电器的触头的状态(断开或闭合),均表示是在起始情况下的位置(即在没有通电或没有发生机械动作时的位置)。对接触器来说,原理图上表示的是它的铁心未被吸合时的位置;对热继电器来说,原理图上表示的则是它的常闭触头未被脱开的位置;而对启动按钮和停车按钮来说,原理图上表示的则是它们未被按下的位置

思 考 题

9.3 试画出交流接触器的线圈、常开触头、常闭触头、常开按钮、常闭按钮、热继电器的热元件和常闭触头的表示符号。

9.3 鼠笼式异步电动机正反转的控制线路

生产机械的运动部件往往有正反两个方向的运动。例如,起重机的提升与下降,机床工作台的前进与后退等等。这些方向相反的运动,是由电动机的正转和反转实现的。而异步电动机的正转和反转则可通过对调其定子绕组任意两根电源线来实现。其主电路如图9.9所示。图中有两个接触器。当正转接触器 KM_1 的主触头闭合时,电动机正转;当反转接触器 KM_2 的主触头闭合时,电动机定子绕组的三根电源线中有两根(A、B)被对调位置,因而电动机反转。应当注意的是,两个接触器不能同时工作,否则将造成两根电源线之间的短路。为此必须设法保证两个接触器的线圈在任何情况下都不得同时通电。

图9.10所示控制线路可以实现上述保证:在正转接触器 KM_1 的线圈电路中,串入反转接触器 KM_2 的常闭触头;在反转接触器 KM_2 的线圈电路中,串入正转接触器 KM_1 的常闭触头。这样,当按下正转启动按钮 SB_1 后,正转接触器 KM_1 的线圈得电,其主触头闭合,电动机正转。与此同时,其串联在反转控制电路内的常闭触头断开。因此,即使按下反转启动按钮 SB_2,也不能使反转接触器线圈得电。同样道理,如果反转接触器在工作,它将通过它的串联在正转控制电路内的常闭触头,切断正转控制电路,使正转启动按钮 SB_1 失去作用,正转接触器的线圈不能得电。控制电路中利用两个接触器各自的常闭触头与对方建立起的这种互相制约的作用,叫做互锁或联锁,起这种作用的触头叫做联锁触头。

图9.10所示控制线路的缺点是:在电动机运行过程中,如果要求它反转,必须先按下停车按钮 SB_3,使电动机停下来,然后按下反转启动按钮 SB_2,电动机才能反转。显然,这对要求电动机频繁改变转向的生产场合是极不方便的。解决这个问题的方法是:把正转启动按钮 SB_1 和反转启动按钮 SB_2 都换成复式按钮(复式按钮是由一对常开触头和一对常闭触头组成,两对按钮可以联动),其控制电路如图9.11所示(主电路与图9.10相同,未画出)。

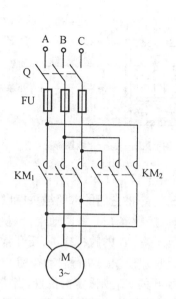

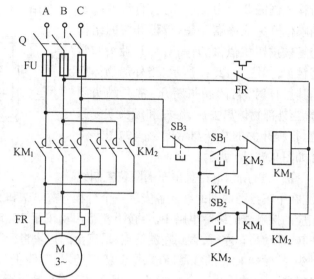

图9.9 鼠笼式电动机正反转
控制的主电路

图9.10 鼠笼式电动机正反转控制线路

复式按钮的动作次序是：常闭触头先断开，常开触头稍后闭合。因此，如果要求电动机由正转变为反转，可以直接按下反转启动按钮 SB_2，由于联动作用，复式按钮 SB_2 的常闭触头首先断开，切断正转接触器 KM_1 的线圈电路，电动机停止正转，与此同时，KM_1 的常闭触头闭合；复式按钮 SB_2 的常开触头接着闭合，接通反转接触器 KM_2 的线圈电路，电动机立即反转。这种控制线路工作可靠，操作方便，应用比较广泛。

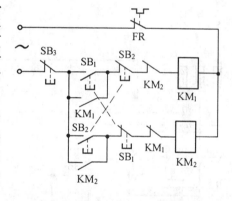

图9.11 用复式按钮构成的联锁控制

思 考 题

9.4 什么是自锁？什么是互锁？

9.5 在图9.10中，哪种器件起短路、失压、过载保护？

9.6 与图9.10比较，图9.11的控制电路有什么优点？

9.4 行 程 控 制

生产机械运动部件的上下、左右、前后这些相反方向的运动可通过电动机的正转与反转实现。通常，对运动部件的这种相反方向的运动还有预定的行程或限位要求，这就需要采取所谓行程控制。例如，生产车间的吊车，当运行到车间两端的终点时，必须立即停车，否则将发生严重事故。因此必须对吊车采取行程或限位控制。

行程控制是以生产机械运动部件的行程为信号，自动切换电路，控制电动机的运行。

行程控制需要采用行程开关,行程开关也叫限位开关或终点开关。行程开关的结构与复式按钮相似,也有一对常开触头和常闭触头,如图 9.12(a) 所示。当外部物体压迫其触杆时,常闭触头断开、常开触头闭合。当外部物体离去后,触杆和触头恢复原位。行程开关的常开与常闭触头的图形符号如图 9.12(b) 所示。

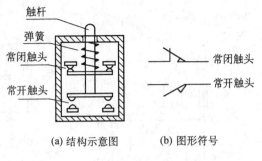

图 9.12   行程开关

图 9.13 所示电路是吊车的限位控制线路。在吊车行程两端的终点各安装一个行程开关 ST_1 和 ST_2,并将它们的常闭触头串联在相应的接触器的线圈电路中。当按下左行启动按钮 SB_1 时,接触器 KM_1 线圈通电,电动机正转,带动吊车左行,直到左端终点,吊车上的挡块将行程开关 ST_1 的触杆碰进,压开常闭触头,接触器 KM_1 的线圈断电,电动机停转,吊车停止。此时即使误按左行启动按钮 SB_1,接触器 KM_1 线圈也不会通电,从而保证吊车不会超过行程开关 ST_1 所限定的位置。当按下右行启动按钮 SB_2 时,电动机反转,吊车右行,可以一直到达右侧终点,同样受到行程开关 ST_2 的限制,使吊车停止。可见,吊车只能在 ST_1 和 ST_2 所限定的行程范围内运行。

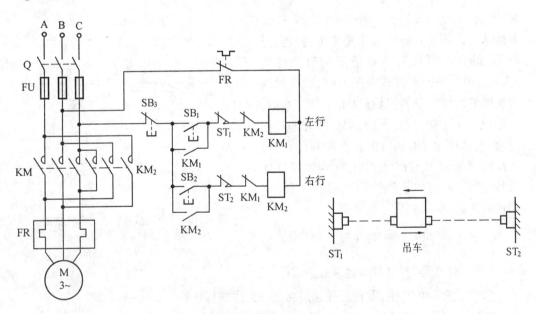

图 9.13   吊车的限位控制线路

行程控制除用作终端保护外,还常用于机床工作台的前进与后退以及运动部件的自动循环控制。

9.5   时 间 控 制

在生产过程中,有时还需要按时间要求对电动机进行控制,这就是时间控制。时间控制需要采用时间继电器。时间继电器种类很多,我们以空气式时间继电器为例,说明其工作原理。时间继电器有通电延时和断电延时两种类型,图 9.14(a) 是通电延时的时间继电器结构原理图。当线圈 1 通电时,动铁心 2 被向下吸合,活塞杆 3 在弹簧 4 作用下开始向下运动,但与活塞 5 相连的橡皮膜 6 向下运动时要受到空气的阻尼作用,所以活塞不能很快下移。与活塞杆相联系的杠杆 8,运动也是缓慢的,微动开关 9 不能立即动作。随着外界空气不断由进气孔 7 进入,活塞逐渐下移。当移到最下端时,杠杆 8 使微动开关 9 动作:常开触头闭合,常闭触头断开。通电延时时间继电器的常开触头和常闭触头的图形符号如图 9.14(b) 所示。从线圈通电时刻开始到微动开关动作为止,这一段时间间隔叫做时间继电器的延时时间。延时时间的长短可通过螺钉 10 改变进气孔的大小来调节。空气时间继电器的延时范围有 0.4 ~ 60 s 和 0.4 ~ 180 s 两种。

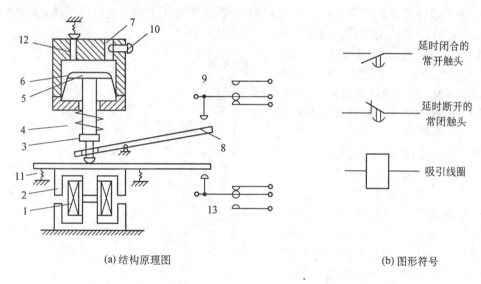

(a) 结构原理图   (b) 图形符号

图 9.14　通电延时的空气式时间继电器

从图 9.14(a) 还可以看到,时间继电器上还备有两对瞬动触头 13(一对常开,一对常闭)线圈一通电,瞬动触头立即动作,没有延时作用。

图 9.15 是按时间要求控制鼠笼式电动机的 Y－△ 换接启动控制线路。在其主电路中,接触器 KM_Y 用于定子绕组的 Y 形接法,$KM_△$ 用于定子绕组的 △ 形接法。在其控制电路中,时间继电器 KT 的延时断开的常闭触头串联在 KM_Y 的线圈电路中,延时闭合的常开触头串联在 $KM_△$ 的线圈电路中。

接通电源开关,电动机准备启动。按下启动按钮 SB_1,接触器 KM 和 KM_Y 的线圈通电,电动机按 Y 形接法启动(与 SB_1 并联的 KM 的辅助触头用于自锁)。与此同时,时间继电器 KT 的线圈也通电,经过预定时

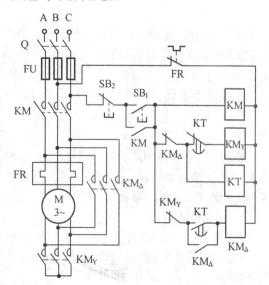

图 9.15　按时间控制的电动机 Y－△ 换接启动电路

间(电动机启动所需要的时间),时间继电器动作:其延时断开的常闭触头断开,使 KM_Y 线圈断电;而其延时闭合的常开触头闭合,使 $KM_\triangle$ 线圈得电。于是,电动机定子绕组由 Y 形接法换成 △ 形接法,投入正常运行。此时时间继电器已完成任务,线圈断电(因为 $KM_\triangle$ 的辅助常闭触头已经断开),脱离电源。时间继电器 KT 线圈断电后,其常开触头断开,$KM_\triangle$ 线圈的通路由 $KM_\triangle$ 的辅助常开触头自锁。

9.6　　电动机的顺序控制

生产机械往往是由几台电动机拖动的。由于机械或工艺上的要求,有些电动机必须按照一定的顺序启动和停车。例如,车床主轴电动机必须在润滑油泵电动机开动之后才能启动。图 9.16 所示控制电路就是两台电动机顺序控制的例子:电动机 M_1 先启动,M_2 后启动;M_1 不启动,M_2 不能启动。图中,M_1 的启动控制电路与图 9.8 相同。M_2 的启动控制电路接在接触器 KM_1 自锁触头之后,只要 M_1 不启动,这个自锁触头不闭合,M_2 就无法启动。两台电动机启动的具体过程是:

当按下启动按钮 SB_1 时,接触器 KM_1 线圈通电,电动机 M_1 启动。KM_1 的常开辅助触头闭合,它一方面起自锁作用,另一方面将 C 相电源引至启动按钮 SB_2 上,为电动机 M_2 的启动做好准备。按下 SB_2,接触器 KM_2 线圈通电,M_2 启动。

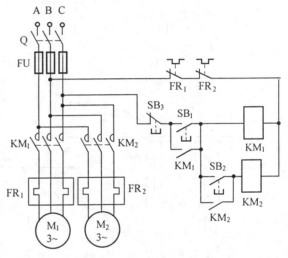

图 9.16　两台电动机的顺序启动控制线路

由于热继电器 KH_1 和 KH_2 的常闭触头是串联的,所以无论哪一台电动机过载,都将切断控制电路,两台电动机均脱离电源,停止转动。SB_3 是停车按钮,按下 SB_3,两台电动机同时停车。

上述两台电动机的顺序控制关系是:M_1 启动后,M_2 才能启动;M_1 和 M_2 同时停车。

本　章　小　结

由按钮、继电器和接触器等低压电器组成的对电动机的控制称为继电－接触器控制。本章讲述了两方面内容,一是器件(常用低压电器),二是线路(基本控制线路)。器件为线路服务,线路以器件为基础。

1. 常用低压电器

(1)手动电器:闸刀开关、铁壳开关和按钮等属于手动电器,由工作人员手动操作。

(2)自动电器:熔断器、行程开关、继电器和接触器等属于自动电器,它们根据指令或信号自动动作。

(3)按钮、行程开关、继电器、接触器等都是有触点的控制电器,它们的图形符号各有特征,应熟记并能区分。理解常开触头和常闭触头的含义和作用。

2. 基本控制线路

(1)采用继电接触器控制,可对电动机进行单向运转(即直接启动)控制、正反转控制、顺序控制以及生产机械运动部件的行程控制和时间控制等等。任何复杂的控制线路都是由这些基本控制环节所组成。

(2)鼠笼式电动机的直接启动控制线路是最基本的控制线路,其它控制线路,都是以此为基础的。

鼠笼式电动机的正反转控制线路是第二个最基本的控制线路,生产机械运动部件的上下、左右、前后这些方向相反的运行以及行程或限位控制等等,都是以电动机的正反转控制为基础的。

(3)在控制线路的原理图上,所有电器的触头所处位置都表示线圈未通电或电器未受外力时的位置。同一个电器的各部件要用同一文字符号标注。

(4)为了安全运行,控制线路中设置了保护环节,即短路保护(熔断器)、过载保护(热继电器)、零压与欠压保护(由接触器本身实现)。

(5)分析控制线路时,首先要了解电动机或生产机械的工作要求,然后把主电路和控制电路分开来看。主电路以接触器的主触头为中心(还有和它串联的热继电器的发热元件等),控制电路以接触器的线圈为中心(还有和它串联的按钮、常开和常闭触头等)。注意控制回路中接触器线圈在什么条件下通电,通电后它怎样用其主触头去控制主电路,又怎样用其辅助触头去控制另外的接触器或继电器的线圈。

习　题

9.1　在图9.9所示控制线路中,如果其控制电路被接成如题图9.1(a)、(b)、(c)所示几种情况(主电路不变),问电动机能否正常启动和停车? 为什么? 存在什么问题?

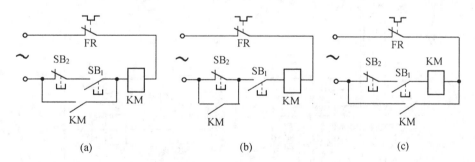

(a)　　　　　　　　(b)　　　　　　　　(c)

题图9.1

9.2　试画出能在两处用按钮控制一台鼠笼式电动机启动与停车的控制线路。

9.3　试画出鼠笼式电动机既能点动又能连续运行的控制线路。

9.4　某车床有两台电动机,一台带动油泵,一台带动主轴。要求:(1)主轴电动机必须在油泵电动机开动后才能开动;(2)主轴电动机能正反转,并能单独停车;(3)有短路、过载和欠压保护。试画出这两台电动机的主电路及控制线路。

9.5　题图9.2为两台电动机的顺序启动控制电路(主电路与图9.16相同,未画出),试分析这两台电动机的启动顺序。

9.6　在题图9.3所示控制电路中(主电路未画出)试分析两台电动机的启动和停车顺序。

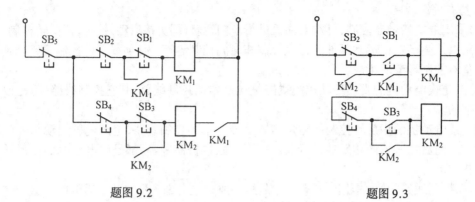

题图9.2   题图9.3

9.7　今有三台电动机,要求:M_1 启动后,M_2 才能启动;M_2 启动后,M_3 才能启动。试画出它们的启动控制线路(短路与过载保护可不画出)。

9.8　某生产机械,要求其电动机启动前鸣铃告警 1min,然后电动机自行启动。试采用通电延时式时间继电器画出比较合理的控制线路(时间继电器备有延时动作的和瞬时动作的常开与常闭触头。电铃的图形符号见附录三)。

9.9　图9.13所示吊车控制线路,设吊车正在左行。如果要求吊车立即由左行改为右行,直接按下右行启动按钮 SB_2 是否可以?为了这种操作上的方便,控制电路应当怎样完善?

9.10　题图9.4是用于升降和搬运货物的电动吊车控制线路。M_1 是升降控制的电动机,M_2 是前后控制的电动机。两台电动机都采用点动控制。试分析上述控制线路的工作原理。

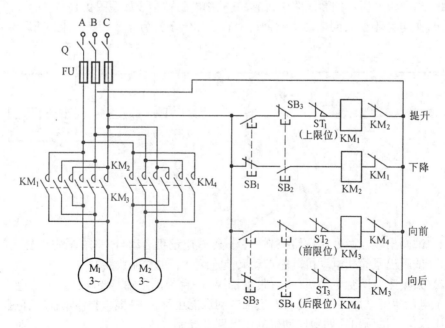

题图9.4

9.11　根据下列要求,分别绘出控制电路:

(1) M_1 先启动,经过一定延时后 M_2 能自行启动,M_2 启动后,M_1 立即停车;

(2) 启动时,M_1 启动后 M_2 才能启动;停止时,M_2 停止后 M_1 才能停止。

第十章 可编程序控制器的工作原理与应用

继电接触器控制装置使用方便、价格低廉,广泛应用于工业控制领域。但是这种继电接触器控制装置由于采用固定接线方式,当生产工艺流程有所变动时,则需要重新设计控制线路,重新安装和调试,生产效率低。所以,继电接触器控制装置通用性、灵活性较差,满足不了现代化生产灵活多变的控制要求。

可编程序控制器(简称 PLC)可将继电接触器控制的优点与计算机控制技术结合起来,用计算机的软件编程逻辑代替继电接触器控制的硬件接线逻辑,并且还具有数据运算、数据传送、数据处理等功能。当需修改控制功能时,只需修改软件指令即可。由于 PLC 体积小、重量轻、可靠性高、软件编程简单易学、使用起来具有通用性和灵活性等特点,因此有着广阔的应用前景。目前,PLC 的新产品不断相继问世,尽管形式各异,性能指标不尽相同,但基本结构与工作原理却是基本相同的。本章主要讨论 PLC 的基本结构与工作原理,介绍两种类型的 PLC 产品的基本指令、编程方法以及应用。

10.1 可编程序控制器的基本结构与工作原理

一、可编程序控制器的基本结构

PLC 的硬件结构主要由中央处理器、存储器、输入/输出接口电路、电源、编程器等组成,其结构如图 10.1 所示。

1. 中央处理器(CPU)

中央处理器(CPU)一般由控制电路、运算器和寄存器组成,这些电路都集成在一个芯片上。CPU 通过地址总线、数据总线和控制总线与存储器、输入输出接口电路连接。

CPU 是 PLC 的大脑,起着总指挥的作用。主要功能为:

(1) 从存储器中读取指令。CPU 先从地址总线上给出存储器存放指令的存储单元号码(地址),然后从控制总线上向存储器发出取出指令的信号,再从数据

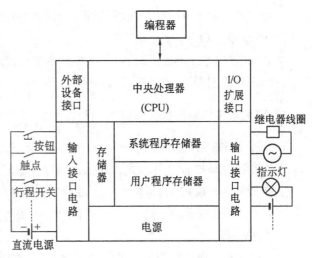

图 10.1 PLC 的结构图

总线上接收从存储器中取出的指令,存入 CPU 内的指令寄存器中。

(2) 执行指令。对存放在指令寄存器中的指令,CPU 按着程序指令的顺序,执行指令规定的各种操作,然后将结果送到输出端。

(3) 处理中断。CPU 除顺序执行程序外,还能接收输入/输出接口发来的中断请求,进行中断处理(CPU 停止正在执行的程序,执行输入/输出接口发来的指令),中断处理完后,再继续顺序执行原程序。

2. 存储器

存储器是由具有记忆功能的半导体器件组成,用来存放系统程序、用户程序和一些数据 。

系统程序是用来控制和完成 PLC 各种功能的程序,这些程序由制造厂家编写,固化到系统程序存储器中,用户不能更改。

用户程序存储器是用来存放由编程器或计算机输入的用户程序。用户程序可根据现场的生产要求由编程器或计算机随时修改。

3. 输入/输出(I/O)接口电路

输入接口电路是由光电耦合电路组成,是 PLC 与输入设备连接的部件。输入接口电路接收输入设备(如按钮、开关、传感器)的控制信号;并将这些信号转换成 CPU 能够接收和处理的信号。

输出接口电路也是由光电耦合电路组成,是 PLC 与输出设备连接的部件。输出接口电路是将 CPU 处理后的结果送到输出端去驱动输出设备(接触器、指示灯、电磁阀等)。

4. 电源

PLC 的中央处理器、存储器的工作电源为直流开关稳压电源,用锂电池作为停电时的后备电源。

5. 编程器

编程器是由键盘、显示器和工作方式选择开关等组成,是 PLC 不可缺少的外部设备。用户可用编程器输入、检查、修改、调试程序或用它监视 PLC 的工作情况。

6.I/O 扩展接口、外部设备接口

当输入、输出端子不够用时,可用 I/O 扩展接口模块来扩充输入、输出端子数;外部设备接口用来连接编程器、打印机、计算机等外部设备。

二、可编程序控制器的工作原理

1. "循环扫描"的工作方式

PLC 采用"循环扫描"工作方式,即在系统程序控制下,PLC 按着用户程序的指令序号顺次进行操作(这称为扫描)、进行运算处理,然后顺序向各输出端发出相应的控制信号。程序逐条执行完毕后,又重新返回第一条指令,重复上述过程,周而复始(这个过程称为循环扫描)。

2. 扫描周期

PLC 每完成一次循环扫描的工作过程称为一个扫描周期。扫描周期的长短主要取决于用户指令的条数多少。

3. 一个扫描周期的工作过程

PLC 执行程序一次(即一个扫描周期)的工作过程可分为三个阶段:输入采样、程序执

行、输出刷新。其工作过程如图
10.2所示。

（1）输入采样阶段。PLC的中
央处理器CPU开始工作时，首先对
各个输入端进行顺序扫描一次，将
输入端的通断状态或输入数据存
入输入状态寄存器中。随即关闭
输入状态寄存器的输入口。进入
程序执行阶段。

（2）程序执行阶段。PLC的中
央处理器CPU将用户指令调出，逐
条扫描并执行，对输入状态寄存器

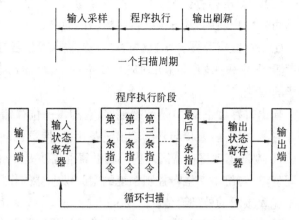

图10.2　PLC的工作过程

和当前输出状态寄存器的状态（这些状态统称为数据）进行运算和处理，将其结果再送到
输出状态寄存器。

（3）输出刷新阶段。当所有的指令执行完毕后，集中把输出状态寄存器的通断状态
通过输出部件（PLC内部的继电器、晶体管、晶闸管）输出，驱动相应的被控设备。

三个阶段结束后，完成一个扫描周期。在这里，值得注意的是：由于输入状态寄存器在
采样阶段结束后已经关闭其输入口，所以过了采样阶段，输入信号状态再发生变化时，其输
入状态寄存器也不能接收，待下次扫描周期的采样阶段才能存入输入状态寄存器；而输出状
态寄存器的输入口在一个扫描周期中始终是打开的，其内容随着程序的执行而改变。

三、可编程序控制器的主要技术指标与内部继电器的编号

1. 主要技术指标

（1）I/O点数。I/O点数是指PLC的输入和输出端子数的总和。例如，C系列P型机
的C28P型的PLC，它的输入点（端子）16个，输出点12个；I/O点数为16 + 12 = 28个。小
型PLC的I/O点数在126点以下，中型PLC的I/O点数在128～512点之间，大型PLC的
I/O点数在512点以上。

（2）存储容量。存储容量是指PLC的用户程序存储器能存储多少用户程序。存储容
量用几K字或几K字节表示（一个0或1的二进制数码称为一位，一个字为16位，一个字
节为8位），1个字等于2个字节。

在PLC中，程序指令是按"步"存储的，一条指令大于等于一步。一步占用一个地址单
元，一个地址单元又等于一个字，所以，一步等于一个字。如内存容量为1 000步的PLC，其
内存为1K字或2K字节。小型PLC的用户程序存储容量在2K字以下；中型PLC的用户程
序存储容量在2～8K字之间；大型PLC的用户程序存储容量在8K字或8K字以上。

（3）扫描速度。扫描速度是指扫描一步指令或扫描1 000步指令所需要的时间。通
常以μs/步、ms/千步为单位。例如，FP1型的PLC扫描速度为1.6 μs/步。

（4）指令系统条数。PLC具有基本指令和高级指令，指令的条数愈多，其软件功能愈
强。例如，C系列P型机的指令条数为37条；FP1型的PLC指令条数为130条。

（5）PLC 的内存分配。PLC 的内存,除了存放用户程序的寄存器外,还有许多辅助寄存器可供用户使用,其各寄存器区的功能简介如下:

① I/O 区寄存器。I/O 区寄存器包括输入寄存器与输出寄存器。输入寄存器是 16 位的寄存器,它的每一位存储单元对应 PLC 的一个外部输入端子。它的作用是:直接接收外部输入端子的信号。

输出寄存器也是 16 位的寄存器,它的每一位存储单元对应的 PLC 的一个外部输出端子。它的作用是:直接与外部输出设备相接,传送驱动信号。

② 内部辅助寄存器区。内部辅助寄存器也是 16 位的寄存器,它的作用是:用来存入中间变量,与继电接触器控制系统的中间继电器的作用相似。应注意的是:内部辅助寄存器不能直接驱动外部设备。

③ 特殊功能寄存器区。特殊功能寄存器是用来表示 PLC 的工作状态,既存放特殊标志,产生定时时钟脉冲,存放系统内部的各种命令等,用户不能使用。

④ 数据寄存器区。数据寄存器的作用是用来存放各种数据,或运算、处理的中间结果。

⑤ 定时器、计数器区。定时寄存器的作用是接通延时指令,与继电接触器控制系统的时间继电器的作用相似;计数寄存器为预置计数器,完成减法计数操作。

2. 内部寄存器(内部继电器)的编号

PLC 是以微处理器为核心的电子设备,它的每一个存储单元都是由集成数字电路组成。这些存储单元的作用与继电接触器控制系统中的继电器相似。所以,我们将 PLC 的内部存储单元称为"内部继电器"。当存储单元存入的逻辑状态为"1"(高电平)时,则表示相应继电器的"线圈"接通,其常开"触点"闭合,常闭"触点"断开。但 PLC 内部继电器与继电接触器控制系统中的继电器不同,继电接触器控制系统中的继电器是实物,称之为"硬"继电器,而 PLC 内部继电器是存储单元,所以称之为"软"继电器。

PLC 的产品种类繁多,各内部继电器的编号也不同。今以 FP1 系列[①]、C 系列 P 型机[②]为例给出部分继电器的编号(见表 10.1),供编程时选用。

表 10.1　FP1 系列、C 系列 P 型机的部分继电器的编号

继电器名称	FP1 – C24 型			C 系列 P 型机 – C28P		
	符　号	编号范围	点　数	符　号	编号范围	点　数
输入继电器	X	X0 ~ XF	16 点	00	0000 ~ 0015	16 点
输出继电器	Y	Y0 ~ Y7	8 点	05	0500 ~ 0511	12 点
辅助继电器	R	R0 ~ R62F	1008 点	10CH ~ 13CH	1000 ~ 1807	136 点
定时器	T	T0 ~ T99	100 点	TIM	TIM00 ~ TIM47	48 点
计数器	C	C100 ~ C143	44 点	CNT	CNT00 ~ CNT47	48 点

在表 10.1 中,C 系列 P 型机的定时器与计数器共用 48 个存储单元,使用时编号不能相同。

----

① 　FP1 系列为日本松下电气公司的产品。

② 　C 系列 P 型机为日本 OMRON 公司的产品。

思　考　题

10.1　可编程序控制器由哪些部件组成？各部分的作用是什么？

10.2　可编程序控制器的工作方式是"循环扫描"，试叙述什么叫"循环扫描"。

10.3　一个扫描周期有三个阶段，试叙述三个阶段的工作过程。

10.4　可编程序控制器的扫描周期的长短主要由哪些因素决定？

10.5　"软继序电器"与"硬继电器"的含义是什么？相比有何区别？

10.2　可编程序控制器的编程语言与编程规则

一、可编程序控制器的编程语言

PLC 是按照用户控制要求编写的程序进行工作的。程序的编制就是用一定的编程语言把一个控制任务描述出来。PLC 的编程语言有四种：梯形图语言、指令表语言、流程图语言、布尔代数语言。其中最常用的是梯形图语言和指令表语言。

1. 梯形图语言

梯形图语言是借助于继电器的线圈、触点、串并联、自锁等术语和图形符号，按着用户的控制要求将 PLC 的内部器件连接成图的一种图形语言。梯形图语言比较形象、直观，容易理解。所以，世界各国生产厂家的 PLC 都把梯形图语言作为第一用户编程语言。

在梯形图语言中，通常用 ─┤├─ 和 ─┤/├─ 图形符号表示软继电器的常开触点和常闭触点；用 ─┤#├─ 或 ─○─ 表示软继电器的线圈；用左母线（即输入公共线）连接每一逻辑行的第一个触点，用右母线（即输出公共线）连接每一逻辑行的线圈；用 ─(ED)─ 或 ─END─ 符号结束梯形图程序。

【例 10.1】　试用 PLC 对三相异步电动机实行直接启动控制，画出梯形图。

【解】　图 10.3(a)、(b) 是两种不同型号 PLC 的梯形图。可以看出与第九章图 9.8 所示继电接触器电路相对应：即 PLC 输入继电器的常开触点 X0 与图 9.8 中的启动按钮 SB₁ 相对应，常闭触点 X1 与停止按钮 SB₂ 相对应；PLC 输出继电器的线圈 Y0 与图 9.8 中的接触器线圈 KM 相对应，常开触点 Y0 与接触器的自锁触点 KM 相对应。

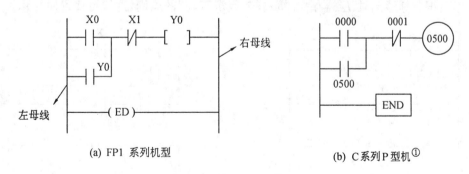

(a) FP1 系列机型　　　　　　　　　　(b) C 系列 P 型机[①]

图 10.3　例 10.1 的梯形图

2. 指令表语言

指令表语言就是用英文名称的缩写字母（又称助记符）来表示用户控制要求的编程语

───────────

① C 系列 P 型机的梯形图不画出右母线。

言。每一条指令一般是由指令助记符和所用器件编号组成。

图 10.4 是三相异步电动机直接启动控制电路的指令表。

条数	指令助记符	器件号	条数	指令助记符	器件号
1	ST	X0	1	LD	0000
2	OR	Y0	2	OR	0500
3	AN/	X1	3	AND – NOT	0001
4	OT	Y0	4	OUT	0500
5	ED		5	END	

(a) FP1 系列机型　　　　　　　　　(b) C 系列 P 型机

图 10.4　三相异步电动机直接启动控制电路的指令表

在指令表中,ST(LD)是起始指令,表示输入一个变量 X0(0000);OR 是触点并联指令,表示 X0(0000)触点与 Y0(0500)触点并联;AN/(AND – NOT)是触点串联指令,表示前面的触点与常闭触点 X1(0001)串联;OT(OUT)是输出指令,表示将运算后的结果送到输出端,接通 Y0(0500)线圈;ED(END)是程序结束指令。

执行结果:X0 闭合(按下启动按钮 SB_1),Y0 接通,继电接触器 KM 通电,电动机转动;X1 闭合(按下停止按钮 SB_2),Y0 断开,继电接触器 KM 断电,电动机停止转动。

从上两图中可看出,虽然不同机型 PLC 的梯形图、指令表有些符号不同,但编程的方法和原理是一致的。

二、可编程序控制器的编程规则

(1) PLC 内部的触点可以重复使用,次数不限(由系统程序设置)。因为每一个触点的状态均存入 PLC 的存储单元中,触点的状态可以反复读写。

(2) PLC 内部的输出继电器线圈不能重复使用(即 Y0 ~ Y7;0500 ~ 0511)。因为重复使用会引起误操作。

(3) 梯形图中的每一逻辑行必须同时包含触点和线圈。

(4) 梯形图的每一逻辑行起始于左母线,终止于右母线;左母线连接触点,右母线连接输出线圈。正确的与不正确的连线举例如图 10.5 所示。

(5) 梯形图要按"从左到右、从上到下"的顺序书写。因为 CPU 也是按着此顺序执行程序。

(6) 编制梯形图时,应遵循"左沉右轻、上沉下轻"的原则,这样可使程序简化。梯形

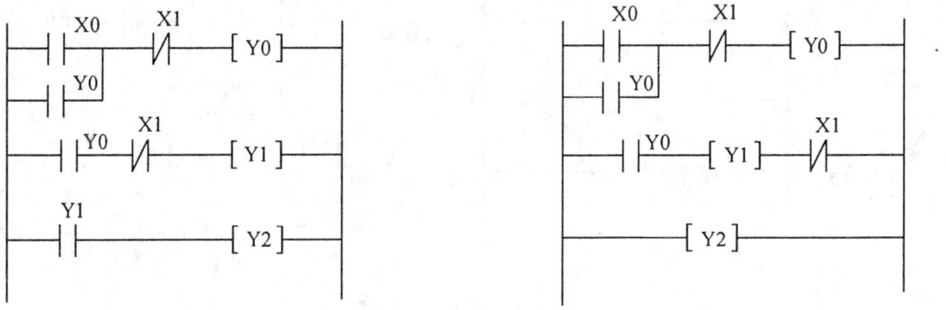

(a)　正确连线　　　　　　　　　　　(b)　不正确的连线

图 10.5　正确的与不正确的连线

图的变换举例见图 10.6。

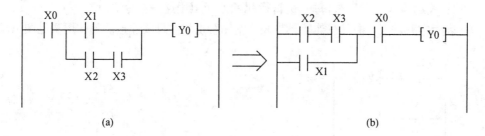

图 10.6　梯形图的变换

(a)图的程序条数			(b)图的程序条数		
条数	指令助记符	器件号	条数	指令助记符	器件号
1	ST	X0	1	ST	X2
2	ST	X1	2	AN	X3
3	ST	X2	3	OR	X1
4	AN	X3	4	AN	X0
5	ORS		5	OT	Y0
6	ANS				
7	OT	Y0			

思 考 题

10.6　为什么 PLC 内部继电器的触点可重复使用多次,而输出继电器线圈不能重复使用?

10.3　可编程序控制器的基本指令

PLC 的指令系统是由基本指令和高级指令组成。功能强的 PLC 指令条数多,像 FP1 系列机型指令条数多达 160 余条。下面我们以 FP1 系列机、C 系列 P 型机为例介绍其两种常用的基本指令及用法。

一、FP1 系列机的常用基本指令

(1) 起始指令	ST、ST/		(10) 计数器指令	CT
(2) 触点串联指令	AN、AN/		(11) 结束指令	ED
(3) 触点并联指令	OR、OR/		(12) 微分指令	DF、DF/
(4) 触点组串联指令	ANS		(13) 置位、复位指令	SET、RST
(5) 触点组并联指令	ORS		(14) 保持指令	KP
(6) 输出指令	OT		(15) 移位指令	SR
(7) 求反指令	/		(16) 步进指令	NSTP、SSTP、CSTP、STPE
(8) 堆栈指令	PSHS、RDS、POPS		(17) 空操作指令	NOP
(9) 定时器指令	TM			

各指令的功能是:

1. 起始指令：ST、ST/

功能：表示输入一个变量，每一逻辑行起始处必须用这一指令。

ST 表示常开触点与左母线连接，ST/表示常闭触点与左母线连接。具体用法见图 10.7。

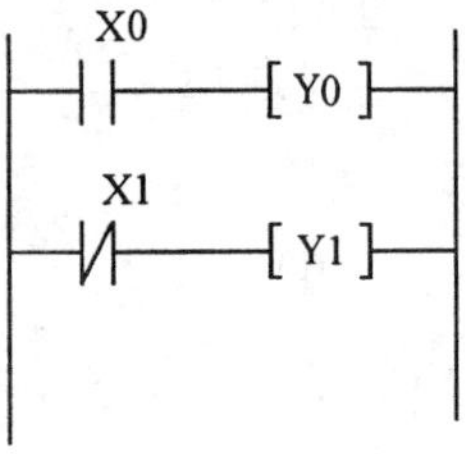

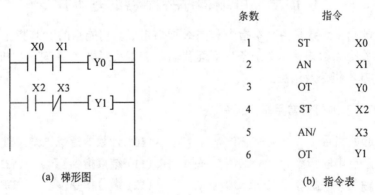

	X0			条数	指令	
				1	ST	X0
	X1			2	OT	Y0
				3	ST/	X1
				4	OT	Y1

(a) 梯形图　　　　　　　　　　　　　　(b) 指令表

图 10.7　起始指令的用法

执行结果：X0 接通，Y0 接通；X0 断开，Y0 断开。X1 接通，Y1 断开；X1 断开，Y1 接通。

说明：若 PLC 内部的输入继电器 X0、X1 的线圈外接的硬开关是常开触点 SB_0、SB_1 时，当 SB_0 触点闭合时，内部继电器 X0 线圈接通，其常开触点 X0 闭合，Y0 接通。当 SB_1 触点闭合时，内部继电器 X1 线圈接通，其常闭触点 X1 断开，Y1 断开；当 SB_1 触点断开时，内部继电器 X1 线圈断开，其常闭触点 X1 闭合，Y1 接通。所以，X1 接通，Y1 断开；X1 断开，Y1 接通。

2. 触点串联指令：AN、AN/

功能：逻辑"与"，表示输入变量串联。

AN 表示串联常开触点，AN/表示串联常闭触点。具体用法见图 10.8。

	X0	X1		条数	指令	
			Y0	1	ST	X0
				2	AN	X1
	X2	X3		3	OT	Y0
			Y1	4	ST	X2
				5	AN/	X3
				6	OT	Y1

(a) 梯形图　　　　　　　　　　　　　　(b) 指令表

图 10.8　触点串联指令的用法

3. 触点并联指令：OR、OR/

功能：逻辑"或"，表示输入变量并联。

OR 表示并联常开触点，OR/表示并联常闭触点。具体用法见图 10.9。

4. 触点组串联指令：ANS

功能："块与"，两个触点组串联。具体用法见图 10.10。

5. 触点组并联指令：ORS

功能："块或"，两个触点组并联。具体用法见图 10.11。

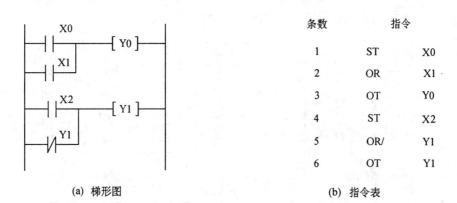

(a) 梯形图　　　　　　　　　　　　　　(b) 指令表

图 10.9　触点并联指令的用法

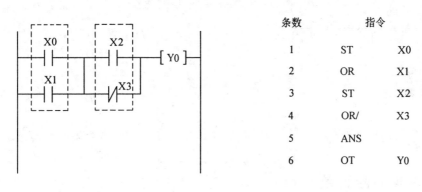

(a) 梯形图　　　　　　　　　　　　　　(b) 指令表

图 10.10　触点组串联指令的用法

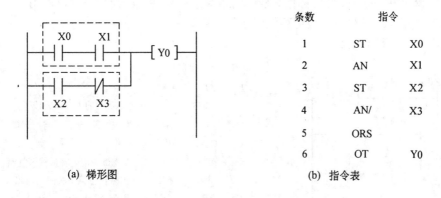

(a) 梯形图　　　　　　　　　　　　　　(b) 指令表

图 10.11　触点组并联指令的用法

以上这些指令所使用的编程器件为 X、Y、R、T、C(见表 10.1)。

6. 输出指令:OT

功能:线圈驱动指令,表示输出一个变量。所使用的器件为 Y、R(见表 10.1)。输出指令可连续使用多次,驱动多个并联继电器线圈。具体用法见图 10.12。

执行结果:X0 接通,Y0 接通、Y1 接通、Y2 接通。

7. 求反指令:"/"

功能:将输入存储单元的内容取反,送到指定的输出继电器中。具体用法见图 10.13。

执行结果:X0 接通,Y0 接通、Y1 断开;反之亦然。

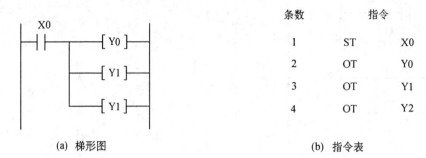

条数		指令
1	ST	X0
2	OT	Y0
3	OT	Y1
4	OT	Y2

(a) 梯形图   (b) 指令表

图 10.12   输出指令的用法

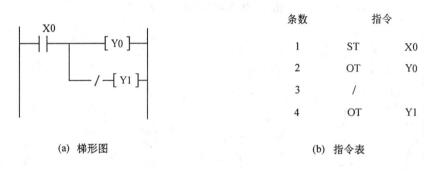

条数		指令
1	ST	X0
2	OT	Y0
3	/	
4	OT	Y1

(a) 梯形图   (b) 指令表

图 10.13   求反指令的用法

8. 堆栈指令:RSHS、RDS、POPS

功能:堆栈指令主要用于梯形图中并联分支处的编程。

PSHS:压入堆栈指令:是指将并联分支处之前的运算结果存到栈区;

RDS:读出堆栈指令:是指将存到栈区的运算结果复制(读出)出来进行使用;

POPS:弹出堆栈指令:是指将存到栈区的运算结果取出来使用,并清零栈区。

具体用法见图 10.14。

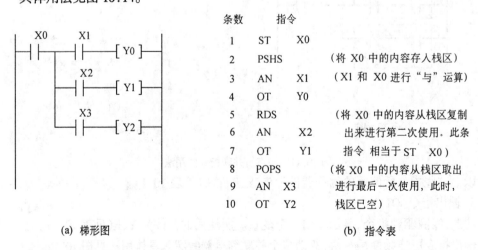

条数	指令		
1	ST	X0	
2	PSHS		(将 X0 中的内容存入栈区)
3	AN	X1	(X1 和 X0 进行"与"运算)
4	OT	Y0	
5	RDS		(将 X0 中的内容从栈区复制
6	AN	X2	出来进行第二次使用。此条
7	OT	Y1	指令 相当于 ST X0)
8	POPS		(将 X0 中的内容从栈区取出
9	AN	X3	进行最后一次使用,此时,
10	OT	Y2	栈区已空)

(a) 梯形图   (b) 指令表

图 10.14   堆栈指令的用法

执行结果:X0、X1 接通,Y0 接通;X0、X2 接通,Y1 接通;X0、X3 接通,Y2 接通。X0 断开,Y0、Y1、Y2 全断开。

说明:(1) PSHS、POPS 指令成对使用,不能单独使用。PSHS 用于第一条并联支路处,POPS 用于最后一条并联支路处。

(2) RDS 指令用于中间的并联支路处,可有可无,可多可少。若两条并联支路,只使用 PSHS、POPS 指令,若三条以上并联支路,中间并联支路可重复使用 RDS 指令。

(3) 从梯形图上可以看出,X0 是每一逻辑行的公共触点,是每一逻辑行接通的必经

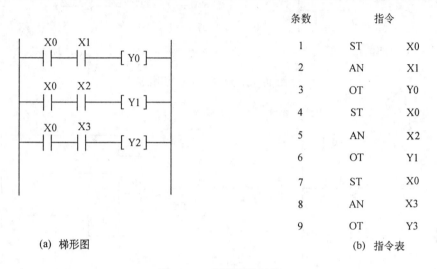

条数	指令	
1	ST	X0
2	AN	X1
3	OT	Y0
4	ST	X0
5	AN	X2
6	OT	Y1
7	ST	X0
8	AN	X3
9	OT	Y3

(a) 梯形图   (b) 指令表

图 10.15 梯形图的转换

之路。所以,图 10.14(a)的梯形图也可用图 10.15(a)的梯形图表示,所不同的是,不能用堆栈指令编程了。

9. 定时器指令:TM

功能:TM 电路接通后,其触点延时动作(常开触点延时闭合,常闭触点延时断开)。

格式:FP1 机型的定时器有三种类型,即 TMR、TMX、TMY。其中,R、X、Y 表示定时器的定时单位。R 表示为 0.01 s;X 表示为 0.1 s;Y 表示为 1 s。

书写格式为 $\dashv\begin{bmatrix} \text{TMX} & \text{K} \\ \text{N} & \end{bmatrix}\vdash$ 其中:N 为定时器的编号(T0 ~ T99);K 为时间设定

值,取值范围为 0 ~ 32 767(其数值范围由内部电路决定)内的十进制常数。

定时器的定时时间为定时单位×时间设定值。

工作过程:当定时器的输入触点接通后,定时器开始定时,时间设定值不断自行减 1,当设定值减至 0 时,定时器动作,其常开触点闭合,常闭触点断开。当定时器的输入触点断开或电源断电时,定时器复位,重新装入初始设定值。具体用法见图 10.16。

在上例中,时间设定值 K = 50,则定时(延时)时间为 50×0.1 s = 5 s。

执行结果:X0 接通,延时 5 s 后,定时器的常开触点 T1 闭合,则 Y0 接通。

【例 10.2】 已知梯形图如图 10.17(a)所示,试写出其指令表,画出 Y0、Y1 的时序图。

【解】 由梯形图可知,当 X0 接通后,TMX 和 Y0 接通,TMX 开始定时;延时 10 s 后,Y1 接通。当 X0 断开后,Y0、Y1 全断开。指令表、时序图如图 10.17(b)、(c)所示。

【例 10.3】 已知梯形图如图 10.18(a)所示,试写出其指令表,画出 Y0、Y1 的时序图,分析其功能。

【解】 由梯形图可知,当 X0 接通后,定时器 TMX0、TMX1 的线圈同时接通,两个定时

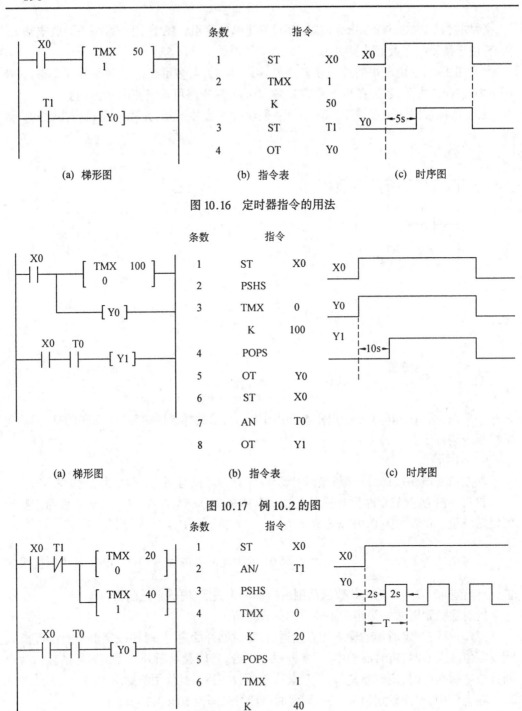

图 10.16 定时器指令的用法

图 10.17 例 10.2 的图

图 10.18 例 10.3 的图

器开始延时。延时 2 s 后,TMX0 的常开触点 T0 闭合,Y0 接通;延时 4 s 后,TMX1 的常闭触点 T1 断开,则定时器 TMX0、TMX1 的线圈同时断开,常开触点 T0 断开(复位),Y0 断开。由于定时器 TMX0、TMX1 的线圈同时断开后,TMX1 的常闭触点 T1 复位(闭合)。因为 PLC 是循环扫描,接着是第二个周期开始。延时 2 s 后,定时器 TMX0、TMX1 的线圈又同时接通,进行延时,重复上述过程,不断循环。于是产生周期为 4 s 的振荡脉冲(方波输出),PLC 的 Y0 端外接直流电源和负载就可以引出应用。指令表、时序图如图 10.18(b)、(c)所示。

　　10. 计数器指令:CT

　　功能:预置型减法计数器

　　格式　$\dfrac{C}{R}\begin{bmatrix} CT & K \\ N & \end{bmatrix}$　　其中:C 为计数器的触发脉冲信号,R 为计数器的复位信号,N 为计数器的编号,其编号范围为 C100 ~ C143;K 为计数设置值,取值范围为 0 ~ 32 767 内的十进制常数。

　　工作过程:当 C 端的第一个计数脉冲上升沿来到时,计数器开始进行减一计数,即计数设置值减 1;当 C 端的第二个计数脉冲上升沿来到时,计数设置值减 2;如此进行下去,当计数设置值减至 0 时,其常开触点闭合,常闭触点断开。当计数器的复位信号来到时,计数器复位,重复装入初始设定值。具体用法见图 10.19。

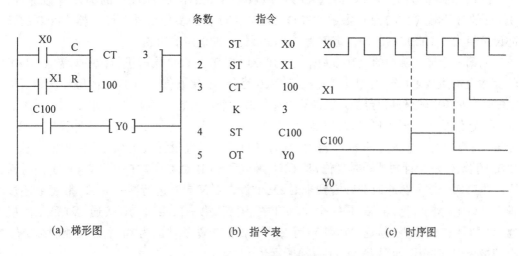

| | (a) 梯形图 | | (b) 指令表 | | (c) 时序图 |

图 10.19　计数器的用法

　　在图 10.19(a)梯形图中,设 C 端的计数脉冲由触点 X0 提供,X0 接通一次相当输入一个脉冲;R 端的复位信号由触点 X1 提供,X1 接通一次相当来一个复位脉冲。使用的计数器编号是 CT100,计数脉冲的设置值是 3。

　　执行结果:当 X0 第一次接通时(第一个脉冲的上升沿),计数器开始进行减一计数,计数器的脉冲设置值从 3 减至 2;X0 第二次接通时(第二个脉冲的上升沿),计数器的脉冲设置值从 2 减至 1;X0 第三次接通时(第三个脉冲的上升沿),计数器的脉冲设置值从 1 减至 0;则计数器的常开触点 C100 闭合,Y0 接通。当 X1 接通时(脉冲的上升沿),计数器线圈断电(计数器复位),其常开触点 C100 断开,Y0 断开。

　　说明:(1) 每个计数器在程序中只能使用一次,但其触点可重复使用。

　　(2) 当计数脉冲和复位信号同时来到时,复位信号优先;计数器复位。

【例10.4】　已知输入 X0 是一串脉冲,梯形图如图 10.20(a)所示。试写出指令表,画出 Y0、Y1 的时序图,分析其逻辑功能。

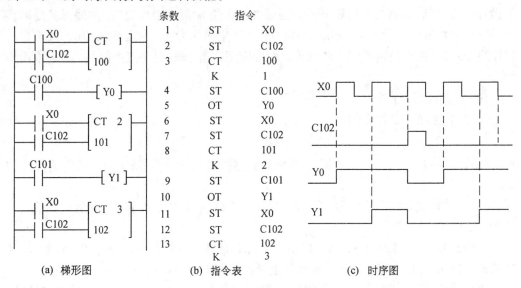

(a) 梯形图　　　　(b) 指令表　　　　(c) 时序图

图 10.20　例 10.4 的图

【解】　从梯形图上可以看出,X0 是计数器 CT100、CT101、CT102 的输入计数脉冲,CT102 的常开触点 C102 是计数器 CT100、CT101、CT102 的复位信号。计数器 CT100 的脉冲设定值为 1,CT101 的脉冲设定值为 2,CT102 的脉冲设定值为 3。

当第一个输入脉冲的上升沿到来时,CT100、CT101、CT102 同时进行减一计数。CT100 的脉冲设定值从 1 减至 0,则其常开触点 C100 闭合,Y0 接通(此时 CT101 的脉冲设定值从 2 减至 1,CT102 的脉冲设定值从 3 减至 2);当第二个输入脉冲的上升沿到来时,CT101 的脉冲设定值从 1 减至 0,则其常开触点 C101 闭合,Y1 接通(此时 CT102 的脉冲设定值从 2 减至 1);当第三个输入脉冲的上升沿到来时,CT102 的脉冲设置值从 1 减至 0,则常开触点 C102 闭合,使三个计数器同时复位,其 C100 触点和 C101 触点同时打开,Y0 和 Y1 同时断开。当第四个输入脉冲的上升沿到来时,三个计数器又同时进行减一计数,重复上述过程。从以上分析可见,若 X0 是一个手动开关,则 X0 第一次接通,Y0 接通;X0 第二次接通,Y1 接通;X0 第三次接通,Y0 和 Y1 全断开。故此电路的功能为"单个开关控制多路输出。"指令表、时序图如图 10.20(b)、(c)所示。

11. 结束指令:ED

功能:当程序全部写完后,用此条指令结束程序。具体用法见图 10.21。

说明:若程序结尾没有此条指令,在运行程序或监视程序时,编程器将显示出错误信息。

12. 微分指令:DF、DF/

功能:DF——上升沿微分指令,输入脉冲上升沿到时使输出继电器接通一个扫描周期。

　　　　DF/——下降沿微分指令,输入脉冲下降沿到时使输出继电器接通一个扫描周期。具体用法见图 10.22。

执行结果:当 X0 接通时(上升沿),Y0 接通一个扫描周期;当 X0 断开时(下降沿),Y1 接通一个扫描周期。

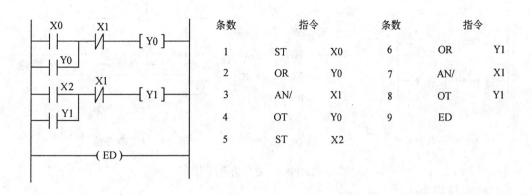

条数	指令		条数	指令	
1	ST	X0	6	OR	Y1
2	OR	Y0	7	AN/	X1
3	AN/	X1	8	OT	Y1
4	OT	Y0	9	ED	
5	ST	X2			

(a) 梯形图　　　　　　　　　　　　(b) 指令表

图 10.21　结束程序指令的用法

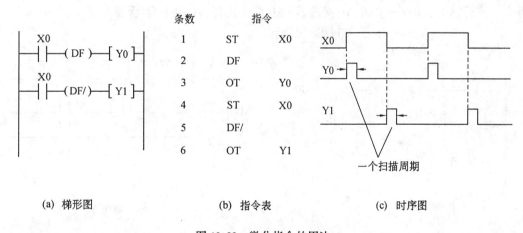

条数	指令	
1	ST	X0
2	DF	
3	OT	Y0
4	ST	X0
5	DF/	
6	OT	Y1

一个扫描周期

(a) 梯形图　　　　　　(b) 指令表　　　　　　(c) 时序图

图 10.22　微分指令的用法

　　说明：(1) DF 和 DF/指令只在输入触点的接通、断开瞬间时有效,稳态时(输入触点长时间接通或长时间断开)无效。

　　(2) DF 和 DF/指令使用次数不限。

13. 置位、复位指令：SET、RST

功能：SET——置位指令,表示输入触点一接通,输出继电器就接通并保持不变。

　　　　RST——复位指令,表示复位信号一来到,输出继电器就断开并保持不变。

具体用法见图 10.23。

执行结果：X0——接通,Y0 就置位(接通);当 X0 再变化时,Y0 也不变(保持)。

　　　　　X1——接通,Y0 就复位(断开);当 X1 再变化时,Y0 也不变(保持)。

说明：(1) SET、RST 指令使用的编程器件为 R、Y。

　　　(2) 对于同一继电器 Y 或 R,可以多次使用 SET、RST 指令,次数不限;但输出线圈的状态随程序运行过程中每一阶段的执行结果而变化。

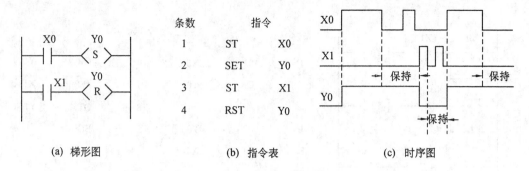

	(a) 梯形图		(b) 指令表		(c) 时序图

图 10.23　置位、复位指令的用法

14. 保持指令:KP

格式:$\dfrac{S}{R}$ ⌐ KP　Y ⌐　　其中,S 是置位端,R 是复位端,分别由输入触点控制。

功能:表示输入触点一接通,输出继电器接通并保持不变;复位触点一接通,输出继电器就断开(复位)。具体用法见图 10.24。

执行结果:X0——接通,Y0 接通;当 X0 再变化时,Y0 也不变(保持)。

X1——接通,Y0 就复位(断开)。

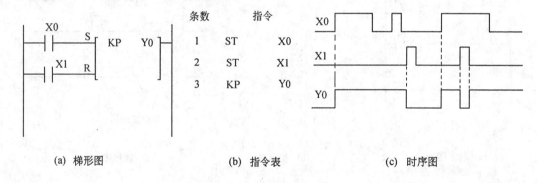

	(a) 梯形图		(b) 指令表		(c) 时序图

图 10.24　保持指令的用法

说明:(1) 保持指令使用的编程器件为 R、Y。

(2) 对于同一继电器 Y 或 R,只能使用一次。

(3) 当电源断电时,输出状态不再保持。

(4) 当 X0 与 X1 同时接通时,复位信号优先。

15. 移位指令:SR

功能:左移寄存指令,表示将内部寄存器的数据在时钟脉冲的控制下从存储单元的低位到高位进行逐位移位。

格式:（IN、C、CLR）⌐ SR　WR ⌐　　其中:IN 是数据输入端;C 是移位脉冲输入端;CLR 是复位端。三个输入端分别由三个触点控制。WR 是移位寄存器(通用"字"寄存器)。

移位过程:每来一个移位脉冲,寄存器中的数据左移一位;IN 端的触点接通,移位数据为 1,IN 端的触点断开,移位数据为 0;当复位信号来到时,寄存器复位(清零)。具体用法见图 10.25。

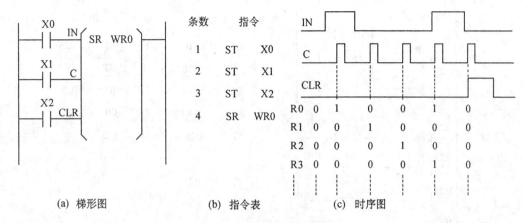

图 10.25　移位指令的用法

执行结果:在图 10.25(a)的梯形图中,X0 是数据输入信号,X1 是移位脉冲信号,X2 是复位信号,其波形如图 10.25(c)所示。移位寄存器选用的是 16 位的 WR0。

在移位脉冲信号到来之前,WR0 中的 16 个存储单元(R0~RF)的数据都为 0。当第一个移位脉冲的上升沿到来时,称位开始,即将 IN 端送来的"1"存入 R0 单元中,数据左移一位;当第二个移位脉冲的上升沿到来时,将 IN 端送来的"0"存入 R0 单元中,而 R0 中的"1"移到 R1 单元中,数据左移二位;当第三个移位脉冲的上升沿到来时,将 IN 端送来的"0"存入 R0 单元中,而 R0 中的"0"移到 R1 单元中,R1 中的"1"移到 R2 单元中,数据左移三位;当第四个移位脉冲的上升沿到来时,将 IN 端送来的"1"存入 R0 的单元中,而 R0 中的"0"移到 R1 单元中,R1 中的"0"移到 R2 单元中,R2 中的"1"移到 R3 单元中,数据左移四位;如此进行下去。当 X2 接通时,寄存器复位,存储单元全部清零。

说明:(1) SR 指令使用的编程器件为 WR0~WR62F。

(2)脉冲信号与复位信号同时来到时,复位信号优先。

【例 10.5】　由 PLC 控制的八只彩灯按一定规律闪亮的梯形图如图 10.26(a)所示。其中:X0 是控制按钮(带自锁的常开触点);R901C 是特殊功能继电器,用来产生 1 s 的脉冲;Y0~Y7 外接八只彩灯。试写出指令表,画出时序图,分析其控制功能。

【解】　当 X0 接通后,寄存器 WR2 的送数输入端 IN 的数据是"1"。这个"1"在 R901C 产生的 1 s 脉冲作用下,从 WR2 中的 R20 开始逐次移位送入各存储单元中,使 R20~R27 触点依次闭合,Y0~Y7 依次接通,八只彩灯按着相差 1 s 的时间间隔依次被点亮。当 R28 触点闭合时,寄存器 WR2 复位,所有单元清零,Y0~Y7 全部断开,八只彩灯全灭。如果此时 X0 没有断开(控制按钮没有第二次按下),上述过程又重新开始。指令表、时序图如图 10.26(b)、(c)所示。

16. 步进指令:NSTP、SSTP、CSTP、STPE

功能:顺序控制指令,完成自动化流水线的各种顺序控制。

NSTP:进入步进指令,表示程序转入下一段步进程序,同时将前面的步进程序清除,使前个控制过程关断。

SSTP:步进开始指令,表示开始执行该段步进程序。

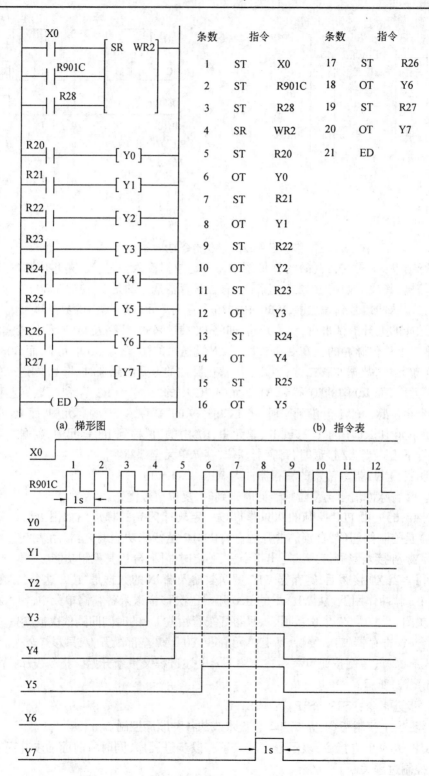

条数	指令		条数	指令	
1	ST	X0	17	ST	R26
2	ST	R901C	18	OT	Y6
3	ST	R28	19	ST	R27
4	SR	WR2	20	OT	Y7
5	ST	R20	21	ED	
6	OT	Y0			
7	ST	R21			
8	OT	Y1			
9	ST	R22			
10	OT	Y2			
11	ST	R23			
12	OT	Y3			
13	ST	R24			
14	OT	Y4			
15	ST	R25			
16	OT	Y5			

(a) 梯形图　　　　(b) 指令表

(c) 时序图

图 10.26　例 10.5 的图

CSTP:清除步进指令,表示当最后的一段(一个控制过程)步进程序结束后,清除此段步进程序,使此段控制过程关断。

STPE:步进结束指令,表示结束整个步进过程。步进指令的具体用法见图10.27。

【例10.6】　已知某饮料厂的生产线由 PLC 控制。设其中饮料的装瓶、盖瓶盖、贴商标三道工序由步进指令控制。试画出三道工序的流程图、梯形图,写出指令表。

【解】　设三道工序为过程1、过程2、过程3;X0、X1、X2 分别为三道工序的触点;Y0、Y1、Y2 分别为三道工序的输出。其流程图、梯形图、指令表如图10.27(a)、(b)、(c)所示。

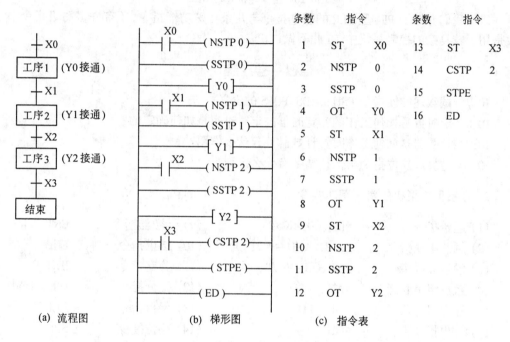

(a) 流程图　　　　(b) 梯形图　　　　(c) 指令表

图 10.27　步进指令的用法

顺序控制过程:

X0 接通瞬间,执行第一道工序,Y0 接通,装饮料;X1 接通瞬间,关断执行第一道工序的步进指令,Y0 关断,执行第二道工序,Y1 接通,盖瓶盖;X2 接通瞬间,关断执行第二道工序的步进指令,Y1 关断,执行第三道工序,Y2 接通,贴商标;X3 接通瞬间,清除执行第三道工序的步进指令,Y2 关断,整个步进程序执行过程结束。

说明:(1) 使用步进指令时,输出线圈的逻辑行中不用串触点。

(2) 在触点的上升沿 NSTP 指令有效。

(3) 在整个步进程序区中,不能使用跳转、主控及结束指令。

17. 空操作指令:NOP

功能:不完成任何操作,在编程时插入此指令便于程序的检查与修改。具体用法见图10.28。

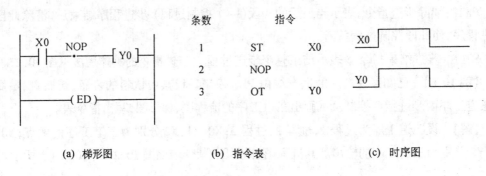

	条数	指令	
	1	ST	X0
	2	NOP	
	3	OT	Y0

(a) 梯形图　　　　(b) 指令表　　　　(c) 时序图

图 10.28　空操作指令的用法

以上我们介绍了 PF1 型 PLC 的基本指令与几条特殊功能指令,还有许多高级指令多数是用于较复杂的控制系统中,在此不做讨论。

思 考 题

10.7　试叙述堆栈指令 PSHS、RDS、POPS 的含义。

10.8　定时器是如何工作的? 定时器的定时时间是如何确定的?

10.9　计数器是如何工作时? 计数脉冲起什么作用?

10.10　置位、复位指令与保持指令有什么区别?

二、C 系列 P 型机的常用基本指令

(1) 起始指令	LD、LD – NOT	(9) 计数器指令	CNT
(2) 触点串联指令	AND、AND – NOT	(10) 结束指令	END
(3) 触点并联指令	OR、OR – NOT	(11) 分支指令	IL、ILC
(4) 触点组串联指令	AND – LD	(12) 微分指令	DIFU、DIFD
(5) 触点组并联指令	OR – LD	(13) 保持指令	KEEP
(6) 输出指令	OUT	(14) 移位指令	SFT
(7) 求反指令	OUT – NOT	(15) 跳转指令	JMP
(8) 定时器指令	TIM	(16) 送数指令	MOV

C 系列 P 型机常用基本指令的功能与 FP1 型 PLC 的基本指令功能基本相同,只是表示指令的符号有些不同。所以,在此只做简单介绍。

各指令的功能是:

1. 起始指令:LD、LD – NOT

功能:表示输入一个变量,每一逻辑起始处必须用这一指令。

LD 表示常开触点与左母线连接,LD – NOT 表示常闭触点与左母线连接。具体用法见图 10.29。

执行结果:0000 接通,0500 接通;0000 断开,0500 断开。0001 接通,0501 断开;0001 断开,0501 接通。

2. 触点串联指令:AND、AND – NOT

功能:逻辑“与”,表示输入变量串联。AND 表示串联一个常开触点,AND – NOT 表示串联一个常闭触点。

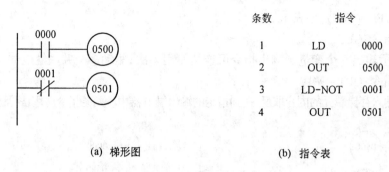

条数	指令	
1	LD	0000
2	OUT	0500
3	LD-NOT	0001
4	OUT	0501

　　　(a) 梯形图　　　　　　　　　　　　(b) 指令表

图 10.29　起始指令的用法

3. 触点并联指令:OR、OR – NOT

功能:逻辑"或",表示输入变量并联。OR 表示并联一个常开触点,OR – NOT 表示并联一个常闭触点。两条指令的具体用法见图 10.30。

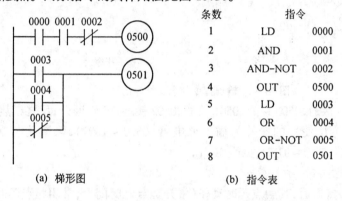

条数	指令	
1	LD	0000
2	AND	0001
3	AND-NOT	0002
4	OUT	0500
5	LD	0003
6	OR	0004
7	OR-NOT	0005
8	OUT	0501

　　　(a) 梯形图　　　　　　　　　　　　(b) 指令表

图 10.30　触点串联、并联指令的用法

4. 触点组串联指令:AND – LD

功能:"块与",两个触点组串联。

5. 触点组并联指令:OR – LD

功能:"块或",两个触点组并联。两条指令的具体用法见图 10.31。

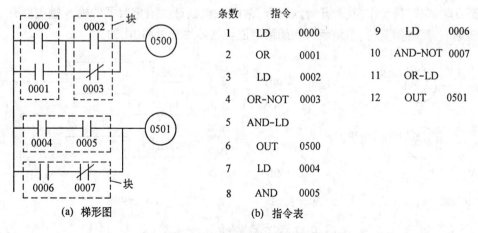

条数	指令			条数	指令	
1	LD	0000		9	LD	0006
2	OR	0001		10	AND-NOT	0007
3	LD	0002		11	OR-LD	
4	OR-NOT	0003		12	OUT	0501
5	AND-LD					
6	OUT	0500				
7	LD	0004				
8	AND	0005				

　　　(a) 梯形图　　　　　　　　　　　　(b) 指令表

图 10.31　触点组串、并联指令的用法

以上这些指令所使用的编程器件为内部辅助继电器(0000 ~ 1907),保持继电器(HR000 ~ HR915),输出继电器(0500 ~ 0915),定时器(TIM00 ~ 47),计数器(CNT00 ~ 47),

暂存继电器(TR0~TR7),见表 10.1。

6. 输出指令:OUT

功能:表示输出一个变量。输出指令可连续使用多次,驱动多个并联继电器线圈。

7. 求反指令:OUT – NOT

功能:将输入存储单元的内容取反,送到指定的输出继电器中。两条指令的用法见图 10.32。

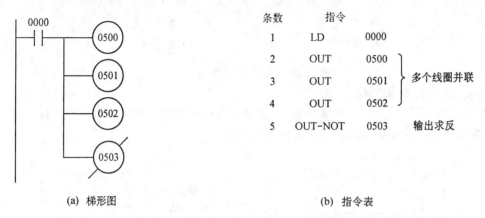

(a) 梯形图　　　　　　　　　　　　　　　　　(b) 指令表

图 10.32　输出指令与求反指令的用法

执行结果:0000 接通,0500 接通、0501 接通、0502 接通、0503 断开;反之亦然。

以上这两条指令所使用的器件为输出继电器(0500~1807),保持继电器(HR000~HR915),暂存继电器(TR0~TR7),见表 10.1。

8. 定时器指令:TIM

功能:TIM 电路接通后,其触点延时动作(常开触点延时闭合,常闭触点延时断开)。

格式:　——（TIM N）SV　其中,N 为定时器的编号(TIM00~TIM47);SV 为时间设定值,取值范围为 0~9999 内的十进制常数。定时器的定时时间为 0~999.9 s,定时单位为 0.1 s。

工作过程:当定时器的输入触点接通后,定时器开始定时,时间设定值不断减 1,当设定值减至 0 时,定时器动作,其常开触点闭合,常闭触点断开。当定时器的输入触点断开或电源断电时,定时器复位,重新装入初始设定值。具体用法见图 10.33。

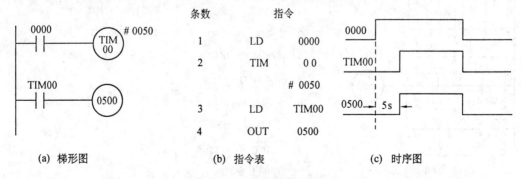

(a) 梯形图　　　　　　　(b) 指令表　　　　　　　(c) 时序图

图 10.33　定时器指令的用法

在上例中,时间设定值 SV = 50,则定时(延时)时间为 50×0.1 s = 5 s。

执行结果:0000 接通,延时 5 s 后,定时器的常开触点 TIM00 闭合,则 0500 接通。

9. 计数器指令:CNT

功能:预置型减法计数器

格式:

其中:C 为计数器的触发脉冲信号;R 为计数器的复位信号;N 为计数器的编号,其编号范围为 CNT00~CNT47;SV 为计数设置值,取值范围为 0~9999 内的十进制常数。

工作过程:当 C 端的第一个计数脉冲上升沿来到时,计数器开始进行减一计数,即计数设置值减 1;当 C 端的第二个计数脉冲上升沿来到时,计数设置值减 2;…如此进行下去,当计数设置值减至 0 时,其常开触点闭合,常闭触点断开。当计数器的复位信号来到时,计数器复位,重新装入初始设定值。具体用法见图 10.34。

(a) 梯形图　　　　(b) 指令表　　　　(c) 时序图

图 10.34　计数器指令的用法

在图 10.34(a)梯形图中,设 C 端的计数脉冲由触点 0000 提供,0000 接通一次,相当输入一个脉冲;R 端的复位信号由触点 0001 提供,0001 接通一次,相当来一个复位脉冲。使用的计数器编号是 CNT00,计数脉冲的设置值是 3。

执行结果:当 0000 第一次接通时(第一个脉冲的上升沿),计数器开始进行减一计数,计数器的脉冲设置值从 3 减至 2;0000 第二次接通时(第二个脉冲的上升沿),计数器的脉冲设置值从 2 减至 1;0000 第三次接通时(第三个脉冲的上升沿),计数器的脉冲设置值从 1 减至 0;则计数器的常开触点 CNT00 闭合,0500 接通。当 0001 接通时(脉冲的上升沿),计数器线圈断电(计数器复位),其常开触点 CNT00 断开,0500 断开。

说明:(1) 每个计数器在程序中只能使用一次,但其触点可重复使用。

(2) 当计数脉冲和复位信号同时来到时,复位信号优先。

(3) 定时器 TIM 和 CNT 的编号不能重复,因为两者共同占有 48 个存储单元。

(4) 当电源断电时,计数器不复位,保持当前值不变。

10. 结束指令:END

功能:当程序全部写完后,用此条指令结束程序。具体用法见图 10.35。

11. 分支指令:IL、ILC

功能:分支指令主要用于梯形图中并联分支处的编程。

IL——分支开始指令,用于第一条并联分支处。

ILC——分支结束指令,用于最后一条并联分支处。具体用法见图 10.36。

执行结果:0000、0001 接通,0500 接通;0000、0002 接通,0501 接通;0000、0003 接通,

条数		指令	
1	LD		0000
2	OR		0500
3	OUT		0500
4	END		

(a) 梯形图　　　　　　　　　　　　(b) 指令表

图 10.35　结束指令的用法

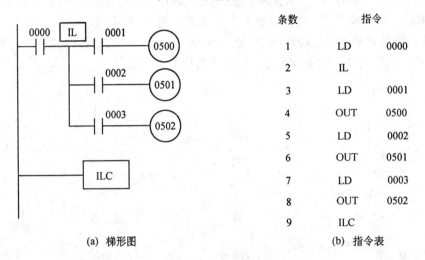

条数		指令	
1	LD		0000
2	IL		
3	LD		0001
4	OUT		0500
5	LD		0002
6	OUT		0501
7	LD		0003
8	OUT		0502
9	ILC		

(a) 梯形图　　　　　　　　　　　　(b) 指令表

图 10.36　分支指令的用法

0502 接通。0000 断开,0500、0501、0502 全断开。

说明:(1) IL、ILC 指令成对使用,不能单独使用。

(2) 当 IL 之前的控制触点断开时,计数器、移位寄存器、保持继电器不复位,保持当前值不变。

12. 微分指令:DIFU、DIFD

功能:DIFU——上升沿微分指令,输入脉冲上升沿到时使输出继电器接通一个扫描周期。

DIFD——下降沿微分指令,输入脉冲下降沿到时使输出继电器接通一个扫描周期。具体用法见图 10.37。

条数		指令	
1	LD		0000
2	DIFU		0500
3	LD		0000
4	DIFD		0501

(a) 梯形图　　　　　(b) 指令表　　　　　(c) 时序图

图 10.37　微分指令的用法

执行结果：当 0000 接通时(上升沿)，0500 接通一个扫描周期；当 0000 断开时(下降沿)，0501 接通一个扫描周期。

说明：(1) DIFU 和 DIFD 指令只在输入触点的接通、断开瞬间时有效，稳态时(输入触点长时间接通或长时间断开)无效。

(2) DIFU 和 DIFD 指令在一个程序中只能使用 48 次，这一点与 PF1 机型不同。

(3) DIFU 和 DIFD 指令可实现程序循环扫描过程中某些指令只需执行一次的功能。

(4) DIFU 和 DIFD 指令所用的编程器件是 0500 ~ 1807，HR000 ~ HR915。

【例 10.7】 已知梯形图如图 10.38(a)所示。其中，0000 是一串脉冲信号，1001 和 1100 是内部辅助继电器(编号 1000 ~ 1807)，试写出指令表，画出时序图，分析其功能。

【解】 在 t_1 时刻 0000 接通，辅助继电器 1001 接通一个扫描周期，即产生一个扫描周期的脉冲。程序扫描到梯形图的第二逻辑行时，由于此时 0500 是断开的，所以辅助继电器 1100 没接通。程序扫描到第三逻辑行时，由于 1001 接通一个扫描周期，则 0500 接通，由于自锁的作用，当一个扫描周期结束后，0500 仍然接通。在这里需要说明的是：在 0500 线圈接通后，其第二逻辑行的常开触点 0500 闭合了，此时 CPU 也不响应，因为，PLC 在一个扫描周期中是按着程序的顺序从头到尾对每条指令只扫描一次，即只往前扫描，第二逻辑行的常开触点 0500 闭合的信息只有等到下一个扫描周期到时才能被采样。

在 t_2 时刻 0000 第二次接通，辅助继电器 1001 再次接通一个扫描周期，即第二个扫描周期来到。程序扫描到第二逻辑行时，由于此时 0500 是接通的，所以辅助继电器 1100 接通一个扫描周期。程序扫描到第三逻辑行时，由于 1100 线圈接通，其常闭触点断开，所以输出线圈 0500 断开。一个扫描周期结束后，由于 1001 断开，所以 1100 保持断开不变。

在 t_3 时刻 0000 第三次接通，重复 t_1 时刻的过程，以后不断重复上述过程，在输出端产生一个频率为输入脉冲频率的 1/2 的脉冲信号(二分频器)。指令表、时序图如图 10.38 (b)、(c)所示。

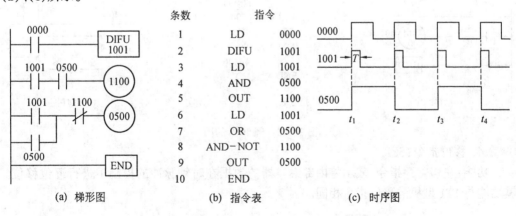

(a) 梯形图   (b) 指令表   (c) 时序图

图 10.38 例 10.7 的图

13. 保持指令：KEEP

格式：   其中：S 是置位端，R 是复位端；分别由输入触点控制。

功能：表示输入触点接通，输出继电器接通并保持不变；复位触点接通，输出继电器断开(复位)。这条指令的功能与 PF1 型机相同,具体用法见图 10.39。

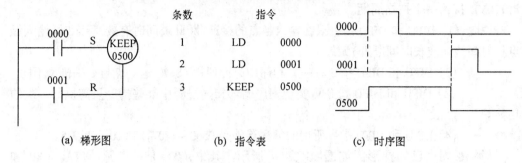

<table>
<tr><td>(a) 梯形图</td><td>(b) 指令表</td><td>(c) 时序图</td></tr>
</table>

图 10.39　保持指令的用法

执行结果:0000 接通,0500 接通;当 0000 再变化时,0500 也不变(保持)。0001 接通,0500 就断开(复位)。

说明:(1) 保持指令使用的编程器件为 0500～1807,HR000～HR915。

(2) 当电源断电时,编程器件 0500～1807 断开,输出状态不在保持;而 HR000～HR915 保持不变。

(3) 当置位信号与复位信号同时接通时,复位信号优先。

【例 10.8】　已知梯形图如图 10.40(a)所示,其中,0000 是一个常开触点,0500 控制一个电铃。试写出指令表,画出时序图。

【解】　当 0000 触点接通时,1001 接通一个扫描周期,使 0500 接通(置位)并且保持,电铃响;延时 10 s 钟,定时器的常开触点 TIM00 闭合一个扫描周期,则 0500 断开(复位),电铃关断。指令表、时序图如图 10.40(b)、(c)所示。

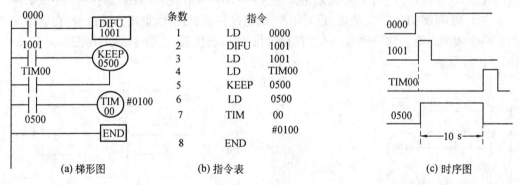

<table>
<tr><td>(a) 梯形图</td><td>(b) 指令表</td><td>(c) 时序图</td></tr>
</table>

图 10.40　例 10.8 的图

14. 移位指令:SFT

功能:左移寄存指令,表示将内部继电器的数据在时钟脉冲的控制下进行逐位移位。其功能与 FP1 型机的移位指令相同。

格式: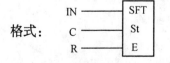　其中:IN 是数据输入器,C 是移位脉冲输入端,R 是复

端。三个输入端分别由三个触点控制。St 是所选移位寄存器的首号存储单元,E 是所选移位寄存器的尾号存储单元。能使用的移位寄存器为 05CH～17CH,HR0CH～HR9CH。

移位过程:每来一个移位脉冲,寄存器中的数据左移一位。IN 端的触点接通,移位数

据为 1,IN 端的触点断开,移位数据为 0。当复位信号来到时,寄存器复位。具体用法见图 10.41。

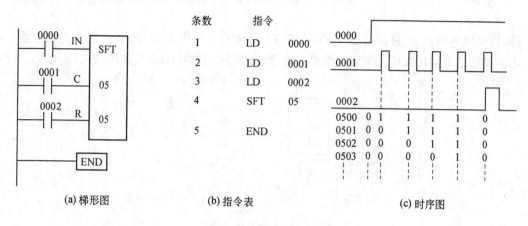

| | | (a) 梯形图 | | (b) 指令表 | | (c) 时序图 |

图 10.41　移位指令的用法

15. 跳转指令:JMP

功能:JMP 为跳转指令,JME 为跳转结束指令。

当 JMP 前的触点接通时,由 CPU 顺序执行二者之间的程序;当 JMP 前的触点断开时,则 CPU 不执行二者之间的程序,二者之间的各继电器状态均保持不变。具体用法见图 10.42。

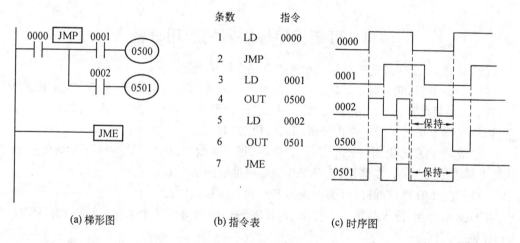

　　　(a) 梯形图　　　　　(b) 指令表　　　　(c) 时序图

图 10.42　跳转指令的用法

执行结果:当 0000 接通时,顺序执行 JMP 和 JME 之间的程序,当 0000 断开时,JMP 和 JME 之间的指令不执行,0500、0501 保持原状态。

说明:(1) JMP 和 JME 指令只能成对使用,不能单独使用。

(2) JMP 和 JME 指令在一个程序中只可使用 8 次。

(3) 此条指令与 FP1 型机的跳转指令的意义正好相反。

16. 传送指令:MOV

功能:将指定的继电器(源)的内容或一个四位十六进制常数送到(目的)继电器中去。

格式：　$\begin{array}{|c|}\hline MOV\\ S\\ D\\\hline\end{array}$　　其中：S 为源继电器编号，即包括内部辅助继电

器,保持继电器,十六进制常数 # 0000 ~ FFFF；D 为目的继电器编号,即包括输出继电器,
内部辅助继电器(05CH ~ 17CH),保持继电器(HR0CH ~ HR9CH)。具体用法见图 10.43。

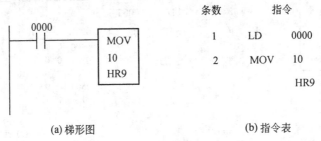

条数	指令	
1	LD	0000
2	MOV	10
		HR9

(a) 梯形图　　　　　　　　　(b) 指令表

图 10.43　传送指令的用法

执行结果：0000 接通,将内部辅助继电器 10CH 的内容送到保持继电器 HR9CH 中去。

以上我们介绍了 C 系列 P 型机的基本指令与几条特殊功能指令,还有几条指令由于
篇幅所限就不一一介绍了。

虽然 PLC 的品种繁多,但基本工作原理、常用的基本指令大致相同,读者在掌握了一
种机型的情况下,可用参照的方法很快掌握其它机型的指令及编程方法。

10.4　可编程序控制器的应用举例

【例 10.1】　三相鼠龙式异步电动机的直接正反转控制

(1) 控制要求：能直接正反转。按下正转启动按钮 SB$_1$,电动机 M1 正转；在正转运行
中,按下反转启动按钮 SB$_2$,电动机 M1 马上反转；在反转运行中,按下正转启动按钮 SB$_1$,
电机 M1 又马上正转。按下停止按钮 SB$_3$,电机 M1 停车。

(2) 选择 PLC 的机型：由于控制过程简单,程序条数少,I/O 点数少,可选择小型一体
式继电器输出的 PLC。在这里,选择 FP1 型继电器输出的 PLC。

(3) 确定 I/O 点数,画出外围设备与 PLC 的实际接线图。

I/O 点数分配：输入共用三个按钮 SB$_1$、SB$_2$、SB$_3$；输出共用两个交流接触器 KM1、KM2。
I/O 点数分配如下：

SB$_1$ – X0	KM1 – Y0
SB$_2$ – X1	KM2 – Y1
SB$_3$ – X2	

常用的按钮通常都有一对常开触点和一对常闭触点。在继电接触器控制系统中,SB$_1$
和 SB$_2$ 使用的是常开触点,停止按钮 SB$_3$ 使用的是常闭触点。但在 PLC 控制系统中,停止
按钮 SB$_3$ 可使用常闭触点,又可使用常开触点。若停止按钮 SB$_3$ 使用的是常闭触点,并与
PLC 的 X2 端子相接时,则梯形图中的 X2 用的是常开触点。因为,当 PLC 的直流工作电
源接通时,由于 SB$_3$ 使用的是常闭触点,所以 X2 继电器线圈回路接通,其常开触点 X2 是
闭合的。若停止按钮 SB$_3$ 使用的是常开触点,则梯形图中的 X2 就要用常闭触点。因为,
当 PLC 的直流工作电源接通时,由于 SB$_3$ 使用的是常开触点,所以 X2 继电器线圈回路没

有接通,其常闭触点 X2 是闭合的。当按下 SB₃ 时,X2 继电器线圈回路接通,其常闭触点 X2 才断开。两种外部接线如图 10.44(a)、(b)所示。

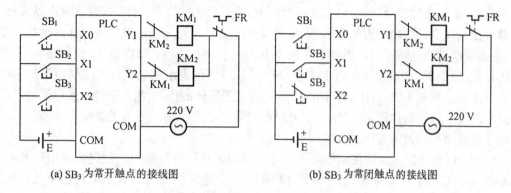

(a) SB₃ 为常开触点的接线图　　　　(b) SB₃ 为常闭触点的接线图

图 10.44　电动机正反转控制的接线图

(4) 画出梯形图,写出指令表。根据控制要求,与继电接触器正反转控制电路图 9.11 相对应,画出的梯形图及指令表如图 10.45(a)、(b)所示。

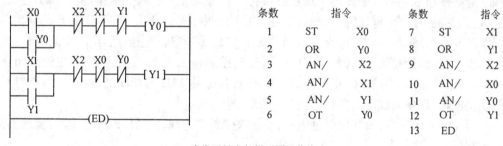

条数	指令		条数	指令	
1	ST	X0	7	ST	X1
2	OR	Y0	8	OR	Y1
3	AN/	X2	9	AN/	X2
4	AN/	X1	10	AN/	X0
5	AN/	Y1	11	AN/	Y0
6	OT	Y0	12	OT	Y1
			13	ED	

(a) SB₃ 为常开触点的梯形图及指令表

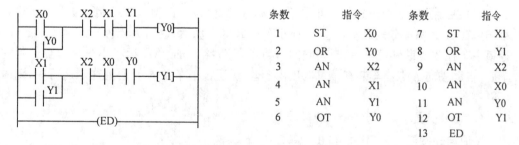

条数	指令		条数	指令	
1	ST	X0	7	ST	X1
2	OR	Y0	8	OR	Y1
3	AN	X2	9	AN	X2
4	AN	X1	10	AN	X0
5	AN	Y1	11	AN	Y0
6	OT	Y0	12	OT	Y1
			13	ED	

(b) SB₃ 为常闭触点的梯形图及指令表

图 10.45　电动机正反转控制的梯形图

(5) 用手持编程器(或计算机)将程序送入 PLC。将手持编程器通过外部电缆与 PLC 的通信接口相接,然后,将 PLC 的工作方式选择开关置于编程位置。在编程器的键盘上按所规定的键号将指令逐条键入,检查无误后,可进行模拟调试。

(6) 模拟调试。将 SB₁、SB₂、SB₃ 按钮按图 10.44 与 PLC 的输入端子接好(设 SB₃ 用的是常开触点),在 PLC 不接负载的情况下,将 PLC 的工作方式选择开关置于运行位置。模拟调试过程如下:

按下启动按钮 SB₁,PLC 的输入继电器 X0 的常开触点闭合,Y0 接通,PLC 上的 Y0 输出指示灯亮,表示电动机正转运行;在正转运行中,按下启动按钮 SB$_2$,PLC 的输入继电器 X1 的常开触点闭合,常闭触点断开,使输出 Y0 断电,指示灯灭,输出 Y1 接通,Y1 输出指示灯亮,表示电动机反转运行;在反转运行中,按下启动按钮 SB$_1$,PLC 的输入继电器 X0 的常开触点闭合,常闭触点断开,使输出 Y1 断电,指示灯灭,输出 Y0 接通,Y0 输出指示灯亮,表示电动机正转运行。当按下停止按钮 SB$_3$ 时,PLC 的输入继电器 X2 线圈通电,其常闭触点 X2 断开,使输出 Y0、Y1 都断开,输出指示灯灭,表示电动机停转。模拟调试程序运行正常。在这里,X0、X1 的常闭触点起到直接正反转的作用,相当于继电接触器控制电路中的复式按钮的作用;Y0、Y1 的常闭触点起到互锁的作用。相当于继电接触器控制电路中的交流接触器的常闭触点的作用。

(7) 现场调试。当模拟调试程序运行正常无误后,将负载(交流接触器线圈)KM1、KM2 与 PLC 的 Y0、Y1 端相接(参照图 10.44)。在这里需要说明一下,PLC 的触点动作快,交流接触器的触点动作慢,在外部接线图中,交流接触器的线圈回路要串其常闭触点进行互锁保护,以防主触点换接时造成电源短路。现场调试过程如下:

接通电动机主电路及控制电路(见图 9.11)的电源开关,接通 PLC 的工作电源开关。按下启动按钮 SB$_1$,PLC 的输出 Y0 线圈接通,常开触点 Y0 闭合,交流接触器 KM1 的线圈通电,其主触点闭合,电动机正转运行;在正转运行中,按下启动按钮 SB$_2$,PLC 的输出 Y0 线圈断开,常开触点 Y0 打开,交流接触器 KM1 的线圈断电,其主触点打开,与此同时,PLC 的输出 Y1 的线圈接通,常开触点 Y1 闭合,交流接触器 KM2 的线圈通电,其主触点闭合,电动机反转运行。当按下停止按钮 SB$_3$ 时,交流接触器 KM2 的线圈断电,其主触点打开,电动机停转,现场调试电动机运动正常,调试完毕。

当控制对象不变,改变控制过程时,不需改变外部连线,只需修改程序,即可实现不同的控制要求。这是 PLC 控制器的主要优点之一。

【例 10.2】 三相鼠龙式异步电动机的行程控制。

(1) 控制要求。有一运料小车往返于 A、B 两地装料、卸料。其控制要求是:① 运料小车可在 A、B 两地分别启动。② 运料小车在 A 地启动后,返回 A 点停车装料 2 min。③ 运料小车在 A 点装料完毕后,自动驶向 B 点停车卸料 2 min。④ 运料小车在 B 点卸料完毕后,自动驶向 A 点停车装料重复③项内容。⑤ 运料小车在 A、B 两地往返运行中,随时可以停车。

(2) I/O 分配:

A 地启动按钮　　　　SB$_1$ – X0

B 地启动按钮　　　　SB$_2$ – X1

往返途中停车按钮　　SB$_3$ – X2

A 点行程开关　　　　ST$_1$ – X3

B 点行程开关　　　　ST$_2$ – X4

控制电动机正转(B 到 A)的交流接触器　KM1 – Y0

控制电动机反转(A 到 B)的交流接触器　KM2 – Y1

(3) 外部接线图。外部接线图如图 10.46 所示。

(4) 梯形图与指令表如图 10.47 所示。

(5) 执行结果。按下 A 地启动按钮 SB$_1$,X0 接通,Y0 接通、KM1 线圈通电、电动机正

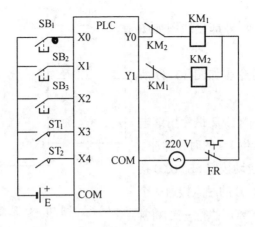

图 10.46　电动机行程控制的接线图

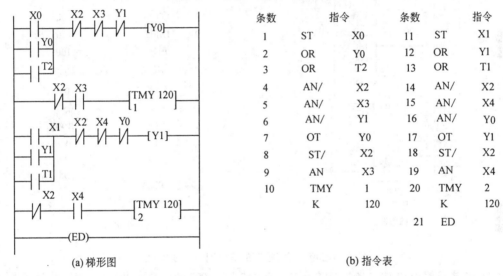

条数	指令		条数	指令	
1	ST	X0	11	ST	X1
2	OR	Y0	12	OR	Y1
3	OR	T2	13	OR	T1
4	AN/	X2	14	AN/	X2
5	AN/	X3	15	AN/	X4
6	AN/	Y1	16	AN/	Y0
7	OT	Y0	17	OT	Y1
8	ST/	X2	18	ST/	X2
9	AN	X3	19	AN	X4
10	TMY	1	20	TMY	2
	K	120		K	120
			21	ED	

(a) 梯形图　　　　　　　　　　(b) 指令表

图 10.47　电动机行程控制的梯形图及指令表

转,运料小车返回 A 点压下 A 点的行程开关 ST₁,使 X3 的常闭触点断开,常开触点闭合,则 Y0、KM1 断电,电动机停转小车装料。2 min 过后,定时器 TMY1 的常开触点 T1 闭合,接通 Y1、KM2,电动机反转,运料小车驶向 B 点。运料小车到达 B 点后,压下 B 点的行程开关 ST₂,使 X4 的常闭触点断开,常开触点闭合,则 Y1、KM2 断电,电机停转小车卸料。2 min 过后,定时器 TMY2 的常开触点 T2 闭合,接通 Y0、KM1,电动机正转,运料小车又返回 A 点重复上述过程。运料小车在 A、B 两地往返过程中,按下停车按钮 SB₃,X2 的常闭触点断开,电机停转,小车停止运行。

【例 10.3】 节日彩灯的控制。

(1) 控制要求。今有八只彩灯组成一个圆形图案。现要求八只彩灯从第一个灯开始顺时针方向依次点亮 1 s,然后再从新开始不断循环。

(2) I/O 分配(使用 C 系列一体化小型机):

启动按钮　　　SB₁ - 0000　　　停止循环按钮　　　SB₂ - 0001　　　八只彩灯(L₀ ~ L₇)—

0500～0507

（3）外部接线图。外部接线图如图 10.48 所示。

（4）梯形图与指令表如图 10.49 所示。

说明:在梯形图中,1902 是专用继电器,它的功能是:能产生 1 s 的时钟脉冲。

执行结果:按下启动按钮 SB_1,0000 接通,内部辅助继电器 1100 的触点接通一个扫描周期,即送数指令 MOV 执行一次,将常

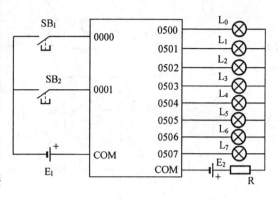

图 10.48　彩灯控制的接线图

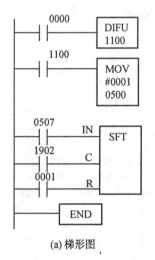

(a) 梯形图

条数	指令	
1	LD	0000
2	DIFU	1100
3	LD	1100
4	MOV	#0001
		05
5	LD	0507
6	LD	1902
7	LD	0001
8	SFT	05
		05
9	END	

(b) 指令表

图 10.49　彩灯控制的梯形图与指令表

数 #0001 送到输出 05 继电器的 00 单元中。这个"1"在 1902 产生的脉冲作用下,从 05 继电器的 00 单元中,逐次移位,使 L_0～L_7 依次点亮 1 s。当 0507 接通时,其触点闭合,IN 送数端将这个"1"又装入 05 继电器的 00 单元中,重复上述过程,不断循环,直到按下停止循环按钮 SB_2,0001 接通,移位寄存器复位,循环停止。

【例 10.4】　两种液体混合设备的控制(用 FP1 型机实现)。

（1）控制过程。两种混合液体的装置示意图如图 10.50 所示。SL_1、SL_2、SL_3 为液面传感器,液面淹没传感器时,传感器的触点接通。A、B、C 为电磁阀,阀门打开,液体流入或流出。M 为电动机。其控制过程为:

① 混合装置没工作之前,装置罐内是空的,各电磁阀门均关闭,电动机不转。

② 按启动按钮 SB_1,电磁阀 A 的阀门打开,A 种液体流入罐中。

③ 当 A 种液体上升淹没液面传感器 SL_2 时,电磁阀 A 的阀门关闭,电磁阀 B 的阀门打开,B 种液体流入罐中。

④ 当 B 种液体上升淹没液面传感器 SL_1 时,电磁阀 B 的阀门关闭,搅拌电动机 M 启动,搅拌液体 1 min。

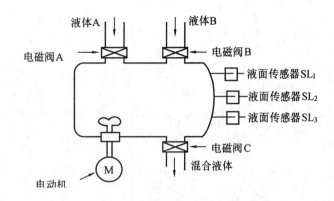

图 10.50　混合液体的装置示意图

⑤ 当电动机停止搅拌后,电磁阀 C 的阀门打开,混合液体从罐中流出。

⑥ 当混合液体下降到液面传感器 SL_3 时,SL_3 的触点由接通变为断开,过 20 s,罐中的混合液体放完。

⑦ 当罐中的混合液体放空后,电磁阀 C 的阀门关闭,一次控制过程结束。

⑧ 按下停止按钮 SB_4 后,设备不马上停止,只有整个操作过程执行完毕后,设备才停止。

(2) I/O 分配:

启动按钮	SB_1 – X0	液面传感器	SL_1 – X1	电磁阀门	A – Y0
停止按钮	SB_4 – X4	液面传感器	SL_2 – X2	电磁阀门	B – Y1
电　动　机	M – Y2	液面传感器	SL_3 – X3	电磁阀门	C – Y3

(3) 外部接线图。外部接线图如图 10.51 所示。

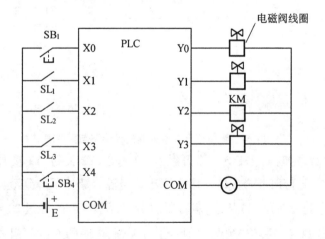

图 10.51　混合液体装置的接线图

(4) 梯形图与指令表如图 10.52 所示。

(5) 执行结果:按下启动按钮 SB_1,X0 接通,Y0 接通,电磁阀 A 的阀门打开,A 种液体流入罐中。当 A 种液体上升淹没液面传感器 SL_2 时,X2 接通,Y0 关断、Y1 接通,电磁阀 A 的阀门关闭,电磁阀 B 的阀门打开,B 种液体流入罐中。当 B 种液体上升淹没液面传感器 SL_1 时,X1 接通,Y1 关断、Y2 接通,电磁阀 B 的阀门关闭,搅拌电动机 M 启动,搅拌液体 1

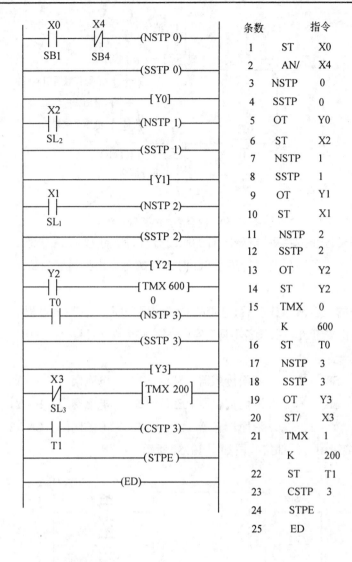

条数		指令
1	ST	X0
2	AN/	X4
3	NSTP	0
4	SSTP	0
5	OT	Y0
6	ST	X2
7	NSTP	1
8	SSTP	1
9	OT	Y1
10	ST	X1
11	NSTP	2
12	SSTP	2
13	OT	Y2
14	ST	Y2
15	TMX	0
	K	600
16	ST	T0
17	NSTP	3
18	SSTP	3
19	OT	Y3
20	ST/	X3
21	TMX	1
	K	200
22	ST	T1
23	CSTP	3
24	STPE	
25	ED	

(a) 梯形图　　　　　　　　　　　(b) 指令表

图 10.52　液体混合装置控制的梯形图与指令表

min。当 1 min 过后,定时器 TMX0 的常开触点 T0 闭合,Y2 关断、Y3 接通,电动机停止搅拌,电磁阀 C 的阀门打开,混合液体从罐中流出。当混合液体下降到液面传感器 SL_3 时,SL_3 的触点由接通变为断开,X3 接通,定时器的 TMX1 开始定时,经过 20 s 后,罐中的混合液体放完,定时器 TMX1 的常开触点 T1 闭合,Y3 关断,电磁阀 C 的阀门关闭,一次控制过程结束。

若在系统运行过程中,按下停止按钮 SB_4,设备不马上停止,只有整个操作过程完毕后,设备才停止。

用 C 系列 P 型机实现上述控制要求的梯形图与指令表如图 10.53 所示。

I/O 分配:

启动按钮 SB_1 - 0000　　液面传感器 SL_1 - 0001　　电磁阀门 A - 0500

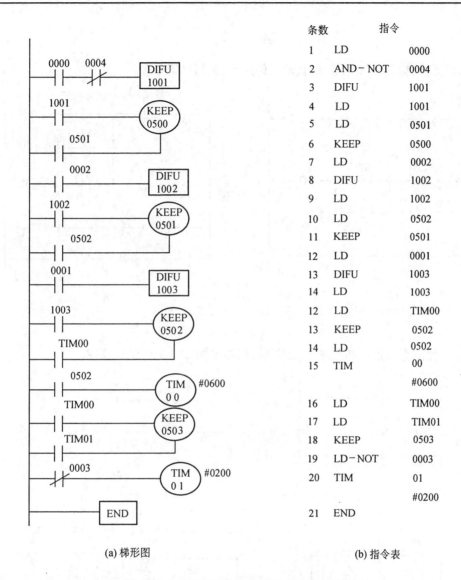

条数　　　　　指令
1　LD　　　　0000
2　AND－NOT　0004
3　DIFU　　　1001
4　LD　　　　1001
5　LD　　　　0501
6　KEEP　　　0500
7　LD　　　　0002
8　DIFU　　　1002
9　LD　　　　1002
10　LD　　　　0502
11　KEEP　　　0501
12　LD　　　　0001
13　DIFU　　　1003
14　LD　　　　1003
12　LD　　　　TIM00
13　KEEP　　　0502
14　LD　　　　0502
15　TIM　　　00
　　　　　　　#0600
16　LD　　　　TIM00
17　LD　　　　TIM01
18　KEEP　　　0503
19　LD－NOT　0003
20　TIM　　　01
　　　　　　　#0200
21　END

(a) 梯形图　　　　　　　　　　　(b) 指令表

图 10.53　液体混合装置控制的梯形图与指令表

停止按钮 SB$_4$－0004　　液面传感器 SL$_2$－0002　　电磁阀门 B－0501
电 动 机 M－0502　　　液面传感器 SL$_3$－0003　　电磁阀门 C－0503
执行结果读者自行分析。

本 章 小 结

　　可编程序控制器是由中央处理器,存储器,输入/输出接口电路、电源,编程器组成。其工作原理是采用"循环扫描"工作方式,扫描周期分为输入信号采样、信号的处理与执行、输出刷新三个阶段。扫描周期的长短主要取决于用户指令的条数。

　　可编程序控制器最常用的编程语言是梯形图语言和指令表语言。用户在编制程序时,要遵循编程规则;在分析程序时,要利用时序图进行辅助分析。

习　题

10.1　已知梯形图如题图 10.1(a)、(b)所示，试写出指令表。

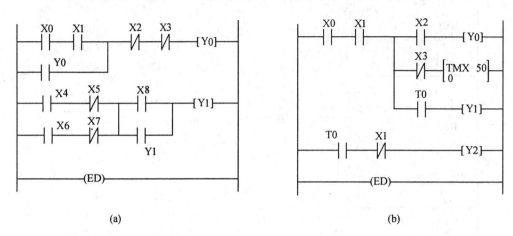

(a)　　　　　　　　　　　　　　　　　　(b)

题图 10.1

10.2　已知各梯形图如题图 10.2 所示，试画出 Y0、Y1 动作的时序图。

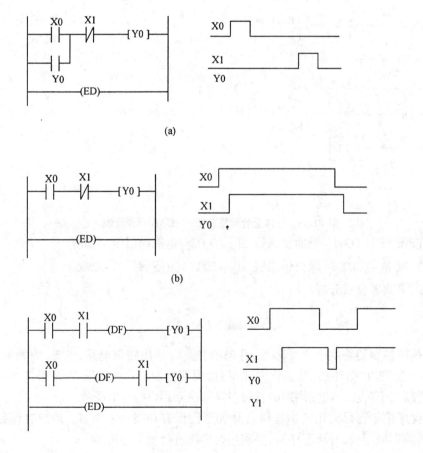

(a)

(b)

(c)

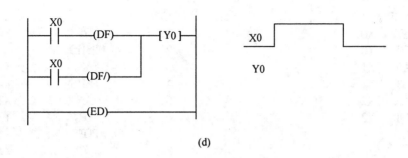

(d)

题图 10.2

10.3　已知梯形图如题图 10.3(a)、(b)所示,试写出指令表。

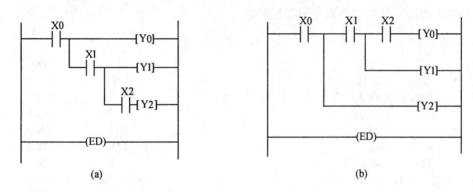

(a)　　　　　　　　　　　　　　　　(b)

题图 10.3

10.4　已知梯形图如题图 10.4(a)、(b)所示,设 X0、X1、X2 分别为三个开关,Y0 为被控制的一盏灯。三个开关分别开闭都可以控制 Y0 的亮与暗,试写出开关与灯的状态表。(设开关闭合用"1"表示,开关断开用"0"表示;灯亮用"1"表示,灯灭用"0"表示)

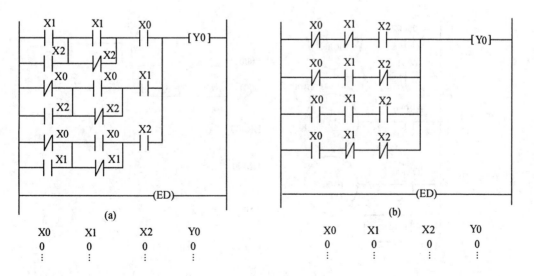

(a)　　　　　　　　　　　　　　　　(b)

X0	X1	X2	Y0		X0	X1	X2	Y0
0	0	0	0		0	0	0	0
⋮	⋮	⋮	⋮		⋮	⋮	⋮	⋮

题图 10.4

10.5　画出下列各指令程序的梯形图。

程序清单：

1.	ST	X0
2.	OT	Y0
3.	AN	X1
4.	OT	Y1
5.	AN	X2
6.	OT	Y2
7.	ED	

程序清单：

1.	ST	X0
2.	PSHS	
3.	AN	X1
4.	PSHS	
5.	AN	X2
6.	OT	Y2
7.	POPS	
8.	OT	Y1
9.	POPS	
10.	OT	Y0
11.	ED	

10.6 画出下列各指令程序的梯形图。

程序清单：

1.	LD	0001
2.	OR	0500
3.	AND	0002
4.	OUT	0500
5.	LD	0003
6.	TIM	00
7.	LD	#0050
8.	AND－NOT	TIM00
9.	OUT	0004
10.	END	1000

(a)

程序清单：

1.	LD	0000
2.	OR	0500
3.	AND－NOT	0001
4.	AND－NOT	0501
5.	OUT	0500
6.	LD	0002
7.	OR	0501
8.	AND－NOT	0001
9.	AND－NOT	0500
10.	OUT	0501
11.	END	

(b)

10.7 已知梯形图如题图 10.5 所示，画出 HR000、TIM00、0500 的波形。

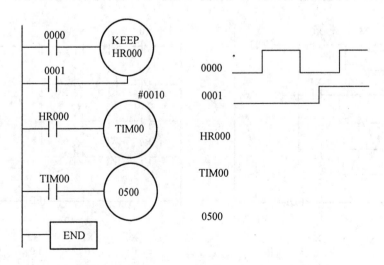

题图 10.5

10.8 已知两台电动机 M1、M2 的启动顺序是：M1 启动 20 s 后，M2 自行启动。试用 PLC 实现此控制要求。要求画出梯形图，给出程序清单。

10.9 已知梯形图如题图 10.6 所示,试画出 0500~0504 的波形图。

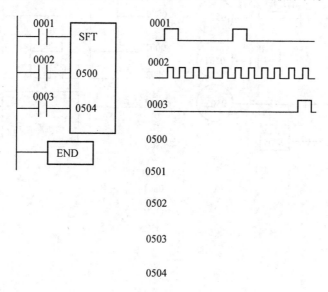

题图 10.6 的图

10.10 画出下列各梯形图的波形图。

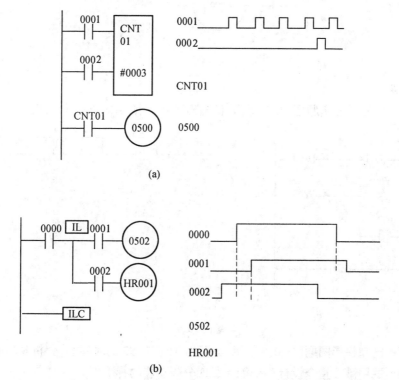

(a)

(b)

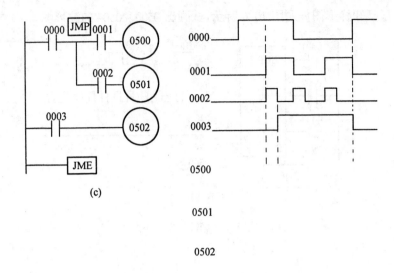

(c)

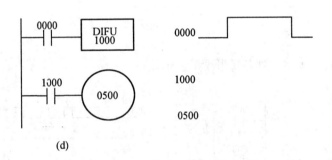

(d)

题图 10.7

10.11 已知梯形图题图 10.8 所示,试画出 Y0 的时序图,分析其功能。

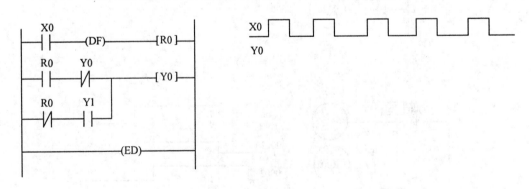

题图 10.8

10.12 已知梯形图题图 10.9 所示,试画出 Y0、Y1、Y2 的时序图,分析其功能。

10.13 试用微分指令设计一个能完成四分频功能的梯形图。

10.14 今有三台电动机 M1、M2、M3,因工艺流程需要按如下顺序控制:按下启动按钮 SB$_1$,M1 启动,延时 5 s 后 M2 启动,延时 10 s 后 M3 启动;M3 启动 20 s 后,M1、M2、M3 同时停车。试用 PLC 实现此控制要求,画出梯形图,给出程序清单。

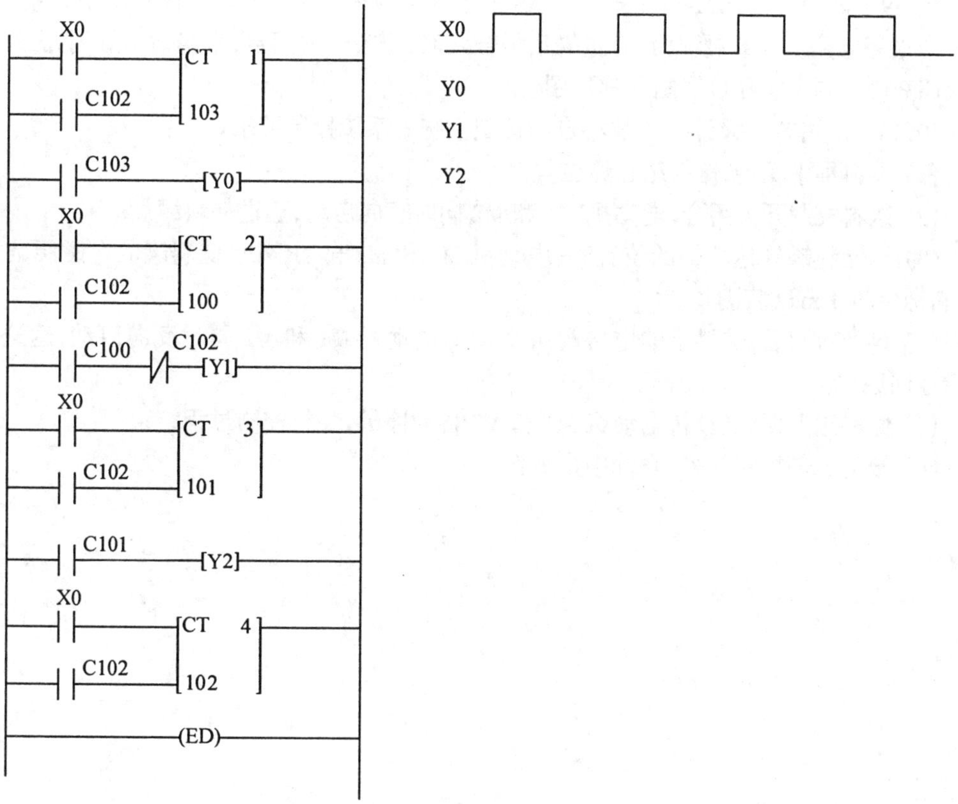

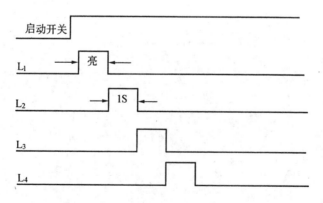

题图 10.9

10.15　今有四路工作指示灯 L_1、L_2、L_3、L_4，其工作要求如题图 10.10 所示。试用 PLC 实现此控制要求，画出梯形图。

题图 10.10

10.16　在 10.15 题中，若各路工作指示灯依次闪亮 1 s 后，再从新开始不断循环，试用 PLC 实现此控制要求，画出梯形图和时序图。

10.17　在 10.15 题中，若各路工作指示灯依次闪亮 1 s 自动循环 5 次再熄灭，试用 PLC 实现此控制要求，画出梯形图和时序图。

10.18　试用一台 PLC、四个抢答开关、一个复位开关、四个 5 V 的指示灯组成一个四路竞赛抢答器。要求画出实际接线图与梯形图。

10.19 试用一台 PLC、一个报警开关、一个 5 V 的报警指示灯、一个 5 V 的蜂鸣器组成一个报警电路。报警过程为:有报警信号输入时,报警开关闭合,报警指示灯闪亮,蜂鸣器鸣叫 30 s。画出实际接线图与梯形图。

10.20 试用 PLC 设计一个装料自动控制系统。系统控制要求如下:

(1) 设料桶中无料,储料罐在原位置。

(2) 送料控制开关闭合,电动机 M1 和 M2 同时正向启动,运送储料罐。

(3) 当储料罐到达料桶的位置时,电动机 M1 和 M2 自动停机,储料罐的电磁阀 A 打开,料桶装料 1 min(装满)。

(4) 料桶料满后,储料罐的电磁阀 A 关闭。电动机 M1 和 M2 同时反向启动,运送储料罐返回原位。

(5) 储料罐返回原位后,电动机 M1 和 M2 自动停机,装料控制过程结束。

(6) 按下急停控制开关,系统停止工作。

第三部分 模拟电子电路

第十一章 常用半导体器件

自 1948 年第一个半导体晶体管问世以来,半导体技术有了飞跃的发展。由于半导体电子器件具有体积小、重量轻、功耗低、寿命长、工作可靠等突出优点,很快占据了电子技术的主导地位,并且在现代工农业、科研和国防中获得了极其广泛的应用,其中最有代表性的是电子计算机的发展,已由早期的体积大、运算速度低的电子管式电子计算机,发展到现代大规模、超大规模集成电路式电子计算机,它的体积小,运算速度快、精度高,目前已在各个领域得到广泛应用。

本章从讨论半导体(硅、锗)的导电特性和 PN 结半导体器件的基础开始,然后介绍最常用的半导体二极管、三极管和光电耦合器的工作特性,为后面将要讨论的放大电路、开关电路等内容奠定基础。

11.1 半导体的导电特性

一、半导体及其特点

自然界的物质按其导电能力可分为导体、绝缘体和半导体三大类。导体的导电能力强,电阻率 $\rho = 0.01 \sim 1$ Ω·mm²/m,常用的导体为金属。绝缘体不导电,电阻率 $\rho \geqslant 10^4$ Ω·mm²/m,常用的绝缘体有石英、塑料、独石、涤纶等。半导体的导电能力介于导体和绝缘体之间,电阻率 $\rho = 10 \sim 10^{13}$ Ω·mm²/m,常用的半导体为硅、锗等。

半导体的导电能力受外界条件的影响很大,通过实验人们发现半导体有如下几个特点:

(1)对温度敏感。当环境温度升高时,半导体的导电能力增强。工程上利用这一特点制成了热敏元件,用来检测温度的变化。

(2)对光照敏感。有些半导体无光照射时电阻率很高,而一旦被光照后其导电能力增强。工程上利用这一特点制成了各种光电管、光电池等光敏元件。

(3)掺杂后导电能力剧增。如果在纯净的半导体内掺入微量的某种元素后,其导电能力就可能增加几十万倍乃至几百万倍。工程上利用这一最重要的特点制成了半导体二极管、三极管、场效应管及晶闸管等许多不同用途的半导体器件。

半导体为什么会有这些特点呢? 这是由其原子结构决定的。下面我们简单介绍一下半导体的内部结构和导电机理。

二、本征半导体

纯净的半导体称为本征半导体。应用最多的本征半导体为硅和锗,它们的原子结构如图 11.1 所示。在原子结构图中,最外一层的电子是价电子,硅和锗各有四个价电子,都是四价元素。如果把硅(或锗)通过一定的工艺提纯并形成单晶体后,所有原子便基本上排列整齐,形成晶体结构,如图 11.2(a)所示。

 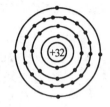

在本征半导体的晶体结构中,每一个原子与相邻的四个原子结合。每一个原子的一个价电子与另一原子的价电子组成一个电子对,这对价电子是每两个相邻原子共有的,它们通过共价键把相邻原子结合在一起,如图 11.2(b)所示。

(a)硅原子结构　　(b)锗原子结构

图 11.1　硅和锗原子结构

在共价键结构中,每个原子最外层有 8 个价电子处于较稳定的状态。但这些价电子一旦获得足够的能量(温度升高或受光照)后,便可挣脱原子核的束缚而成为自由电子,如图 11.2(c)中 1 处所示。温度愈高,晶体中产生的自由电子愈多。这些自由电子可在外加电场的作用下形成电流,这与金属导电的原理是相同的。

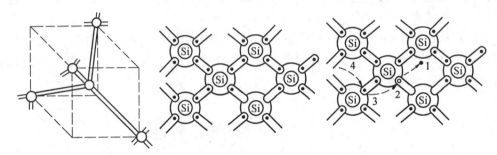

(a)立体结构　　　　(b)共价键的平面表示　　　　(c)自由电子和空穴的形成

图 11.2　半导体的单晶结构

当某个价电子脱离共价键的束缚成为自由电子后,在共价键的原处就留下一个"空位",如图 11.2(c)中 2 处所示,这个空位称为空穴。自由电子和空穴同时产生,成对出现,数量相等。在一般情况下原子呈中性,而当价电子挣脱共价键的束缚成为自由电子后,原子的中性便被破坏,因出现空穴而带正电(我们可以认为:空穴带正电)。因此,有空穴的原子就吸引相邻原子的价电子,来填补这个空穴。同时,相邻原子的共价键中又出现一个空穴,这个空穴也可由其它相邻原子中的价电子来递补,而在该原子中再出现一个空穴,如图 11.2(c)中 3、4 处所示。如此继续下去,就好像带正电的空穴在运动(实际上是价电子的运动)。因此我们可用空穴运动产生的电流来代替价电子递补运动产生的电流。

总之,当半导体两端加上电压时,在电场力作用下,半导体中将出现两部分电流:一是自由电子定向运动形成的电子电流;一是价电子定向递补空穴形成的空穴电流。即在半导体中存在着电子导电和空穴导电两种方式,这是半导体导电方式的最大特点,也是半导体导电和金属导电原理上的本质差别。

自由电子和空穴都称为载流子。它们总是成对的出现,同时又不断地复合。在一定温度下,载流子的产生和复合达到动态平衡,于是半导体中的两种载流子便维持相同数目,温度愈高,载流子数目愈多,导电性能也就愈好。所以温度对半导体器件性能的影响很大。

三、N型半导体和P型半导体

本征半导体虽然有自由电子和空穴两种载流子,但由于数量极少,导电能力仍然很低。如果在其中掺入微量的杂质,就能使半导体的导电性能大大增强。

由于所掺杂质的不同,半导体可分为两大类:N型半导体和P型半导体。

1.N型半导体

若在四价硅(或锗)晶体中掺入少量的五价元素磷(P),五价的磷原子在晶体中占据了原来硅原子的一个位置,如图11.3所示。磷原子中的五个价电子只有四个能够和相邻的四个硅原子组成共价键结构,余下的一个电子受磷原子核的吸引很弱。在常温下,这个价电子就容易吸收一定的能量而脱离磷原子,成为自由电子[1]。于是半导体中的自由电子数目大量增加。因为这种半导体中参与导电的载流子主要是自由电子,所以称其为电子型半导体,又叫N型半导体。

在掺杂的N型半导体中,自由电子的数量可增加几十万倍,大大超过硅晶体中由于温度升高而产生的电子空穴对,并且由于自由电子的数量增多而增加了复合机会,而使空穴的数目更少。因此在N型半导体中,自由电子是多数载流子,而空穴是少数载流子。

2.P型半导体

若在硅(或锗)晶体中掺入三价元素硼(B),由于每个硼原子只有三个价电子,因而在构成共价键结构时,将因缺少一个价电子而形成一个空穴,如图11.4所示[2]。于是半导体中的空穴数目大量增加。因此这种半导体中参与导电的载流子主要是空穴,空穴是多数载流子,自由电子是少数载流子,所以称其为空穴型半导体,又叫P型半导体。

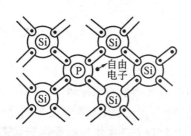

图11.3 在硅晶体中掺入磷元素

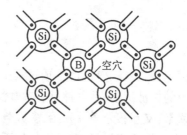

图11.4 在硅晶体中掺入硼元素

四、PN结

虽然N型和P型半导体的导电能力比本征半导体增强了许多,但不能直接用来制造半导体器件。通常采取一定的掺杂工艺,使一块半导体一边形成N型半导体,另一边形成P型半导体,在它们的交界面处就形成了PN结。PN结是构成各种半导体器件的基础。那么PN结是如何形成的呢?它有什么特性呢?

1.PN结的形成

一块半导体晶片两边经不同掺杂后分别形成P型和N型半导体,如图11.5(a)所示。图中⊖代表得到一个电子后的三价杂质离子(例如硼离子),带负电;⊕代表失去一个电子

---

[1] 磷原子因失去一个电子而成为不能移动的正离子。
[2] 相邻原子的价电子可填补硼原子的空穴,硼原子因得到一个电子而成为不能移动的负离子。

的五价杂质离子(例如磷离子),带正电。由于P区空穴浓度(单位体积内的空穴数)大,而N区空穴浓度小,因此空穴要从P区向N区扩散。首先是交界面附近的空穴扩散到N区,在交界面附近的P区留下一些带负电的三价杂质离子。

同样,N区的自由电子要向P区扩散,在交界面附近的N区留下带正电的五价杂质离子。这样,在P型半导体和N型半导体交界面的两侧就形成了一个空间电荷区,这个空间电荷区就是PN结。如图11.5(b)所示。

在空间电荷区的正负离子虽然带有电荷,但是它们不能移动,因而不能参与导电。而在这个区域内,载流子极少,所以空间电荷区的电阻率很高。

正负空间电荷在交界面形成一个电场,称为内电场,如图11.5(b)所示。由于内电场的形成,由P区向N区扩散的空穴和由N区向P区扩散的电子将受到电场力的阻碍,即内电场对多数载流子的扩散运动起阻碍作用。所以,空间电荷区又称为阻挡层。

空间电荷区的内电场对多数载流子的扩散运动起阻碍作用,但它可推动两个区域内的少数载流子越过空间电荷区,进入对方区域,如图11.6所示。这种少数载流子在内电场作用下的有规则运动称为漂移运动。

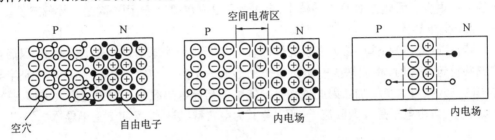

(a)载流子的扩散运动　　　　(b)平衡状态下的PN结　　　　图11.6　载流子的漂移运动
图11.5　PN的形成

由此可知,在PN结的形成过程中存在着两种运动:一种是多数载流子由于浓度差别而产生的扩散运动;另一种是少数载流子在内电场作用下产生的漂移运动,这两种运动既互相联系,又互相矛盾。开始,多数载流子的扩散运动占优势,但随着空间电荷区的逐渐加宽,内电场逐步加强,在外界条件不变的情况下,多数载流子的扩散运动逐渐减弱,而少数载流子的漂移运动则逐渐增强。最后,扩散运动和漂移运动达到动态平衡,即P区的空穴向N区扩散的数目与N区的空穴向P区漂移的数目相等(自由电子也是这样)。此时空间电荷区稳定下来,PN结处于稳定状态,对外呈电中性。

2.PN结的单向导电性

上面讨论的是PN结在没有外加电压时的情况。若在PN结两端加上电压会出现什么情况呢?

(1)PN结加正向电压

所谓PN结加正向电压,是指外电源的正极接PN结的P区,外电源的负极接PN结的N区,如图11.7(a)所示。由图可知,外电场方向和内电场方向相反,外电场将削弱内电场的作用。这就使得扩散运动和漂移运动的动态平衡被破坏。外电场将驱使P区的空穴进入空间电荷区,同时使N区的自由电子也进入空间电荷区,使空间电荷区变窄,从而使得多数载流子的扩散运动得到加强,形成较大的正向电流,电流的实际方向从P区流向N

区,即空穴的运动方向。在一定的外加电压范围内,外电场愈强,正向电流愈大,这时 PN 结呈现的电阻很低。正向电流包括空穴电流和自由电子电流两部分。空穴电流实际上是价电子作定向运动产生的电流,所以空穴电流和自由电子形成的电流两者方向相同。外电源不断地向半导体提供电荷,使电流得以维持。

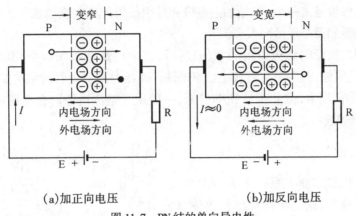

(a)加正向电压　　　　　　　(b)加反向电压

图 11.7　PN 结的单向导电性

(2)PN 结加反向电压

PN 结加反向电压,即外电源的正端接 N 区,负端接 P 区,如图 11.7(b)所示。此时外电场和内电场方向相同,在外电场的作用下靠近空间电荷区附近的空穴和自由电子被驱走,因而加宽了 PN 结,使内电场增强,多数载流子的扩散运动难于进行。另一方面,由于内电场的增强,使得少数载流子的漂移运动加强,在电路中形成了反向电流。但由于载流子的数量很少,因此反向电流不大。此时 PN 结呈现的电阻很高。又因少数载流子主要是由价电子获得热能挣脱共价键的束缚而产生的,因而当温度一定时,少数载流子的数量基本恒定。所以反向电流在一定的外加电压范围内变化不大(称为反向饱和特性)。但是,当温度升高时,少数载流子数目增加,反向电流增大。所以,温度对反向电流的影响很大。这就是半导体器件的温度特性很差的根本原因。

总之,在 PN 结上加正向电压时,PN 结电阻很小,正向电流很大(PN 结处于导通状态);加反向电压时,PN 结电阻很高,反向电流很小(PN 结处于截止状态)。可见,PN 结具有单向导电性。

思 考 题

11.1　半导体的导电方式与金属导体的导电方式有什么不同?

11.2　什么叫 N 型半导体? 什么叫 P 型半导体? 两种半导体中的多数载流子是怎样产生的? 少数载流子是怎样产生的?

11.3　N 型半导体中的自由电子多于空穴,P 型半导体中的空穴多于自由电子。是否 N 型半导体带负电,P 型半导体带正电?

11.4　空穴电流是不是由自由电子递补空穴所形成的?

11.5　空间电荷区既然是由带电的正负离子形成的。为什么它的电阻率很高?

11.2 半导体二极管

一、基本结构

半导体二极管是由一个 PN 结加上电极和外引线用外壳封装而成的。按其结构形式可分为点接触型和面接触型两大类。

点接触型二极管的结构如图 11.8(a)所示。它的 PN 结面积很小,因而通过的电流小,但其高频性能好,多用于高频和小功率电路。面接触型二极管的结构如图 11.8(b)所示。它的 PN 结面积大,但其工作频率较低,一般用于整流电路。在电路中二极管用图 11.8(c)所示符号表示。

二、伏安特性

半导体二极管本质上是一个 PN 结,因此,它具有单向导电性,这一单向导电性可用伏安特性表达出来。图 11.9 为二极管的伏安特性曲线(此曲线一般可在产品说明书和手册中查到)。由图可见,当外加正向电压很低时,外电场还不能克服 PN 结内电场对多数载流子扩散

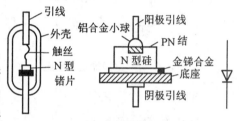

(a)点接触型　(b)面接触型　(c)符号

图 11.8　二极管结构及符号

运动的阻力,故正向电流很小,几乎为零。当正向电压超过一定数值时,内电场被大大削弱,电流增长很快。这一定数值的正向电压称为死区电压,其大小与材料和环境温度有关。硅管的死区电压约为 0.5 V,锗管约为 0.1 V。

由图 11.9 可以看出,在正向特性区,二极管一旦导通后,它两端的电压近似为一常数。对硅管,此值约为 0.6 ~ 0.7 V;对锗管,约为 0.2 ~ 0.3 V。此电压即为二极管正向工作时的管压降。在反向特性区,由于少数载流子的漂移运动,形成很小的反向电流。此反向电流有两个特点,一是它随温度的升高增长很快;二是在反向电压不超过某一范围时,反向电流的大小基本不变,而与反向电压的大小无关,故通常称它为反向饱和电流。当反向电压增加到某一值时,反向电流将突然增大,二极管的单向导电性被破坏,这种现象称为击穿,这一电压称为击穿电压。二极管被击穿后,一般不能恢复原来的性能,便失效了。发生击穿的原因是外加强电场把原子最外层的价电子拉出来,使载流子数目增多。而处于强电场中的载流子又因获得强电场所供给的能量而加速,将其它电子撞击出来,形成连锁反应,反向电流愈来愈大,最后使得二极管反向击穿。

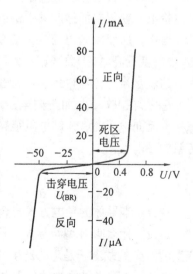

图 11.9　二极管的伏安特性曲线

三、主要参数

为了用简单明了的方法表征半导体器件的性能和运用的条件,每一种半导体器件都有一套相应的参数。生产厂家将其汇编成册,供用户选用。这里我们只介绍二极管的几个常用的参数。

1.最大整流电流 I_{FM}

最大整流电流是指二极管长时间使用时,允许流过的最大正向平均电流。在使用时不能超过此值,否则将由于二极管过热而损坏管子。

2.反向峰值电压 U_{RM}

反向峰值电压是保证二极管不被击穿而给出的最高反向工作电压,一般是反向击穿电压的一半,以确保管子安全工作。

3.反向峰值电流 I_{RM}

反向峰值电流是指在室温下二极管加反向峰值电压时,流经管子的电流。它说明了管子质量的好坏,反向电流大说明它的单向导电性差,而且受温度影响大。硅管的反向电流较小,一般在几个微安以下。锗管较大,一般为硅管的几十到几百倍。

四、应用举例

由于半导体二极管具有单向导电性,因而得到了广泛的应用。在电路中,常用来作为整流、检波、钳位、隔离、保护、开关等元件使用。

【例 11.1】 二极管的整流作用。

图 11.10 是由变压器、二极管 D 及负载电阻 R_L 组成的单相半波整流电路。

设 $u_2 = U_{2m} \sin wt$ V。正半波时,a 点为" + ",b 点为" - "。此时二极管 D 加正向电压(又称正向偏置,简称正偏),二极管 D 导通,负载 R_L 中流过电流 i_o,在 R_L 上产生压降 u_o,极性为上" + "下" - "。若忽略二极管的管压降,在负载电阻上的电压即为变压器副边电压,如图 11.11 所示。负半波时,a 点为" - ",b 点为" + "。此时二极管 D 加反向电压,二极管 D 截止,负载电阻 R_L 中无电流流过,输出电压 $u_o = 0$ V。

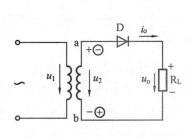

图 11.10 单相半波整流电路

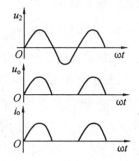

图 11.11 单相半波整流电路的波形图

由图 11.11 可以看出,利用二极管的单向导电性可将极性变化的交流电变为单向脉动的直流电。在这里,二极管 D 起整流作用。

【例 11.2】 二极管的钳位与隔离作用。

在图 11.12 所示电路中,A、B 为电压信号的输入端,F 为电压信号的输出端。设 $V_A = +3$ V,$V_B = 0$ V。电路中,两个二极管的阴极接在一起(共阴极接法,阴极电位相同),通过电阻 R 接负电源。因此两个二极管中哪个阳极电位高哪个就优先导通。由于 $V_A > V_B$，所以二极管 D_A 优先导通。如果二极管的正向压降忽略不计，则输出端 F 的电位 $V_F = V_A = +3$ V，致使 D_B 反偏而截止。在这里，D_A 起钳位作用，将输出端 F 点的电位钳制在 A 点的电位上；D_B 起隔离作用，将输出端 F 和输入端 B 隔离开(断路)，没有电的联系。

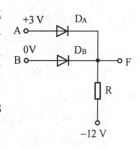

图 11.12 二极管的钳位与隔离作用

【例 11.3】 二极管的保护作用。

图 11.13(a)为一继电器线圈控制电路。当线圈断电时，电流将急剧下降，其变化率 $\dfrac{\mathrm{d}i_L}{\mathrm{d}t}$ 很大，致使线圈两端产生很大的电动势 e_L。e_L 的极性为上"－"下"＋"(e_L 力图阻止电流的减小)，它和电源电压 U 相加后足以击穿开关 S 之间的空气隙，产生火花，会将开关烧坏。为避免 e_L 和火花的产生，保护开

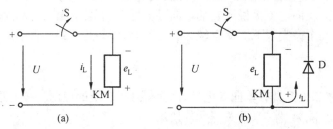

图 11.13 二极管的续流保护作用

关，可在线圈两端并联一个二极管，如图 11.13(b)所示。在开关 S 接通时，二极管反偏，不影响继电器的正常工作。当 S 断开时，二极管 D 导通，线圈电流 i_L 经过二极管 D 继续流通，这样，开关 S 在断开瞬间就不会产生火花了。在这里二极管 D 起到了续流保护的作用。

五、发光二极管及其应用

发光二极管是一种通电后能发光的二极管，由于它具有功耗小、体积小、抗震性好、寿命长、响应时间快及使用方便等特点，目前被广泛用作指示灯和数码显示等。

发光二极管的外形和电路符号如图 11.14(a)和(b)所示。它工作时加正向电压，当 PN 结通过正向电流时，从 N 区扩散到 P 区的电子和由 P 区扩散到 N 区的空穴，在 PN 结附近数微米区域内分别与 P 区的空穴和 N 区的电子复合，复合时放出能量，从而发出一定波长的光，其波长与材料有关。砷化镓发光二极管发出的是绿光，磷化镓发光二极管发出的是绿光或红光。发光二极管的工作电压一般在 2 V 以下，工作电流为几个毫安。

用发光二极管作指示灯的简单电路如图 11.15 所示，其中 R 为限流电阻，避免因电流过大而烧坏发光二极管。在一定的范围内，电流愈大，发光二极管愈亮。

将多个发光二极管组合在一起可构成发光二极管显示器，或称 LED 数码管。目前已被广泛用于小型设备(如数字仪表、微型计算机等)的数字显示。具体应用将在本书第十四章数字电路中讨论。

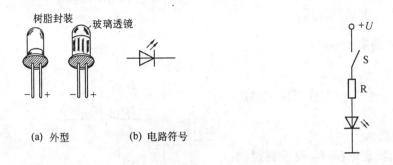

图 11.14　发光二极管的外形和符号　　　　图 11.15　发光二极管作指示灯

思 考 题

11.6　什么是二极管的死区电压? 为什么会出现死区电压? 硅管和锗管的死区电压的典型值约为多少?

11.7　怎样用万用表判断二极管的正负极以及管子的好坏?

11.8　用万用表测量二极管的正向电阻时,用 R×100 Ω 挡测出的电阻值小,用 R×1 kΩ 挡测出的电阻值大,这是为什么?

11.9　当二极管正向导通时,硅管和锗管的正向工作电压的典型值是多少? 二极管反向截止时,为使管子不被击穿,最高反向工作电压一般应为多少?

11.10　二极管电路如图 11.16(a)、(b)所示。求 U_o(忽略二极管的正向压降)。

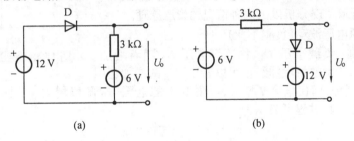

(a)　　　　　　　　　　　　　　(b)

图 11.16　思考题 11.10 的图

11.3　半导体稳压管

一、基本结构

稳压管是一种特殊的面接触型半导体硅二极管,由于它在电路中与适当阻值的电阻配合后能起稳定电压的作用,故称稳压管。其电路符号如图 11.17 中所示。

二、伏安特性

稳压管的伏安特性曲线形状与普通二极管类似,只是反向特性比普通二极管更陡一些。从工作状态上看,与二极管不同的是,普通二极管正常工作时反向电压不允许达到击穿电压值,否则将被击穿而损坏;稳压管正常工作时恰恰是在反向击穿电压下工作,去掉反向电压后,稳压管又恢复正常。由其特性曲线可以看出,稳压管工作在反向击穿状态时,它两端的电压基本保持不变,而电流可在很大范围内变化。正是利用稳压管这一特性,使它在电路中起稳压作用。

三、稳压管的主要参数

1.稳定电压 U_Z

稳压管在正常工作下管子两端的电压。

2.稳定电流 I_Z

稳压管加稳定电压 U_Z 时所通过的正常工作电流。这个电流与电路中其它元件参数有关。

3.最大整流电流 I_{Zmax}

稳压管正常工作时允许流过的最大电流。

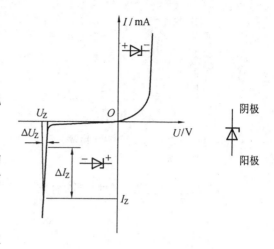

（a）伏安特性　　　　（b）电路符号

图 11.17　稳压管的伏安特性和电路符号

四、应用举例

【例 11.4】　稳压管的稳压作用。

在实际应用中,电源电压 U 经常会出现波动,负载根据实际需要也经常变化。电源波动和负载变化都会使负载的端电压 U_L 不稳定。为使负载电压稳定,可在电源和负载之间接上由稳压管 D_Z 和限流电阻 R 组成的稳压电路,如图 11.18 所示。现分析以下两种情况的稳压原理。

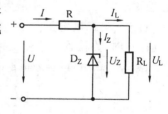

图 11.18　稳压管稳压电路

1.设电源电压波动（负载不变）

若 U 增加,负载电压 U_L、稳压管电压 U_Z 随着增加。从图 11.17(a)所示的特性曲线上可以看出,U_Z 的增加会引起 I_Z 的显著增加,而使电流 I 增大,电阻 R 上的电压 U_R 随着增大,U_L 回落,从而使 U_L 保持基本不变。其过程可表示为

$$U\uparrow \to U_L\uparrow \to U_Z\uparrow \to I_Z\uparrow$$
$$U_L\downarrow \leftarrow U_R\uparrow \leftarrow I\uparrow$$

2.设负载变化（电源不变）

若 R_L 减小,I_L 增大,I 也增大,电阻 R 上电压 U_R 随着增大,U_L 和 U_Z 则减小。U_Z 的减小会引起 I_Z 的显著减小,而使 I 减小,U_R 也减小,U_L 回升,从而使 U_L 保持基本不变。其过程可表示为

$$R_L\downarrow \to I_L\uparrow \to I\uparrow \to U_R\uparrow \to U_L\downarrow$$
$$U_L\uparrow \leftarrow U_R\downarrow \leftarrow I\downarrow \leftarrow I_Z\downarrow \leftarrow U_Z\downarrow$$

由此可见,稳压管稳压电路是通过稳压管电流 I_Z 的调节作用和限流电阻 R 上电压降 U_R 的补偿作用而使输出电压稳定的。

【例 11.5】　稳压管的限幅作用。

在图 11.19(a)所示电路中,为了使输出电压的幅度满足实际要求,可利用稳压管进行限幅,当电压 u_i 的幅度为 $+U$ 时,稳压管 D_{Z1} 正向导通,U_{Z1} 小于 1V。稳压管 D_{Z2} 反向击穿导通,起限幅作用,输出电压 U_o 的幅度为 $U_{Z1}+U_{Z2}\approx U_{Z2}$,如图 11.19(b)、(c)所示。当输入电压 u_i 的幅度为 $-U$ 时,D_{Z1} 反向击穿导通,起限幅作用。D_{Z2} 正向导通,输出电压 U_o 的幅度为 $U_{Z1}+U_{Z2}\approx U_{Z1}$。

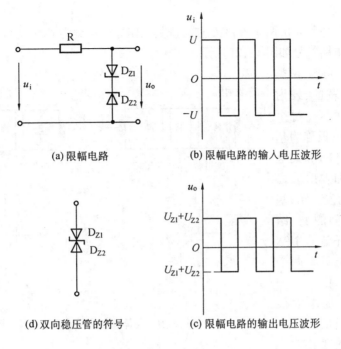

(a) 限幅电路

(b) 限幅电路的输入电压波形

(d) 双向稳压管的符号

(c) 限幅电路的输出电压波形

图 11.19 稳压管限幅电路

为使输出波形对称,一般双向限幅电路中的稳压管都采用双向稳压管。双向稳压管是采用特殊的工艺将两个稳压管制作在一块半导体晶片上,使两个稳压管的温度特性及外特性对称。双向稳压管的电路符号如图 11.19(d)所示。

思 考 题

11.11 稳压管和普通二极管在工作性能上有什么不同? 稳压管正常工作时应工作在伏安特性曲线上的哪一段?

11.12 图 11.20 各电路中稳压管($U_Z = 8$ V)是否起稳压作用? 为什么?

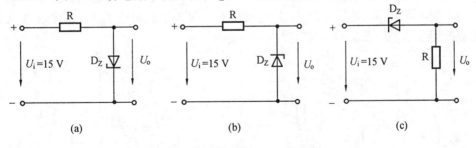

(a)   (b)   (c)

图 11.20 思考题 11.12 的电路

11.4 半导体三极管

一、双极型晶体三极管

双极型晶体三极管简称晶体管。它是因其中有两种极性的载流子——电子和空穴同时参与导电而得名。

1. 基本结构

最常见的晶体管是由两个 PN 结组成,按其工作方式可分为 NPN 型和 PNP 型两大类,其结构示意和电路符号如图 11.21 所示。

由图 11.21 可知,两类晶体管都分成基区、发射区、集电区三个区。每个区分别引出的电极称为基极(B)、发射极(E)和集电极(C)。基区和发射区之间的 PN 结称为发射结;基区和集电区之间的 PN 结称为集电结。不论是 NPN 型或 PNP 型,都具有两个共同的特点:

第一,基区的厚度很薄,掺杂浓度很低;第二,发射区的掺杂浓度很高。

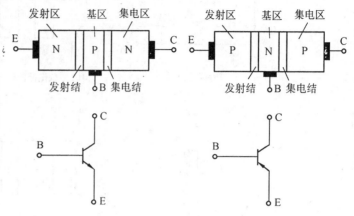

图 11.21　晶体管结构示意及电路符号图

NPN 型和 PNP 型晶体管尽管在结构上有所不同,但其工作原理是相同的。在本书中均以 NPN 型为例讲述,如果遇到 PNP 型管子,只要把电源极性更换一下就可以了。

2. 电流分配及放大原理

为了了解晶体管内部工作原理,我们先来分析一个实验电路,如图 11.22 所示。图中 E_B 是基极电源,R_B 是基极电阻。E_C 是集电极电源,R_C 是集电极电阻。$E_C > E_B$。晶体管接成两个回路:基极回路和集电极回路。发射极是公共端,这种接法称为共发射极接法。

三极管由两个 PN 结组成,BE 结和 BC 结相当于两个二极管,如图 11.23 所示。可以看出:$V_B > V_E$,发射结加的是正向电压(正偏);$V_C > V_B$,集电结加的是反向电压(反偏)。

当改变电阻 R_B 时,基极电流 I_B、集电极电流 I_C 和发射极电流 I_E 的大小都发生变化,各电流的测量结果列于表 11.1 中。

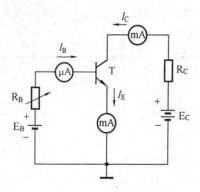

图 11.22　晶体管电流放大电路

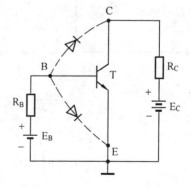

图 11.23　用两个二极管表示三极管

表 11.1　图 11.22 实验电路的测量数据

I_B/mA	– 0.001	0	0.02	0.04	0.06	0.08	0.10
I_C/mA	0.001	0.01	0.70	1.50	2.30	3.10	3.95
I_E/mA	0	0.01	0.72	1.54	2.36	3.18	4.05

实验分析：

(1)实验数据中的每一列都表现出流进晶体管的电流的代数和为零,可以写为

$$I_E = I_C + I_B$$

(2)从电流的数量级上看,集电极电流 I_C 和发射极电流 I_E 比 I_B 大得多,而且 I_B 发生变化则 I_C 和 I_E 均产生变化。I_C 和 I_B 的比值在一定的范围内近似为常量。如

$$\frac{I_{C4}}{I_{B4}} = \frac{1.50}{0.04} = 37.6 \qquad \frac{I_{C5}}{I_{B5}} = \frac{2.3}{0.06} = 38.3$$

$$\frac{I_{C6}}{I_{B6}} = \frac{3.10}{0.08} = 38.7$$

如果基极电流有一个微小的增量 ΔI_B,例如,I_B 从 0.04 mA 增加到 0.06 mA,增量 ΔI_B = 0.02 mA。那么集电极电流就有很大的增量,即 I_C 从 1.5 mA 增加到 2.3 mA,增量 ΔI_C = 0.8 mA。二者之比值为

$$\frac{\Delta I_C}{\Delta I_B} = \frac{0.8}{0.02} = 40$$

由上述数据分析可以看出,晶体三极管具有显著的电流放大作用。

上述结论是在发射结正偏、集电结反偏情况下得出的。

下面我们以晶体管载流子的运动规律来研究晶体管的电流分配及放大原理。载流子在晶体管内部的运动可分为三个区域来分析。

把图 11.22 电路改画为图 11.24。在电路中发射结正偏,集电结反偏。

① 发射区向基区扩散电子。因为发射结正偏,发射区的多数载流子(电子)将向基区扩散形成电流 I_E。与此同时,基区的空穴向发射区扩散,这一部分形成的电流很小(基区中空穴浓度低),可忽略不计。此时大量电子将越过发射结进入基区。

② 电子在基区的扩散与复合。由发射区进到基区的电子,起初都聚集在发射结边缘,而靠近集电结的电子很少。这样在基区中形成了浓度上的差别,因此自由电子要向集电结边缘扩散。

在扩散过程中由于基区载流子浓度远远小于发射区载流子浓度,而且基区很薄,所以大部分自由电子能扩散到集电结边缘。只有一小部分自由电子和空穴相遇而复合掉。

由于基区接在外电源 E_B 的正极,因此电源不断从基区拉走受激发的价电子,这相当于不断补充基区中被复合掉的空穴,形成基极电流 I_B。

③ 集电区收集从发射区扩散过来的电子。由于集电结反偏,内电场增强,集电区的多数载流子——自由电子不能扩散到基区去。但集电结的内电场能把扩散到集电结边缘的自由电子拉到集电区。在集电区的自由电子不断地被电源 E_C 拉走,这部分电子流形成集电极电流 I_C。

集电区的少数载流子——空穴在内电场作用下漂移到基区,形成由少数载流子构成

的反向饱和电流 I_{CBO}[①],这部分电流很小,但受温度影响很大。综上所述,从发射区扩散到基区的电子,大部分到达集电区形成电流 I_C,只有很小一部分在基区和相遇的空穴相复合,形成 I_B,I_B 比 I_C 要小得多。它们的比值用 $\bar{\beta}$ 表示,$\bar{\beta} = \dfrac{I_C}{I_B}$,称为晶体管的直流电流放大系数。

从电流分配的角度看,发射极电流被分成基极电流 I_B 和集电极电流 I_C 两部分,它们的关系是,$I_C = \bar{\beta} I_B$。

从电流放大作用的角度看,可以认为管子能把数值为 I_B 的基极电流放大 $\bar{\beta}$ 倍并转换为集电极电流 I_C,即 $I_C = \bar{\beta} I_B$。

我们也可以把晶体管的电流放大作用进而理解为晶体管的控制作用。由于 $I_C / I_B = \bar{\beta}$,因而,I_C 的数值将随着 I_B 改变,即 I_C 受 I_B 的控制。

3. 特性曲线

晶体管的特性曲线是内部载流子运动规律的外部表现,它反应晶体管的性能,是分析放大电路的重要依据。最常用的是共发射极接法时的输入特性曲线和输出特性曲线。这些特性曲线,可用晶体管特性曲线图示仪直观地显示出来,也可以通过如图 11.25 所示的实验电路进行测绘。

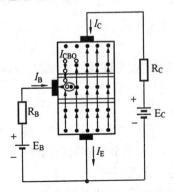
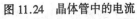

图 11.24　晶体管中的电流

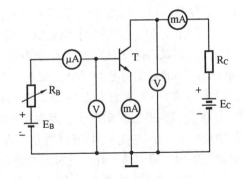

图 11.25　测量晶体管特性的实验电路

(1) 输入特性曲线。输入特性曲线是指当集－射极电压 U_{CE} 为常数时,输入回路(基极回路)中基极电流 I_B 与基－射极电压 U_{BE} 之间的关系曲线 $I_B = f(U_{BE})$。如图 11.26 所示。

对硅管而言,当 $U_{CE} \geqslant 1V$ 时,集电结反向偏置,并且内电场已足够强,可以把从发射区扩散到基区的电子中的绝大部分拉入集电区。如果此时再增大 U_{CE},只要 U_{BE} 不变,即发射结的内电场不改变,那么,从发射区发射到基区的电子数就一定,因而 I_B 也就基本上不变,故 $U_{CE} \geqslant 1\ V$ 后的输入特性基本上是重合的。所以,通常只画出 $U_{CE} \geqslant 1\ V$ 的一条输入特性曲线。

由图 11.26 可见,晶体管的输入特性和二极管的伏安特性一样。当 $U_{BE} < 0.5\ V$ 时(对锗管为 0.1V),$I_B \approx 0$,即此时晶体管处于截止状态,对 $U_{BE} < 0.5\ V$ 区域同样称为死

---

① 见本节主要参数(2)项。

区。当 $U_{BE} > 0.5$ V 后，I_B 增长很快。在正常工作情况下，NPN 型硅管的发射结电压 $U_{BE} = 0.6 \sim 0.7$ V(PNP 型锗管的 $U_{BE} = -0.2 \sim -0.3$ V)。

(2) 输出特性曲线。晶体管的输出特性曲线是指当基极电流 I_B 为常数时，输出电路(集电极回路)中集电极电流 I_C 与集-射极电压 U_{CE} 之间的关系曲线即 $I_C = f(U_{CE})$。在不同的 I_B 下，可得出不同的曲线，所以晶体管的输出特性曲线是一组曲线，如图 11.27 所示。

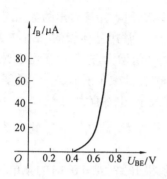

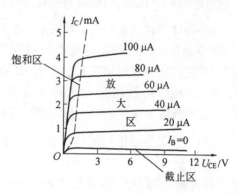

图 11.26 3DG6 晶体管的输入特性曲线   图 11.27 3DG6 晶体管的输出特性曲线

当 I_B 一定时，从发射区扩散到基区的电子数大致是一定的。在 $U_{CE} = 0 \sim 1$ V 这一段，随着 U_{CE} 的增大(集电结反偏，内电场增强，收集电子能力加强)，I_C 线性增加。在 U_{CE} 超过大约 1 V 以后，内电场已足够强，这些电子的绝大部分都被拉入集电区而形成 I_C，以致当 U_{CE} 继续增高时，I_C 也不再有明显的增加，具有恒流特性。

当 I_B 增大时，相应的 I_C 也增大，曲线上移，而且 I_C 比 I_B 增加得多的多，这就是晶体管的电流放大作用的表现。

通常把晶体管的输出特性曲线分为三个工作区：

①曲线的中间部分称为放大区。在这个区域内，I_C 与 I_B 基本上成正比关系，即 $I_C = \bar{\beta} I_B$，因此放大区又称为线性区。此时晶体管的发射结处于正向偏置，集电结处于反向偏置。

②$I_B = 0$ 的那条曲线以下的狭窄区域称为截止区。在这个区域内，由于 $I_B \approx 0$，$I_C \approx 0$，晶体管的 C、E 极之间相当于一个断开的开关。

③左部画虚线的区域称为饱和区。在这个区域内，晶体管饱和，I_C 与 I_B 线性关系被破坏，晶体管失去电流放大作用。饱和时，电压 $U_{CE} = 0.2 \sim 0.3$ V(锗管为 $0.1 \sim 0.2$ V)，晶体管的 C、E 极之间相当于一个闭合的开关。

4. 主要参数

晶体管的参数是用来表征其性能和适用范围的，是选用、设计电路的依据。晶体管的参数很多，这里只介绍几个主要参数。

(1) 共射极电流放大系数 $\bar{\beta}$、β。当晶体管接成共射极电路时，在静态(无输入信号)时集电极电流 I_C 与基极电流 I_B 的比值称为共发射极静态(又称直流)电流放大系数，用 $\bar{\beta}$ 表示。即

$$\bar{\beta} = \frac{I_C}{I_B} \tag{11.1}$$

当晶体管工作在动态(有输入信号)时,基极电流的变化量为 ΔI_B,由它引起的集电极电流变化量为 ΔI_C,ΔI_C 和 ΔI_B 的比值称为动态(又称交流)电流放大系数,用 β 表示。即

$$\beta = \frac{\Delta I_C}{\Delta I_B} \tag{11.2}$$

由以上可知,两个电流放大系数的含义不同,但在输出特性曲线近于平行等距的情况下,两者数值较为接近,因而通常在估算时,即认为 $\beta \approx \bar{\beta}$。

在半导体器件手册中有时用 h_{FE} 代表 $\bar{\beta}$,用 h_{fe} 代表 β 值。并且给出的数值对同一型号的管子也有一定的范围,这是由于制造工艺而决定的。常用晶体管的 β 值在 20 ~ 100 之间。在使用中温度对 β 值影响很大,当温度升高时,β 值增大,这是由于温度升高后加快了基区中电子扩散速度,基区中电子与空穴复合的数目减少所致,一般温度每升高 1℃,β 值大约增加 0.5% ~ 1%,选用管子时,β 值不宜太小,也不宜太大。

当晶体管工作在饱和区和截止区时,β 已不是一个常数,即 $I_C = \bar{\beta} I_B$ 的关系不再存在。

(2) 集 – 基极反向饱和电流 I_{CBO}。I_{CBO} 是当发射极开路($I_E = 0$)时的集电极电流。I_{CBO} 是由少数载流子漂移运动(主要是集电区的少数载流子向基区运动)造成的。它受温度影响很大。在室温下,小功率锗管的 I_{CBO} 约为几微安到几十微安,小功率硅管在 1 μA 以下。温度每升高 10℃,晶体管的 I_{CBO} 大约增加 1 倍。在实际应用中此数愈小愈好。硅管的温度稳定性比锗管要好,在环境温度较高的情况下应尽量采用硅管。

(3) 集 – 射极穿透电流 I_{CEO}。I_{CEO} 是基极开路($I_B = 0$)时的集电极电流。因为它是从集电极穿透管子而到达发射极的,所以又称穿透电流。

由于集电结反向偏置,集电区的空穴漂移到基区形成电流 I_{CBO}。而发射结正向偏置,发射区的电子扩散到基区,其中一小部分和形成 I_{CBO} 的空穴相复合,而大部分被集电结拉到集电区,如图 11.28 所示。由于基极开路,即 $I_B = 0$,所以参与复合的电子流也应等于 I_{CBO}。根据晶体管内部电流分配原则,从发射区扩散到达集电区的电子数,应为在基区与空穴复合的电子数的 $\bar{\beta}$ 倍,即此时集电极电流 $I_{CEO} = I_{CBO} + \bar{\beta} I_{CBO} = (1 + \bar{\beta}) I_{CBO}$。当 $I_B \neq 0$ 时,即基极不开路时集电极电流应为

$$I_C = \bar{\beta} I_B + I_{CEO} \tag{11.3}$$

由以上分析可知,温度升高时,I_{CBO} 增大,I_{CEO} 随着增加,于是集电极电流 I_C 亦增加。所以,选用管子时一般希望 I_{CEO} 小一些。因为 $I_{CEO} = (1 + \bar{\beta}) I_{CBO}$,所以应选用 I_{CBO} 小的管子,而且 β 值亦不能太大,一般 β 值以不超过 100 为好。

(4)集电极最大允许电流 I_{CM}。集电极电流 I_C 超过一定值时,晶体管 β 值要下降。当 β 值下降到正常值 2/3 时的集电极电流,称为集电极最大允许电流 I_{CM}。因此在使用晶体管时,若 $I_C > I_{CM}$,管子不一定损坏,但 β 值要大大下降。

(5) 集 – 射极击穿电压 BU_{CEO}。基极开路时,加在集电极和发射极之间的最大允许电压称为集 – 射极击穿电压 BU_{CEO},当晶体管的集 – 射极电压 $U_{CE} > BU_{CEO}$ 时,I_C 将突然增大,管子被击穿。当温度升高时,BU_{CEO} 要下降,使用时应特别注意。

(6)集电极最大允许耗散功率 P_{CM}。由于集电极电流通过集电结时将产生热量,使结温升高,从而会引起晶体管参数变化。当晶体管因受热而引起的参数变化不超过允许值

时,集电极所消耗的最大功率,称为集电极最大允许耗散功率 P_{CM}。

P_{CM}主要受管子的温升限制,一般来说锗管允许结温为 $70\sim90$℃,硅管约为 150℃。

一个管子的 P_{CM}值已确定,由 $P_{CM}=U_{CE}I_C$ 可知,U_{CE}和 I_C 在输出特性曲线上的关系为一双曲线,这条曲线称为 P_{CM}曲线,图 11.29 所示为 3DG6 的 P_{CM}曲线。曲线左方 $U_{CE}I_C$ $< P_{CM}$,是晶体管安全工作区;右方则为过损耗区,是晶体管不允许工作区。

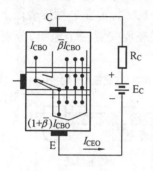

图 11.28　集-射极穿透电流

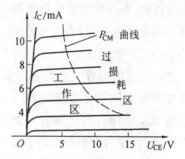

图 11.29　3DG6 的 P_{CM}曲线

以上所介绍的几个参数中 β 和 I_{CBO}是表示一个管子优劣的主要指标。I_{CM}、BU_{CEO}和 P_{CM}是极限参数,说明晶体管的使用限制。

晶体管是半导体器件中最重要的器件,可用作放大电路中的放大元件、脉冲数字电路中的开关元件等,应用十分广泛,我们将在后续各章专门分析讨论。

思 考 题

11.13　二极管、稳压管、三极管在结构上有什么共同点和不同点? 在实际应用中它们各起什么作用?

11.14　要使晶体管工作在放大状态,发射结为什么要正偏? 集电结什么要反偏?

11.15　试画出 PNP 型晶体管工作在放大状态下外接 E_C、E_B 的电路图。

11.16　晶体管的电流放大作用体现在:(a)$I_C>I_B$;(b)$I_E>I_C>I_B$;(c)$\Delta I_C>\Delta I_B$。你认为哪一个正确?

11.17　若使 NPN 型晶体管工作在放大状态,你认为下面哪些式子是正确的?

(1)$V_C>V_B$;(2)$V_B>V_C$;(3)$V_B>V_E$;(4)$V_B<V_E$;(5)$V_C>V_B>V_E$。

11.18　有两个晶体管,一个的 $\beta=200$,$I_{CEO}=200\ \mu A$,另一个的 $\beta=50$,$I_{CEO}=10\ \mu A$,其它参数大致相同,你认为应该选哪一个合适?

11.19　使用晶体管时,只要(a)$I_C>I_{CM}$;(b)$U_{CE}>BU_{CEO}$;(c)$P>P_{CM}$,晶体管就必然损坏。上述几种说法是否正确?

*二、场效应晶体三极管

场效应晶体三极管也是一种半导体三极管,它的功能与双极型晶体管相同,可用作放大元件或开关元件,其外形也与双极型晶体管相似。但其工作原理却与双极型晶体管不同,它的工作是基于半导体内部或表面电场对多数载流子的作用,因而得名场效应晶体三极管,简称场效应管。由于场效应管具有输入电阻高、制造工艺简单、易于大规模集成化、热稳定性较好等优点,因而得到了越来越广泛的应用。

场效应管的种类很多。下面仅介绍应用最广泛的一种由金属(M)、氧化物(O)和半导体(S)构成的所谓 MOS 绝缘栅场效应管(简称 MOS 管)。

1. MOS 场效应管的结构和工作原理

图 11.30 是一种 MOS 管的结构和符号。它以一块掺杂浓度较低、电阻率较高的 P 型硅片作为衬底,利用扩散方法形成两个高掺杂浓度的 N$^+$ 区,再在 P 型硅表面上生成一层很薄的二氧化硅绝缘层,在二氧化硅的表面和 N$^+$ 区表面安置三个电极,分别称为栅极(G)、源极(S)和漏极(D)。

工作时在漏极与源极之间加上漏源电压 U_{DS},在栅极与源极之间加上栅源电压 U_{GS},如图 11.31 所示。当 $U_{GS}=0$ 时,由于漏极与 P 型硅片之间存在一个反向 PN 结,故漏极电流 $I_D=0$。当 $U_{GS}>0$ 时,就在栅极与 P 型硅片之间的二氧化硅介质中产生一个垂直的电场。由于二氧化硅层很薄,虽 U_{GS} 不大,但电场很强。在强电场的作用下,栅极附近硅片中的空穴被排斥,而硅片和 N$^+$ 区中的电子被吸引,形成一个电子薄层。这个薄层就成为漏极与

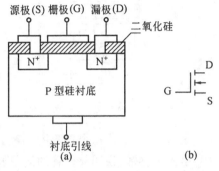

图 11.30　MOS 场效应管的结构和符号

源极之间的导电沟道,被称为 N 型沟道。在漏源电压 U_{DS} 作用下,由于 N 型沟道的导通作用,将形成漏极电流 I_D。这种场效应管称为 N 沟道增强型 MOS 管。

U_{GS} 越大,N 型沟道越厚,沟道电阻越小,I_D 越大。由此可利用 U_{GS} 对 I_D 进行控制。

同理,只要将衬底换成 N 型硅,在上面形成两个 P$^+$ 区,就可制成 P 沟道 MOS 管。其控制原理与 N 沟道 MOS 管相同,只是电压极性和电流方向都与 N 沟道 MOS 管电路中的相反。

如果在制造管子时就使它具有一个原始导电沟道,这种绝缘栅场效应管就属于耗尽型,以与增强型区别。所以绝

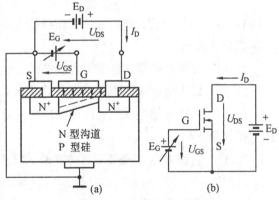

图 11.31　N 沟道 MOS 管的工作原理

缘栅场效应管可分为 N 沟道增强型、N 沟道耗尽型、P 沟道增强型和 P 沟道耗尽型四种。

2. 场效应管的特点

为了容易地掌握场效应管的特点,我们将它和晶体管作以比较:

① 晶体管是电流控制型元件,其中有电子和空穴两种载流子同时参与导电,故称双极型晶体管。而场效应管则是电压控制型元件,其中只有一种载流子参与导电,故又称单极型晶体管。

② 衡量晶体管的电流控制能力大小的参数是电流放大系数 β,即 $\Delta I_C = \beta \Delta I_B$。衡量

场效应管电压控制能力大小的参数是跨导 g_m,当漏源电压 U_{DS} 为常数时,它等于漏极电流增量与栅源电压增量的比值,即

$$g_m = \frac{\Delta I_G}{\Delta U_{GS}}\big|_{U_{DS}=\text{常数}} \quad \text{或} \quad \Delta I_D = g_m \Delta U_{GS} \tag{11.17}$$

③ 场效应管的转移特性曲线和漏极特性曲线如图 11.32、11.33 所示。

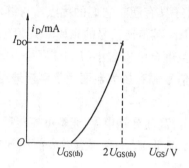

图 11.32　N 沟道增强型 MOS
管的转移特性曲线

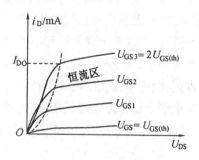

图 11.33　N 沟道增强型 MOS 管
的漏极特性曲线

从曲线的形状来看,场效应管的转移特性曲线与晶体管的输入特性曲线相似,电压 $U_{GS(th)}$ 称为开启电压,与晶体管输入特性中的死区电压对应。根据半导体物理中对场效应管内部载流子的分析可以得到恒流区中 i_D 的近似表达式为

$$i_D = I_{DO}\left(\frac{u_{GS}}{U_{GS(th)}} - 1\right)^2 \tag{11.18}$$

其中,I_{DO} 是 $u_{GS} = 2U_{GS(th)}$ 时的 i_D 场效应管的漏极特性曲线与晶体管的输出特性曲线相似,也分为放大区、饱和区和截止区,且场效应管也有放大、开关的作用。

④ 由于晶体管是电流控制元件,因此它的输入电阻 r_{be} 不大,一般只有 $10^2 \sim 10^4 \Omega$,而场效应管是电压控制元件,栅极是绝缘的,因此它的输入电阻 r_{GS} 很高,一般高达 $10^9 \sim 10^{14}\Omega$。这是场效应管的一个重要特点。

⑤ 晶体管和场效应管的输出电阻都很高。

⑥ 晶体管与场效应管的三个对应电极是:

基极 B – 栅极 G;

发射极 E – 源极 S;

集电极 C – 漏极 D。

⑦ 从热稳定性上比较,晶体管较差,场效应管较好。

⑧ 从制造工艺上看,晶体管的制造工艺比较复杂,场效应管的制造工艺比较简单,且成本低,便于集成。

另外,在使用场效应管过程中,除注意不要超过最高漏源电压、栅源电压和耗散功率等极限参数外,还应特别注意可能出现栅极感应电压过高而造成绝缘层的击穿问题。因此,在存放时须将管子的三个电极短接,焊接时应注意将电烙铁接地。

11.5　光电耦合器

光电耦合器件(简称光耦)是一种新型的电子器件,近年来在微型计算机及其它控制系统中应用非常广泛。这种器件用光来传递信息,可以使电路的输入和输出在电气上完全隔绝,并具备继电器或信号变压器的功能,同时还具有超越它们的优点。与继电器相比,它速度快,无触点并且耗能少;与信号变压器相比,其传递信号的频率可从直流到较高频率,并可以实现单方向传递和不受电磁干扰,而且耦合电容较小(1 pF 以下)。此外,它还具有体积小、重量轻、耐振动等优点。特别是当信号源和放大器两边都要接地时,用这种器件更佳,它可以消除附加干扰。

光电耦合器件近年来发展很快,而且品种繁多。高速光耦电器、光敏可控硅等产品已经问世,并且已经集成化,不仅使用方便,而且成本又低,是一种很有发展前途的电子器件。

一、光电耦合器的基本结构和主要特性

几种常用的光电耦合器的基本结构形式如图 11.34 所示。输入端的发光元件采用红外发光二极管,其原理与 11.2 节中介绍的发光二极管相同,只是发出光的波长不同。输出端的受光元件有许多种,最常见的有图 11.34 所示的光敏二极管(a)、光敏晶体管(b)、(c),和光敏复合晶体管(又称达林顿型管)(d),此外还有光控集成电路等。光敏晶体管的工作原理是:当光照射集电结而产生电子——空穴对时,少数载流子从发射区注入基区,产生电流,这叫做 PN 结连锁倍增作用。光敏晶体管有三种基本形式,即无基极引出端形式、有基极引出端形式和达林顿型(见图 11.34)。无基极引出端形式作为检测光的有无使用时,效率较高;有基极引出端形式用来检测微弱光时效率高,温度补偿容易;达林顿型的特点是光感度高、转换效率高、集电极输出电流大,可作固体继电器,其缺点是 I_{CEO} 和饱和压降大、响应速度慢。

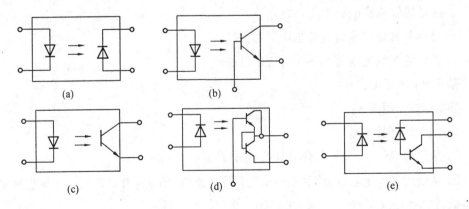

图 11.34　几种常用的光电耦合器结构形式

光敏晶体管的 $U_{CE} - I_C$ 特性与一般的硅晶体管没有什么区别,只不过一般晶体管是以基极电流为参量,而光敏晶体管则以入射光的照度为参量。当没有入射光时,它的集电极电流称为暗电流。暗电流的温度系数很大,如温度每升高 6.5℃,暗电流几乎增加 1 倍,这一点在使用光耦时要特别注意。

光电耦合器的工作原理是:当输入端有电流流过时,发光二极管产生与电流近似成正比的光输出功率,光敏晶体管(或二极管)感受后产生与入射光照度近似成正比的光电流输出。因此,输出端的电流与输入端的电流近似成正比。当输入电流变化时,输出电流随之变化。但是,由于 PN 结电容的存在,充放电需要时间,所以输出要产生延迟,而且负载电阻越大,延迟作用越严重。因此,为了得到较快的响应速度,应选用较小的负载电阻。

二、光电耦合器的应用简介

光电耦合器的基本用途有两个方面:①作为电信号传递器件(其作用相当于信号变压器);②作为开关器件(其作用相当于继电器)。作信号传递器件时,主要要求其电流传输比 CTR 高,线性度好。CTR 即器件输出电流与输入电流的比值,它反映器件传递电信号的效率。例如图 11.34(b)所示的这种光电耦合器的 CTR 为 7% ~ 30%,有的可达 50%;图 11.34(d)所示的达林顿型光耦的 CTR 可达 100% ~ 500%,有的可达 1 000%。作开关器件时,主要要求其开关速度(电 – 光 – 电的转换速度)尽量高。一般以光敏晶体管作受光元件时,其响应速度在 4 μs 左右;图 11.34(a)、(e)所示器件的受光元件采用光敏二极管或光敏二极管与晶体管复合结构,其响应时间可以小于 μs,甚至更短。

光电耦合器的外形分为双列直插式和管型两种。

图 11.35 是由光电耦合器构成的开关电路,它们用晶体管的输入信号来控制。一般光电耦合最大可供 30 mA 电流,如需更大的电流,需要采用达林顿型光耦。

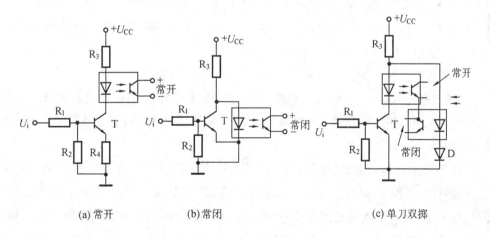

(a) 常开　　　　　　　(b) 常闭　　　　　　　(c) 单刀双掷

图 11.35　用光耦构成的固定开关

图 11.35(a)是常开开关:当无信号($U_i = 0$)时,晶体管 T 发射结偏压为零,处于截止状态,光耦开关不通;当有信号时,晶体管 T 发射结正偏,处于导通状态,光耦开关导通。图 11.35(b)是常闭开关:工作状态正好与(a)相反,当无信号时,晶体管 T 截止,集电极电流为零,电阻 R_3 无电压降,T 的管压降 $U_{CE} = U_{CC}$,光耦开关导通;当有信号时,晶体管 T 饱和导通,管压降 $U_{CE} = 0$,光耦开关不通。图 11.35(c)为组合开关:无信号($U_i = 0$)时,晶体管 T 截止,上面的光耦开关不通,但下面的光耦开关导通;有信号时,晶体管 T 饱和导通,

上面的光耦开关导通,而下面的光耦开关不导通(因 $U_{CE}=0$)。

随着光电元件品种的增加,其应用面正在不断扩大,广泛应用于逻辑电路间的接口、系统设备间的接口、电力控制(可控硅的触发电路)、开关电源技术、模拟信号的隔离、通信设备等等。有关光电耦合器的应用,我们将在后续的章节中作部分介绍。

本 章 小 结

本章主要介绍了半导体二极管、稳压管、三极管的工作特性及其应用,主要内容有以下几个方面:

(1) 半导体的导电能力介于导体和绝缘体之间,当温度升高、有光照射时,半导体的导电能力增强。尤其是掺入杂质能使半导体的导电能力增加几十万倍至几百万倍。利用这一特点制成了 N 型半导体、P 型半导体和 PN 结。PN 结是构成半导体器件的基础。

(2) 半导体二极管由一个 PN 结构成,根据功能可分为普通、稳压、发光、光电二极管等。

普通二极管外加正向电压(正偏)时,二极管正向导通,正向电流的大小由外电路决定。二极管的正向电阻很小,它的正向压降(管压降)很小,近似为一常数。对硅管而言,正向压降约为 0.6 ~ 0.7 V;对锗管而言,正向压降约为 0.2 ~ 0.3 V。普通二极管外加反向电压(反偏)时,二极管反向截止,流过二极管的反向电流近似为零,二极管的反向电阻近似为无穷大。

在分析二极管电路时,常把二极管看成理想元件。即:正向导通时,正向电阻为零(管压降也为零),二极管在电路中相当于短路;反向截止时,反向电阻为无穷大,二极管在电路中相当于开路。因此,可以认为二极管是单向导电的电子开关。

稳压管也是由一个 PN 结构成,因制造工艺与普通的二极管不同,在电路中与适当的电阻配合能起稳压作用。稳压管的伏安特性与二极管的伏安特性类似,但反向击穿特性陡,击穿电压低。稳压管反向导通可以稳定同它并联的负载电压。

发光二极管也是由一个 PN 结构成,因在 PN 结的面积上、掺杂浓度和材料上与普通二极管不同,当这种二极管通以一定的电流时,它就可以发光。发光二极管的正向电压降约 1.5 V 左右。

(3) 双极型晶体三极管(简称晶体管)是由两个 PN 结组成,有 NPN 型和 PNP 型两大类。晶体管有三种工作状态,即放大状态、饱和状态和截止状态。当晶体管工作在放大状态时,$I_C=\bar{\beta}I_B$,具有放大电流的作用,此时 $U_{CE}>U_{BE}$,发射结正偏,集电结反偏。当晶体管工作在饱和状态时,$I_C\neq\bar{\beta}I_B$,失去线性的放大关系,此时 $U_{CE}\approx0$,于是 $U_{CE}<U_{BE}$,发射结正偏,集电结正偏。晶体管工作在截止状态时,发射结通常加负偏压($U_{BE}<0$),此时 $I_B=0$,$I_C=I_{CEO}\approx0$,发射结反偏,集电结反偏。

(4) 场效应管也是常用的半导体三极管器件,它的功能与晶体管相同,可用作放大元件和开关元件。它的工作原理与晶体管不同,它是电压控制元件,只有一种载流子参与导电。由于场效应管具有输入电阻高、抗干扰能力强、工作频率高、热稳定性好等优点,因此广泛应用于集成电路、数字电路、开关电源技术之中。

(5) 光电耦合器是由发光二极管和受光二极管或晶体管组成。发光二极管中有电流流过时,发光二极管产生与电流近似成正比的光输出功率,受光二极管或晶体管产生与入射光照度近似成正比的光电流输出。光电耦合器是一种新型的半导体器件,它的发展速度快,产品种类繁多,广泛应用于数字电路系统、开关电源技术、各种控制电路及各种测量电路之中。

习 题

11.1 二极管电路如题图 11.1 所示,试求 U_o。二极管的正向压降忽略不计。

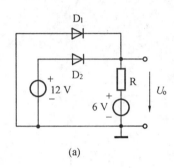

(a)

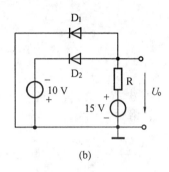

(b)

题图 11.1

11.2 在题图 11.2 中,试分别求出下列情况下输出端 F 的电位及各元件(R、D_A、D_B)中通过的电流。(1) $V_A = V_B = 0$ V;(2) $V_A = 3$ V,$V_B = 0$ V;(3) $V_A = V_B = 3$ V。二极管的正向压降忽略不计。

11.3 在题图 11.3 所示两个电路中,$E = 5$ V,$u_i = 10\sin \omega t$ V,试分别画出输出电压 u_o 的波形。二极管的正向压降忽略不计。

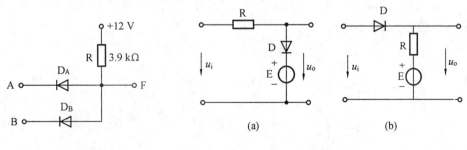

题图 11.2

(a)   (b)

题图 11.3

11.4 在题图 11.4 中,通过稳压管的电流 I_Z 等于多少? 限流电阻的阻值 R 是否合适?

11.5 有两个稳压管 D_{Z1} 和 D_{Z2},其稳定电压分别为 5.5 V 和 8.5 V,正向压降都是 0.5 V。如果要得到 3 V、6 V、11 V、14 V 几种稳定电压,试画出其稳压电路。

11.6 某晶体管接于电路中,当工作在放大状态时测得

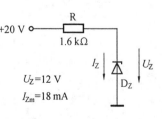

题图 11.4

三个电极的电位分别为 $+9$ V、$+3.8$ V、$+3.2$ V,试判断管子的类型和三个电极。

11.7 已知晶体管 T_1、T_2 的两个电极的电流如题图 11.5 所示。试求:

(1) 另一电极的电流并标出电流的实际方向;

(2) 判断管脚 E、B、C。

11.8 判断题图 11.6 中的晶体管的工作状态。

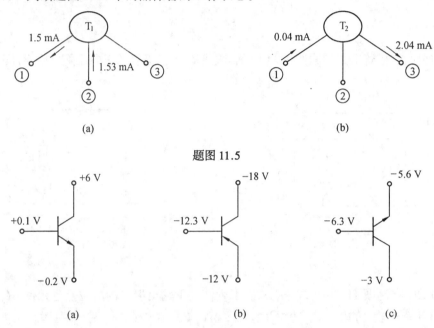

题图 11.5

题图 11.6

11.9 场效应管的工作原理和晶体管有什么不同?为什么场效应管具有很高的输入电阻?

11.10 试分析题图 11.7 所示电路的工作情况。并说明元件 LED 和 D 的作用。图中 KM 为直流继电器的线圈和触点。

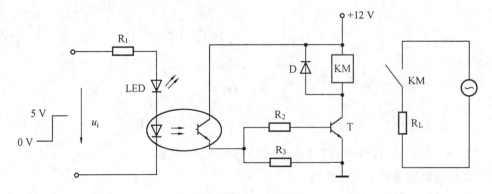

题图 11.7

第十二章　基本放大电路

12.1　交流电压放大电路的组成和信号放大概述

一、交流电压放大电路的组成

晶体管的主要用途之一,是利用其放大作用组成放大电路。如图12.1所示的便是晶体管放大电路。

E_B 和 R_B 的作用是给管子发射结提供适当的正向偏置电压 U_{BE}(约0.7 V)和偏置电流 I_B。E_B 数值较小,一般为几伏,R_B 数值很大,一般为几十千欧到几百千欧。

E_C 和 R_C 在这里的作用是给管子提供适当的管压 U_{CE},使 $U_{CE} > U_{BE}$,以保证管子集电结反向偏置,E_C 数值一般为几伏到几十伏,R_C 数值一般为几千欧。

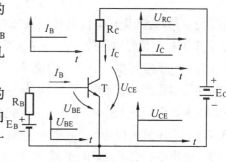

图中,基极回路称为输入端(U_{BE}、I_B 为输入量),集电极回路称为输出端(I_C、U_{CE}为输出量)。

图12.1　晶体管电流放大电路

U_{BE}、I_B、I_C、I_{CE}都是直流量,它们的关系是

$$U_{BE} \rightarrow I_B \xrightarrow{\bar{\beta}} I_C \rightarrow U_{CE}$$

其中 $U_{CE} = E_C - I_C R_C$,$I_C R_C$ 是电阻 R_C 上的直流电压降。U_{BE}、I_B、I_C、U_{CE}各量的波形如图12.1所示。图12.1所示电路虽有电流放大作用,但不能直接放大交流电压信号。

以图12.1所示电路为基础,其输入端(B、E 间)经电容 C_1 接信号源 u_i(待放大的交流电压信号),设 $u_i = U_m \sin \omega t$ V。输出端(C、E 间)经电容 C_2 输出被放大后的交流电压信号 u_o,如图12.2(a)所示。C_1、C_2 称为耦合电容,它们是有极性的电容器,使用时要正确联接。C_1 用来引入交流信号,但隔断放大电路中的直流电源 E_B 与 C_1 前面的信号源的直流联系;C_2 用来引出被放大的交流信号,但隔断放大电路中的直流电源 E_C 与 C_2 后面的输出端的直流联系。所以 C_1、C_2 也称为隔直电容。C_1、C_2 的容量都很大,一般为几微法到几十微法,对交流信号的容抗很小,但信号压降可忽略不计(即对交流信号可视为短路)。

引入交流信号后,在图12.1所示 U_{BE}、I_B、I_C、U_{CE}直流分量的基础上,又出现交流分量(信号分量),如图12.2(a)所示,它们是

$$u_i \rightarrow u_{be} \rightarrow i_b \xrightarrow{\beta} i_c \rightarrow u_{ce} \rightarrow u_o$$

其中 u_{be} 为发射结信号电压(因 C_1 相当于短路,所以 $u_{be} = u_i$),它产生基极信号电流 i_b,i_b

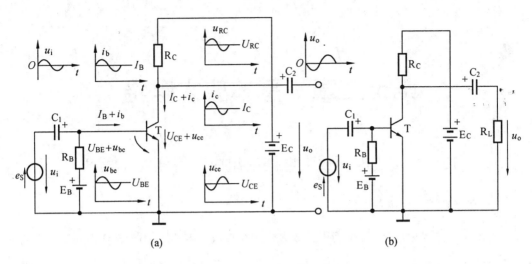

图 12.2　交流电压放大电路

被放大 β 倍后,产生集电极信号电流 $i_c(i_c = \beta i_b)$,i_c 流过 R_C。与图 12.1 相比,此时电阻 R_C 上多了一个信号电压降 $u_{R_C} = i_c R_C$,其波形如图 12.2(a)。既然 R_C 上增加一信号电压,那么管子上就应减少一个等量的信号电压(因为 R_C 与管子两者电压之和等于 E_C),管子上的信号电压用 u_{ce} 表示。显然 $u_{ce} = - u_{R_C}$,其波形如图 12.2(a)。这里,集电极电阻 R_C 把晶体管的电流放大作用($i_c = \beta i_b$)转化为 $u_{R_C} = i_c R_C$,并反映到管子上。把电流放大作用转化为电压放大作用(u_{ce} 的幅度比 u_i 大得多)。通过 C_2,送出的信号电压 u_{ce} 就是放大电路的输出电压,即 $u_o = u_{ce}$。通常,放大电路都是带负载的,如图 12.2(b)所示。与输入电压 u_i 相比,输出电压 u_o 有如下特点:

① u_o 的幅度增大了;

② u_o 的频率与 u_i 相同;

③ u_o 的相位与 u_i 相反,即

$$u_o = - U_{om}\sin \omega t = U_{om}\sin(\omega t - 180°) \text{ V}$$

在交流放大电路中,有直流分量,交流分量以及它们的合成量。为便于区分,表 12.1 给出常用的电压、电流符号。

表 12.1　交流放大电路中电压和电流的符号

名　称		直流分量 (静态值)	交流分量		直流分量和交流分量 的合成量
			瞬时值	有效值	
晶体管	基极电流	I_B	i_b	$\dot{I}_b$	$i_B = I_B + i_b$
	集电极电流	I_C	i_c	$\dot{I}_c$	$i_C = I_C + i_c$
	发射极电流	I_E	i_e	$\dot{I}_e$	$i_E = I_E + i_e$
	基－射极电压	U_{BE}	u_{be}	$\dot{U}_{be}$	$u_{BE} = U_{BE} + u_{be}$
	集－射极电压	U_{CE}	u_{ce}	$\dot{U}_{ce}$	$u_{CE} = U_{CE} + u_{ce}$
放大电路	输入电压	—	u_i	$\dot{U}_i$	—
	输出电压	—	u_o	$\dot{U}_o$	—

二、交流电压放大电路的简化

图 12.2(b)所示电压放大电路可作如下简化：

① 在电子电路中,习惯上一般不画电源 E_C 的符号,而只把电源为放大电路提供的电压 U_{CC} 以电位的形式标出,如图 12.3 所示。因电源内阻很小,可忽略不计,所以 $U_{CC} = E_C$。

② 图 12.2(b)所示放大电路中用了两个直流电源 E_C 和 E_B。只要把 R_B 接 E_B 正极的一端改接到 U_{CC} 上即可(当然 R_B 阻值要增加),这样就可以省去电源 E_B。此时晶体管的发射结仍然是正向偏置。

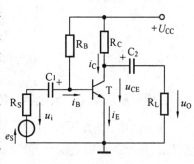

图 12.3　简化后的交流电压放大电路

思 考 题

12.1　在如图 12.3 所示的放大电路中,电阻 R_C 的作用是什么? 能否将其短路($R_C = 0$)或开路($R_C = \infty$)?

12.2　在如图 12.3 所示的放大电路中,耦合电容 C_1、C_2 极性为"+"的一端为什么要如此联接?

12.2　交流电压放大电路的分析方法

放大电路的分析,可分为静态和动态两种情况进行。静态是放大电路没有输入信号时的工作状态,比较简单;动态是放大电路有输入信号时的工作状态,相对复杂些。

一、放大电路的静态分析

此时 $u_i = 0$,由图 12.2 可知,各交流信号分量均为零。电路中只有 U_{BE}、I_B、I_C、U_{CE} 直流分量,表示放大电路处于静态,而 U_{BE}、I_B、I_C、U_{CE} 四个量的数值就称为放大电路的静态值。

1. 用估算法确定放大电路的静态值

静态时的电路如图 12.4 所示,因为各量都是直流量,所以叫做放大电路的直流通路。

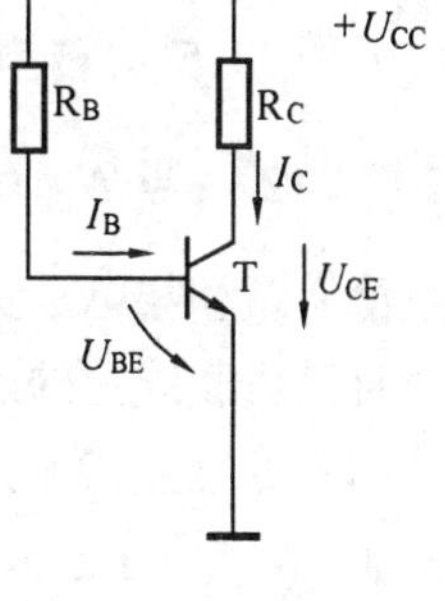

晶体管工作于放大状态时,发射结正偏,$U_{BE} = 0.6 \sim 0.7V$,因此只需计算 I_B、I_C、U_{CE} 三个量即可。由图可知

$$I_B = \frac{U_{CC} - U_{BE}}{R_B} \approx \frac{U_{CC}}{R_B} \tag{12.1}$$

式中 U_{BE} 比 U_{CC} 小得多,估算时可忽略不计。

$$I_C = \bar{\beta} I_B \tag{12.2}$$

$$U_{CE} = U_{CC} - I_C R_C \tag{12.3}$$

图 12.4　放大电路的直流通路

可见,若已知 R_B、R_C、$\bar{\beta}$ 和 U_{CC} 各值,即可求出静态值。

【例 12.1】　设图 12.3 中 $U_{CC} = 12 \text{ V}$, $R_C = 4 \text{ k}\Omega$, $R_B = 300 \text{ k}\Omega$, $\beta = 37.5$, 试求电路的静态值。

【解】　由式(12.1)可得

$$I_B \approx \frac{U_{CC}}{R_B} = \frac{12}{300 \times 10^3} = 0.04 \text{ mA} = 40 \text{ } \mu A$$

又

$$I_C = \beta I_B = 37.5 \times 0.04 = 1.5 \text{ mA}$$

$$U_{CE} = U_{CC} - I_C R_C = 12 - 1.5 \times 4 = 6 \text{ V}$$

2. 用图解法确定放大电路的静态值

在上例中,若给出的是晶体管的输出特性曲线(图 12.5(b)),而不是 $\bar{\beta}$ 值,就不能采用估算法,只能采用图解法求静态值。为分析方便,我们把图 12.4 所示直流通路的集电极回路画成图 12.5(a)所示的直流通路。其左侧是晶体管的非线性电路,I_B、I_C、U_{CE} 值均反映在输出特性曲线上。

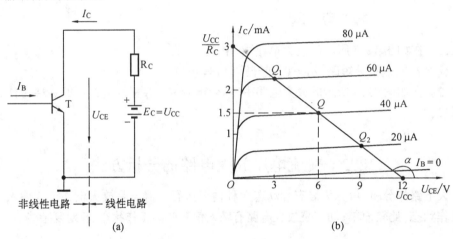

图 12.5　静态值的图解法

由上例可知

$$I_B \approx \frac{U_{CC}}{R_B} = \frac{E_C}{R_B} = \frac{12}{300 \times 10^3} = 40 \text{ } \mu A$$

因而 I_C 和 U_{CE} 值即由特性曲线 $I_B = 40 \text{ } \mu A$ 那条曲线上的点决定。

图 12.5(a)右侧电路是线性电路,直线方程为 $U_{CE} = U_{CC} - I_C R_C$。当 $I_C = 0$ 时,$U_{CE} = U_{CC} = 12 \text{ V}$;当 $U_{CE} = 0$ 时,$I_C = \frac{U_{CC}}{R_C} = \frac{12}{4 \times 10^3} = 3 \text{ mA}$。联接这两个点即得一直线,由于它与直流通路和集电极负载电阻 R_C 有关,所以称为直流负载线。直线方程中 I_C 与 U_{CE} 值即由直流负载线上的点决定。显然,所求的静态值就反映在直流负载线与 $I_B = 40 \text{ } \mu A$ 的特性曲线的交点 Q 上,Q 点称为放大电路的静态工作点。放大电路的静态值由图可知,$I_B = 40 \text{ } \mu A$, $I_C = 1.5 \text{ mA}$, $U_{CE} = 6 \text{ V}$。

由图 12.5(b)可以看出,I_B 值大小不同时,Q 点在负载线上的位置也不同,而 I_B 值是通过基极电阻(偏流电阻)R_B 调节的。R_B 增加,I_B 减小,Q 点沿负载线下移;R_B 减小,I_B 增加,Q 点沿负载线上移。放大电路的静态工作点(静态值)对放大电路工作性能的影响甚大,一般应设置在特性曲线放大区的中部,这是因为设在此处晶体管的线性工作范围宽,能获得较大的电压放大倍数,而且失真也小。

二、放大电路的动态分析

此时 $u_i \neq 0$,放大电路有输入信号。在静态值 U_{BE}、I_B、I_C、U_{CE} 直流分量(直流分量仍用上述方法确定)的基础上,又出现了 u_i、u_{be}、i_b、i_c、u_{ce}、u_o 等交流分量,两种分量共存。

像直流通路一样,交流分量所经过的路径称为交流通路。画交流通路时要注意两点:一是 C_1、C_2 对交流分量相当于短路;二是直流电源对交流分量也相当于短路(因其内阻忽略不计)。这样就可画出图12.3放大电路的交流通路,如图12.6所示。

动态分析的主要任务是计算放大电路的电压放大倍数、输入电阻和输出电阻,以及分析非线性失真、频率特性、负反馈等问题。

晶体管放大电路是非线性电路,这就给动态分析造成困难。因此,动态分析之前,首先应对放大电路进行必要的线性化处理。

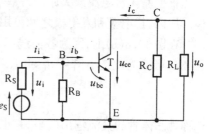

图12.6 放大电路的交流通路

1.晶体管的微变等效电路

放大电路的线性化,关键之处是晶体管的线性化。线性化的条件是:晶体管在小信号(微变量)情况下工作。这样,在工作点附近的微小范围内,可用直线段近似地代替晶体管特性的曲线段。图12.7(a)是图12.6所示交流通路中的晶体管,u_{be}、i_b、i_c、u_{ce} 是交流信号分量,它们的幅值很小,符合线性化条件。图12.8(a)、(b)是晶体管的输入特性曲线和输出特性曲线。当放大电路输入信号很小时,工作

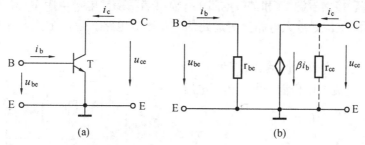

(a)   (b)

图12.7 晶体管的微变等效电路

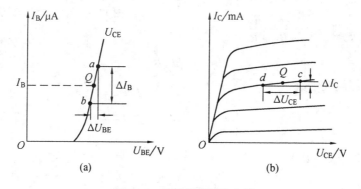

(a)   (b)

图12.8 晶体管的特性曲线

点 Q 附近的曲线段 ab 和 cd 均可按直线段处理。在图12.8(a)上,当 U_{CE} 为常数时,ΔU_{BE} 和 ΔI_B 可认为是小信号 u_{be} 和 i_b,两者之比为一电阻,用 r_{be} 表示,即

$$r_{be} = \frac{\Delta U_{BE}}{\Delta I_{B}}\bigg|_{U_{CE}} = \frac{u_{be}}{i_{b}}\bigg|_{U_{CE}} \tag{12.4}$$

电阻 r_{be} 称为晶体管的交流输入电阻。在小信号条件下,r_{be} 是个常数。低频小功率晶体管的 r_{be} 通常用下式估算

$$r_{be} = 200\ \Omega + (1 + \beta)\frac{26\ mV}{I_E\ mA} \tag{12.5}$$

式中 I_E 为放大电路静态时的发射极电流。这样,在小信号作用下晶体管的基极和发射极之间就可用等效电阻 r_{be} 来代替,如图 12.7(b)所示。

根据晶体管电流放大原理,$i_c = \beta i_b$,i_c 受 i_b 控制,若 i_b 不变,i_c 也不变,具有恒流特性。所以,集电极和发射极之间可用等效恒流源来代替,如图 12.7(b)所示。

在图 12.8(b)上,因为各曲线不完全与横轴平行,当 I_B 为常数时,在 Q 点附近,ΔU_{CE} 和 ΔI_C 可认为就是小信号 u_{ce} 和 i_c,两者之比为一电阻,用 r_{ce} 表示,即

$$r_{ce} = \frac{\Delta U_{CE}}{\Delta I_{C}}\bigg|_{I_B} = \frac{u_{ce}}{i_{c}}\bigg|_{I_B} \tag{12.6}$$

r_{ce} 称为晶体管的交流输出电阻,它也是个常数。在图 12.7(b)上,r_{ce} 与恒流源并联。这就是晶体管在小信号工作条件下完整的微变等效电路。在实际应用中,因为 r_{ce} 数值很大(约几十千欧到几百千欧),分流作用极小,可忽略不计,故本书在后面的电路中均不画出 r_{ce}。

　　2.放大电路的微变等效电路

　　晶体管线性化以后,放大电路的交流通路线性化就十分简单了。在晶体管微变等效电路的输入端联接信号源 u_i 和基极电阻 R_B,输出端联接集电极电阻 R_C 和负载电阻 R_L,如图 12.9 所示,这就是放大电路交流通路的微变等效电路。通过微变等效电路,可方便地进行以下计算。

　　(1)电压放大倍数。设输入信号为正弦量,图 12.9 的电压和电流可用相量表示。输入电压

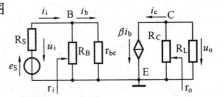

$$\dot{U}_i = \dot{I}_b r_{be}$$

输出电压

$$\dot{U}_o = -\dot{I}_C R_L'$$

图 12.9　放大电路的微变等效电路

R_L' 为负载等效电阻,$R_L' = \dfrac{R_C \cdot R_L}{R_C + R_L}$

$$\dot{U}_o = -\beta \dot{I}_b R_L'$$

放大电路的电压放大倍数

$$A_u = \frac{\dot{U}_o}{\dot{U}_i} = -\frac{\beta \dot{I}_b R_L'}{\dot{I}_b r_{be}} = -\frac{\beta R_L'}{r_{be}} \tag{12.7}$$

若放大电路开路(未接 R_L)

$$A_u = -\beta\frac{R_C}{r_{be}} \tag{12.8}$$

上两式中负号表示输出电压和输入电压相位相反。电压放大倍数与晶体管的 β 和 r_{be} 有关,也与集电极电阻 R_C 和负载电阻 R_L 有关,有负载时 $|A_u|$ 下降。

(2)输入电阻。由图12.9可见,放大电路的输入端与信号源相联,输出端与负载相联,放大电路处于信号源与负载之间。对信号源来说,放大电路的输入电路就是信号源的负载,输入电路可用等效电阻 r_i 代替,r_i 就称为放大电路的输入电阻。简单说,放大电路的输入电阻 r_i 就是从放大电路的输入端(去掉信号源)看进去的电阻。由图12.9可以看出

$$r_i = R_B \mathbin{/\!/} r_{be} \approx r_{be} \tag{12.9}$$

因为 R_B 的阻值比 r_{be} 大得多,所以 r_i 近似等于晶体管的输入电阻 r_{be}。为减少信号源的负担,r_i 的数值应尽量大些,但此类放大电路输入电阻 r_i 的数值却不够大。

(3)输出电阻。对负载 R_L 来说,放大电路是信号源(给 R_L 提供被放大的交流信号),既然是信号源,就有内阻,这个内阻称为放大电路的输出电阻,用 r_o 表示。放大电路的输出电阻 r_o 可在信号源短路($u_i = 0$)和输出端开路的条件下求得。由图12.9可知,$u_i = 0$,$i_b = 0$,$i_c = 0$,输出端开路时,输出电阻

$$r_o = R_C \tag{12.10}$$

简单说,放大电路的输出电阻 r_o 就是从放大电路的输出端(去掉 R_L)看进去的电阻。

放大电路作为负载的信号源,其内阻 r_o 的数值应尽量小些。这样,当负载增减时,输出电压数值平稳,带负载能力强。

【例12.2】　某交流电压放大电路如图12.3所示,已知 $U_{CC} = 12$ V,$R_C = 4$ kΩ,$R_L = 6$ kΩ,$R_B = 300$ kΩ,$\beta = 37.5$,试求电压放大倍数、输入电阻及输出电阻。

【解】

(1)求电压放大倍数 A_u

在例12.1中已经求出 $I_C = 1.5$ mA,由式(12.5)可得

$$r_{be} = 200 + (1 + \beta) \frac{26}{I_E} = 200 + \frac{38.5 \times 26}{1.5} = 0.867 \text{ kΩ}$$

于是电压放大倍数可直接利用公式(12.7)求出,即

$$A_u = -\frac{\beta R_L'}{r_{be}} = -\frac{37.5 \times \dfrac{4 \times 6}{4 + 6}}{0.867} = -103.8$$

当负载开路时

$$A_u = -\frac{\beta R_C}{r_{be}} = -\frac{37.5 \times 4}{0.867} = -173$$

可见,放大电路带负载后,电压放大倍数下降。

(2)求放大电路的输入电阻 r_i

由图12.9的微变等效电路可知

$$r_i = R_B \mathbin{/\!/} r_{be} = 300 \mathbin{/\!/} 0.867 \approx 0.867 \text{ kΩ}$$

(3)求放大电路的输出电阻 r_o

由图12.9的微变等效电路可知

$$r_o = R_C = 4 \text{ kΩ}$$

3.非线性失真

由于静态工作点位置设置不合适,或者信号幅度过大,晶体管的工作范围超出其特性曲线的线性区而进入非线性区,导致输出信号的波形不能完全重现输入信号的波形(波形

畸变),这种现象称为非线性失真。

例如,工作点偏高,进入饱和区,就产生饱和失真,失真的波形如图 12.10 中 Q_1 所示;工作点偏低,则进入截止区,就产生截止失真,失真的波形如图 12.10 中 Q_2 所示。

因此,为减小失真,静态工作点应设置在负载线中部(线性区)。当工作点不合适时,可通过基极电阻 R_B 进行调整。

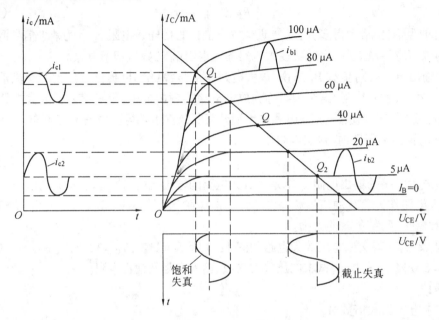

图 12.10 工作点不合适引起输出波形失真

思 考 题

12.3 放大电路为什么要设置静态工作点静态工作点应如何设置? 如发现放大电路产生饱和失真,应调节哪个电阻? 如何调节?

12.4 晶体管为什么需要线性化? 线性化的条件是什么?

12.5 r_{be}、r_{ce}、r_i、r_o 是交流电阻还是直流电阻? r_i 中是否包括信号源内阻? r_o 中是否包括负载电阻?

12.6 在电压放大电路中,晶体管的 β 值越大,电压放大倍数是否就越高? 要想提高电压放大倍数,应如何考虑?

12.7 通常情况下,为什么希望电压放大电路的输入电阻大些而输出电阻小些?

12.3 典型交流电压放大电路

放大电路应有合适的静态工作点,以保证有良好的放大效果。前述放大电路的静态工作点即使已设置在最佳区域,但在外部因素(温度变化、晶体管老化、电源电压波动等)影响下,工作点仍会发生偏移,严重时使放大电路不能正常工作,其中最重要的因素是温度变化。温度升高引起的变化是

$$温度\uparrow \nearrow \bar{\beta}\uparrow \searrow I_{CBO}\uparrow \longrightarrow I_{CEO}\uparrow \rightarrow I_C\uparrow$$

可见,环境温度的升高,引起 I_C 增大,导致工作点上移,可能进入饱和区,对放大电路将产生严重影响。为克服上述缺点,可采用图 12.11 所示偏置电路(由 R_{B1}、R_{B2}、晶体管发射结和 R_E 组成)。现将其稳定静态工作点的原理简单分析如下。由图 12.11 电路可知

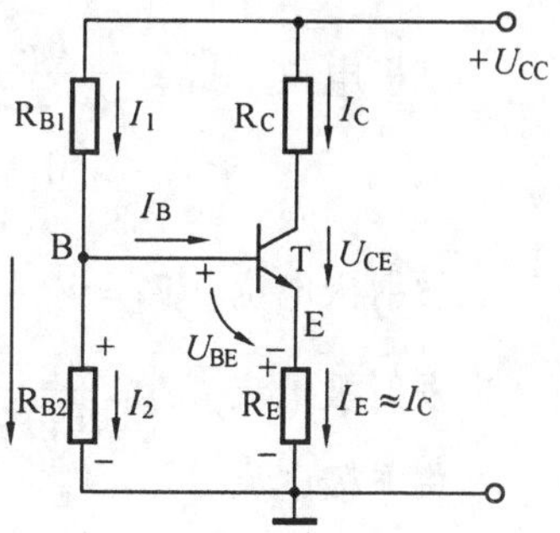

图 12.11 分压式偏置电路

$$I_C \approx I_E = \frac{V_E}{R_E} = \frac{V_B - U_{BE}}{R_E}$$

为使 I_C 稳定,采取两个措施:

(1)固定基极电位 V_B

选取适当的 R_{B1} 和 R_{B2},使 $I_B \ll I_2 \approx I_1$,R_{B1} 和 R_{B2} 相当于分压器。

$$V_B \approx \frac{R_{B2}}{R_{B1} + R_{B2}} \cdot U_{CC} = 定值(不受温度影响)$$

(2)取适当的 V_B 值,使 $V_B \gg U_{BE}$

于是,$I_C \approx I_E = \frac{V_E}{R_E} \approx \frac{V_B}{R_E} = $ 定值(不受温度影响)。因而,I_C 可维持基本不变,静态工作点得以稳定。实际上,上面两个措施中,只要满足 $I_2 = (5 \sim 10)I_B$ 和 $V_B = (5 \sim 10)U_{BE}$ 两个条件即可。分压式偏置电路稳定静态工作点的过程可表示如下:

$$温度\uparrow \rightarrow I_C\uparrow \rightarrow I_E\uparrow \rightarrow V_E\uparrow \xrightarrow{V_B - 定} U_{BE}\downarrow \rightarrow I_B\downarrow \rightarrow I_C\downarrow$$

在这个过程中,电阻 R_E 起了两个重要作用:取样和反馈。首先 R_E 将输出回路的电流 $I_C\uparrow$(输出量)转化为电压 $V_E\uparrow \approx R_E \cdot I_C\uparrow$(取样 $I_C\uparrow$),V_E 的极性如图 12.11 所示。然后 R_E 将此电压 $V_E\uparrow$ 反送到输入回路(这称为反馈),使 $V_E\uparrow$ 与 V_B(固定值)比较,差值 $U_{BE}\downarrow = V_B - V_E\uparrow$,$U_{BE}$ 数值变小(如果没有 R_E,$U_{BE} = V_B$,不会变化),于是输出回路的电流 I_C 下降。

R_E 把输出量通过上述方式引回输入回路,进而使输出量的数值下降的过程称为负反馈。由于引回的输出量是电流,因而又称为电流负反馈。

在图 12.11 直流通路基础上,加上耦合电容 C_1、C_2 即可构成交流电压放大电路。此时,流过 R_E 的电流中不仅有直流分量 I_E,还有交流分量 i_e。$I_E (\approx I_C)$ 通过 R_E 有电流负反馈稳定静态工作点的作用,$i_e (\approx i_c)$ 通过 R_E 也有类似的电流负反馈作用,但会导致电压放大倍数的大大降低。前者反馈量是直流,称为直流负反馈;后者反馈量是交流,称为交流负反馈(交流负反馈问题将在 12.5 节中讨论)。为避免交流分量 i_e 通过 R_E 产生负反馈作用而降低电压放大倍数,可在 R_E 两端并联一个大容量的电容 C_E(C_E 对交流分量相当于短路),让 i_e 从 C_E 中通过(C_E 对直流无影响),C_E 称为旁路电容器,图 12.12 即为常用的静态工作点稳定的典型交流电压放大电路。

【例 12.3】 分压式偏置的交流电压放大电路如图 12.13 所示。设晶体管的电流放大

系数 $\beta = 40$。求：

(1)放大电路的静态值；

(2)电压放大倍数、输入电阻和输出电阻。

【解】

(1)用估算法求静态值

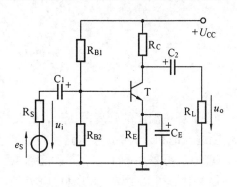

图 12.12　典型交流电压放大电路

基极电位　$V_B \approx \dfrac{R_{B2}}{R_{B1} + R_{B2}} U_{CC} =$

$$\dfrac{10}{30 + 10} \times 12 = 3 \text{ V}$$

发射极电位　$V_E = V_B - U_{BE} = 3 - 0.6 = 2.4 \text{ V}$

发射极电流　$I_E = \dfrac{V_E}{R_E} = \dfrac{2.4}{1.5} = 1.6 \text{ mA}$

集电极电流　$I_C \approx I_E = 1.6 \text{ mA}$

基极电流　$I_B = \dfrac{I_C}{\beta} = \dfrac{1.6}{40} = 40 \text{ }\mu A$

集电极 – 发射极压降　$U_{CE} \approx U_{CC} - I_C(R_C + R_E) =$

$$12 - 1.6 \times 4.5 = 4.8 \text{ V}$$

(2)用微变等效电路求 A_u、r_i、r_o

典型电压放大电路的微变等效电路如图 12.14 所示，与图 12.9 所示放大电路的微变等效电路基本相同，只是输入量略有不同。

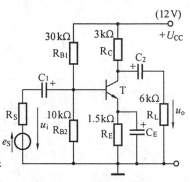

图 12.13　例 12.3 的图

① A_u。由图 12.14 可得

$$\dot{U}_i = \dot{I}_b r_{be}$$

$$\dot{U}_o = - \dot{I}_C R_L' = - \beta \dot{I}_b R_L'$$

电压放大倍数为

$$A_u = \dfrac{\dot{U}_o}{\dot{U}_i} = - \beta \dfrac{\dot{I}_b R_L'}{\dot{I}_b r_{be}} = - \beta \dfrac{R_L'}{r_{be}}$$

其中

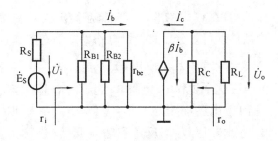

图 12.14　例 12.3 的微变等效电路

$$r_{be} = 200 + (1 + \beta) \dfrac{26}{I_E} =$$

$$200 + \dfrac{41 \times 26}{1.6} = 0.866 \text{ k}\Omega$$

$$R_L' = R_C \mathbin{/\mkern-5mu/} R_L = 3 \mathbin{/\mkern-5mu/} 6 = 2 \text{ k}\Omega$$

所以

$$A_u = - \dfrac{\beta R_L'}{r_{be}} = - \dfrac{40 \times 2}{0.866} = - 92.4$$

② r_i。由微变等效电路可知

$$r_i = R_{B1} \mathbin{/\mkern-5mu/} R_{B2} \mathbin{/\mkern-5mu/} r_{be} = 30 \mathbin{/\mkern-5mu/} 10 \mathbin{/\mkern-5mu/} 0.866 \approx 0.866 \text{ k}\Omega$$

③ r_o

$$r_o = R_C = 3 \text{ k}\Omega$$

思 考 题

12.8　放大电路静态工作点不稳定的主要原因是什么？典型交流电压放大电路是怎样稳定静态工作点的？其条件是什么？

12.9　在典型交流电压放大电路中，电容 C_E 起什么作用？为什么将此电容称为旁路电容器？

12.4　多级电压放大电路

晶体管单级电压放大电路的电压放大倍数一般只有几十至一百，而在实际应用中往往要把一个微弱信号放大几千倍，这是单级电压放大电路所不能完成的。为了解决这个问题，可把几个放大电路连接起来，组成多级放大电路，以达到所需要的放大倍数。图 12.15 为多级电压放大电路的方框图，其中前面几级主要用作电压放大，称为前置级。由前置级将微弱的输入电压放大到足够大的幅度，然后推动功率放大级（末前级及末级）工作，以满足负载所要求的功率。

多级电压放大电路引出了级间联接的问题，每两个单级放大电路之间的联接方式称为耦合，实现耦合的电路称为耦合电路，其任务是将前级信号传送到后级。

在多级交流电压放大电路中，大都采用阻容耦合方式；在功率放大电路和直流（及低频）放大电路中大都采用直接耦合方式。

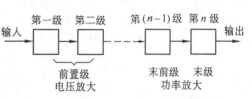

图 12.15　多级电压放大电路的方框图

一、阻容耦合电压放大电路

图 12.16 为两级阻容耦合电压放大电路，两级之间通过耦合电容 C_2 及下一级的输入电阻 r_{i2} 联接，故称为阻容耦合。由于电容 C_2 有隔直作用，它可使前、后级的直流工作状态相互不产生影响，因而对阻容耦合多级放大电路中每一级的静态工作点可以单独考虑。耦合电容 C_2 数值很大（几微法到几十微法），容抗很小，可以减小耦合电路上的信号损耗。

由于各级间静态工作点互不影响，所以阻容耦合放大电路的静态值计算可以在每一级单独进行。其电压放大倍数

$$A_u = \frac{\dot{U}_o}{\dot{U}_i}$$

由图 12.16 可知，第一级放大电路的输出电压 $\dot{U}_{o1}$ 和第二级的输入电压 $\dot{U}_{i2}$ 相同，即 $\dot{U}_{o1} = \dot{U}_{i2}$。每一级电路的电压放大倍数为

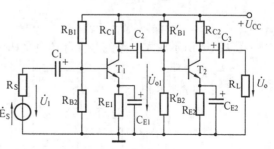

图 12.16　两级阻容耦合电压放大电路

$$A_{u1} = \frac{\dot{U}_{o1}}{\dot{U}_i} \qquad A_{u2} = \frac{\dot{U}_o}{\dot{U}_{o1}}$$

两者的乘积即为 A_u，即

$$A_u = \frac{\dot{U}_o}{\dot{U}_i} = \frac{\dot{U}_{o1}}{\dot{U}_i} \cdot \frac{\dot{U}_o}{\dot{U}_{i2}} = \frac{\dot{U}_{o1}}{\dot{U}_i} \cdot \frac{\dot{U}_o}{\dot{U}_{o1}} = A_{u1} \cdot A_{u2} \qquad (12.11)$$

可见，放大电路的电压放大倍数等于每级放大电路电压放大倍数的乘积。可以证明，n 级电压放大电路的电压放大倍数

$$A_u = A_{u1} \cdot A_{u2} \cdot A_{u3} \cdots A_{un} \qquad (12.12)$$

阻容耦合放大电路的输入电阻、输出电阻可由其微变等效电路求出。

【例 12.4】 在图 12.16 的两级阻容耦合电压放大电路中，已知 $R_{B1} = 30$ kΩ，$R_{B2} = 15$ kΩ，$R_{B1}' = 20$ kΩ，$R_{B2}' = 10$ kΩ，$R_{C1} = 3$ kΩ，$R_{C2} = 2.5$ kΩ，$R_{E1} = 3$ kΩ，$R_{E2} = 2$ kΩ，$R_L = 5$ kΩ，$C_1 = C_2 = C_3 = 50$ μF，$C_{E1} = C_{E2} = 100$ μF，如果晶体管的 $\beta_1 = \beta_2 = 40$，$U_{CC} = 12$ V。求放大电路的静态值和电压放大倍数、输入电阻、输出电阻。信号源内阻忽略不计。

【解】 两级都为分压式偏置电路。前级的静态值为

$$V_{B1} \approx \frac{R_{B2}}{R_{B1} + R_{B2}} U_{CC} = \frac{15}{30 + 15} \times 12 = 4 \text{ V}$$

$$I_{C1} \approx I_{E1} = \frac{V_{E1}}{R_{E1}} \approx \frac{V_{B1}}{R_{E1}} = \frac{4}{3} \approx 1.3 \text{ mA}$$

$$I_{B1} = \frac{I_{C1}}{\beta_1} = \frac{1.3}{40} \approx 0.033 \text{ mA} = 33 \text{ μA}$$

$$U_{CE1} = U_{CC} - I_{C1} R_{C1} - I_{E1} R_{E1} \approx U_{CC} - I_{C1}(R_{C1} + R_{E1}) =$$
$$12 - 1.3 \times (3 + 3) = 4.2 \text{ V}$$

后级的静态值为

$$V_{B2} = \frac{R_{B2}'}{R_{B1}' + R_{B2}'} U_{CC} = \frac{10}{20 + 10} \times 12 = 4 \text{ V}$$

$$I_{C2} \approx I_{E2} \approx \frac{V_{B2}}{R_{E2}} = \frac{4}{2} = 2 \text{ mA}$$

$$I_{B2} = \frac{I_{C2}}{\beta_2} = \frac{2}{40} = 0.05 \text{mA} = 50 \text{ μA}$$

$$U_{CE2} = U_{CC} - I_{C2}(R_{C2} + R_{E2}) = 12 - 2 \times (2.5 + 2) = 3 \text{ V}$$

图 12.16 所示放大电路的微变等效电路如图 12.17 所示。前级的电压放大倍数为

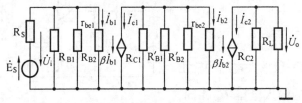

图 12.17　图 12.16　的微变等效电路

$$A_{u1} = -\beta_1 \frac{R_{L1}'}{r_{be1}}$$

其中

$$R_{L1}' = R_{C1} /\!/ r_{i2} = R_{C1} /\!/ R_{B1}' /\!/ R_{B2}' /\!/ r_{be2}$$

$$r_{be1} = 200 + (1 + \beta_1) \times \frac{26}{I_{E1}} = 200 + (1 + 40) \times \frac{26}{1.3} \approx 1 \text{ k}\Omega$$

$$r_{be2} = 200 + (1 + \beta_2)\frac{26}{I_{E2}} = 200 + (1 + 40) \times \frac{26}{2} = 0.73 \text{ k}\Omega$$

计算得 $$R_{L1}' \approx 0.6 \text{ k}\Omega$$

故 $$A_{u1} = -40 \times \frac{0.6}{1} = -24$$

后级的电压放大倍数为

$$A_{u2} = -\beta_2 \frac{R_{L2}'}{r_{be2}} = -\beta_2 \frac{R_{C2} /\!/ R_L}{r_{be2}} = -\frac{40 \times 2.5 /\!/ 5}{0.73} = -91.3$$

总电压放大倍数为

$$A_u = A_{u1} \cdot A_{u2} = (-24) \cdot (-91.3) = 2\ 191.2$$

A_u 为正值,表明输出电压 $\dot{U}_o$ 与输入电压 $\dot{U}_i$ 同相。

由图 12.17 可以看出,输入电阻为

$$r_i = r_{i1} = R_{B1} /\!/ R_{B2} /\!/ r_{be1} = 30 /\!/ 15 /\!/ 1 = 0.9 \text{ k}\Omega$$

输出电阻为

$$r_o = R_{C2} = 2.5 \text{ k}\Omega$$

在实际应用中,需要放大的交流信号往往不是单一频率的正弦波,频率范围通常在几十赫至上万赫之间。这就要求放大电路对各种频率的信号有相同的放大作用。但是在阻容耦合放大电路中,由于存在级间的耦合电容、发射极旁路电容及晶体管的结电容等,它们的容抗与频率有关,故当信号频率不同时,放大电路输出电压的幅值和相位也将与信号频率有关。

放大电路的电压放大倍数与频率的关系称为幅频特性,输出电压和输入电压的相位差与频率的关系称为相频特性,两者统称为频率特性。图 12.18 所示的是阻容耦合放大电路中一级电压放大电路的频率特性。

由图 12.18 可以看出,在阻容耦合放大电路的某一段频率范围内,电压放大倍数与频率无关,输出信号与输入信号的相位移为 180°。随着频率的增高或降低,电压放大倍数都要减小,相位移也要发生变化。这是因为:频率比较低时,主要受极间耦合电容、旁路电容的影响;频率过高时,主要受结电容、输出电容的影响(这里不做具体分析)。当放大倍数下

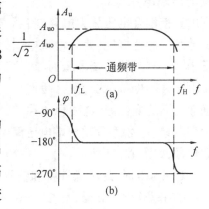

(a)幅频特性 (b)相频特性

图 12.18 阻容耦合电压放大电路的频率特性

降到最大值的 $\frac{1}{\sqrt{2}}$ 时($0.707A_{uo}$),所对应的两个频率分别称

为下限频率 f_L 和上限频率 f_H。这两个频率之间的频率范

围称为放大电路的通频带,是表达放大电路频率特性的一

个重要指标。

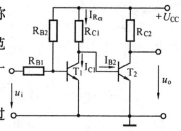

  由上面的分析可知,阻容耦合方式不适合放大频率过

高或缓慢变化的信号,特别是不能放大直流信号。此外,

这种耦合方式不易在集成电路中使用,因为集成电路中制

造大容量的电容很困难。

图 12.19 直接耦合电压放大电路

二、直接耦合电压放大电路

  为解决放大低频信号的问题,将阻容耦合方式的耦合电容去掉,用短路线直接联接前

后级,便组成直接耦合电压放大电路。

  图 12.19 为两个 NPN 型晶体管组成的直接耦合的两级放大电路。由电路图可知,

$U_{CE1} = U_{BE2} = 0.7V$,使得第一级放大电路的静态工作点接近饱和区,动态范围很小。同

时,由于 $I_{R_{Cl}}(= \frac{U_{CC} - U_{CE1}}{R_{C1}})$ 较大,使 I_{B2} 较大,可能使第二级处于饱和状态,不能正常工

作。这正是该电路存在的问题。问题的关键在于 U_{CE1} 被 U_{BE2} 限制在 0.7 V 左右。

  通常采用的方法是提高后级晶体管的发射极电位,具体实施电路有三种:

  ① 串入电阻 R_{E2},提高第二级射极电位 V_{E2}。如图 12.20(a)①所示;

  ② 串入二极管,如图 12.20(a)②所示;

  ③ 串入稳压管(须有补偿电阻 R),如图 12.20(b)③所示。

  一个理想的直接耦合电压

放大电路,当输入信号为零时,

其输出端电压保持不变。但实

际的直接耦合电压放大电路,将

其输入端对地短接(使其输入电

压为零),测其输出端电压时,输

出电压并不保持不变,而在缓慢

而无规则地变化着,这种现象称

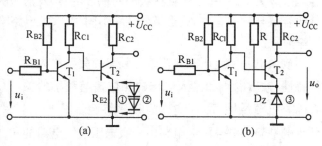

图 12.20 改进后的直接耦合电压放大电路

为零点漂移。漂移使输出端电压偏离其原始值,这个数值看上去像直流信号,其实它是个

假信号,如图 12.21 所示。

  当 $u_i \neq 0$ 时,这种漂移将和信号共存于放大电路中,

两者都在缓慢地变化着,一真一假,一同在输出端表现出

来。如果当漂移量大到足以和信号量相比时,放大电路

就失去其作用了。因此必须分析其产生的原因并采取相

应的抑制零点漂移的措施。

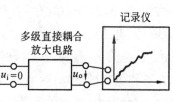

图 12.21 零点漂移现象

  引起零点漂移的原因很多,例如,晶体管参数的变

化、电源电压的波动、电路元件参数的变化等。其中温度的影响是最严重的。对于多级直接耦合电压放大电路,第一级的漂移要被后面几级逐级放大(几千倍、几万倍),因而对放大电路的影响最为严重。所以,抑制漂移要着重第一级。

在实际应用中,采用很多措施来改进电路,使其具有较高的抑制零点漂移的能力。有关这方面的内容将在 12.6 节中介绍。

思 考 题

12.10　多级电压放大电路为什么有时用阻容耦合,有时用直接耦合?

12.11　阻容耦合电压放大电路的静态值如何计算? 放大电路的 A_u、r_i、r_o 如何计算?

12.12　什么是零点漂移? 交流放大电路是否也有零点漂移?

12.13　直接耦合电压放大电路能否放大交流信号?

12.5　放大电路中的负反馈

反馈的概念我们并不陌生,在 12.3 节中已经遇到过负反馈的问题。反馈分正反馈和负反馈两大类。在许多科技领域中,反馈技术得到了广泛的应用。例如,自动控制系统中引入负反馈,可以增强系统的稳定性。放大电路中引入负反馈,可以提高放大电路的质量,改善其工作性能。直流电流负反馈能够稳定放大电路的静态工作点,已在 12.3 节讨论过,本节只讨论交流负反馈。

一、负反馈的基本概念

将放大电路(或某电路系统)输出端信号(电流或电压)的一部分(或全部)通过某种电路(即反馈回路)引回到输入端的过程称为反馈,若引回的反馈信号削弱了放大电路的净输入信号称为负反馈;反之,若增强了净输入信号则称为正反馈。

图 12.22(a)和(b)分别为无反馈放大电路和有负反馈放大电路的框图。任何带有负反馈的放大电路都包含两个部分:一个是无反馈的放大电路 A,,它可以是单级或多级的;一个是反馈电路 F,它是联系输出电路和输入电路的环节,多数是由电阻、电容元件组成的。

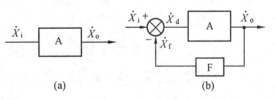

图 12.22　放大电路的方框图

图中用 $\dot{X}$ 表示信号,它既可以表示电压,也可以表示电流,并设它为正弦信号,故可用相量表示。图中箭头代表信号传递方向。$\dot{X}_i$、$\dot{X}_o$ 和 $\dot{X}_f$ 分别为输入、输出和反馈信号。$\dot{X}_f$ 和 $\dot{X}_i$ 在输入端比较($\otimes$是比较环节的符号),并根据图中"＋"、"－"极性可得差值信号(或称净输入信号)

$$\dot{X}_d = \dot{X}_i - \dot{X}_f$$

若 $\dot{X}_f$ 与 $\dot{X}_i$ 同相,则

$$X_d = X_i - X_f$$

可见 $X_d < X_i$，即反馈信号起了削弱净输入信号的作用，为负反馈。

二、负反馈的类型与作用

下面通过两个具体放大电路分析负反馈的类型，并简要介绍负反馈的一般作用。

【例 12.5】 在图 12.12 中，若未接旁路电容 C_E，如图 12.23(a)所示(图 12.23(b)中交流通路中未画出 R_{B1}、R_{B2})，试分析其交流负反馈的类型。

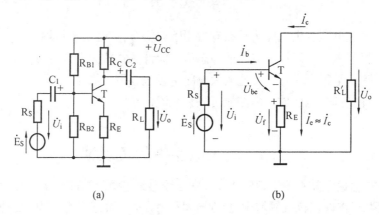

图 12.23　未接 C_E 的典型电压放大电路

因未接旁路电容，交流电流 i_e 流过发射极电阻 R_E，产生的电压用 $\dot{U}_f$ 表示，引回到输入回路($\dot{U}_f$ 为反馈电压)与输入信号电压 $\dot{U}_i$ 比较，差值电压即为放大电路的净输入信号，即 $\dot{U}_{be} = \dot{U}_i - \dot{U}_f$。由此式即可推断出反馈的类型。

(1)看净输入信号 U_{be} 是否被削弱。采用瞬时极性法确定 $\dot{U}_i$ 与 $\dot{U}_f$ 的极性关系：设 $\dot{U}_i$ 为正半周，其瞬时极性为上正下负。电流 $\dot{I}_b$、$\dot{I}_c$、$\dot{I}_e$ 也都在正半周，实际流向与图 12.23(b)所示方向一致。所以 $\dot{U}_f$ 的瞬时极性也是上正下负。可见 $\dot{U}_f$ 与 $\dot{U}_i$ 同相，于是 $U_{be} = U_i - U_f$，净输入信号被削弱，因而是负反馈。

(2)看被引回的反馈信号是取自输出电流还是输出电压。由于反馈电压信号 $\dot{U}_f \approx R_E \cdot \dot{I}_c$，$\dot{U}_f$ 与输出电流成正比，因而是电流反馈。

(3)看反馈电路与信号源的联接方式。在输入回路中，$\dot{U}_f$ 与 $\dot{U}_i$ 是串联关系($\dot{U}_i = \dot{U}_{be} + \dot{U}_f$，反馈元件 R_E 对输入信号 $\dot{U}_i$ 有分压作用)，因而是串联反馈。

综合起来看，上述放大电路的反馈类型为串联电流负反馈。

【例 12.6】 试分析图 12.24 所示多级电压放大电路中的交流负反馈及其类型。

这是一个三级放大电路，我们首先看到的是，第三级输出端与第一级输入端之间存在反馈。反馈元件 R_F 与 C_F 串联组成一条反馈电路(另一条是公共地线，构成反馈回路)。C_F 容量大，是隔直电容(避免直流反馈)，但对交流信号相当于短路。为判别反馈类型，我们画出交流通路，如图12.25所示(图中 R_{B1} 未画出)。

(1)净输入信号是否被削弱。放大电路的净输入信号是第一级的基极电流 $\dot{I}_{b1}$。如果无反馈(R_F 支路不存在)，$\dot{I}_{b1} = \dot{I}_i$，而现在 $\dot{I}_{b1} = \dot{I}_i - \dot{I}_f$。现采用瞬时极性法确定 $\dot{I}_i$ 与 $\dot{I}_f$

的相位关系。在图 12.25 中,设 $\dot{U}_i$ 为正半周,其瞬时极性为上正下负。根据单级电压放大电路的反相作用,$\dot{U}_{o1}$ 的瞬时极性为上负下正。同理,$\dot{U}_{o2}$ 和 $\dot{U}_{o3}$(即 $\dot{U}_o$)的瞬时极性如图中所示。可以看出,T_1 基极电位比 T_3 集电极电位高。$\dot{I}_f$ 的实际流向与图示方向一致,而 $\dot{I}_i$ 的实际流向也与图示方向一致,所以 $\dot{I}_i$ 与 $\dot{I}_f$ 同相。于是 $I_{b1} =$

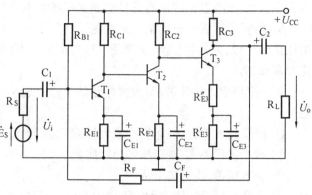

图 12.24　多级交流电压放大电路

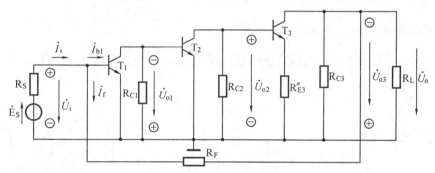

图 12.25　图 12.24 的交流通路

$I_i - I_f$,净输入信号被削弱,因而是负反馈。

(2)被引回的反馈信号是取自输出电流还是输出电压。由于反馈电流信号 $\dot{I}_f = \dfrac{\dot{U}_i - \dot{U}_o}{R_F} \approx \dfrac{\dot{U}_o}{R_F}$,$\dot{I}_f$ 与输出电压成正比,因而是电压反馈。

(3)反馈电路与信号源的联接方式

在输入端,反馈电路(R_F 支路和地线)与信号源是并联关系($\dot{I}_i = \dot{I}_{b1} + \dot{I}_f$,反馈元件 R_F 对信号源有分流作用),因而是并联反馈。

综合来看,反馈电路(R_F、C_F)在本放大电路中构成了并联电压负反馈。此外,电路中是否还有其它反馈?什么类型?请读者自行分析。

从上面两个例子的分析可以看出:

① 根据反馈电路与信号源的联接方式,可分为串联反馈和并联反馈。

② 根据被引回的信号是电流或电压,可分为电流反馈和电压反馈。

因而可以组合成四种类型的负反馈。除上面分析的两种外,另两种类型请读者自行列出。

要判断反馈的类型,大体上可依据以下方法进行:

① 正反馈或负反馈。用瞬时极性法找出反馈信号与输入信号的瞬时极性(或相位),根据净输入信号是增加或减弱来判断。

② 电流反馈或电压反馈。根据反馈信号与输出信号的关系判断。若反馈信号与输出电流成正比,是电流反馈;若反馈信号与输出电压成正比,是电压反馈。对于共发射极

放大电路来说,反馈信号取自晶体管发射极的是电流反馈;取自集电极的是电压反馈。

③ 串联反馈或并联反馈。反馈信号以电压形式引回,加到晶体管的发射极上与输入电压信号比较,是串联反馈;反馈信号以电流形式引回,加到基极上与输入电流信号比较,是并联反馈。

放大电路引入负反馈,对放大电路的工作性能会产生显著影响。负反馈的主要作用是:

① 降低放大倍数,但能提高放大倍数的稳定性。

② 减小波形失真,改善波形传输质量。

③ 加宽频带,改善频率特性。

④ 串联负反馈能使输入电阻增大,并联负反馈能使输入电阻减小。

⑤ 电流负反馈能稳定输出电流(相当于输出电阻增大),电压负反馈能稳定输出电压(相当于输出电阻减小)。

三、负反馈的典型应用电路

图 12.26(a)所示电路称为射极输出器,是负反馈的典型应用电路,因其输出信号是从

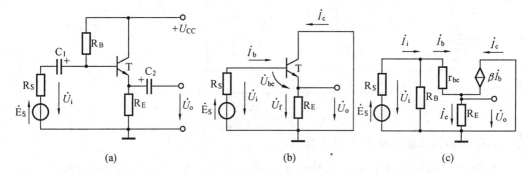

图 12.26 射极输出器

晶体管发射极输出的,故而得名。从图 12.26(b)所示交流通路可以看出(R_B 电阻未画出),集电极是输入回路和输出回路的公共端,因而射极输出器是共集电极电路。通过反馈元件 R_E 把输出电压 $\dot{U}_o$ 全部反馈到输入端($\dot{U}_f = \dot{U}_o$),从反馈类型看,它是串联电压负反馈电路。由于引入很深的负反馈,射极输出器具有独特的动态特性。

1. 电压放大倍数

由图 12.26(c)所示微变等效电路可以写出

$$\dot{U}_i = \dot{I}_b r_{be} + \dot{I}_e R_E = \dot{I}_b r_{be} + (1 + \beta) \dot{I}_b R_E = \dot{I}_b [r_{be} + (1 + \beta) R_E]$$

$$\dot{U}_o = \dot{I}_e R_E = (1 + \beta) \dot{I}_b R_E$$

所以

$$A_u = \frac{\dot{U}_o}{\dot{U}_i} = \frac{(1 + \beta) R_E}{r_{be} + (1 + \beta) R_E} \approx 1 \tag{12.13}$$

可以看出:

① 电压放大倍数接近1,但恒小于1。这是因为 $r_{be} \ll (1 + \beta) R_E$,所以 $\dot{U}_o \approx \dot{U}_i$,但 $\dot{U}_o$ 略小于 $\dot{U}_i$。虽然没有电压放大作用,但因 $\dot{I}_e = (1 + \beta) \dot{I}_b$,仍有电流放大和功率放大作用。

② 输出电压与输入电压同相位,且大小基本相等,因而输出电压总是跟随输入电压变化,有跟随作用。所以射极输出器又称为射极跟随器。

2. 输入电阻

射极输出器是串联电压负反馈电路。前面说过,串联负反馈能增大输入电阻。我们分析一下射极输出器,看是否如此。在微变等效电路的输入端,暂不考虑 R_B 的影响。

$$\dot{U}_i = \dot{I}_b r_{be} + \dot{I}_e R_E = \dot{I}_b [r_{be} + (1+\beta)R_E]$$

此时的输入电阻

$$r_i' = \frac{\dot{U}_i}{\dot{I}_i} = \frac{\dot{U}_i}{\dot{I}_b} = r_{be} + (1+\beta)R_E$$

把 R_B 考虑进去后的输入电阻

$$r_i = R_B /\!/ [r_{be} + (1+\beta)R_E] \tag{12.14}$$

由于 R_B 阻值很大(几十千欧到几百千欧),$[r_{be} + (1+\beta)R_E]$ 也很大,所以射极输出器的输入电阻确实很高。

3. 输出电阻

前面说过,电压负反馈能稳定输出电压,这相当输出电阻的减小。射极输出器中含有很深的电压负反馈,它的输出电阻是否很小呢? 可以证明,射极输出器的输出电阻

$$r_o \approx \frac{R_s + r_{be}}{\beta} \tag{12.15}$$

例如,若信号源内阻 $R_s = 50\ \Omega$,晶体管的 $\beta = 60$,$r_{be} = 0.9\ \text{k}\Omega$,那么

$$r_o \approx \frac{50 + 900}{60} = 15.8\ \Omega$$

可见,射极输出器的输出电阻确实很小,它的数值比共发射极放大电路的输出电阻要小得多,因而有很强的带负载能力。

由于射极输出器具有上述特点,因而得到了广泛的应用,主要用于两个方面:

① 因为有 $\dot{U}_o \approx \dot{U}_i$、大小近似相等、相位相同的特点,射极输出器常用作电压跟随器。

② 因为有输入电阻大、输出电阻小的特点,射极输出器常用作多级放大电路的输入级、输出级或中间级。

【例 12.7】 有一信号源,$e_s = 4\sin\omega t\,\text{V}$,$R_s = 3\ \text{k}\Omega$。(1)信号源直接带 $R_L = 2\ \text{k}\Omega$ 的负载,如图 12.27(a)所示,求输出电压 u_o。(2)信号源经过射极输出器接 $R_L = 2\ \text{k}\Omega$ 负载,如图 12.27(b)所示,求输出电压 u_o。($r_{be} = 0.9\ \text{k}\Omega$)

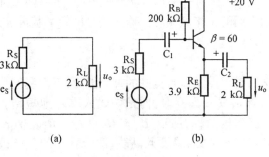

图 12.27 例 12.5 的电路

【解】

(1)信号源直接带负载时的输出电压

$$u_o = \frac{R_L}{R_s + R_L} e_s = \frac{2}{3+2} \times 4\sin\omega t = 1.6\sin\omega t\ \text{V}$$

可见信号损失很大,信号没有被负载充分利用。

(2)信号源经射极输出器接负载时的输出电压

由图 12.26(c)所示的射极输出器微变等效电路可知

$$r_i = R_B /\!/ [r_{be} + (1 + \beta)(R_E /\!/ R_L)]$$

代入数据得

$$r_i = 57.3 \text{ k}\Omega$$

而

$$u_i = \frac{r_i}{R_s + r_i} e_s = \frac{57.3}{3 + 57.3} \times 4\sin \omega t = 3.8\sin \omega t \text{ V}$$

所以

$$u_o \approx u_i = 3.8\sin \omega t \text{ V}$$

可见,信号损失很小,信号源的电动势几乎都加在负载上。

思 考 题

12.14　什么叫反馈和负反馈? 放大电路为什么要引入负反馈?

12.15　什么叫直流反馈? 什么叫交流反馈? 在没有特别指出的情况下,一般我们所讲的放大电路中的反馈指的是哪一种?

12.16　在图 12.23(a)所示电路和射极输出器中,反馈元件都是射极电阻 R_E,但为什么说前者是电流负反馈,而后者是电压负反馈?

12.6　差动放大电路

由 12.4 节讨论可知,直接耦合电压放大电路存在零点漂移,其中第一级的漂移(经后面几级放大)对放大电路的影响最为严重。因此,必须采取有效的措施抑制零点漂移,通常采用的办法是在多级放大电路的第一级采用差动输入放大电路。

一、基本差动放大电路

图 12.28 为一基本差动放大电路,电路两侧元件对称,T_1、T_2 两管型号、参数均相同,因而它们的工作点相同。输入信号由两个基极加入,输出信号电压取自两个集电极电压之差,即

$$u_o = u_{C1} - u_{C2}$$

此电路对零点漂移有良好的抑制能力,下面我们分析其工作原理。

当 $u_{i1} = u_{i2} = 0$ 时,即把两输入端对地短路。由于电路结构对称,所以 $I_{C1} = I_{C2}$,$U_{C1} = U_{C2}$,故 $u_o = U_{C1} - U_{C2} = 0$。当温度升高时,两个管子的集电极电位都将因 I_{C1} 和 I_{C2} 的变化而变化,此时

$$U_{C1}' = U_{C1} + \Delta U_{C1} \quad U_{C2}' = U_{C2} + \Delta U_{C2}$$

由于两管性能一致(电路对称)故有

$$\Delta U_{C1} = \Delta U_{C2}$$

所以

$$u_o = U_{C1}' - U_{C2}' = 0$$

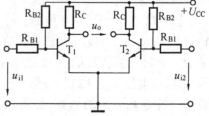

图 12.28　基本差动放大原理

由上式可知差动放大电路,当 $u_i = 0$ 时,$u_o = 0$,即输出不受温度的影响。这里要注意的是,电路中每一个管子是受温度影响,参数发生变化,但电路总的输出不受温度影响,即整

个电路由于电路的对称性而有良好的抑制零点漂移的能力。

由图 12.28 可知,电路有两个输入端,根据加在两输入端的信号的大小和极性不同可有下述三种情况:

1. 共模信号输入情况

所谓共模信号即两信号大小相等,极性相同,就是说 $u_{i1} = u_{i2}$。在共模信号作用下,由于差动放大电路是对称的,因此 $u_{C1} = u_{C2}$,所以 $u_o = 0$。由此可知差动放大电路对共模信号无放大作用,即共模放大倍数 $A_c = 0$。上述由温度引起的零点漂移对两个管子来讲,就相当于输入端加上了一对共模信号,所以差动放大电路对共模信号的抑制能力就是对零点漂移的抑制能力。

2. 差模信号输入情况

所谓差模信号是指大小相等而极性相反的两个信号,即 $u_{i1} = -u_{i2}$。

假设 $u_{i1} > 0$、$u_{i2} < 0$,由图 12.28 可知,u_{i1} 使 T_1 的集电极电流增大了 ΔI_{C1},所以 T_1 集电极电位下降了 ΔU_{C1},则 $u'_{C1} = U_{C1} - \Delta U_{C1}$;$u_{i2}$ 使 T_2 的集电极电流减少了 ΔI_{C2},所以 T_2 集电极电位上升了 ΔU_{C2},则 $u'_{C2} = U_{C2} + \Delta U_{C2}$,那么输出电压

$$u_o = u'_{C1} - u'_{C2} = -\Delta U_{C1} - \Delta U_{C2}$$

由于电路对称,所以有

$$|\Delta U_{C1}| = |\Delta U_{C2}| = |\Delta U_C|$$

故

$$u_o = -2\Delta U_C$$

即此时放大电路的输出为两管集电极电位变化量的 2 倍。可见差动放大电路对差模信号有放大作用。

3. 比较信号输入情况

所谓比较信号是指既非共模信号,又非差模信号的两个输入信号,它们的大小和相对极性是任意的。这种情况往往是用作对两个信号进行比较放大的。在自动控制系统中比较常见。此时放大电路输出为

$$u_o = A_{u1} u_{i1} - A_{u2} u_{i2}$$

由于电路对称,所以 $A_{u1} = A_{u2} = A_u$,故

$$u_o = A_u(u_{i1} - u_{i2}) \tag{12.16}$$

总之上述差动放大电路,输入有差别,输出端就有输出;输入无差别,输出端就无输出。

二、典型差动放大电路

基本差动放大电路能够抑制零点漂移是利用了电路的对称性,但在实际中两个管子不可能完全对称。所以单纯靠电路的对称性来抑制零点漂移是有限度的。而且在上述电路中每个管子集电极电位的漂移并未受到抑制,若从一个管子的集电极对地输出信号(称为单端输出),零点漂移仍然存在,因此,就要对上述电路采取改进措施,组成典型差动电路。

图 12.29 为一典型差动放大电路,它和基本差动放大电路的区别在于多加了电阻 R_E、电位器 R_P 和电源 E_E。下面分别介绍这三个元件的作用。

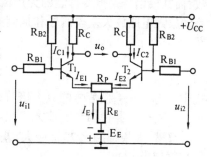

图 12.29 典型差动放大电路

1.共模负反馈电阻 R_E 的作用

R_E 接在 T_1 和 T_2 的发射级,因而对于 T_1、T_2 管组成的共射极放大电路,R_E 引入了串联电流负反馈。由反馈概念可知,它有稳定输出电流 I_{C1} 和 I_{C2} 的作用。下面我们针对不同信号来分析。

当输入信号为共模信号时,设由于温度升高,使集电极电流 I_{C1}、I_{C2} 发生变化,但由于 R_E 的存在,使得集电极电流可保持基本不变,其过程如下:

$$
\begin{array}{ccccccc}
I_{C1}\downarrow & & I_{B1}\downarrow & & \\
I_{C1}\uparrow & & I_{B1}\uparrow & & U_{BE1}\downarrow \\
温度\uparrow & I_E\uparrow \rightarrow R_E & & \\
I_{C2}\downarrow & & I_{B2}\downarrow & & U_{BE2}\downarrow \\
I_{C2}\uparrow & & I_{B2}\uparrow & &
\end{array}
$$

其结果使集电极电位基本不变,减小了输出端的漂移量。由 $U_{R_E} = I_E R_E$ 可知,R_E 越大,负反馈越深,对零点漂移抑制愈强,所以,称 R_E 为共模负反馈电阻。

当输入信号为差模信号时,设电路基本对称,则有 $\Delta I_{E1} \approx -\Delta I_{E2}$,即此时在 R_E 中流过一对大小相等、方向相反的电流,这样就使 R_E 上的电压降之和($U_{R_E} = \Delta I_{E1} R_E - \Delta I_{E2} R_E$)为零,反馈电压也就不存在了,不影响放大电路的输出。

总之,R_E 可以区别对待不同信号,它对共模信号有抑制作用,对差模信号不起作用。

2.发射极负电源 E_E 的作用

为了很好地抑制零点漂移,希望 R_E 大,但 R_E 增大后使放大电路的静态工作点发生了变化,即由于 U_{R_E} 使 $T_1(T_2)$ 发射极电位被提高了,所以 U_{CE} 将下降,即电路的动态范围减小,影响放大能力。为了解决这个问题,加上了负电源 E_E。由图 12.29 可知,$V_{E1} = V_{E2} = I_E R_E - E_E$,若使 $E_E = I_E R_E$,则发射极的电位近似为零,使 U_{CE} 增大,从而保证了电路有合适的静态工作点。

3.发射极平衡电阻 R_P 的作用

电路工作初始,$u_i = 0$,此时两个管子的工作状态可能稍有差别,通过调整电位器 R_P 使两管的初始状态相同,达到双端输出时 $u_o = 0$。值得注意的是 R_P 对差模信号有负反馈作用,因而一般取值较小,在几十欧到几百欧之间。

三、共模抑制比

对差模放大电路来说,差模信号是需要放大的有用信号,所以对它要有较大的放大倍数;而共模信号是需要抑制的无用信号,所以对它的放大倍数要越小越好。为了全面衡量差动放大电路放大差模信号和抑制共模信号的能力,通常引用共模抑制比 K_{CMR} 来表征。即

$$K_{CMR} = \frac{A_d}{A_c}$$

式中　A_d——差模信号的放大倍数;

　　　A_c——共模信号的放大倍数。

显然,共模抑制比 K_{CMR} 越大,差动放大电路分辨差模信号的能力越强,受共模信号的影响就越小。

在理想情况下(电路完全对称),$K_{CMR} \rightarrow \infty$。

思 考 题

12.17 什么是差模信号和共模信号？差动放大电路对这两种输入信号是如何区别对待的？

12.18 典型的差动放大电路为什么能抑制零点漂移？其中 R_E 的作用是什么？是否 R_E 越大越好？

12.7 功率放大电路

功率放大电路与电压放大电路一样,都是以晶体管为核心组成的放大电路。不同之处在于,电压放大电路的主要任务是把微弱的电压信号的幅度加以放大,然后输出较大的电压信号;而功率放大电路的主要任务是既能输出较大的电压信号,又能输出较大的电流信号,以保证一定的功率输出,驱动负载(扬声器、继电器、电动机等)。一般的多级放大电路,末级都是功率放大级,如图 12.15 所示。

对电压放大电路来说,主要考虑的是其电压放大倍数、输入电阻和输出电阻等技术指标。而对功率放大电路来说,主要考虑的是输出功率,而且由于输出功率较大,所以效率也是功率放大电路的重要技术指标。效率通常用 $\eta = \dfrac{P_{om}}{P_E} \times 100\%$ 来表示,式中 P_{om} 是在不失真情况下功率放大电路输出的最大信号功率,P_E 是电源输出的直流功率。

下面讨论常用的互补对称功率放大电路。

由 12.5 节的分析可知,射极输出器具有电流放大和功率放大能力,因此,它是最简单的功率放大电路(见图 12.30)。但射极输出器的效率很低,这是因为其静态工作点一般在管子的放大区,静态电流 I_C 数值较大,如图 $12.31\,Q_1$ 所示(称为甲类放大)。I_C 使管子和电阻 R_E 发热,I_C 大,功耗就大。电源输出的直流功率为 $P_E = I_C \cdot U_{CC}$(定值)。静态(无信号)时,P_E 全部转化为热损耗;动态(有信号)时,P_E 只有一小部分转化为有用的输出信号功率,效率很低(经证明为 6.25%)。为提高效率,显然应降低静态电流 I_C,即把工作点至 Q_2(称为乙类放大)或稍高于 Q_2(甲乙类放大),但这将产生严重的失真。为了解决这一问题,我们可以采用图 10.32 所示的互补对称功率放大电路。

在图 12.32 中,T_1 为 NPN 管,T_2 为 PNP 管,两管对称,组成互补对称功率放大电路。R_{B1}、D_1、D_2、R_{B2} 组成分压偏置电路。

静态:静态电路如图 12.33 所示。调 R_{B1},使 T_1、T_2 两管的发射结正偏压稍大于死区电压,两管便处于微导通状态($I_{C1} = I_{C2} \approx 0$),工作在甲乙类状态。此时两管的集 – 射极电压相等(输出电容 C_2 被充电,其上电压加在 T_2 上),即

$$U_{CE1} = U_{CE2} = \frac{1}{2} U_{CC}$$

$$V_E = \frac{1}{2} U_{CC}$$

而 $\qquad U_D = U_{BE1} - U_{BE2} \quad (U_{BE2} \text{ 本身为负值})$

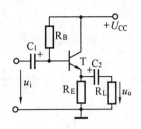

图 12.30 射极输出器用于功率放大

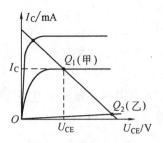

图 12.31 功放电路的静态工作点

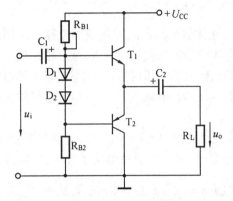

图 12.32 互补对称功放电路

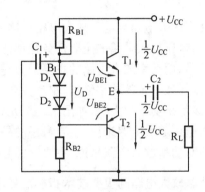

图 12.33 静态电路

动态:动态电路如图 12.34(a)所示。T_1 和 T_2 两管轮流导通和截止,其过程为:若 u_i 为正半周时,T_1 管的基极电位 u_{B1} 上升,发射结电压 u_{BE1} 增大(V_E 为定值),T_1 导通,发射极电流 i_{e1} 通过 C_2 而流入负载 R_L。此时 T_2 管的基极电位高于发射极电位,T_2 管反向偏

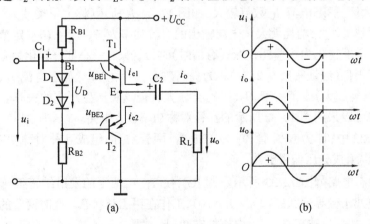

(a)   (b)

图 12.34 动态电路

置。T_2 截止。负载电流和输出电压分别为

$$i_o = i_{e1}$$

$$u_o = i_o R_L = i_{e1} R_L$$

若 u_i 为负半周时,T_1 管的基极电位 u_{B1} 下降,低于发射极电位,T_1 管反向偏置,T_1 截止。而 T_2 管的基极电位低于发射极电位,T_2 管正向偏置,T_2 导通,发射极电流 i_{e2} 的方向如图 12.34(a)中所示。此时电容 C_2 放电,相当于 T_2 管的集电极电源(C_2 放电时,其电压不能

下降太多,所以 C_2 的容量必须足够大)。T_2 管导通时负载电流和输出电压分别为

$$i_o = - i_{e2}$$

$$u_o = i_o R_L = - i_{e2} R_L$$

u_i、i_o 和 u_o 的波形如图 12.34(b)所示。

由以上分析可见,在输入正弦信号 u_i 的一个周期内,电流 i_{e1} 和 i_{e2} 以正反不同的方向轮流通过负载 R_L,在 R_L 上合成一个完整的正弦输出电压 u_o。

由于静态时两管的集电极电流很小,故其功率损耗也很小,因而提高了效率。可以证明,这种电路的最高理论效率为 78.5%。

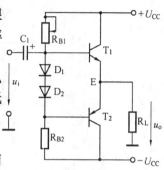

上述的互补对称放大电路中,由于采用大容量的极性电容 C_2 与负载耦合,因而无法实现集成化,而且 C_2 还会影响低频响应。为此,可去掉电容 C_2 加上一个负电源给 T_2 管供电,电路如图 12.35 所示。

图 12.35 所示的功放电路工作在甲乙类状态。静态时两管的电流相等,负载电阻 R_L 中无电流流过,即两管的发射极电位 $V_E = 0$。

图 12.35 双电源互补对称放大电路

上述功放电路是由导线、焊点将单个元件连接而成,这种电路称为分立元件电路。分立元件电路的缺点是电路的体积大、元器件的参数分散性大、调试比较困难、故障率高。目前,中、小功率的集成功率放大器(将整个放大电路同时制造在一块半导体芯片上,称为集成电路)相继问世,品种繁多,而且应用越来越广泛,将逐步取代分立元件的功放电路。

图 12.36(a)是双集成功率放大器 TDA2822M 的管脚图,它的内部电路是由输入级、中间放大级和功率输出级组成。输入级采用差动放大电路,所以,它有两个输入端,同相和反相输入端。输出级采用上述功放电路。图(b)是用此芯片接成的立体声双声道电路。在图(b)中,C_{11} 和 R_5 组成电源滤波电路;R_3 和 C_9、R_4 和 C_{10} 是相位补偿电路,以消除自激振荡,并改善高频时的负载特性;C_3 和 C_4 是消除输入端高频干扰的滤波电容。

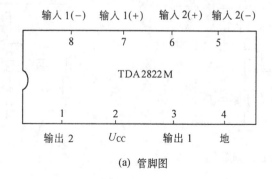

(a) 管脚图

注:(−)表示反相输入端;(+)表示同相输入端

思 考 题

12.19 功率放大电路的特点是什么? 与电压放大电路有何不同?

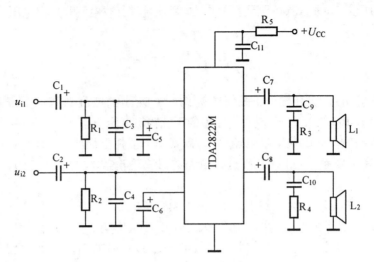

(b) 集成功率放大器应用电路

图 12.36 集成功效的管脚图及应用电路

12.20 对功放电路的基本要求是什么？功放电路的甲类和甲乙类工作状态有何区别？哪种状态效率高？

*12.8 场效应管放大电路

场效应管放大电路的任务和晶体管放大电路相同,因此所要分析的指标及分析的方法都相同。晶体管放大电路常用的有共发射极放大电路和射极输出器,场效应管放大电路常用的有共源极放大电路和源极输出器。下面我们以共源极电压放大电路为例,对其静态和动态进行分析。

1.静态分析

图 12.37 是共源极接法的分压式偏置电压放大电路,R_{G1}、R_{G2} 为栅极分压电阻,R_D 是漏极电阻,R_S 是源极电阻(起稳定 Q 点的作用)。图 12.37 的直流通路如图 12.38。

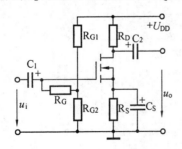

图 12.37 分压式偏置电路

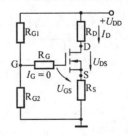

图 12.38 图 12.37 的直流通路

$$V_G = \frac{R_{G2}}{R_{G1} + R_{G2}} \cdot U_{DD} \tag{12.18}$$

$$U_{GS} = V_G - V_S = \frac{R_{G2}}{R_{G1} + R_{G2}} \cdot U_{DD} - I_D R_S \tag{12.19}$$

---

* 选修内容

$$I_D = I_{DO}(\frac{U_{GS}}{U_{GS(th)}} - 1)^2 \qquad (12.20)$$

$$U_{DS} = U_{DD} - I_D(R_D + R_S) \qquad (12.21)$$

2. 动态分析

图 12.39(a)(b)分别是分压式偏置电压放大电路的交流通路和微变等效电路。

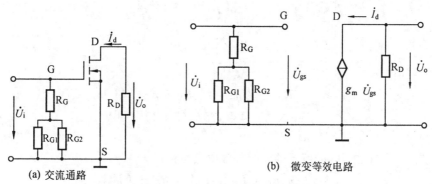

(a) 交流通路　　　　　　　　(b) 微变等效电路

图 12.39　图 12.37 的交流通路和微变等效电路

(1)求 A_u。由微变等效电路得

$$\dot{U}_i = \dot{U}_{gs}$$

$$\dot{U}_o = -\dot{I}_d R_D = -g_m \dot{U}_{gs} R_D \qquad (12.22)$$

则

$$A_u = \frac{\dot{U}_o}{\dot{U}_i} = \frac{-g_m \dot{U}_{gs} R_D}{\dot{U}_{gs}} = -g_m R_D$$

式中的负号表示输出电压和输入电压相位相反。

(2)求放大电路的输入电阻 r_i。由微变等效电路可知

$$r_i = (R_G + R_{G1} /\!/ R_{G2}) /\!/ r_{gs}$$

式中 r_{gs} 是场效应管的输入电阻,其阻值很高($10^9 \sim 10^{14}\Omega$),相当无穷大。

因此

$$r_i = R_G + R_{G1} /\!/ R_{G2} \approx R_G \qquad (12.23)$$

式中,R_G 的单位一般为 MΩ,在这里起提高输入电阻的作用。

显然场效应管放大电路的输入电阻要比晶体管放大电路的输入电阻高得多。

(3)求输出电阻 r_o。由微变等效电路得

$$r_o = r_{ds} /\!/ R_D \approx R_D \qquad (12.24)$$

式中 r_{ds} 是场效应管的输出电阻,其阻值很高,相当无穷大。

【例 12.8】　在图 12.37 所示的场效应管电压放大电路中,已知 $R_{G1} = 209$ kΩ,$R_{G2} = 47$ kΩ,$R_G = 1$ MΩ,$R_D = 5$ kΩ,$R_S = 1$kΩ,$U_{DD} = 24$ V,$g_m = 2.5$ ms,$U_{GS(th)} = 4$ V,$U_{GS} = 6$ V,$I_{DO} = 100$ mA。场效应管为 N 沟道增强型。试计算:(1)静态值 I_D、U_{DS};(2)r_i、r_o、A_u;(3)若 C_S 开路,计算 A_{ufo}。

【解】

(1)静态值。由图 12.38 所示的直流通路可得

$$V_G = \frac{R_{G2}}{R_{G1} + R_{G2}} \cdot U_{DD} = \frac{47}{209 + 47} \times 24 = 4.4 \text{ V}$$

$$U_{GS} = 6 \text{ V}$$

利用场效应管的电流方程(12.20)求 I_D

$$I_D = I_{DO}(\frac{U_{GS}}{U_{GS(th)}} - 1)^2 =$$

$$10 \times (\frac{6}{4} - 1)^2 = 2.5 \text{ mA}$$

漏源间电压

$$U_{DS} = U_{DD} - I_D(R_D + R_S) =$$

$$24 - 2.5 \times (5 + 1) = 9 \text{ V}$$

(2)求 r_i、r_o、A_u:

① r_i。由图 12.39(b)所示的微变等效电路可得

$$r_i = R_G + R_{G} /\!/ R_{G2} \approx R_G = 1 \text{ M}\Omega$$

② r_o

$$r_o = r_{ds} /\!/ R_D \approx R_D = 5 \text{ k}\Omega$$

③ A_u。由 12.39(b)的微变等效电路

$$\dot{U}_i = \dot{U}_{gs}$$

$$\dot{U}_o = - \dot{I}_d R_D = - \dot{U}_{gs} g_m R_D$$

则电压放大倍数

$$A_u = \frac{\dot{U}_o}{\dot{U}_i} = - \frac{g_m U_{gs} R_D}{\dot{U}_{gs}} = - g_m R_D = - 2.5 \times 5 = - 12.5$$

(3)若 C_S 开路,计算 A_{usf}。C_S 开路时的微变等效电路如图 12.40 所示。

$$\dot{U}_i = \dot{U}_{gs} + \dot{I}_d R_S = \dot{U}_{gs} + g_m \dot{U}_{gs} R_S =$$

$$\dot{U}_{gs}(1 + g_m R_S)$$

$$\dot{U}_o = - \dot{I}_d R_D = - g_m \dot{U}_{gs} R_D$$

电压放大倍数

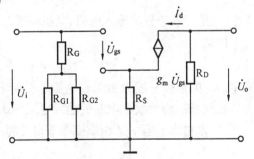

图 12.40 C_S 开路时的微变等效电路

$$A_{uf} = \frac{\dot{U}_o}{\dot{U}_i} = \frac{- g_m U_{gs} R_D}{\dot{U}_{gs}(1 + g_m R_S)} = \frac{- g_m R_D}{1 + g_m R_S} =$$

$$- \frac{2.5 \times 5}{1 + 2.5} = - 3.57$$

可见,C_S 开路,R_S 起串联电流负反馈作用,使 A_u 下降,但稳定了输出电流。

思 考 题

12.22 场效应管和晶体管比较有何特点?

12.23　在图 12.37 所示的分压式场效应管放大电路中,R_G 电阻起何作用?

12.24　在高内阻信号源的情况下,你认为放大电路的输入级采用何种放大电路为最好?

本 章 小 结

本章主要介绍了由晶体管组成的基本放大电路,包括交流电压放大电路、阻容耦合和直接耦合电压放大电路、差动放大电路、射极输出器和功率放大电路,并讨论了放大电路中的负反馈形式及其作用。最后简单介绍了场效应管电压放大电路。

(1)放大电路包括静态和动态两种工作状态。在电压放大电路中,静态分析就是合理设置放大电路的静态工作点 Q,静态工作点由 I_B、I_C、U_{CE} 决定,一般采用估算法和戴维南定理求静态值。动态分析就是分析电压放大倍数、输入电阻和输出电阻。一般常采用微变等效电路法确定 A_u、r_i、r_o。

(2)为了提高电压放大电路的质量,改善放大电路的工作性能,在放大电路中引入负反馈电路。负反馈包括直流负反馈和交流负反馈。交流电压放大电路引入直流负反馈,可以稳定静态工作点。直接耦合电压放大电路引入直流负反馈可以抑制零点漂移。

放大电路中引入交流负反馈可以改善放大电路的工作性能,即增强放大倍数的稳定性、减轻信号源负担、提高放大电路的带负载能力、改善波形传输质量、展宽通频带等。

交流负反馈共有串联电流负反馈、串联电压负反馈、并联电流负反馈、并联电压负反馈四种类型。其中,并联负反馈使输入电阻减小,串联负反馈使输入电阻增大。电流负反馈稳定输出电流(使输出电阻增大),电压负反馈稳定输出电压(使输出电阻减小)。

要判断负反馈的类型可按如下方法进行:

① 用瞬时极性法找出反馈信号与输入信号的瞬时极性,如果净输入信号被削弱即为负反馈。

② 反馈信号与输出电流成正比(共发射极放大电路,反馈信号从晶体管的发射极取出)即为电流反馈。反馈信号与输出电压成正比(共发射极放大电路,反馈信号从晶体管的集电极取出)即为电压反馈。

③ 反馈信号以电流的形式引回到输入端(加到晶体管的基极),与输入电流比较即为并联反馈。反馈信号以电压的形式引回到输入端(加到晶体管的发射极),与输入电压比较即为串联反馈。

(3)射极输出器是负反馈的典型应用电路,它具有输入电阻高,输出电阻低,输入、输出电压同相位,电压放大倍数近似等于 1 等特点,因而常用来作为多级放大电路的输入级、输出级或中间级以及电压跟随器。

(4)为了带动负载,放大电路的末级需要采用功率放大电路。对功率放大电路的要求是在不失真的情况下尽可能输出大的功率和较高的效率,因而功率放大电路工作在甲乙类工作状态。

(5)多级放大电路的联接方式常采用阻容耦合及直接耦合。阻容耦合放大电路只能放大交流信号,不能放大直流信号。直接耦合放大电路既能放大直流信号又能放大交流信号,但存在零点漂移,通常采用差动输入电路来抑制零点漂移。

(6)由于场效应管放大电路具有高输入电阻的特点,因此常用于多级放大电路的输入级。场效应管放大电路所要分析的问题以及分析方法均与晶体管放大电路相同,故在学习过程中常与晶体管、放大电路进行比较,利于掌握。

本章内容是电子技术的最基本知识,要求熟练掌握。

习　题

12.1 试判断题图 12.1 所示电路能否放大交流信号？为什么？

12.2 晶体管放大电路如题图 12.2 所示，已知 $U_{CC} = 12$ V，$R_C = 3$ kΩ，$R_B = 240$ kΩ，晶体管的 β 为 40，试估算静态值 I_B、I_C、U_{CE}。

12.3 题图 12.3 为一分压式偏置放大电路，$\beta = 60$，试求：(1)用估算法和戴维南定理求 I_B、I_C、U_{CE}；(2)A_u；(3)r_i 和 r_o。要求画出微变等效电路。

12.4 在题图 12.4 所示的电路中，$U_{CC} = 12$ V，晶体管的 $r_{be} = 1$ kΩ，$\beta = 50$，$R_{B1} = 120$ kΩ，$R_{B2} = 40$ kΩ，$R_C = 4$ kΩ，$R_E' = 100$ Ω，$R_E = 2$ kΩ，$R_L = 4$ kΩ。试求该电路的输入电阻、输出电阻和电压放大倍数。若 $R_E' = 0$，各值又为多少？两组结果说明什么问题？

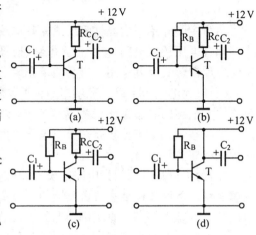

题图 12.1

12.5 两级阻容耦合电压放大电路如题图 12.5 所示，已知 $r_{be1} = 1$ kΩ，$r_{be2} = 1.47$ kΩ，$\beta_1 = 50$，$\beta_2 = 80$。(1)求放大电路各级的输入电阻和输出电阻；(2)求各级放大电路的电压放大倍数和总的电压放大倍数(设 $R_S = 0$)；(3)若 $R_S = 600$ Ω，当信号源电压有效值 $E_S = 8$ μV 时，放大电路的输出电压是多少？

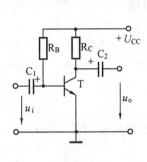

题图 12.2

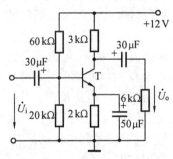

题图 12.3

12.6 在题图 12.6 中，判断哪些是负反馈电路？哪些是正反馈电路？如果是负反馈属于哪一类型(均指交流反馈)？

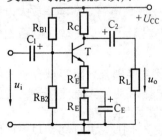

题图 12.4

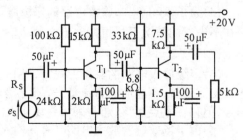

题图 12.5

12.7 如果需要实现下列要求，交流放大电路中应引入哪种类型的负反馈？

(1)要求输出电压 U_o 基本稳定,并能提高输入电阻;

(2)要求输出电流基本稳定,并能提高输入电阻;

(3)要求提高输入电阻,减小输出电阻。

12.8 试画出两种以上的要求输出电压 U_o 比较稳定、输出电阻小、信号源负担小的负反馈放大电路。

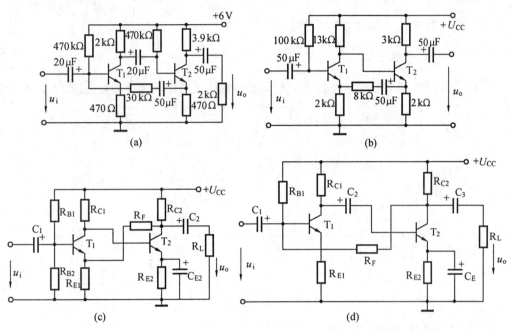

题图 12.6

12.9 题图 12.7 是两级阻容耦合电压放大电路,已知 $\beta_1 = \beta_2 = 40$。

(1)计算前后级放大电路的静态值;

(2)画出微变等效电路;

(3)求 A_{u1}、A_{u2}、A_u;

(4)求 r_i 和 r_o。

12.10 求题图 12.8 中两级电压放大电路的输入电阻、输出电阻及电压放大倍数。已知, $\beta_1 = \beta_2 = 50$, $U_{CC} = +24$ V, $r_{be1} = 3$ kΩ, $r_{be2} = 1.7$ kΩ, $R_B = 1$ MΩ, $R_{E1} = 27$ kΩ, $R_{B1}' = 82$ kΩ, $R_{B2}' = 43$ kΩ, $R_{C2} = 10$ kΩ, $R_{E2}' = 7.5$ kΩ, $R_{E2}'' = 510$ Ω。

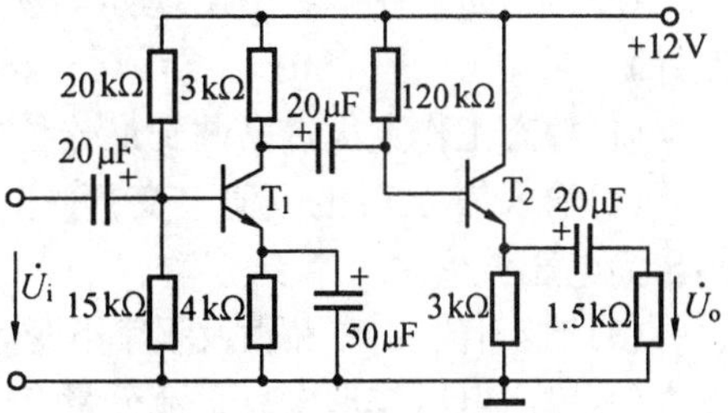

题图 12.9

12.11 题图 12.9 是由 T_1 和 T_2 组成的复合管,各管的电流放大系数分别为 β_1 和 β_2,输入电阻为 r_{be1} 和 r_{be2}。试证明复合管的电流放大系数为 $\beta = \beta_1\beta_2$,输入电阻 $r_{be} \approx \beta_1 r_{be2}$。由此说明,采用复合管有何好处?

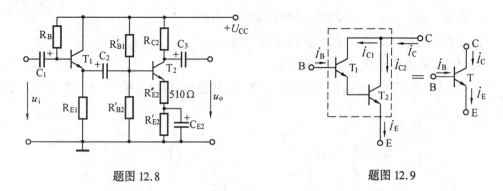

题图 12.8　　　　　　　　　　　　　题图 12.9

12.12 进行单管交流电压放大电路实验的线路及所使用的仪器如题图 12.10 所示。

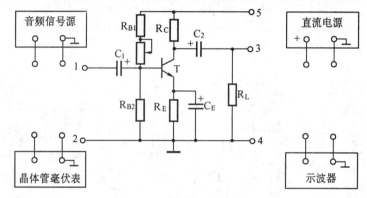

题图 12.10

(1) 请将各仪器与放大电路正确联接起来。

(2) 试说明如何通过观察输出电压波形来调整静态工作点?

(3) 如果发现输出电压波形的上半波失真,这是何种失真? 如果发现输出波形的下半波失真,这又是何种失真? 两种失真应如何调整才能消除?

12.13 如果在上题中出现如下现象,试分析其原因(设各仪器与放大电路联接正确完好)。

(1) 静态工作点虽然已调到最佳位置,但输出电压波形仍有失真。

(2) 输入信号 u_i 的幅值不变,静态工作点不变,将信号源的频率减小到某一数值后,输出无电压波形。

(3) 输入信号 u_i 的幅值及频率不变,静态工作点不变,但输出电压波形的幅度明显减小。

(4) 输出电压波形含有直流分量。

12.14 放大电路如题图 12.11 所示,设 $\beta = 50$, $r_{be} = 1\ \text{k}\Omega$, $E_S = 10.4\ \text{mV}$, $R_S = 0.5\ \text{k}\Omega$, 求 U_o。当信号源波形如图所示时,试画出输出电压 $\dot{U}_{o1}$ 和 $\dot{U}_{o2}$ 的波形。

12.15 放大电路如图 12.12 所示,设 $\beta = 100$, $U_{CC} = +12\ \text{V}$, $I_C = 2\ \text{mA}$, $U_{CE} = 6\ \text{V}$, $U_{BE} = 0.7\ \text{V}$。

(1) 求 R_C 和 R_B 的值;

(2) 判断交流负反馈的类型。

12.16 射极输出器电路如题图 12.13 所示,试证明:射极输出器的输出电阻 $r_o \approx \dfrac{R_S + r_{be}}{\beta}$。(提示:将信号源短路,保留其内阻 R_S,将负载电阻 R_L 去掉,加一交流电压 $\dot{U}_o$,

产生电流 $\dot{I}_o$,则输出电阻 $r_o = \dfrac{\dot{U}_o}{\dot{I}_o}$)

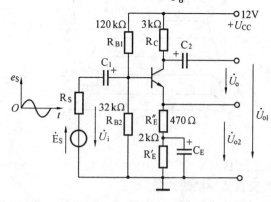

题图 12.11

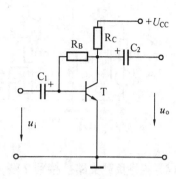

题图 12.12

12.17　在上题中,若 $V_{CC} = +20$ V, $R_S = 50$ Ω, $R_B = 200$ kΩ, $R_E = 4$ kΩ, $R_L = 2$ kΩ, $r_{be} = 1$ kΩ, $U_{BE} = 0.7$ V, $\beta = 50$。

试求:(1) 静态值;

(2) 电压放大倍数 A_u;

(3) 输入电阻 r_i,输出电阻 r_o。

12.18　已知电路如题图 12.14 所示, $R_{B1} = R_{B2} = 150$ kΩ, $R_C = 5.1$ kΩ, $R_S = 300$ Ω, $r_{be} = 1$ kΩ, $\beta = 50$, $U_{BE} = 0.6$ V。

试求:(1) 静态值;

(2) 画出放大电路的微变等效电路;

(3) 该电路的输入电阻和输出电阻;

(4) 电压放大倍数 A_u、A_{us}。

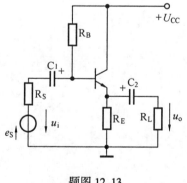

题图 12.13

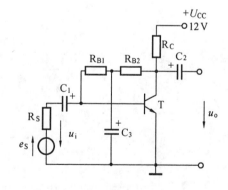

题图 12.14

12.19　已知交流电压放大电路如题图 12.15(a)所示, $U_{CC} = +12$ V, $R_C = 2$ kΩ, $R_{E1} = 100$ Ω, $R_{E2} = 2$ kΩ, $R_{B1} = 20$ kΩ, $R_{B2} = 10$ kΩ, $\beta = 36.3$, $R_L = 6$ kΩ, $r_{be} = 1$ kΩ。

试求:

(1) 在图(b)中标出静态工作点的位置。

(2) 计算放大电路的输入电阻和输出电阻。

(3) 计算电压放大倍数,并判断交流负反馈的类型。

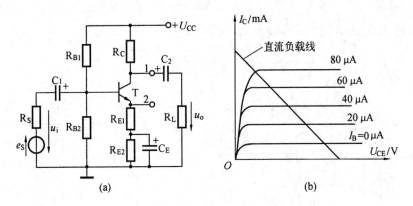

题图 12.15

(4) 若将负载支路换接到 2 端,试判断交流负反馈的类型。

12.20 用光电耦合器组成的大电流脉冲放大器如图 12.16 所示,已知输入脉冲电流为 25 mA,输出电流最大可达 1 A,试分析其工作原理。

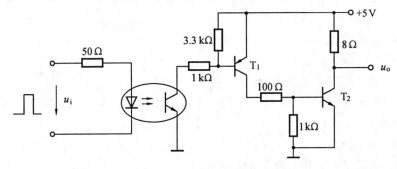

题图 12.16

第十三章 集成运算放大电路

运算放大器是一种具有很高电压放大倍数和深度负反馈的直接耦合放大电路,因初期用于模拟计算机进行多种数学运算而得此名。早期的运算放大器是由分立元件组成的,随着电子技术的发展和半导体工艺的不断完善,60年代初出现了集成运算放大器,其特点是将半导体管、电阻元件和引线都制作在一块硅片上,成为一个单元部件。集成运算放大器同其它类型的集成电路一样具有元件密度高、体积小、重量轻、成本低等许多优点,而且实现了元件电路和系统的结合,使外部引线数目大大减少,极大地提高了设备的可靠性和稳定性。

随着集成技术的发展,目前集成运算放大器(以下简称集成运放)已由原始型进入到大规模集成体制,各项技术指标不断改善,价格日益低廉,而且出现了适应各种要求的专用电路,如高速、高阻抗、大功率、低功耗、低漂移等多种类型。集成运放的应用几乎渗透到电子技术的各个领域,它已不再是仅仅用来进行信号的运算,还可以用来进行信号的变换、处理、检测以及各种信号波形的产生等等,具有十分广泛的应用领域。

学习本章的目的在于了解集成运放的功能和外部特性,并通过几种典型运算电路,掌握集成运放电路的分析方法及应用。

13.1 集成运放及其理想模型

一、集成运放的基本组成及主要技术指标

1.基本组成

集成运放主要由输入级、中间级、输出级和偏置电路四部分组成。输入级是决定整个电路性能的关键部分,大多采用差动放大的形式,以减小零漂和提高共模抑制比,并采取措施提高其输入电阻。中间级的主要作用是提高电压放大倍数,它一般由二、三级直接耦合放大电路组成,输出级多采用射极输出器以提高带载能力。

目前常用的集成运放是双列直插式,其外形如图13.1(a)所示。集成运放有许多引线端(引脚),通常包括:两个输入端、一个输出端、正负电源端、地端和调零端等。其在电路中用图13.1(b)中的符号来表示。其中A、B为输入端,C为输出端,A_{uo}为开环电压放大倍数,电源及调零端常省略不画。

由A端输入信号时,输出信号与输入信号反相(或极性相反),故A端称为反相输入端,用"−"号表示。由B端输入信号时,输出信号与输入信号同相(或极性相同),故B端称为同相输入端,用"+"号表示。

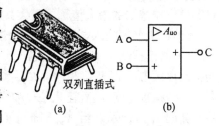

双列直插式

(a) (b)

图13.1 集成运放外形和电路符号

2.主要技术指标

集成运放的性能可用一些参数来表征。为了合理选择和正确使用集成运放,必须了解这些表征参数的意义。下面简单介绍一下集成运放的主要表征参数。

(1)开环电压放大倍数 A_{uo}（又称开环电压增益）。开环电压放大倍数是指运放输出端和输入端之间没有外接元件（即无反馈）时,输出端开路,在两输入端 A、B 之间加一个低频小信号电压时所测出的电压放大倍数。A_{uo} 越大,运算精度就越高。实际运放的 A_{uo} 一般为 $10^4 \sim 10^7$。

(2)最大输出电压 U_{oM}。运放在不失真的条件下输出的最大电压称为运放的最大输出电压。它可以通过运放的开环传输特性曲线直观地反映出来,如图 13.2 所示。由曲线可知:在线性工作区内,运放的输出电压 u_o 与输入电压 u_i 之间呈线性关系,即

$$u_o = - A_{uo} u_i \tag{13.1}$$

该段曲线的斜率即为运放的开环电压放大倍数 A_{uo}。当 $|u_i|$ 大于某一值后,$|u_o|$ 趋于一定值,该值即为运放的最大输出电压。此时运放已进入非线性工作状态,即 $u_o \neq - A_{uo} u_i$。u_o 接近正负电源电压值,即等于饱和值 $\pm U_{o(sat)}$。

(3)差模输入电阻 r_{id}。差模输入电阻是指运放开环时,两输入端之间的输入电压变化量与由它引起的输入电流变化量之比。它反映了运放输入端向信号源取用的电流大小,r_{id} 愈大愈好。

(4)输出电阻 r_o。输出电阻反映了运放在小信号输出时的负载能力,r_o 愈小愈好。

(5)输入失调电压 U_{io}。理想的运算放大器,当输入信号为零时,输出电压亦应为零。但实际运放达不到这一点。反过来说,如果要输出电压为零。必须在输入端加一个很小的补偿电压,这就是输入失调电压。U_{io} 一般在几个毫伏数量级,显然它愈小愈好。

(6)输入失调电流 I_{io} 和输入偏置电流 I_{iB}:输入失调电流 I_{io} 是指输入信号为零时,两个输入端静态基极电流之差。

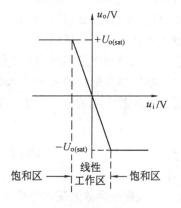

图 13.2　集成运放的开环传输特性曲线

输入偏置电流 I_{iB} 是指输入信号为零时,两个输入端静态基极电流的平均值。

I_{io} 与 I_{iB} 愈小愈好。

(7)最大共模输入电压 U_{icM}。在一定的共模电压范围内,集成运放对共模信号具有抑制能力,当超出这个电压范围时,其共模抑制能力就会大为下降,甚至造成器件损坏。该共模电压范围的最大值称为最大共模输入电压。

(8)最大差模输入电压 U_{idM}。差模输入电压超过该值时,将造成运放的损坏。

(9)共模抑制比 K_{CMR}。共模抑制比反映了运放对共模输入信号的抑制能力,其定义与差动放大电路的 K_{CMR} 相同。K_{CMR} 愈大愈好。

(10)频带宽度。随着输入信号频率的增高,运算放大器的放大倍数将会下降,其特性曲线如图 13.3 所示。当 A_{uo} 下降到等于 1 时,对应的频率 f_C 称为单位增益带宽。一般运放的 f_C 为几千赫芝。

集成运放的技术指标很多,它们的意义只有结合具体应用才能正确领会。在选用集

成运放时,要根据具体要求,选择合适的型号。

二、理想运算放大器模型

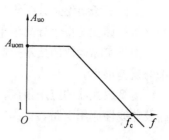

图 13.3 集成运放的幅频特性曲线

在分析运放的应用电路时,为了抓住主要矛盾,忽略次要因素,从而简化分析过程,可将集成运放理想化,即

① 开环电压放大倍数 $A_{uo} = \infty$;

② 输入电阻 $r_{id} = \infty$ 。

集成运放经过理想化处理后,可以从以下分析中得到三个重要结论。由图 13.4(a) 所示电路可知,当理想运放工作在线性区时,输出电压

$$u_o = -A_{uo}(u_- - u_+)$$

$$u_+ - u_- = \frac{u_o}{A_{uo}}$$

由于 $A_{uo} = \infty$, u_o 为有限值,所以

$$u_+ - u_- = 0$$

即

$$u_+ = u_-$$

由图 13.4(b) 所示电路可知,由于 $r_{id} = \infty$,因而流入运放输入端的电流等于零,即

$$i_+ = 0$$

$$i_- = 0$$

由图 13.4(c) 所示电路可知,当同相输入端接地时, $u_+ = 0$,所以 $u_- = 0$ 。

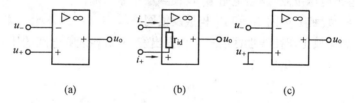

(a)   (b)   (c)

图 13.4 理想运放的几个重要关系

理想运放工作在线性区的三个结论:

① 同相输入端和反相输入端的电位相等,即

$$u_+ = u_- \tag{13.2}$$

同相输入端和反相输入端之间相当于短路。

② 流过同相输入端和反相输入端的电流等于零,即

$$i_+ = i_- = 0 \tag{13.3}$$

同相输入端和反相输入端之间相当于断路。

③ 当同相输入端接地时,则

$$u_- = 0 \tag{13.4}$$

反相输入端相当于接地。

以上三个结论是分析集成运放线性应用的重要依据。而实际的集成运放,由于 $A_{uo} \neq \infty$, $r_{id} \neq \infty$,因而 $u_+ \neq u_-$, $i_+ = i_- \neq 0$, $u_- \neq 0$,所以上面的结论中,第一条,输入端又称为"虚短";第二条,输入端又称为"虚断";第三条,反相输入端又称为"虚地"。

上面三条结论是分析集成运放线性应用的重要依据,有了这三个依据,各种运算电路的分析计算就变得十分简单了。

由于实际运放的技术指标与理想运放十分接近,因此用理想运放代替实际运放所带来的误差很小。

运算放大器的应用很广,下面我们主要介绍常用的基本运算电路、常用的线性应用电路及非线性应用电路。

思 考 题

13.1 什么是理想运算放大器? 理想运算放大器工作在线性区和饱和区各有什么特点?

13.2 理想运放工作在线性区的分析依据是什么?

13.2 集成运放的基本运算电路

集成运算放大器工作在线性区时,能完成比例、加减、积分与微分、对数与反对数以及乘除等运算,本书只介绍前面几种。

一、比例运算电路

1. 反相比例运算电路

图 13.5 为反相比例运算电路,输入信号 u_i 经过电阻 R_1 接到反相输入端,同相输入端经过电阻 R_2 接地。为使运放工作在线性区,输出电压 u_o 经反馈电阻 R_F 反馈到反相输入端,形成一个深度的负反馈,电阻 R_1 和 R_F 构成反馈网络。

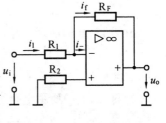

图 13.5 反相比例运算电路

下面从理想运放工作在线性区的三条依据出发,分析该运算电路的比例关系。

根据式(13.3), $i_- = 0$,所以

$$i_1 = i_f$$

而

$$i_1 = \frac{u_i - u_-}{R_1} \qquad i_f = \frac{u_- - u_o}{R_F}$$

根据式(13.2)和(13.4), $u_- = u_+ = 0$,所以

$$i_1 = \frac{u_i}{R_1} \qquad i_f = \frac{-u_o}{R_F}$$

$$\frac{u_i}{R_1} = -\frac{u_o}{R_F}$$

$$u_o = -\frac{R_F}{R_1} u_i \tag{13.5}$$

可见输出电压与输入电压为比例关系,负号表明二者极性相反,故称为反相比例运算电路。

由于此时运放已不是工作在开环状态,所以得到的电压放大倍数称为闭环电压放大倍数。用 A_{uf} 表示。即

$$A_{uf} = \frac{u_o}{u_i} = -\frac{R_F}{R_1} \tag{13.6}$$

R_2 是静态平衡电阻。为了保证运放的两个输入端处于对称的平衡状态,应使两输入端对地的电阻相等。也就是说,当输入信号 $u_i = 0$ 时,输出信号 $u_o = 0$,此时可以认为 R_1 和 R_F 并联接到反相输入端,因此 R_2 的大小应为

$$R_2 = R_1 /\!/ R_F \tag{13.7}$$

反相比例运算电路的一个特例是当 $R_F = R_1$ 时,$A_{uf} = -1$。说明输出电压信号 u_o 与输入电压信号 u_i 大小相等,极性相反。此时的反相比例运算电路称为反相器或反号器。

综上所述,对反相比例运算电路可以作出以下结论:

① 反相比例运算电路的电压放大倍数

$$A_{uf} = -\frac{R_F}{R_1}$$

② 比例常数的精度取决于电阻 R_F 与 R_1,与集成运放的参数无关。只要 R_F 和 R_1 的阻值足够精确和稳定,就可以保证运算的精度和稳定性。

③ 当 $R_F = R_1$ 时,$A_{uf} = -1$,反相比例运算电路称为反相器或反号器,常用于信号的反相或反号运算。

④ 由于反馈信号 $i_f = -\dfrac{u_o}{R_F}$,与输出电压成正比,故为电压反馈;由于反馈信号是以电流(i_f)的形式在输入端与输入电流 i_1,净输入电流 i_- 进行比较,故为并联反馈。因此,反相比例运算电路是引入并联电压负反馈的电路。

2. 同相比例运算电路

同相比例运算电路的输入信号从同相输入端引入,但为了保证电路稳定工作在线性区,反馈仍须接到反相输入端,电路如图 13.6 所示。根据理想运算放大器工作在线性区时的分析依据,由图 13.6 可知

$$u_- = u_+ = u_i$$

$$i_1 = -\frac{u_-}{R_1} = -\frac{u_i}{R_1}$$

$$i_f = \frac{u_- - u_o}{R_F} = \frac{u_i - u_o}{R_F}$$

由于 $i_- = 0$,所以

$$i_1 = i_f$$

即

$$-\frac{u_i}{R_1} = \frac{u_i - u_o}{R_F}$$

因而

$$u_o = \left(1 + \frac{R_F}{R_1}\right)u_i \tag{13.8}$$

$$A_{uf} = 1 + \frac{R_F}{R_1} \tag{13.9}$$

平衡电阻 $R_2 = R_1 /\!/ R_F$。

同相比例运算电路也有一个特例,即当 $R_F = 0$ 或 $R_1 = \infty$ 时,$A_{uf} = 1$。说明输出电压信号 u_o 与输入电压信号大小相等,极性相同。此时的同相比例运算电路叫做电压跟随器或同号器,电路如图 13.7 所示。

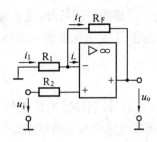

图 13.6 同相比例运算电路

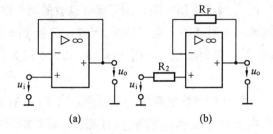

(a) (b)

图 13.7 电压跟随器

综上所述,对同相比例运算电路也可以得出以下结论:

① 同相比例运算电路的电压放大倍数

$$A_{uf} = 1 + \frac{R_F}{R_1}$$

表明输出电压与输入电压的比值总是大于或等于 1,输出电压信号与输入电压信号极性相同。

② 比例常数的精度取决于电阻 R_F 与 R_1,与集成运放的参数无关。

③ 当 $R_F = 0$ 或 $R_1 = \infty$ 时,$A_{uf} = 1$。此时的同相比例运算电路称为同号器或电压跟随器,常用作多级放大电路的输入或输出级,其作用同分立元件的电压跟随器相同。

④ 由于 $u_- = u_+ = u_i \neq 0$,所以反相输入端不是虚地。

⑤ 由于 R_1 上的电压为反馈电压 u_f,其实际极性为左"–"右"+",它是输出电压 u_o 的一部分,即 $u_f = \frac{R_1}{R_1 + R_F} \cdot u_o$,故为电压反馈;由于反馈信号是以电压($u_f$)的形式在输入端与输入电压 u_i,净输入电压 u_d(反相输入端 u_- 与同相输入端 u_+ 的差值电压信号)进行比较,故为串联反馈。因此,同相比例运算电路是引入串联电压负反馈的电路。

【例 13.1】 在图 13.8 所示的运算电路中,已知 $u_i = 1V$,$R_1 = R_4 = R_{F1} = 10 \text{ k}\Omega$,$R_{F2} = 100 \text{ k}\Omega$,求输出电压 u_o 及静态平衡电阻 R_2、R_3。

【解】 这是两级运算电路,第一级为同相比例运算电路,其输出电压为

$$u_{o1} = (1 + \frac{R_{F1}}{R_1})u_i = (1 + 1) \times 1 = 2 \text{ V}$$

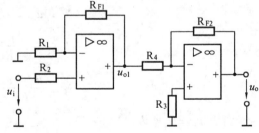

图 13.8 例 13.1 的电路图

第二级为反相比例运算电路,其输出电压为

$$u_o = -\frac{R_{F2}}{R_4} \cdot u_{i2} = -\frac{R_{F2}}{R_4} \cdot u_{o1} = -\frac{100}{10} \times 2 = -20 \text{ V}$$

静态平衡电阻为

$$R_2 = R_{F1} /\!/ R_1 = 10 /\!/ 10 = 5 \text{ k}\Omega$$

$$R_3 = R_{F2} /\!/ R_4 = 100 /\!/ 10 \approx 10 \text{ k}\Omega$$

【例 13.2】 在图 13.9 所示的电路中,电阻 R_F 支路对 R_3 和 R_4 电路的分流作用很小,可以忽略不计。试求:A_{uf} 的表达式;并分析此时的电路功能。

【解】 这是一个反相输入运算电路,由于 $u_- \approx 0$,则

$$i_1 = \frac{u_i}{R_1} \qquad i_f = \frac{-u_o'}{R_F}$$

所以
$$u_o' = -\frac{R_F}{R_1} \cdot u_i$$

又因为 R_F 对 R_3、R_4 的分流作用可以忽略,所以 u_o' 又可由 R_3 和 R_4 对 u_o 的分压得

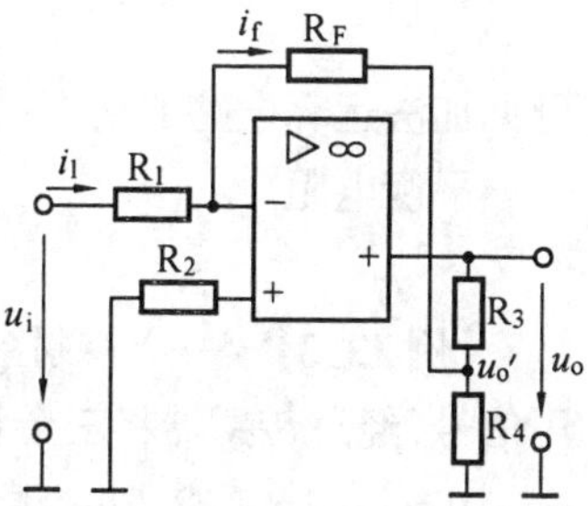

$$u_o' = \frac{R_4}{R_3 + R_4} u_o$$

故
$$-\frac{R_F}{R_1} u_i = \frac{R_4}{R_3 + R_4} u_o$$

$$u_o = -\frac{R_F}{R_1}\left(1 + \frac{R_3}{R_4}\right) u_i$$

$$A_{uf} = \frac{u_o}{u_i} = -\frac{R_F}{R_1}\left(1 + \frac{R_3}{R_4}\right)$$

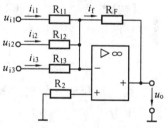

图 13.9　例 13.2 的电路图

可见该电路也是一个反相比例运算电路,不同的是 A_{uf} 不仅取决于电阻 R_F 与 R_1 的比值,还与电阻 R_3 和 R_4 有关,其目的是:在反馈电阻 R_F 不变的情况下,增加电阻 R_3 和 R_4 来提高电压放大倍数。

二、加法运算电路

如果在反相输入端增加若干个输入电路,则构成反相加法运算电路,如图 13.10 所示。

在图 13.10 中,设有三个输入信号 u_{i1}、u_{i2} 和 u_{i3}。由于反相输入端为虚地,故

$$i_1 = \frac{u_{i1}}{R_{11}}$$

$$i_2 = \frac{u_{i2}}{R_{12}}$$

$$i_3 = \frac{u_{i3}}{R_{13}}$$

$$i_f = \frac{-u_o}{R_F}$$

图 13.10　求和运算电路

而
$$i_1 + i_2 + i_3 = i_f$$

即
$$\frac{u_{i1}}{R_{11}} + \frac{u_{i2}}{R_{12}} + \frac{u_{i3}}{R_{13}} = -\frac{u_o}{R_F}$$

整理得
$$u_o = -\left(\frac{R_F}{R_{11}} u_{i1} + \frac{R_F}{R_{12}} u_{i2} + \frac{R_F}{R_{13}} u_{i3}\right) \tag{13.10}$$

如果取 $R_{11} = R_{12} = R_{13} = R_1$,则

$$u_o = -\frac{R_F}{R_1}(u_{i1} + u_{i2} + u_{i3}) \tag{13.11}$$

式中,负号表示输出电压与输入电压之和成反相关系。当 $\frac{R_F}{R_1} = 1$ 时,则

$$u_o = -(u_{i1} + u_{i2} + u_{i3})$$

可见加法运算电路的精度也与运算放大器本身的参数无关。

平衡电阻

$$R_2 = R_{11} /\!/ R_{12} /\!/ R_{13} /\!/ R_F \tag{13.12}$$

【例 13.3】 一个控制系统输出电压 u_o 与温度、压力和速度三个物理量所对应的电压信号(经过传感器将三个物理量转换成电压信号分别为 u_{i1}、u_{i2} 和 u_{i3})之间的关系为 $u_o = -10u_{i1} - 4u_{i2} - 2.5u_{i3}$,若用图 13.10 所示电路来模拟上述关系,试计算电路中各电阻的阻值(设 $R_F = 100$ kΩ)。

【解】 由式(13.10)可知

$$\frac{R_F}{R_{11}} = 10 \quad \frac{R_F}{R_{12}} = 4 \quad \frac{R_F}{R_{13}} = 2.5$$

因而

$$R_{11} = \frac{R_F}{10} = \frac{100}{10} = 10 \text{ kΩ}$$

$$R_{12} = \frac{R_F}{4} = \frac{100}{4} = 25 \text{ kΩ}$$

$$R_{13} = \frac{R_F}{2.5} = \frac{100}{2.5} = 40 \text{ kΩ}$$

$$R_2 = R_{11} /\!/ R_{12} /\!/ R_{13} /\!/ R_F \approx 5.7 \text{ kΩ}$$

【例 13.4】 在图 13.11 所示的运算电路中,已知 $u_{i1} = 1$ V,$u_{i2} = -1$ V,$R_1 = R_F = 10$ kΩ,$R = 5$ kΩ,试求输出电压 u_o。

【解】 这是一个两级运算电路,第一级是反相器,其输出为

$$u_{o1} = -\frac{R_F}{R_1} u_{i1} = -1 \text{ V}$$

第二级是反相输入加法运算电路,其输出电压为

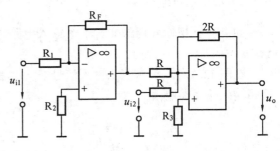

图 13.11　例 13.4 的电路图

$$u_o = -\frac{2R}{R}(u_{o1} + u_{i2}) =$$
$$-2(-1-1) = 4 \text{ V}$$

三、减法运算电路

如果运放的两个输入端都有信号输入,则构成差动输入。差动减法运算电路如图 13.12 所示。

我们用叠加原理的概念来分析:

当 u_{i1} 单独作用时,$u_{i2} = 0$(接地)。此时电路变为反相比例运算电路,则

$$u_o' = -\frac{R_F}{R_1} u_{i1}$$

当 u_{i2} 单独作用时,$u_{i1} = 0$(接地)。此时电路变为同相比例运算电路,则有

$$u_o'' = \left(1 + \frac{R_F}{R_1}\right) u_+ = \left(1 + \frac{R_F}{R_1}\right) \cdot \frac{R_3}{R_2 + R_3} u_{i2}$$

故

$$u_o = u_o'' + u_o' = \left(1 + \frac{R_F}{R_1}\right) \cdot \frac{R_3}{R_2 + R_3} u_{i2} - \frac{R_F}{R_1} u_{i1}$$

（13.13）

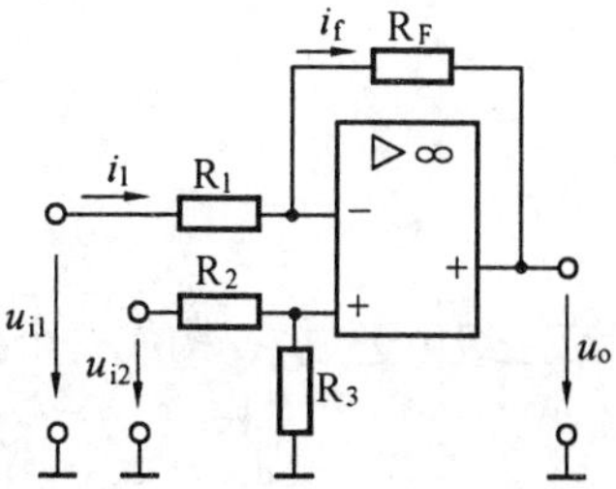

当 $R_1 = R_2$、$R_F = R_3$ 时，上式变为

$$u_o = \frac{R_F}{R_1}(u_{i2} - u_{i1})$$

（13.14）

当 $R_1 = R_F$ 时，则得

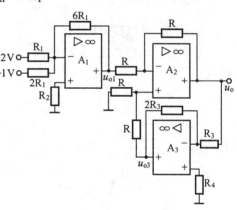

图 13.12　差动减法运算电路

$$u_o = u_{i2} - u_{i1}$$

（13.15）

由上两式可见，输出电压与输入电压之差成正比，可以进行减法运算。

由式(13.14)可得出电压放大倍数

$$A_{uf} = \frac{u_o}{u_{i2} - u_{i1}} = \frac{R_F}{R_1}$$

在实际应用中，为了保证运放的两个输入端处于平衡工作状态，通常选 $R_1 = R_2$、$R_F = R_3$。

差动减法运算电路除了可以进行减法运算外，还经常用作测量放大器。这种电路对元件的对称性要求较高，如果元件对称性不好，将产生附加误差。

【例 13.5】　电路如图 13.13 所示，试求输出电压 u_o。

【解】　这是一个三级运算电路，第一级是加法运算电路，第二级是差动减法运算电路，第三级是反相比例运算电路。则

$$u_{o1} = -\left(\frac{6R_1}{R_1} \times 2 + \frac{6R_1}{2R_1} \times (-1)\right) =$$
$$-12 + 3 = -9 \text{ V}$$

$$u_{o3} = -\frac{2R_3}{R_3} u_o = -2u_o$$

$$u_o = u_{o3} - u_{o1} = -2u_o + 9$$

所以　　　$u_o = \frac{9}{3} = 3 \text{ V}$

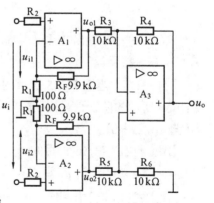

图 13.13　例 13.5 的电路

【例 13.6】　电路如图 13.14 所示，求 A_{uf}。

【解】　电路的第一级是由运放 A_1 和 A_2 组成的双端输入、双端输出的差动放大电路，由于上下完全对称，故

图 13.14　例 13.6 的电路

$$u_{i1} = \frac{1}{2} u_i$$

$$u_{i2} = -\frac{1}{2} u_i$$

$$u_{o1} = (1 + \frac{R_F}{R_1})u_{i1} = \frac{1}{2}(1 + \frac{R_F}{R_1})u_i$$

$$u_{o2} = (1 + \frac{R_F}{R_1})u_{i2} = -\frac{1}{2}(1 + \frac{R_F}{R_1})u_i$$

第三级由运放 A_3 构成一个减法器,其输出为

$$u_o = u_{o2} - u_{o1} = -\frac{1}{2}(1 + \frac{R_F}{R_1})u_i$$

$$-\frac{1}{2}(1 + \frac{R_F}{R_1})u_i = -(1 + \frac{R_F}{R_1})u_i$$

$$A_{uf} = \frac{u_o}{u_i} = -(1 + \frac{R_F}{R_1}) = -(1 + \frac{9.9}{0.1}) = -100$$

该电路通常被用作测量放大器,目前该电路的集成芯片已在检测技术中得到广泛应用。

四、积分运算电路

1.基本积分电路

基本积分电路如图 13.15 所示。运放的反相输入端为虚地,故

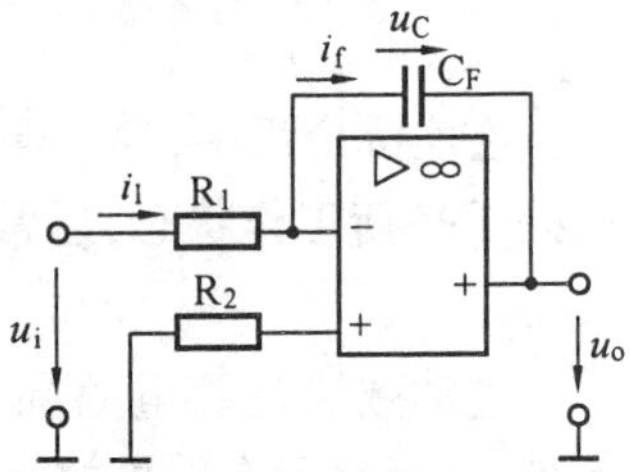

$$i_1 = \frac{u_i}{R_1}$$

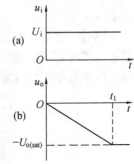

图 13.15　基本积分电路

又

$$i_f = i_1 = \frac{u_i}{R_1}$$

$$u_o = -u_C = -\frac{1}{C_F}\int i_f \mathrm{d}t$$

所以

$$u_o = -\frac{1}{R_1 C_F}\int u_i \mathrm{d}t \qquad (13.16)$$

式(13.16)表明,输出电压 u_o 与输入电压 u_i 为积分关系,负号表示 u_o 与 u_i 极性相反。

【例 13.7】　当图 13.15 所示的基本积分电路输入一个如图 13.16(a)所示的阶跃信号时,试求 u_o 的表达式,并画出 u_o 的波形(设 $u_{C(0+)} = 0$)。

【解】　由图 13.16(a)可知

$$u_i = U_i \qquad t \geqslant 0$$

将 u_i 代入式(13.16)中,得

$$u_o = -\frac{1}{R_1 C_F}\int U_i \mathrm{d}t = -\frac{U_i}{R_1 C_F}t \qquad t_1 > t \geqslant 0$$

图 13.16　积分电路输入阶跃信号时的波形图

可见输出电压 u_o 与时间 t 成线性关系,其波形如图 13.16(b) 所示。由 u_o 的波形可知,当 u_o 向负值方向增大到运放的饱和电压($-U_{o(sat)}$)时,运放进入非线性工作区,u_o 与 u_i 不再为积分关系,u_o 保持在运放的饱和电压值不变。

2. 比例积分电路

图 13.17 为比例积分电路,其输出电压 u_o 与输入电压 u_i 之间既有比例关系又有积分关系。

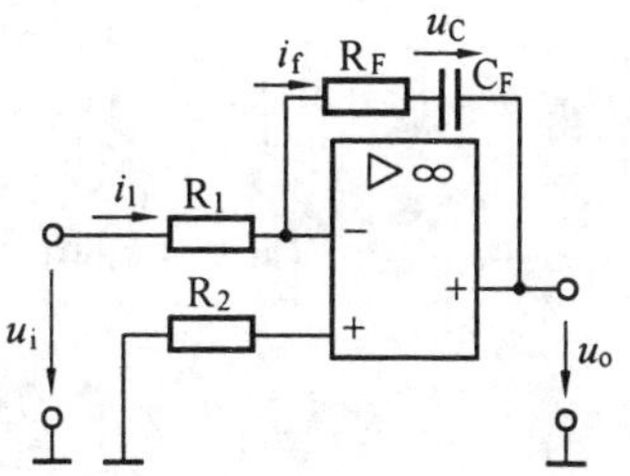

因为运放的反相输入端为虚地,所以有

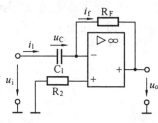

图 13.17　比例积分电路

$$i_f = i_1 = \frac{u_i}{R_1}$$

$$u_o = - u_C - i_f R_F = - u_C - \frac{R_F}{R_1} u_i$$

而

$$u_C = \frac{1}{C_F} \int i_f \mathrm{d}t = \frac{1}{R_1 C_F} \int u_i \mathrm{d}t$$

所以

$$u_o = - \frac{R_F}{R_1} u_i - \frac{1}{R_1 C_F} \int u_i \mathrm{d}t \qquad (13.17)$$

式(13.17)中第一项为比例部分,第二项为积分部分。比例(P) – 积分(I)电路又称为 PI 电路,其应用非常广泛。

五、微分运算电路

1. 基本微分电路

微分运算是积分的逆运算,只需将积分电路中反相输入端的电阻和反馈电容调换位置,就构成微分运算电路,如图 13.18 所示。

由于运放的反相输入端为虚地,所以

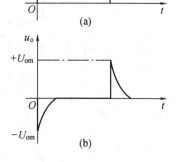

图 13.18　基本微分电路

$$i_1 = C_1 \frac{\mathrm{d}u_C}{\mathrm{d}t} = C_1 \frac{\mathrm{d}u_i}{\mathrm{d}t}$$

$$u_o = - i_f R_F$$

又因为

$$i_f = i_1$$

所以

$$u_o = - R_F C_1 \frac{\mathrm{d}u_i}{\mathrm{d}t} \qquad (13.18)$$

可见输出电压 u_o 与输入电压 u_i 为微分关系。

当微分电路输入端加上如图 13.19(a)所示的阶跃信号时,运放的输出端在发生突变时,将出现尖脉冲电压,如图 13.19(b)所示。尖脉冲的幅度与 $R_F C_1$ 的大小和 u_i 的变化速率成正比,但最大值受运放输出饱和电压的限制。

2. 比例微分电路

图 13.20 为比例微分电路,其输出电压 u_o 与输入电压 u_i 之间既有比例关系又有微分关系。

由于运放的反相输入端为虚断,所以

$$i_f = i_{R1} + i_{c1}$$

又由于运放的反相输入端为虚地,所以

图 13.19　微分电路输入阶跃信号时的波形图

$$u_o = -i_f R_F$$

故得

$$u_o = -(i_{R1} + i_{c1})R_F = -(\frac{u_i}{R_1} + C_1 \frac{du_i}{dt})R_F =$$

$$-(\frac{R_F}{R_1}u_i + R_F C_1 \frac{du_i}{dt}) \qquad (13.19)$$

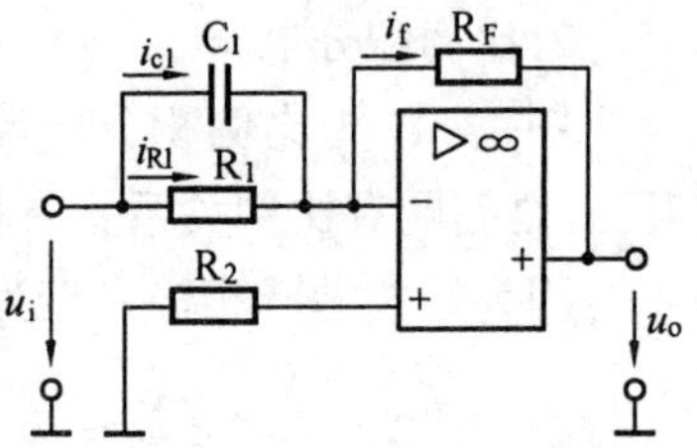

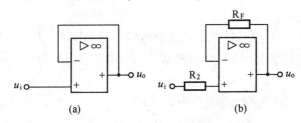

图 13.20　比例微分电路

式中第一项为比例部分,第二项为微分部分。比例(P)-
微分(D)电路又称 PD 电路。

思 考 题

13.3 在信号运算电路中,运放一般工作在什么区
域?

13.4 为什么在运算电路中要引入深度负反馈? 在反相比例运算电路和同相比例运
算电路中引入了什么形式的负反馈?

13.5 电压跟随器的输出信号和输入信号相同,为什么还要应用这种电路?

13.6 在图 13.21 所示电路中,当 $u_i = 1$ V 时,$u_o = ?$

图 13.21　思考题 13.6 的图

13.7 试写出如图 13.22 所示电路中的输入、输出电压关系式。

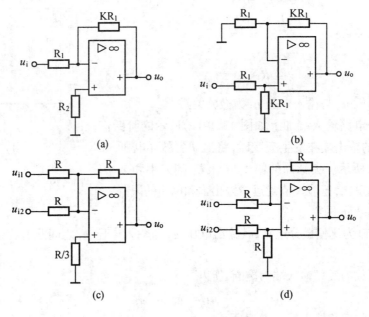

图 13.22　思考题 13.7 的图

13.3　集成运放的其它应用

除了基本运算电路外,集成运放的应用还有其它许多方面,例如在线性应用方面信号的转换与处理,波形的产生等。在非线性应用方面信号幅度的比较和鉴别等等。下面我们分别介绍几种应用情况。

一、线性应用

1.电压－电流转换电路

图 13.23 是电压转换为电流的电路,它能使流过负载的电流 i_L 与输入电压 u_i 成正比。

根据理想运放工作在线性区时的依据,有

$$u_- = u_+ = u_i$$

$$i_L = i_1 = \frac{u_-}{R_1} = \frac{u_i}{R_1} \qquad (13.20)$$

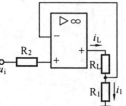

图 13.23　电压－电流转换电路

式(13.20)表明,负载电流 i_L 与输入电压成正比,而与负载电阻大小无关。i_L 可由电阻 R_1 进行调节。

2.恒压源电路

图 13.24 是简单的恒压源电路,输入电压由稳压管提供。其输入输出电压关系为

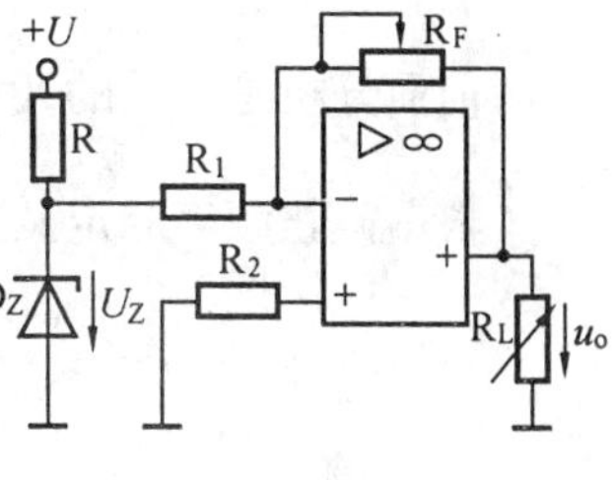

$$u_o = - \frac{R_F}{R_1} U_Z \qquad (13.21)$$

由于输出电压 u_o 与 U_Z 成正比,输出电压 u_o 不随负载 R_L 的变化而波动,输出电压恒定。当改变 R_F(电位器)时,输出电压可调。因此图 13.24 是一种可调的恒压源电路。

图 13.24　可调恒压源电路

3.低通滤波器

低通滤波器用来选取低频信号,抑制或衰减高频信号,图 13.25 所示为有源低通滤波器的电路和幅频特性。由幅频特性可知,频率低于 f_0 的信号可以全部通过,而高于 f_0 的信号则受到衰减。f_0 称为截止频率,它是电压放大倍数 A_{uf} 下降到最大电压放大倍数的 $\frac{1}{\sqrt{2}}$ 时的频率。

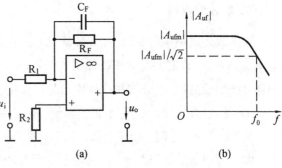

(a)　　　　　　(b)

图 13.25　低通滤波器

这是一个反相输入方式的放大器,如果把正弦信号 $u_i = U_m \sin \omega t$ V 加到其输入端,根据前面的分析可知,若把 R_F 与 C_F 并联看成是一个复阻抗 Z_F,图示电路就是反相输入运算电路,其放大倍数为

$$A_{uf} = \frac{\dot{U}_o}{\dot{U}_1} = -\frac{Z_F}{Z_1}$$

其中

$$Z_1 = R_1, Z_F = R_F \mathbin{/\mkern-5mu/} \frac{1}{j\omega C_F} =$$

$$\frac{R_F \cdot \dfrac{1}{j\omega C_F}}{R_F + \dfrac{1}{j\omega C_F}} = \frac{R_F}{1 + j\omega R_F C_F}$$

所以

$$A_{uf} = -\frac{R_F/R_1}{1 + j\omega R_F C_F}$$

$$\mid A_{uf} \mid = \frac{R_F/R_1}{\sqrt{1 + (\omega R_F C_F)^2}} \tag{13.22}$$

可见其电压放大倍数的大小与频率 ω 有关。频率越高,放大倍数越低;而频率越低,放大倍数越高,具有低通特性。当 $\omega = 0$(直流) 时,具有最大的电压放大倍数 A_{ufm},即

$$\mid A_{ufm} \mid = \frac{R_F}{R_1}$$

这与前面分析是一致的,因为直流时电容 C_F 相当于开路。

根据截止频率的定义, $\mid A_{uf} \mid = \dfrac{\mid A_{ufm} \mid}{\sqrt{2}}$ 时, $(\omega R_F C_F)^2 = 1$,因此电路的截止频率为

$$\omega_0 = \frac{1}{R_F C_F} \tag{13.23}$$

或

$$f_0 = \frac{\omega_0}{2\pi} = \frac{1}{2\pi R_F C_F} \tag{13.24}$$

二、非线性应用

当集成运放不施行反馈,在开环情况下工作时,集成运放便进入非线性区,输出电压 u_o 与输入电压 u_i 之间不存在线性放大关系, $u_o = A_{uo}(u_+ - u_-)$ 不再适用。此时 u_o 只有两种可能的状态(这是分析非线性应用的两条依据),即

① 当 $u_+ > u_-$ 时, u_o 等于正饱和值,即 $u_o = + U_{o(sat)}$;

② 当 $u_+ < u_-$ 时, u_o 等于负饱和值,即 $u_o = - U_{o(sat)}$。

这是因为理想运放的 $A_{uo} = \infty$,当运放处于开环甚至引入正反馈时,只要输入电压 $u_i = (u_+ - u_-)$ 有很小的变化量,由图 13.2 可见,输出电压立即超出线性范围,达到正饱和值或负饱和值。

1. 信号幅度比较电路(比较器)

信号幅度比较电路是运算放大器非线性应用的最基本电路,用于信号幅度的比较和鉴别。

(1)电平检测比较器。电平检测比较器用来检测输入信号 u_i 是否达到某一电压值,

当达到该电压时(称为临界电压),输出电压 u_o 的状态发生转换。图13.26(a)为临界电压等于 U_R 的反相电平检测比较器。当输入电压 $u_i > U_R$ 时,$u_o = -U_{o(sat)}$;当 $u_i < U_R$ 时,$u_o = +U_{o(sat)}$。$U_{o(sat)}$ 为运放的饱和电压值。这种电路的电压传输特性如图13.26(b)所示。

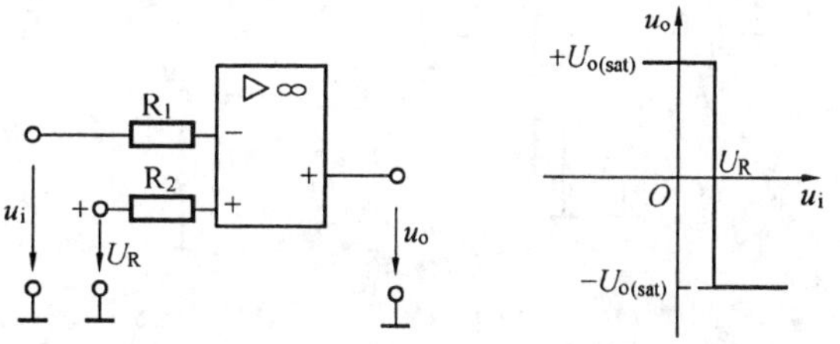

图 13.26　电压比较器

U_R 称为基准电压,可以是正值或负值,也可以是按某个系统函数变化的变量。

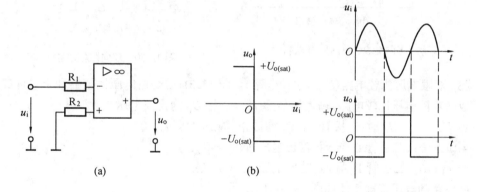

图 13.27　过零比较器

图 13.28　过零比较器的输入输出波形

(2)过零比较器。当电平检测比较器的临界电压为零时,就成为过零比较器,电路如图13.27(a)所示。

过零比较器用来测定输入信号 u_i 是大于零还是小于零,故称为检零器。当 $u_i > 0$ 时,$u_o = -U_{o(sat)}$;当 $u_i < 0$ 时,$u_o = +U_{o(sat)}$。电路的传输特性如图13.27(b)所示。

如果输入信号 u_i 为正弦波。利用这种电路可以得到矩形波输出,如图13.28所示。

2. 限幅电路

(1) 二极管限幅电路。图13.29(a)是由半导体二极管组成的单向限幅电路,设输入 u_i 为正弦波。$u_i > 0$ 时,$u_o' = -U_{o(sat)}$,二极管 D 正向导通,忽略其正向压降,$u_o = 0$;当 $u_i < 0$ 时,$u_o' = +U_{o(sat)}$,二极管 D 反向截止,则 $u_o = u_o'$。其波形如图13.29(b)所示。

(2)稳压管限幅电路。图13.30(a)是由半导体双向稳压管组成的双向限幅电路,设输入 u_i 为正弦波。当 $u_i > 0$ 时,$u_o' = -U_{o(sat)}$,稳压管 D_{Z2} 正向导通,D_{Z1} 反向导通,则 $u_o = -(U_{Z1} + U_{Z2}) \approx -U_{Z1}$;当 $u_i < 0$ 时,$u_o' = +U_{o(sat)}$,稳压管 D_{Z1} 正向导通,D_{Z2} 反向导通。则输出电压 $u_o = U_{Z1} + U_{Z2} \approx U_{Z2}$;其输出波形如图13.30(b)所示。

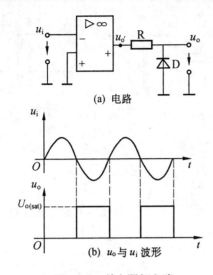

图 13.29　单向限幅电路

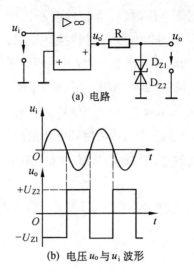

图 13.30　双向限幅电路

（3）双限电压比较电路(窗口比较电路)。图 13.31(a)是由电压比较器和半导体二极管组成的双限电压比较电路,输入信号为 u_i, U_A 与 U_B 为比较电压。

当 $U_B < u_i < U_A$ 时,二极管 D_1、D_2 均截止,输出电压 $u_o = 0$

当 $u_i > U_A$,二极管 D_1 导通,输出电压 $u_o = + U_{o(sat)}$

当 $u_i < U_B$,二极管 D_2 导通,输出电压 $u_o = + U_{o(sat)}$

此电路的电压传输特性如图 13.31(b)所示。

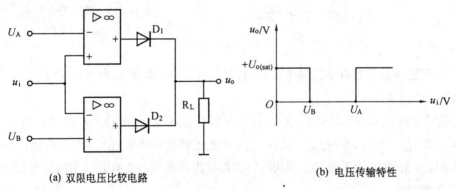

(a) 双限电压比较电路　　　　　　　　　(b) 电压传输特性

图 13.31　双限限幅电压比较电路与电压传输特性

3.方波发生器

图 13.32 所示电路是一种产生方波信号的电路。输出电压 u_o 经电阻 R_1、R_2 分压后通过电阻 R_3 反馈到同相输入端,形成正反馈,同时 u_o 又经电阻 R_F 反馈到反相输入端,R_F 与电容 C 一起形成负反馈电路,使两输入端的电压 u_- 与 u_+ 进行比较。

设在电源接通前电容电压 $u_C = 0$,则接通电源后,由于干扰电压的作用,使输出电压 u_o 很快达到饱和值。是达到正饱和值还是负饱和值,由随机因素决定。如设达到正饱和值,即 $u_o = + U_{o(sat)}$,则同相输入端得到的电压为

$$u_+ = + \frac{R_2}{R_1 + R_2} U_{o(sat)} = + F U_{o(sat)}$$

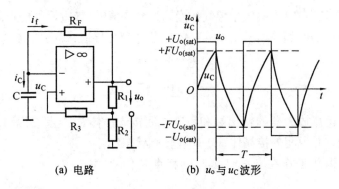

(a) 电路　　　　　　(b) u_o 与 u_C 波形

图 13.32　方波发生器

式中 F 为反馈系数。与此同时,电容 C 充电,反相输入端电压 $u_- = u_C$ 逐渐增大,如图 13.32(b) 中 u_C 曲线所示。当 u_- 略大于 u_+ 时,输出电压 u_o 变为负值,并由于正反馈的作用,很快变为负饱和值 $-U_{o(sat)}$。此时 u_+ 变为

$$u_+ = -\frac{R_2}{R_1 + R_2} U_{o(sat)} = -FU_{o(sat)}$$

与此同时,电容 C 通过反馈电阻 R_F 和运放输出端放电并反向充电。当 u_C 反向充电到比 u_+ 更负时,由于 $u_- < u_+$,u_o 又从 $-U_{o(sat)}$ 变为 $+U_{o(sat)}$,并重复上述过程,形成方波振荡。电路的输出电压 u_o 如图 13.32(b) 中方波所示。

可以证明,方波周期为

$$T = 2R_F C \ln\left(1 + \frac{2R_2}{R_1}\right)$$

适当选取电阻 R_1 和 R_2 的数值,可使

$$T = 2R_F C$$

方波频率为

$$f = \frac{1}{2R_F C}$$

改变 R_F 或 C 的数值,即可调节方波的频率。

4. 比较器的应用——可燃气体报警器

图 13.33 是一种应用电压比较器构成的可燃气体报警器。其中电压比较器采用 74LM393 集成芯片。比较器的反相输入端接于电阻分压电路中,取得基准电压 U_R,同相输入端接于由气敏元件组成的分压电路中,取得变化的输入电压 V_B。

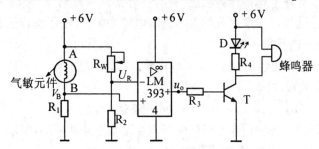

图 13.33　可燃气体报警器

正常工作时,$V_B < U_R$,比较器的输出 $u_o = 0$(因为负电源端接地),则晶体管 T 截止,

蜂鸣器不响,报警灯不亮;当空气中燃气浓度超过允许值时,气敏元件的电阻值 R_{AB} 减小,则 V_B 上升大于 U_R,比较器输出 u_o 为 $+6$ V,则晶体管 T 导通,蜂鸣器响,报警灯亮。

思　考　题

13.8　若在运算放大器的输出端和负载之间接入晶体管,电路如图 13.34 所示。试分析电路的功能。并说明外接晶体管工作在什么状态?

13.9　理想运放工作在非线性区时的特点是什么?

13.10　比较器的功能是什么? 用作比较器的集成运放工作在什么区域?

13.11　在图 13.35(a)所示的电路中,二极管 D_1、D_2 是为保护集成运放而设的,试分析它们有什么保护作用。

13.12　在图 13.35(b)所示的电路中,D_1、D_2 是钳位二极管,试分析它们为什么有钳位作用。

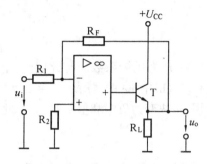

图 13.34　思考题 13.8 的图

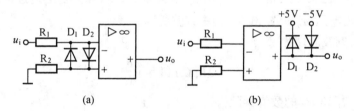

(a)　　　　　　　　　(b)

图 13.35　思考题 13.11、13.12 的图

本　章　小　结

本章主要讲述了集成运算放大器的组成、性能、线性应用电路和非线性应用电路以及它们的分析方法。由于集成运放的应用深入到电子技术的各个领域,因此本章是本门课程的重点内容之一。

(1)集成运放是一种直接耦合式多级放大器,它具有放大倍数高、输入电阻高、输出电阻低以及使用方便等特点。在应用中,应熟悉集成运放各项技术指标的意义。

(2)集成运放本身并不具备计算功能,只有在外部网络配合下,使集成运放工作在线性区,才能实现各种运算。本章以五种基本运算电路为主,介绍了集成运放线性应用问题的分析和处理方法。这就是:

① 把实际集成运放理想化:$A_{uo} = \infty$,$r_{id} = \infty$;

② 运用理想运放线性应用时的三条依据:

(a) $u_+ = u_-$;　(b) $i_+ = i_- = 0$;　(c) 同相端接地,$u_- = 0$。

从这三个依据出发,各种运算电路的分析方法基本上是相同的。要求重点掌握这五种基本运算电路的分析方法和它们的关系式。

(3)集成运放的非线性应用也很广泛。分析非线性应用的依据是:

① $u_+ > u_-$ 时,$u_o = + U_{o(sat)}$;

② $u_+ < u_-$ 时, $u_o = -U_{o(sat)}$。

(4) 本章中所给出的电路大部分是原理电路,集成运放在实际应用中,还应加入调零电路、保护电路(见思考题 13.11)、补偿电路等。在要求高的场合,还应考虑非理想运放所带来的误差等。

习　题

13.1　在题图 13.1 中,试求:

(1)S_1 和 S_3 闭合,S_2 断开,$u_o = ?$

(2)S_1 和 S_2 闭合,S_3 断开,$u_o = ?$

(3)S_2 闭合,S_1 和 S_3 断开,$u_o = ?$

(4)S_1、S_2、S_3 都闭合,$u_o = ?$

13.2　电路如题图 13.2 所示,求输出电压 u_o

13.3　在题图 13.3 所示电路中,采用 T 型电阻反馈网络,试求电压放大倍数 A_{uf}。

13.4　已知运算电路如题图 13.4 所示,试求 u_{o1}、u_{o2} 和 u_{o3} 之值。

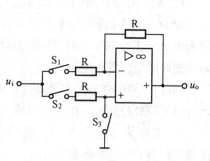

题图 13.1

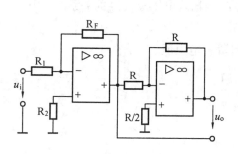

题图 13.2

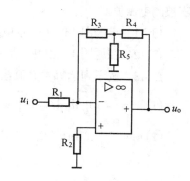

题图 13.3

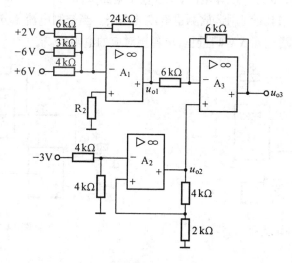

题图 13.4

13.5　写出题图 13.5 所示电路中 i_L 与 u_i 的关系式,并分析其功能。

13.6 已知运算电路如题图 13.6 所示,试求 u_o。

13.7 已知运算电路如题图 13.7 所示,试求 u_o。

13.8 已知运算电路如题图 13.8 所示。试求:

(1)开关断开时输出电压 u_o;

(2)开关闭合时,输出电压 u_o。

13.9 电路如题图 13.9 所示,试分别画出 a 点、b 点和 c 点的电压波形(D 正向导通时的电压降忽略不计)。

13.10 某积分电路如题图 13.10 所示,已知基准电压 $U_R = 0.5\,\text{V}$,试求:

(1)当开关 S 接通 U_R 时,输出电压由零下降到 $-5\,\text{V}$ 所需要的时间;

(2)当开关 S 接通被测电压 u_i 时,测得输出电压从 $0\,\text{V}$ 下降到 $-5\,\text{V}$ 所需时间为 2 s,求被测电压值。

13.11 求题图 13.11 所示电路的输出电压 u_o 与输入电压 u_{i1}、u_{i2} 的关系。

13.12 在题图 13.12 中,求 u_o,设 $u_C(0) = 0$。

13.13 按下列运算关系画出运算电路,并计算各电阻值。

$(1)\,u_o = -10\int u_{i1}\mathrm{d}t - 5\int u_{i2}\mathrm{d}t \quad (C_F = 1\,\mu\text{F})$

$(2)\,u_o = 5\int u_i\mathrm{d}t \quad (C_F = 1\,\mu\text{F})$

$(3)\,u_o = 0.5u_i$

$(4)\,u_o = 2(u_{i2} - u_{i1})$

13.14 题图 13.13 为一运算电路,试求输出电压 u_o。

13.15 题图 13.14 是利用运放测量电流的电路。当被测电流 I 分别为 5 mA、0.5 mA 和 50 μA 时,电压表均达到 5 V 满量程,求各挡对应的电阻值。

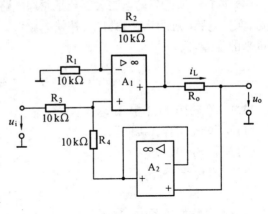

题图 13.5

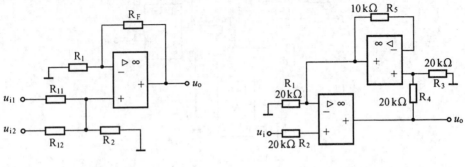

题图 13.6   题图 13.7

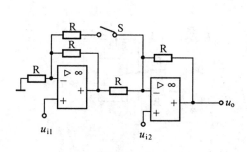

题图 13.8

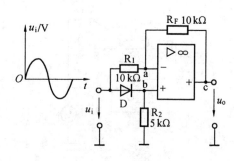

题图 13.9

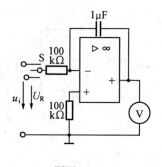

题图 13.10

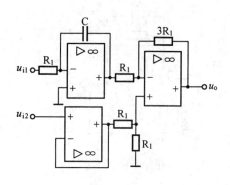

题图 13.11

13.16　已知运算电路如题图 13.15 所示。求 u_o。

13.17　低通滤波电路如题图 13.16 所示，已知 $R_1 = 50$ kΩ，$R_F = 150$ kΩ。$C_F = 0.047$ μF。

(1)求电路的最大电压放大倍数$|A_{ufm}|$；

(2)求滤波器的截止频率 f_o；

(3)画出幅频特性。

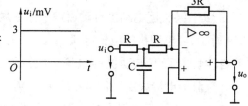

题图 13.12

13.18　当题图 13.17 所示电路输入正弦波信号时，试画出 u_o 的波形及电压传输特性。稳压管的稳定电压 $U_Z = 5$ V，稳压管的正向压降 $U_D = 0.7$ V，基准电压 $U_R = 5$ V。

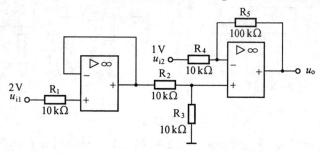

题图 13.13

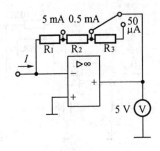

题图 13.14

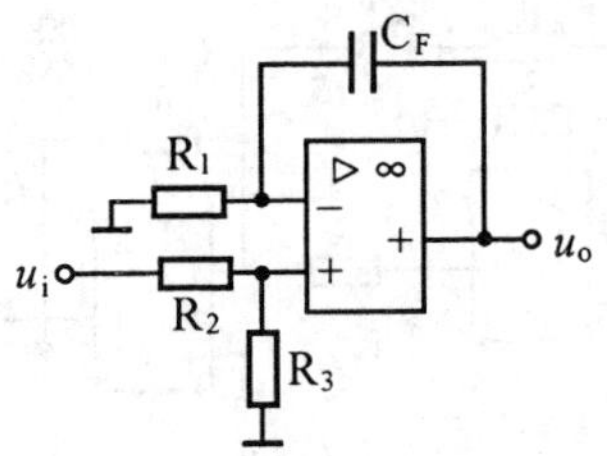

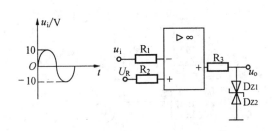

题图 13.15

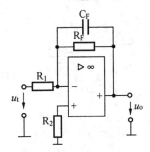

题图 13.16

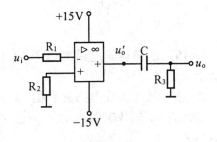

题图 13.17

13.19　在题图 13.18 所示电路中，$u_i =$
10 sin ωt V，$RC \ll \dfrac{T}{2}$。试画出 u_o' 及 u_o 的波形。

13.20　某直流电动机自动保护电路如题图
13.19 所示，当电动机的电枢电流 $I_a \geq 2$ A 时，此
电路自动切断直流电动机的电源，试分析工作
原理。直流继电器线圈工作电压为 + 12 V。

13.21　理想运放组成的电路如题图 13.20

题图 13.18

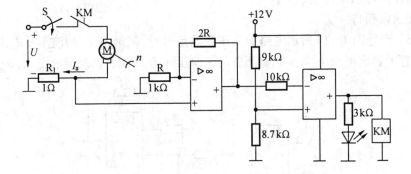

题图 13.19

所示。已知运放输出高电平电压 $u_{OH} = + 12$ V，输出低电平电压 $u_{OL} = 0$ V，二极管的正向
导通压降忽略不计，发光二极管的导通压降为 1.4 V。

试求：

(1)发光二极管在什么条件下发光。

（2）画出电压传输特性。

13.22 已知电路如题图 13.21 所示,双向稳压管的工作电压为 6 V,二极管的正向压降忽略不计。分析电路的功能,画出电压传输特性。

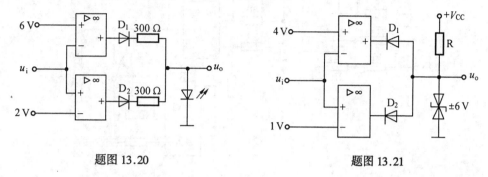

题图 13.20   题图 13.21

13.23 已知电路如题图 13.22 所示,设 $u_i = 10 \sin wt$ V,二极管的正向压降忽略不计,试画出输出电压 u_o 的波形。

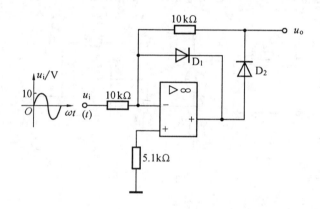

题图 13.22

13.24 已知电路如图 13.23 所示,二极管的正向压降忽略不计,设 $u_i = 10 \sin wt$ V,试画出输出电压 u_o 的波形。

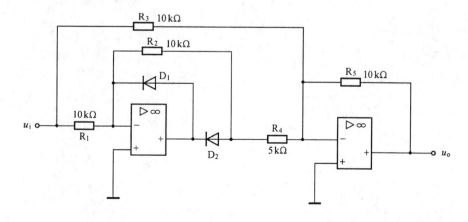

题图 13.23

13.25 已知电路如图 13.24 所示。试求:开关 S 打开时,输出电压 u_o;开关 S 闭合时,输出电压 u_o。

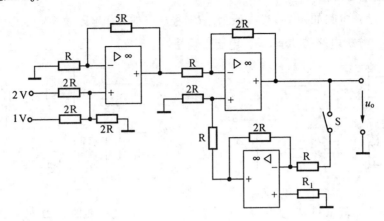

题图 13.24

13.26　使用光电耦合器的脉冲放大器如题图 13.25 所示。已知 $R_1 = 1$ kΩ, $R_2 = 5$ kΩ, $R_3 = 10$ kΩ,试分析其工作原理,求出电压放大倍数 A_{uf}。

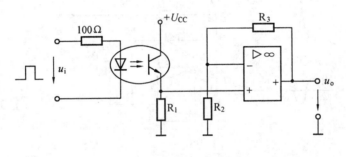

题图 13.25

第四部分 数字电子电路

第十四章 门电路和组合逻辑电路

14.1 数字电路概述

前面几章讨论的是模拟电子电路,其中的电信号是连续变化的模拟信号。从本章开始,我们讨论数字电子电路。在数字电路中,电信号不连续变化,是跳变的,叫做脉冲信号。脉冲信号可以方便地用来表示二进制数码,因而脉冲信号也叫做数字信号。工作于数字信号下的电子电路称为数字电子电路,简称数字电路。在数字电路中,我们将主要介绍以门电路为基本单元的组合逻辑电路,以触发器为基本单元的时序逻辑电路,以及数字量和模拟量之间的转换。研究重点是电路中的逻辑关系,主要应用逻辑代数、卡诺图、逻辑状态表和波形图等方法进行分析。

一、脉冲信号的波形和参数

脉冲是一种短时作用于电路的电压或电流信号。其波形特点是在极短时间内发生突变。图 14.1(a)、(b)所示的矩形波信号及尖顶波信号就是常用的脉冲信号。

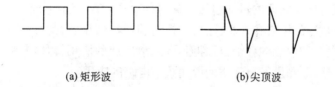

(a) 矩形波   (b) 尖顶波

图 14.1 常见的脉冲波形

我们以矩形波为例说明数字电路中脉冲信号的参数。在实际工作中所用的矩形波信号并不像图 14.1(a)所示那样理想,它的实际波形如图 14.2 所示。

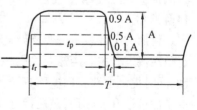

图 14.2 矩形波实际波形

1.脉冲信号的幅度 A

脉冲信号从一个状态变化到另一个状态的最大值。

2.脉冲信号的前沿时间 t_r

从信号幅度的 10% 上升到 90% 所需要的时间。

3.脉冲信号后沿时间 t_f

从信号幅度的 90% 下降到 10% 所需要的时间。

4.信号的宽度 t_p

从信号前沿幅度的 50%到信号后沿幅度的 50%所需要的时间。

5.信号的周期 T

脉冲信号作周期性变化时,信号前后两次出现的时间间隔。

6.脉冲频率 f

在单位时间内,脉冲信号变化的次数。频率与周期之间的关系为 $f = \dfrac{1}{T}$。

另外,根据实际工作的需要,脉冲信号有正负之分,既有正脉冲,也有负脉冲。当脉冲信号变化后的电平值比初始电平值高,我们称之为正脉冲;当脉冲信号变化后的电平值比初始电平值低,我们称之为负脉冲。正负脉冲如图 14.3 所示。

二、脉冲信号的逻辑状态

由于数字电路的工作信号是如上所述的脉冲信号,从信号的波形上看,它只有两种相反的状态:不是低电平,就是高电平,没有第三种状态。这种相反的状态可以用两个数字"0"

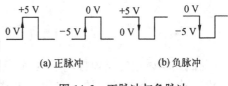

(a) 正脉冲　　　　(b) 负脉冲

图 14.3　正脉冲与负脉冲

与"1"表示。数字电路中的数码不是"0",就是"1",没有第三个数字。因此在数字电路中我们用"0"与"1"表示信号的状态和电路的状态。

三、数字电路的特点与应用

由于数字电路的工作信号"0"与"1"表示电子器件工作在开关状态,因而电路结构比较简单,对元件的精度要求不高,易于集成化;数字电路中研究的主要问题是输出信号的状态与各输入信号的状态之间的逻辑关系,即电路的逻辑功能;所使用的方法和工具包括逻辑代数、状态表、卡诺图以及波形图等;在电路功能上,数字电路可对输入的数字信号进行算术运算和逻辑运算(即逻辑推理和逻辑判断),并具有记忆功能。

数字电路的发展,使它在计算机、自动控制、测量、通讯、雷达、广播电视、仪器仪表等科技领域以及生产和生活的各个方面得到愈来愈广泛的应用,以对各种数字信号进行计数、运算、存储、分配、测量等。现举例说明数字电路的应用。

在某些工业生产及物品贮藏系统中,需要随时地检测料位的高低。检测料位高度的方法很多,这里仅举一个较为简单并且直观的数字式料位测量装置,该装置的示意图如图 14.4 所示。

料槽的上部装有一个支架,支架的长度等于料槽的高度。支架上相隔一定的位置装有磁性接近开关。当需要检测料位高度时,发出检测信号,电动机转动,带动测杆向下运动,同时控制电路将门电路打开,计数器开始按二进制方式计数。测杆上的磁体与支架上的磁性接近开关相遇,磁性接近开关产生脉冲信号。测杆向下运动与磁性接近开关相遇的次数,就是脉冲信号的个数,脉冲信号的个数反映了料槽中的料位的高低。这些脉冲信号经过整形电路整形,变成具有一定幅值、一定宽度的标准脉冲,然后通过门电路送到计数器进行计数。当测杆碰到料位时,测杆停止运动,控制电路将门电路关闭,计数器停止计数,译码显示器就将料槽中的料位情况按十进制方式反映出来。然后测杆上升回到原位,由于这时控制电路已经将门电路关闭,上升过程中即使测杆上的磁体与磁性接近开关相遇,计数器也不再计数。

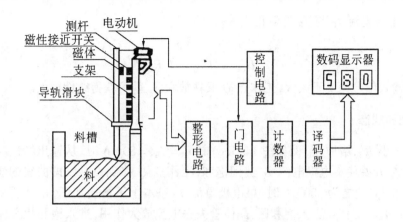

图 14.4 料位测量系统

在上面的例子中所用的门电路、计数器、译码器和显示器将在后面讨论。

思 考 题

14.1 什么叫数字信号？什么叫模拟信号？两者各有什么特点？

14.2 什么叫正脉冲？什么叫负脉冲？

14.2 晶体管的开关特性

如前所述，晶体管有三种工作状态，在一定条件下，晶体管可以工作在放大状态、饱和状态和截止状态。在前面所讲的模拟电子电路中，晶体管工作在放大状态。而在数字电路中，由于信号为脉冲信号，因而晶体管工作在饱和状态和截止状态，即工作在"开"或"关"的状态。下面具体讨论晶体管作为开关运用的特性。

晶体管的输入特性曲线和输出特性曲线如图 14.5(b)、(c)所示。在输出特性曲线上我们看出晶体管可以在三种状态下工作。

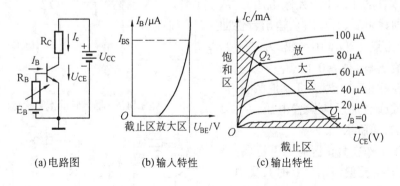

(a)电路图   (b)输入特性   (c)输出特性

图 14.5 晶体管的输入特性和输出特性

一、放大状态

晶体管工作在放大状态时有如下特点：

① 发射结正偏，集电结反偏。$U_{CE} > U_{BE}$，集电极电位比基极电位高。

② 集电极电流 I_C 与 I_B 近似正比关系,即

$$I_C = \beta I_B$$

而

$$U_{CE} = U_{CC} - I_C R_C$$

只要输入信号幅度不太大,工作点 Q 又在放大区,就可获得线性放大。

二、饱和状态

如果减小 R_B,增加 I_B,例如图 14.5(c)中 $I_B = I_{BS} = 80\ \mu\text{A}$ 时,从输出特性曲线上看,基极电流 I_B 开始使集电极电流 I_C 达到饱和,工作点 Q 移到 Q_2 处,即曲线的弯曲部分。再继续增加 I_B,使之为 $100\ \mu\text{A}$ 时,集电极电流 I_C 基本上不再增加了,I_C 不再受 I_B 的控制,即 $I_C \neq \beta I_B$。工作点进入饱和区,晶体管失去电流放大作用,进入饱和状态。从图 14.5(c)中可见,晶体管饱和时,$U_{CE} = U_{CES}$,对硅管而言,饱和压降 $U_{CES} = 0.2\ \text{V} \sim 0.3\ \text{V}$,数值很小,比发射结电压(0.7 V)还要小,集电结变为正向偏置了。当刚达到饱和时,$I_B = I_{BS}$,工作点 Q_2 为临界饱和点,此时集电极电流 I_C 为临界饱和电流,即 $I_C = I_{CS} = \beta I_{BS}$。当 $I_B > I_{BS}$ 时,饱和程度变深,集电极电流与基极电流没有正比关系,I_{CS} 基本不变,因此,$I_{CS} < \beta I_B$。所以饱和条件为:$I_B \geq I_{BS}$ 或 $I_B \geq I_{CS}/\beta$。

晶体管工作在饱和状态下的特点为:

① 发射结正向偏置,集电结也正向偏置。$U_{CE} < U_{BE}$,集电极电位比基极电位低。

② 集电极电流饱和,不受基极电流的控制,即

$$I_C = I_{CS} \approx \frac{U_{CC}}{R_C}$$

而

$$U_{CES} \approx 0$$

当晶体管工作在饱和状态时,由于 $U_{CES} \approx 0$,晶体管的 C、E 之间电压近似为 0,晶体管 C、E 之间相当于一个开关接通,如图 14.6(b)所示。

三、截止状态

当晶体管的 U_{BE} 小于死区电压时,从输入特性曲线上看,$I_B = 0$;从输出特性曲线上看,工作点 Q 位于 Q_1(或 Q_1 之下),集电极电流 $I_C = I_{CEO} \approx 0$,而 $U_{CE} \approx U_{CC}$,晶体管工作在截止区。为了可靠地截止,常使 $U_{BE} = 0$,或者加反向偏置电压,$U_{BE} < 0$,如图 14.7(a)所示。

晶体管工作在截止区有如下特点:

① 发射结反偏($U_{BE} < 0$ 时),集电结反偏,$U_{CE} > U_{BE}$。

② 集电极电流等于零。

$$I_C = I_{CEO} \approx 0$$

而

$$U_{CE} \approx U_{CC}$$

晶体管工作在截止状态时,集电极 C

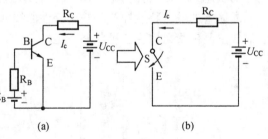

图 14.6　晶体管的饱和状态

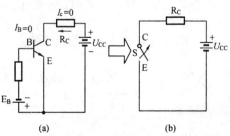

图 14.7　晶体管的截止状态

与发射极 E 之间相当于一个开关断开,如图 14.7(b)所示。

【例 14.1】　已知电路如图 14.8(a)所示,发光二极管导通电压 $U_D = 1.5$ V,$U_{CC} = +5$ V,$R_C = 2$ kΩ,$\beta = 50$,输入信号方波的幅值为 2 V,问:(1)当输入信号为零时,晶体管是否满足截止条件? (2)若使发光二极管按着输入信号闪亮,当 R_B 阻值为多少时晶体管才能满足饱和条件?

【解】

(1)当 $U_i = 0$ 时,$U_{BE} = 0$,满足截止条件。

(2)由于

$$I_{CS} = \frac{U_{CC} - U_D - U_{CES}}{R_C} = \frac{5 - 1.5 - 0.3}{2} = 1.6 \text{ mA}$$

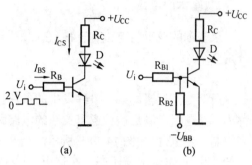

图 14.8　例 14.1 的图

而

$$I_{BS} = \frac{I_{CS}}{\beta} = \frac{1.6}{50} = 32 \ \mu A$$

根据饱和条件:$I_B \geqslant I_{BS}$

即

$$\frac{U_i - U_{BE}}{R_B} \geqslant I_{BS}$$

所以

$$R_B \leqslant \frac{U_i - U_{BE}}{I_{BS}} = \frac{2 - 0.7}{0.032} = 41 \text{ kΩ}$$

因此,当 $R_B < 41$ kΩ 时,满足饱和条件。为了工作稳定,晶体管通常工作在深度饱和状态。因此一般要合理选择电阻 R_B 与 R_C 的数值。为了使晶体管更加可靠地截止,基极常加负电源($-U_{BB}$),如图 14.8(b)所示。合理地选择电阻 R_{B1} 和 R_{B2},使得当 $U_i = 0$ 时,晶体管发射结反偏。

思 考 题

14.3　晶体管在数字电路中为什么工作在饱和、截止状态?

14.4　晶体管的饱和、截止条件是什么?

14.3　基本逻辑门电路

在数字电路中,门电路是基本的逻辑元件,它的应用极为广泛。由于半导体集成技术的发展,目前数字电路中所使用的各种门电路,几乎全部采用集成元件。但是,为了叙述和理解的方便,我们仍然从分立元件门电路讲起。

一、基本概念

所谓"门"就是一种开关,在一定的条件下它能允许信号通过,条件不满足,信号不能通过。因此门电路的输入信号与输出信号之间存在一定的逻辑关系,所以门电路又称为逻辑门电路。

在分析逻辑电路时只存在两种相反的工作状态,通常用"1"和"0"来表示。门电路输入和输出信号都是用电位(或叫电平)的高低来表示的,而电位的高低则用"1"和"0"两种状态来区别。若规定高电位为"1",低电位为"0",称为正逻辑。若规定低电位为"1",高电位为"0",称为负逻辑。当我们分析一个逻辑电路时,首先要弄清是正逻辑还是负逻辑,否则将出现错误的结果。在本书中,均采用正逻辑。

二、基本门电路

最基本的逻辑门电路有三种,它们是"与"逻辑门、"或"逻辑门和"非"逻辑门。下面将分别介绍。

1.与门电路

所谓"与"逻辑即某一事件发生的条件全部满足后,此事件才发生。这样的逻辑关系称为"与"逻辑。满足这种逻辑关系的电路称为"与"门电路。例如,我们用两个开关串联来控制一盏电灯,如图 14.9(a)所示。当开关 A 与 B 同时接通时,电灯 F 才亮。只要有一个开关断开,电灯 F 就不亮。在这里,开关全部接通是灯亮的条件。因此,我们称开关 A 与 B 对电灯 F 的关系为"与"逻辑关系。由这两个开关串联控制灯泡的电路就是一个"与"门逻辑电路。这里,A、B 的开与关作为与门的输入信号,F 的亮与不亮作为与门的输出信号。下面分析二极管组成的与门电路。电路图和逻辑符号如图 14.9(b)、(c)所示。

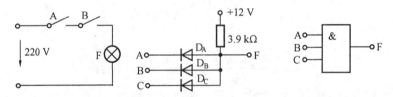

(a)开关组成的与门电路　　(b)二极管与门电路　　　(c)与门逻辑符号
图 14.9　　与门电路和逻辑符号

在图 14.9(b)中为正逻辑,规定高电平(1 态)为 + 3 V,低电平(0 态)为 0 V。下面分两种情况讨论之。

① 当输入端 A、B、C 全为"1"时,即均为 + 3 V 高电平时,二极管 D_A、D_B、D_C 均加正向电压,三个二极管都导通。若忽略二极管导通时的管压降(这里一般采用锗管,其正向压降只有 0.3 V),则输出端的电位约为 3 V,输出高电平。也就是说当 A = B = C = 1 时,F = 1。

② 当输入端 A、B、C 中有一个或两个以上为"0"时,设 A = 0,B = 1,C = 1。此时 D_A 将优先导通,电源正端将经过电阻向处于"0"态的 A 端流通电流。输出端的电位将被二极管钳制在 0 V 左右,输出低电平。二极管 D_B、D_C 则将承受反向电压而截止。也就是说,当A、B、C 中有一个为 0 时,F = 0。

当输入端 A、B、C 都为"0"态时,三个二极管都导通,而 $V_F \approx 0$,即 F = 0。

由以上讨论可知对二极管与门电路,只有当输入端全为"1"时,输出端 F 才为"1",这合乎"与"逻辑的关系。此关系可写成下面的表达式

$$F = A \cdot B \cdot C$$

在上述电路中有三个输入端,输入信号有"1"和"0"两种状态,共有八种组合,即输入端可能有八种情况。把这八种输入端的情况及相应的输出端的情况列出一个表格(见表14.1)称为真值表。此表表达了该电路所有可能的逻辑关系。

由真值表可以看出,与门电路的逻辑功能为:全"1"出"1",有"0"出"0"。即只有输入

端都为高电平时,输出才为高电平,只要输入端有一个低电平,输出端即为低电平。

以上与门电路是由二极管组成的,它还可以由晶体管、场效应管组成。现代电子技术的发展已使与门电路集成化,制造成集成与门电路,例如,目前常用的 CT4008(74LS08)、CT4009(74LS09)、CT4011、CT4015、CT4021 等都是集成与门电路(与国际 74LS 系列产品类同),但不论哪一种,其功能是相同的。在逻辑电路中统一用图 14.9(c)中符号表示。

表 14.1　与门电路真值表

A	B	C	F
0	0	0	0
0	0	1	0
0	1	0	0
0	1	1	0
1	0	0	0
1	0	1	0
1	1	0	0
1	1	1	1

【例 14.2】 与门的输入端 A 为一串方波信号,如图 14.10(a)所示。试画出当输入端 B =0 及 B=1 时,输出端 F 的波形。

【解】

当 B=0 时,不论 A 端的状态如何,输出端 F 都为 0,如图 14.10(b)所示。

当 B=1 时,输出端 F 的波形即为输入端 A 的波形,如图 14.10(c)所示。

由此例子可得出如下结论:

当 B=0 时,与门关闭,A 端信号被封锁。

当 B=1 时,与门打开,A 端信号通过。

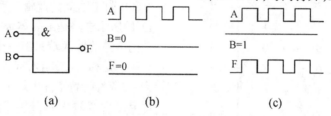

(a)　　　　　　(b)　　　　　　(c)

图 14.10　例 14.2 输入输出信号波形图

2.或门电路

所谓"或"逻辑是指只要满足所有条件之中的一个条件事件就能发生的逻辑关系,称为"或"逻辑。具有这种功能的电路称为"或"门电路。图 14.11(a)所示电路,开关 A、B 是并联的,当开关 A、B 中有一个接通,灯就亮。因此,开关中至少要有一个接通是灯亮的条件。所以开关 A、B 对电灯 F 的关系为"或"逻辑关系。图 14.11(b)所示电路是由二极管组成的或门电路,下面分析其逻辑关系。

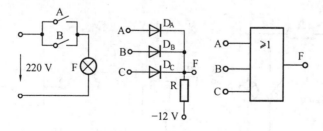

a)开关组成的或门电路　(b)二极管或门电路　(c)或门逻辑符号

图 14.11　或门电路和逻辑符号

① 当 $V_A = V_B = V_C = 0$ V 时,即 A = B = C = 0,D_A、D_B、D_C 都导通,则 $V_F = 0$ V,即 F = 0。

② 当输入端 A、B、C 中有一个或两个为高电平,设 $V_A = +3$ V,$V_B = V_C = 0$ V,即 A = 1,B = C = 0,D_A 优先导通,使 F 点电位 $V_F \approx +3$V,即 F = 1,D_B、D_C 则承受反压而截止。

③ 当 $V_A = V_B = V_C = +3$ V,即 A = B = C = 1,三个二极管都导通,$V_F \approx +3$ V,即 F = 1。

由以上分析可知,输入端只要有一个高电平,其输出就为高电平;当输入端全为低电平时,输出才是低电平。因此或门的逻辑关系为

$$F = A + B + C$$

其真值表如表 14.2 所示。由真值表看出符合或逻辑关系。总结其功能为:全"0"出"0",有"1"出"1"。

同与门电路一样,或门电路目前也普遍应用集成电路,其逻辑功能与分立元件或门电路相同,在逻辑电路中都用图 14.11(c)中所示的符号表示。

表 14.2 或门电路真值表

A	B	C	F
0	0	0	0
0	0	1	1
0	1	0	1
0	1	1	1
1	0	0	1
1	0	1	1
1	1	0	1
1	1	1	1

表 14.3 非门电路真值表

A	F
1	0
0	1

3.非门电路

所谓"非"逻辑的含义即相反的意思。例如图 14.12(a)所示电路,当开关 A 闭合时,灯不亮;当开关 A 断开时,灯却亮。因此,开关 A 和电灯 F 之间的逻辑关系是 $F = \bar{A}$。图 14.12(b)所示电路是由晶体管构成的非门电路。非门电路的输入端只有一个,其输出和输入状态总是相反,当输入端 A = 1 时(设其电位为 +3 V),使晶体管 T 处于饱和状态,其集电极电位近似为 0 V(晶体管饱和压降 U_{CES} = 0.3 V),即 $V_F \approx 0$ V,F = 0;当 A = 0,即 $V_A = 0$ V,晶体管 T 在负电源的作用下,使发射结反偏,晶体管 T 截止。此时集电极电位 $V_C = V_F \approx +3$ V(当晶体管截止时,二极管 D 导通,F 点的电位被钳制在 +3 V),即 F = 1。由此可见,其输出和输入状态相反,符合非逻辑。其真值表如表 14.3 所示。

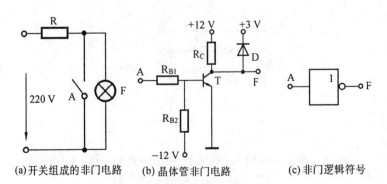

(a)开关组成的非门电路　(b)晶体管非门电路　(c)非门逻辑符号

图 14.12 非门电路和逻辑符号

非门电路可由分立元件构成,亦有集成非门电路,目前常用的非门集成电路有 CT4004、CT4005 和 CT4006 型等。在逻辑电路中均用图 14.12(c)所示的逻辑符号表示。

三、其它常用门电路

1.与非门电路

在实际工作中,经常是将与门、或门及非门联合使用,组成与非、或非等其它门电路,以丰富逻辑功能,满足实际的需要。

将与门放在前面,非门放在后面,两个门串联起来就构成了"与非"门电路,其逻辑电路示意图和逻辑符号如图 14.13 所示。由此可知,"与非"门电路的逻辑功能是先与后非,

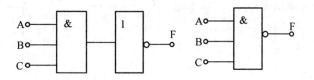

(a)与非门电路示意图　　　　(b)与非门逻辑符号

图 14.13　与非门电路示意图和逻辑符号

其逻辑表达式为

$$F = \overline{A \cdot B \cdot C}$$

其真值表如表 14.4 所示。由真值表可以看出,"与非"门电路具有:有"0"出"1"、全"1"出"0"的逻辑功能。

表 14.4　与非门电路真值表

A	B	C	F
0	0	0	1
0	0	1	1
0	1	0	1
0	1	1	1
1	0	0	1
1	0	1	1
1	1	0	1
1	1	1	0

目前常用的"与非"门集成电路有 TTL"与非"门电路及 CMOS"与非"门电路两大类。所谓 TTL"与非门"电路是指内部的与门及非门电路是由晶体管组成的;CMOS 与非门电路内部电路是由场效应管组成。常用的 TTL"与非"门集成电路国内型号有 CT4000、CT4003 和 CT4010 型等,CMOS"与非"门集成电路有 CC4011、CC4012 和 CC4023 型等。它们分别类同于国际 74LS 系列和 CD4000 系列产品。CT4000 型集成"与非"门管脚排列如图 14.14所示。CT4000 型集成"与非"门电路包括四个相同的与非门,每个与非门具有两个输入端,使用起来很方便。

【例 14.3】　有一个三输入端的"与非"门如图 14.15(a)所示,如果只使用两个输入端时,不用的输入端应如何处理?

【解】　与非门多余输入端处理的原则是不影响"与非"门的逻辑功能。

在图 14.15 中,设 C 端为多余端。当 C = 0 时,不论 A、B 输入端的状态如何,"与非"

门的输出总为1,不能反映F与A、B之间的"与非"逻辑关系。当C=1时,"与非"门的输出F和输入信号A、B符合"与非"的逻辑关系,例如,A=B=1,F=0;A=0,B=1,F=1。因此多余端可接高电平。

多余端也可与使用端相联,变为二输入端与非门。

第三个办法是把多余端悬空,悬空相当于接高电平。由图14.9(b)所示二极管与门电路可以看出:当C端悬空时,若A=B=1时,D_A、D_B导通,F=1;若A

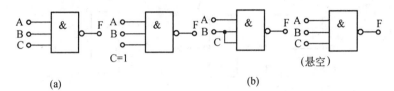

图14.14　CT4000型集成与非门管脚图

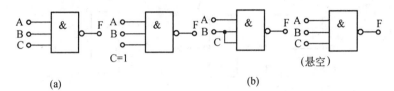

(a) 　　　　　　　　　　　　　(b)

图14.15　例14.3的图

=0、B=1,D_A导通,D_B截止,F=0;若A=B=0,D_A、D_B导通,F=0。由此可知,C端悬空时F与A、B的逻辑关系与C=1时相同。但多余端悬空会引入干扰,所以一般多采用前面两种处理方法。

2.或非门电路

或门在前,非门在后,将两个门串联起来就构成了"或非"门电路。其逻辑电路示意图和逻辑符号如图14.16所示。由此可知,"或非"门的逻辑功能是先或后非,其表达式为

$$F = \overline{A + B + C}$$

真值表如表14.5所示。从真值表上看出,"或非"门电路具有:全0出1,有1出0的逻辑功能。

表 14.5　或非门电路真值表

A	B	C	F
0	0	0	F
0	0	1	0
0	1	0	0
0	1	1	0
1	0	0	0
1	0	1	0
1	1	0	0
1	1	1	0

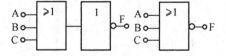

(a)或非门电路示意图 (b)或非门逻辑符号

图14.16　或非门电路示意图和逻辑符号

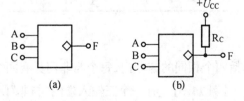

图14.17　集电极开路与非门电路符号

3.集电极开路与非门电路(简称 OC 门)

OC 门电路的逻辑符号如图 14.17(a)所示。OC 门在使用时,输出端接上一个电阻 R_C 则可正常工作,如图 14.17(b)所示。其中电阻 R_C 称为集电极负载电阻,R_C 的大小根据具体的电路参数而定。

4.三态与非门电路

三态与非门电路与一般的与非门电路不同,一般的与非门电路输出端只有两个状态,不是高电平就是低电平,而三态与非门输出端有三种状态,即高电平状态、低电平状态和高阻抗状态。三态与非门电路的逻辑符号如图 14.18 所示。

三态与非门,除输入端和输出端外,还有一个控制端 C,C 端控制三态与非门输出的状态。从图 14.18(a)、(b)中可以看出,它具有两种不同的形式。对于图(a),当 C = 0 时,三态与非门的输出处于正常与非工作状态,当 C = 1 时,三态与非门输出处于高阻抗状态。对于图(b),当 C = 1 时,三态与非门输出处于正常与非工作状态,当 C = 0 时,三态与非门输出处于高阻抗状态。

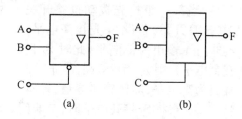

图 14.18　三态与非门逻辑符号

以上,我们对数字电路中常用的与门、或门、非门、与非门及或非门电路做了比较详细的分析,这些门电路是组成数字电路的基本单元,因此我们必须对它们的逻辑功能、真值表、逻辑表达式做到熟练掌握,这样在分析逻辑电路时才能运用自如。

四、门电路的应用举例

【例 14.4】　故障报警控制电路。

图 14.19 是由门电路组成 A、B 两路的故障报警控制电路,当系统 A 与 B 工作正常时,A = B = 1。试分析工作原理。

【解】　当系统 A 和系统 B 工作正常时,A = B = 1。因而非门 $F_1 = F_2 = 0$,$F_3 = F_4 = 1$,状态指示灯 L_A 和 L_B 都亮。与此同时,或门 $F_5 = 0$,它一方面控制非门 F_6,使 $F_6 = 1$,继电器 KM 线圈通电,控制对象正常工作;与此同时,或门 $F_5 = 0$ 的信号把与门 F_7 关闭,使 $F_7 = 0$,振荡电源被封锁,扬声器不响。

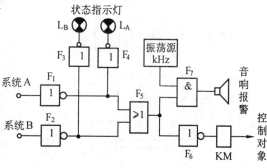

图 14.19　例 14.4 的图

如果系统工作不正常,例如 B 路出现故障,则 B 由 1 变 0,$F_2 = 1$,$F_3 = 0$,L_B 熄灭,表明 B 路系统出现故障。与此同时,或门 $F_5 = 1$,使 $F_6 = 0$,继电器 KM 线圈断电,切断有关电源,控制对象停止工作;与此同时,或门 $F_5 = 1$ 的信号把与门 F_7 打开,振荡电源使扬声器发出报警声响。实际上,只要听到报警声响,就知 A、B 系统发生故障,看一下指示灯,哪个熄灭了,就知道故障在哪一路。

　　上面电路可以扩展为多路的故障报警控制电路。

　　【例 14.5】　智力竞赛抢答电路。图 14.20是由门电路组成的智力竞赛抢答电路,供二组使用,试分析工作原理。

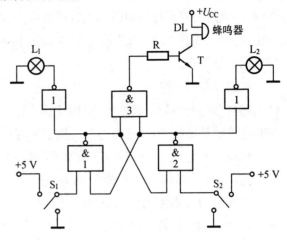

图 14.20　例 14.5 的图

　　【解】　未抢答之前,抢答开关 S_1、S_2 都接低电平(接地),与非门 1、2 输出为高电平;与非门 3 输出为低电平、蜂鸣器不响,各组指示灯 L_1、L_2 不亮;当某一组抢先拨动抢答开关时,抢答开始,若设 S_1 先接高电平,与非门 1 输出为低电平(此时 S_2 仍接低电平),则 L_1 指示灯亮,与非门 3 输出为高电平,晶体管 T 导通,蜂鸣器响。若再将 S_2 接高电平时,与非门 2 输出仍然为高电平(因为与非门 1 输出为低电平),L_2 指示灯不亮,表示第二组抢答无效。

　　【例 14.6】　数据分配器。图 14.21是由门电路组成的数据分配器。所谓数据分配器,就是将一路输入数据按发送的地址号分别送到对应的输出端,即一路输入数据能多路输出。图 14.21 是一个四路数据分配器,试分析工作情况。

　　【解】　在图 14.21 中,D 是数据输入端,A 和 B 是地址号输入端;$Y_0 \sim Y_3$ 是四个输出端。当地址 AB 为 00 时,与门 0 打开,D 端的数据从 Y_0 端输出;当地址 AB 为 01 时,与门 1 打开,D 端的数据从 Y_1 端输出;当地址 AB 为 10 时,与门 2 打开,D 端的数据从 Y_2 端输出;当地址 AB 为 11 时,D 端的数据从 Y_3 端输出。其分配功能如表 14.6。

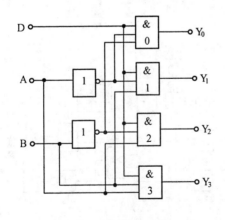

图 14.21　四路数据分配器

表 14.16　数据分配器功能表

A	B	分配
0	0	$D \rightarrow Y_0$
0	1	$D \rightarrow Y_1$
1	0	$D \rightarrow Y_2$
1	1	$D \rightarrow Y_3$

　　【例 14.7】　数据选择器。

　　图 14.22 是由门电路组成的数据选择器。所谓数据选择器,就是按着地址号的要求,从多路输入数据中选择相应的一路作为输出。图 14.22 是一个四输入多路选择器,试分析工作情况。

　　【解】　在图 14.22 中,$D_0 \sim D_3$ 是数据输入端;A 和 B 是地址选择输入端;G 是选通端或称使能端,F 是输出端。当 G=1 时,与门 0 ~ 与门 3 关闭,输入数据被封锁,F 端无信号输出；当 $G=0$ 时，与门 0 ~ 与门 3 打开，传送输入数据。选择哪一路输入数据作为输出，则由 AB 的地址状态决定。

在选通的条件下($G=0$)，若地址 AB 为 00 时，与门 0 打开传送 D_0 端的数据，其它与门关闭，输出为 0。所以 F 端选中 D_0 端的数据；当地址 AB 为 01 时，与门 1 打开，传送 D_1 端的数据，其它与门关闭，输出为 0，则 F 端选中 D_1 端的数据；同理当地址 AB 为 10 时，F 端选中 D_2 端的数据；当地址 AB 为 11 时，F 端选中 D_3 端的数据。所以，此电路又称"四选一"电路。其选择功能见表 14.7。

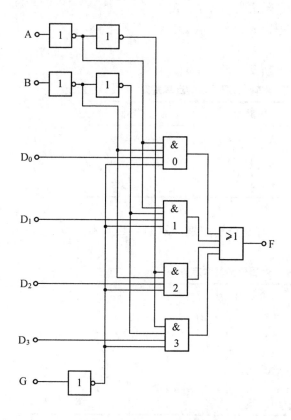

图 14.22　四输入多路选择器

表 14.7　选择器功能表

地址选择		选 通	输 出
A	B	G	F
×	×	1	0
0	0	0	D_0
0	1	0	D_1
1	0	0	D_2
1	1	0	D_3

(注：××表示任意地址)

思 考 题

14.5　写出与门、或门、非门、与非门、或非门的输入输出逻辑表达式、真值表及逻辑符号。

14.6　有一个两输入端的或门，当有一端接输入信号，另一端应接什么电平时或门才允许信号通过？

14.7　在实际应用中，能否用与非门来代替非门？为什么？

14.4　组合逻辑电路的分析与综合

逻辑门电路的分析和综合，是在已知逻辑电路的基础上研究电路的逻辑功能，或者已知逻辑功能,画出逻辑电路。采用的数学工具是布尔代数和卡诺图。

一、逻辑代数的基本运算法则和公式

布尔代数又称为逻辑代数,逻辑代数的变量用字母 A、B、C、… 表示,每一个变量只取"0"或"1"两种状态。信号的有无、电平的高低、晶体管的导通与截止、开关的通断等等都可以用"1"与"0"表示。这样,逻辑代数就能用来分析逻辑电路。

1.基本逻辑关系

① 逻辑乘(与):设变量为 A 和 B,逻辑式为 $F = A \cdot B$。

② 逻辑加(或):设变量为 A 和 B,逻辑式为 $F = A + B$。

③ 逻辑非:设变量为 A,逻辑式为 $F = \bar{A}$。

基本逻辑关系的运算规则如表 14.8 所示。

表 14.8　逻辑乘、逻辑加、逻辑非的运算规则

逻辑乘	逻辑加	逻辑非
$A \cdot 0 = 0$	$A + 0 = A$	$A \cdot \bar{A} = 0$
$A \cdot 1 = A$	$A + 1 = 1$	$A + \bar{A} = 1$
$A \cdot A = A$	$A + A = A$	$\bar{\bar{A}} = A$

2.基本法则

根据上述基本逻辑关系的运算规则,可推导出逻辑运算的一些基本定律,如表 14.9 所示。

表 14.9　逻辑代数基本定律

交换律	$A + B = B + A$	$A \cdot B = B \cdot A$
结合律	$(A + B) + C = A + (B + C)$	$(A \cdot B) \cdot C = A \cdot (B \cdot C)$
分配律	$A \cdot (B + C) = A \cdot B + A \cdot C$	$A + B \cdot C = (A + B)(A + C)$
反演律	$\overline{A + B} = \bar{A} \cdot \bar{B}$	$\overline{A \cdot B} = \bar{A} + \bar{B}$
吸收律	$A + AB = A$	$A \cdot (A + B) = A$
	$A + \bar{A}B = A + B$	$(A + B) \cdot (A + C) = A + B \cdot C$
	$A \cdot B + \bar{A} \cdot C + B \cdot C = A \cdot B + \bar{A} \cdot C$	

以上都是常用的基本公式,最有效的证明方法是检验它是否符合真值表,也可用逻辑代数运算法则加以证明。

例如,要证明反演律 $\overline{A + B} = \bar{A} \cdot \bar{B}$ 和 $\overline{A \cdot B} = \bar{A} + \bar{B}$,可列出其真值表 14.10 和 14.11。从表 14.10 可知,$\overline{A + B}$ 与 $\bar{A} \cdot \bar{B}$ 的结果完全相同,所以 $\overline{A + B} = \bar{A} \cdot \bar{B}$。同样从表 14.11 可证 $\overline{A \cdot B} = \bar{A} + \bar{B}$。

又如要证明分配律 $A + BC = (A + B) \cdot (A + C)$,可将右端加以变换:即 $(A + B)(A + C) = A \cdot A + A \cdot C + A \cdot B + B \cdot C = A(1 + C + B) + BC = A \cdot 1 + BC = A + BC$。

注意:① 逻辑代数的运算规则和基本定律公式表达的是逻辑关系而不是数量关系;② 逻辑代数中用字母表示的变量与普通代数中的字母变量含义完全不同,逻辑代数中的变量称为逻辑变量,只有两个取值:0 或 1,它们不表示数量的大小,而是代表两种对立的逻辑状态,例如电平的高、低,半导体器件的导通和截止等;③ 逻辑代数与普通代数的多种运算方式不同,逻辑代数不论逻辑变量有多少,基本的逻辑运算只有三种:逻辑乘(与运算)、逻辑加(或运算)、逻辑非(求反运算),其它运算都由这三种组合而成。

表 14.10　　$\overline{A + B}$ 与 $\overline{A} \cdot \overline{B}$ 的真值表			
A	B	$\overline{A + B}$	$\overline{A} \cdot \overline{B}$
0	0	1	1
0	1	0	0
1	0	0	0
1	1	0	0

表 14.11　　$\overline{A \cdot B}$ 与 $\overline{A} + \overline{B}$ 的真值表			
A	B	$\overline{A \cdot B}$	$\overline{A} + \overline{B}$
0	0	1	1
0	1	1	1
1	0	1	1
1	1	0	0

3. 逻辑函数的化简

在逻辑代数中,输出逻辑变量和输入逻辑变量之间的关系,称为逻辑函数。根据逻辑代数的基本运算公式和法则,可将逻辑函数进行化简。化简的目的,一是找出逻辑函数所表达的逻辑功能,二是设计出最简单的逻辑电路来实现所要求的逻辑功能。下面举例说明化简过程。

【例 14.8】　化简 $A\overline{B} + B + BCD$

【解】　$A\overline{B} + B + BCD = A\overline{B} + B(1 + CD) = A\overline{B} + B = A + B$　（由吸收率）

【例 14.9】　化简 $\overline{A}B + \overline{A}C + \overline{B}\,\overline{C} + AD$

【解】　$\overline{A}B + \overline{A}C + \overline{B}\,\overline{C} + AD = \overline{A}(B + C) + \overline{B}\,\overline{C} + AD = \overline{A}(\overline{\overline{B + C}}) +$

$$\overline{B}\,\overline{C} + AD = \overline{A}\,\overline{\overline{B}\overline{C}} + \overline{B}\overline{C} + AD =$$

$$\overline{A} + \overline{B}\,\overline{C} + AD =$$

$$\overline{A} + D + \overline{B}\overline{C}$$

$$（利用 A + \overline{A}B = A + B）$$

二、组合逻辑电路的分析与综合

由若干基本逻辑门电路组成的逻辑电路称为组合逻辑电路,其特点是电路在任意时刻的输出信号仅与该时刻的输入信号有关,而与信号输入之前电路的状态无关。当输入信号改变时,输出信号就随之改变。因此,任何一个组合逻辑电路,无论其复杂程度如何,都可用逻辑函数表示,即输出信号是输入信号的函数,并可利用逻辑代数的运算规律,对电路的逻辑功能进行研究。

组合逻辑电路的研究包括两方面内容:电路的分析与综合。

1. 组合逻辑电路的分析

组合逻辑电路的分析,是在已知逻辑电路的情况下研究其逻辑功能,具体步骤为:根据给定的逻辑电路图写出逻辑表达式;利用逻辑代数的基本公式将表达式变换或化简;列出真值表;由真值表总结出电路的逻辑功能。

下面举例说明逻辑电路的分析方法。

【例 14.10】　分析如图 14.23 所示电路的逻辑功能。

【解】　(1)写出输出端 F 的表达式。写表达式,由前级逐级往后写,即第一级与非门输出为 $\overline{A\,B}$,第二级两个与门的输出分别为

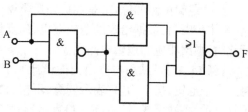

图 14.23　例 14.10 的图

$A\cdot\overline{AB}$和$B\cdot\overline{AB}$,则最后或非门输出为

$$F=\overline{A\cdot\overline{AB}+B\cdot\overline{AB}}$$

(2)将逻辑表达式化简

$$\begin{aligned}F &= \overline{A\cdot\overline{AB}+B\cdot\overline{AB}} = \\ &\overline{\overline{AB}\cdot(A+B)} = \\ &\overline{\overline{AB}}+\overline{(A+B)} = AB+\overline{A}\cdot\overline{B}\end{aligned}$$

(3)根据化简的表。达式列出真值表。上面表达式的真值表如表 14.12 所示。

表 14.12 例 14.10 的真值表

A	B	F
0	0	1
0	1	0
1	0	0
1	1	1

(4)分析逻辑功能。从真值表上看出,当输入变量 A、B 的取值相同时,输出为“1”,否则输出为“0”。这种逻辑关系称为“同或”,该电路叫做同或电路(即“同或门”),是应用广泛的逻辑单元电路,并有集成元件可供选用。

同或电路常常用在高可靠性设备的监测上,当电路出故障时发出报警信号。

【例 14.11】 分析图 14.24 所示电路的逻辑功能。

【解】 用上例中同样的方法写出逻辑电路的逻辑表达式并进行化简

$$\begin{aligned}F &= \overline{\overline{\overline{AB}\cdot A}\cdot\overline{\overline{AB}\cdot B}} = \overline{\overline{\overline{AB}\cdot A}}+\overline{\overline{\overline{AB}\cdot B}} = \\ &\overline{AB}\cdot A+\overline{AB}\cdot B = (\overline{A}+\overline{B})A+(\overline{A}+\overline{B})B = \\ &A\overline{B}+\overline{A}B = A\oplus B\end{aligned}$$

表 14.13 例 14.11 的真值表

A	B	F
0	0	0
0	1	1
1	0	1
1	1	0

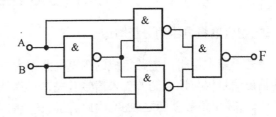

图 14.24 例 14.11 的图

根据此结果可列出真值表如表 14.13 所示。由该表可总结出其逻辑功能为:当输入变量 A、B 的取值相异时,输出为“1”,否则为“0”。这种逻辑关系称为“异或”,该电路称做异或电路(即“异或门”),也是一种应用十分广泛的逻辑单元电路,有集成电路产品可供选用,其逻辑符号如图 14.25 所示。事实上,“异或”与“同或”之间互为“非”的关系(读者可自行证明)。

2.组合逻辑电路的综合

组合逻辑电路的综合,是在已知逻辑要求的基础上,设计出最简单合理的组合逻辑电路,具体步骤为:根据给定的逻辑要求,列真值表,由真值表写出逻辑表达式;对表达式进行化简;画出相应的逻辑电路图。

图 14.25 异或门的逻辑符号

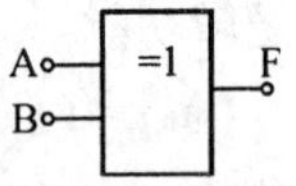

【例 14.12】 试用与非门元件设计一个三人表决电路。A、B、C 三人每人一个电键,按下为“1”表示同意,不按为“0”表示反对。表决结果用指示灯显示,多数赞成,灯亮(F = 1)表示通过;否则灯不亮(F = 0)表示没有通过。

【解】

(1)根据题意列出真值表。A、B、C 三人作为三个输入变量,同意为 1 反对为 0。共有八种情况,见真值表 14.14。

(2)根据真值表写出 F 的逻辑式。由真值表可见,下面四种情况中的任何一种都表示通过(F = 1),即

$A = 0, B = 1, C = 1$;

$A = 1, B = 0, C = 1$;

$A = 1, B = 1, C = 0$;

$A = 1, B = 1, C = 1$。

表 14.14　例 14.12 的真值表

A	B	C	F
0	0	0	0
0	0	1	0
0	1	0	0
0	1	1	1
1	0	0	0
1	0	1	1
1	1	0	1
1	1	1	1

可以表示为

$\overline{A}BC$　　　($\overline{A}$ 表示 A 反对)

$A\overline{B}C$　　　($\overline{B}$ 表示 B 反对)

$AB\overline{C}$　　　($\overline{C}$ 表示 C 反对)

ABC　　　(ABC 均同意)

四种情况为"或"逻辑关系,可以写出下式

$$F = \overline{A}BC + A\overline{B}C + AB\overline{C} + ABC$$

(3)根据布尔代数运算法则化简逻辑表达式

$$F = \overline{A}BC + A\overline{B}C + AB\overline{C} + ABC =$$
$$\overline{A}BC + A\overline{B}C + AB\overline{C} + ABC + ABC + ABC =$$
$$BC(\overline{A} + A) + AC(\overline{B} + B) + AB(\overline{C} + C) =$$
$$BC + AC + AB$$

(4)根据逻辑式用"与非"门画出逻辑图。可用二次求"非"及布尔代数运算法则将上面"与或"逻辑式变换为"与非"逻辑式。

$$F = AB + AC + BC = \overline{\overline{AB} + \overline{AC} + \overline{BC}} =$$
$$\overline{\overline{AB} \cdot \overline{AC} \cdot \overline{BC}}$$

由此可画出由"与非"门电路所构成的逻辑电路,如图 14.26 所示。

【例 14.13】　试设计一个三地控制一个信号指示灯的逻辑电路。设 A、B、C 分别表示安装在三个不同位置的开关,F 表示信号指示灯。当三个开关分别往上扳动和往下扳动时,都可以控制信号指示灯的亮灭。设开关往上扳动"1",往下扳动为"0",灯亮为"1",灯灭为"0"。

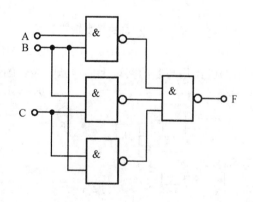

图 14.26　例 14.12 的图

【解】　(1)根据题意列出真值表 14.15。

(2)根据真值表写出 F = 1 的与或表达式

$$F = \overline{A}\,\overline{B}\,C + \overline{A}B\,\overline{C} + A\,\overline{B}\,\overline{C} + ABC$$

(3)根据布尔代数运算法则化简逻辑表达式

表 14.15　例 14.13 的真值表

A	B	C	F
0	0	0	0
0	0	1	1
0	1	0	1
0	1	1	0
1	0	0	1
1	0	1	0
1	1	0	0
1	1	1	1

$$F = \overline{A}\,\overline{B}C + \overline{A}B\overline{C} + A\overline{B}\,\overline{C} + ABC =$$
$$C(\overline{A}\,\overline{B} + AB) + \overline{C}(\overline{A}B + A\overline{B}) =$$
$$C(\overline{A \oplus B}) + \overline{C}(A \oplus B) =$$
$$A \oplus B \oplus C$$

（4）根据逻辑式用"异或门"或"与非门"画出逻辑图。

根据逻辑式，可用两个集成异或门或用 8 个与非门组成的异或门来实现此逻辑电路，如图 14.27(a)、(b)所示。

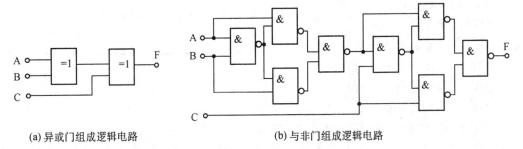

(a) 异或门组成逻辑电路　　　　(b) 与非门组成逻辑电路

图 14.27　例题 14.13 的图

【例 14.14】 已知报警电路如图 14.28 所示，当 AB 或 BC 同时为高电平时，晶体管导通，报警灯亮。试用集成与非门实现之。

【解】

(1)写出图 14.28 中 F 的表达式

$$F = AB + BC$$

(2)将上式变换成"与非"逻辑表达式

$$F = AB + BC = \overline{\overline{AB + BC}} = \overline{\overline{AB} \cdot \overline{BC}}$$

(3)画出用与非门实现上面"与非"表达的逻辑图（见图 14.29）。

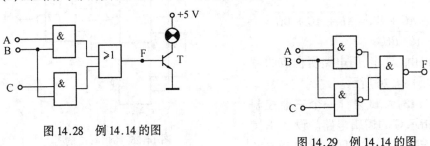

图 14.28　例 14.14 的图

图 14.29　例 14.14 的图

三、用卡诺图化简逻辑函数

当逻辑函数较为复杂时，用逻辑代数公式法化简技巧性较强，有时很麻烦，而且不易得到最简式。卡诺图是逻辑函数的另一种表示方法，用它来化简逻辑函数简便、直观，容易变换为最简式，因此在逻辑电路的分析和设计中应用很广。

1.逻辑函数的最小项表达式

设有 n 个逻辑变量，由它们组成具有 n 个变量的与项中，每个变量以原变量或反变量的形式仅出现一次,则称这个与项为最小项。对于 n 个变量来说,最小项共有 2^n 个。

例如,对于一个三变量逻辑函数 $F = (A,B,C)$,$\bar{A}\,\bar{B}\,\bar{C}$、$\bar{A}\,\bar{B}C$、$\bar{A}B\bar{C}$、$\bar{A}BC$、$A\bar{B}\bar{C}$、$A\bar{B}C$、$AB\bar{C}$ 和 ABC 这八个与项是三个变量 A、B、C 的最小项。

由此,我们可以把最小项的特点归纳为:

(1) 应包括所有输入变量;

(2) 每个变量都是最小项的一个乘积因子,而且仅出现一次;

(3) 变量可以是原变量形式(如 A) 或反变量形式(如 $\bar{A}$)。

下面通过表 14.16 列出三个变量的所有最小项,并通过该表分析最小项的性质:

表 14.16　三变量函数的最小项

变量 A、B、C 的最小项	最小项为1时,变量的取值			对应的十进制数 i	对应的最小项代表符号 m_i
	A	B	C		
$\bar{A}\,\bar{B}\,\bar{C}$	0	0	0	0	m_0
$\bar{A}\,\bar{B}C$	0	0	1	1	m_1
$\bar{A}B\bar{C}$	0	1	0	2	m_2
$\bar{A}BC$	0	1	1	3	m_3
$A\bar{B}\bar{C}$	1	0	0	4	m_4
$A\bar{B}C$	1	0	1	5	m_5
$AB\bar{C}$	1	1	0	6	m_6
ABC	1	1	1	7	m_7

① 对于任意一个最小项,只有一组变量取值使它的值为 1,而变量的其它各种取值都使该最小项为 0;

② 不同的最小项,使它的值为 1 的那一组变量取值也不同;

③ 对于变量的任一组取值,任意两个最小项的乘积为 0,而全体最小项之和为 1。

将最小项为 1 时各输入变量的取值看成二进制数,其对应的十进制数 i 作为最小项的编号,并把该最小项记作 m_i,$i = 0 \sim 2^n - 1$(n 为变量个数)。

任何一个逻辑函数都可以表示成惟一的一组最小项之和的形式,称它为最小项表达式(亦称标准的与或表达式)。该表达式是该逻辑函数的标准形式,具有惟一性。

下面举例说明把一个逻辑函数化为最小项表达式的方法。

【14.15】　把逻辑函数 $F = \bar{A}B + BC + A\bar{B}\,\bar{C}$ 化成最小项表达式。

【解】　利用 $A + \bar{A} = 1$ 的基本运算关系,将函数中的每项都化成包含所有变量 A、B、C 的与项,即可得到

$$F = \bar{A}B + BC + A\bar{B}\,\bar{C} = \bar{A}B(C + \bar{C}) + (A + \bar{A})BC + A\bar{B}\,\bar{C} =$$
$$\bar{A}BC + \bar{A}B\bar{C} + ABC + \bar{A}BC + A\bar{B}\,\bar{C} = \bar{A}B\bar{C} + \bar{A}BC + A\bar{B}\,\bar{C} + ABC =$$
$$m_2 + m_3 + m_4 + m_7 = \sum m(2,3,4,7)$$

2.逻辑函数的卡诺图表示法

一个逻辑函数既可以用逻辑表达式表示,也可以用真值表表示。除此以外,还可以用卡诺图来表示。所谓卡诺图,就是根据真值表按一定规则画出的方块图。图形中的每一个小方块与变量的一种组合(即一个最小项)相对应,其中填入相应的函数值。卡诺图的构成规则是:任何相邻的小方块中,所对应的最小项(或变量组合)只允许有一个变量的取

值不同,称此性质为逻辑相邻。卡诺图中相邻的最小项必定有逻辑相邻的性质。另外卡诺图中同一行的最左端和最右端(或同一列的最上端和最下端)也是逻辑相邻的,即具有循环邻接特性。

以三变量卡诺图为例介绍卡诺图的常用画法,见图 14.30。

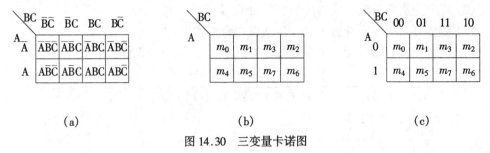

(a)　　　　　　　　(b)　　　　　　　　(c)

图 14.30　三变量卡诺图

同样,根据卡诺图中各小方块具有逻辑相邻的性质,也可以画出二变量卡诺图(见图 14.31)和四变量卡诺图(见图 14.32)中各最小项的排列。

如何根据已知逻辑函数画出卡诺图呢?

在画逻辑函数的卡诺图时,如果已知的是逻辑函数的真值表,则只要在变量卡诺图

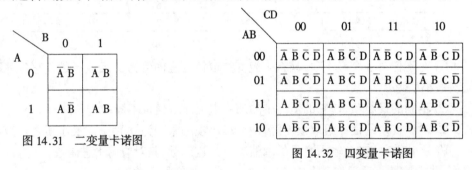

图 14.31　二变量卡诺图　　　　　图 14.32　四变量卡诺图

中,在对应于输入变量取值组合的每一个小方块里填上函数的值,就得到函数的卡诺图;如果已知的是逻辑函数的最小项表达式(即标准的与或表达式),则只要在对应于表达式中每一个最小项的小方块里填入 1,其余的小方块里填入 0,就得到该函数的卡诺图。

例如,例 14.15 的逻辑函数 $F = \overline{A}B + BC + A\overline{B}\,\overline{C} = \sum m(2,3,4,7)$,将与其各个最小项相对应的变量卡诺图的小方块填入 1,其余填入 0,即可得到函数 $F(A,B,C)$ 的卡诺图(见图 14.33)。

3.逻辑函数的卡诺图化简法

前面已经介绍,各种变量的卡诺图的共同特点是各小方块对应于各变量不同的组合,且其中的最小项具有逻辑相邻的性质,即"相邻"最小项之间只有一个变量因子有差别,因此在求两个相邻最小项之和时,便可消去这个变量。这就是用卡诺图化简逻辑函数的依据。

图 14.34 为两个相邻项合并的例子。在图 14.34(a)、(b)中,使函数 F = 1 的两对相邻最小项为 $\overline{A}\,\overline{B}\,\overline{C}$、$\overline{A}B\overline{C}$ 和 $\overline{A}BC$、ABC。用圈把前两项圈在一起,表示求取逻辑和(即合并),在

这两项中因 B 一个是反变量(0),一个是原变量(1),故可消去,保留下来公共部分 $\overline{A}\,\overline{C}$,则 $F = \overline{A}\,\overline{C}$。后两项也可用同样方法画圈合并,消去一个变量 A,从而得到 F = BC。

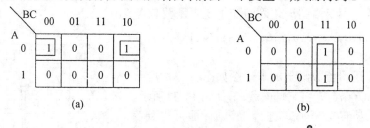

图 14.34 两个相邻项合并

同理,把四个相邻项合并,可以消去两个变量。如图 14.35(a) 中合并结果可消去变量 C、D,使 $F = \overline{A}B$。图 14.35(b) 和(c) 中合并结果可消去变量 A、C,使 $F = \overline{B}D$ 和 $F = \overline{B}\,\overline{D}$。

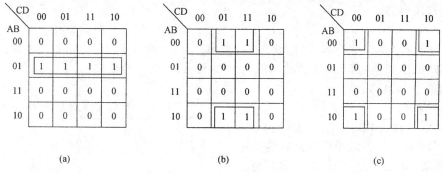

图 14.35 四个相邻项合并

如果把八个相邻项合并,可以消去三个变量。如图 14.36(a) 中合并可消去变量 A、B、C,得 F = D。图 14.36(b) 中合并后可消去 A、C、D,得 $F = \overline{B}$。

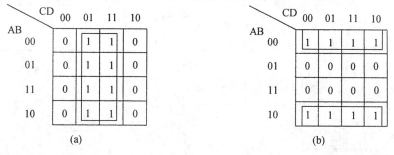

图 14.36 八个相邻项合并

事实上,所画的合并圈即表示取圈内最小项的公共部分。

综上所述,用卡诺图进行逻辑函数化简的方法可归纳为:

① 根据已知逻辑函数的最小项,在卡诺图上相对应的小方块中填入 1,其余填入 0。

② 合并相邻的最小项。

Ⅰ. 根据逻辑相邻最小项的性质将卡诺图中含有 1 的逻辑相邻的小方块圈起来。

Ⅱ. 画圈的原则是"能大不小"。每个圈中包含的小方块数为 $2^n (n = 0,1,2,3)$,即1、2、4、8、16 个。

Ⅲ. 每个圈中必须至少包括一个不属于其它圈中的小方块。

Ⅳ. 圈的个数尽量少(每个圈的合并结果为逻辑函数式中的一项)。

③ 将每个圈中所包含的最小项逻辑相加,消去有关变量,并将所得各结果相加,便得

到化简后的逻辑表达式。

下面举例说明上述化简方法。

【例14.16】 用卡诺图法化简四变量逻辑函数 $F(A, B, C, D) = \sum m(0,1,2,3,4,5,6,7,8,11,14,15)$。

【解】

(1) 由已知逻辑函数画出的卡诺图如图 14.37 所示。

(2) 选择各方格群并将它们圈起来,如图 14.37 所示。

(3) 将各圈所得的逻辑式进行逻辑加,即可得到简化后的逻辑函数式 $F = \overline{A} + BC + ACD + \overline{B}\,\overline{C}\,\overline{D}$。

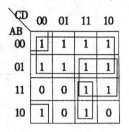

图 14.37　例 14.16 的卡诺图

【14.17】 某校师生举办联欢晚会。教师持红票入场,学生持绿票入场,持黄票者师生均可入场。试设计一入场检票的逻辑电路。

【解】

(1) 列真值表。为减少逻辑变量,设 A = 1(教师),A = 0(学生),B = 1(持红票),B = 0(持绿票),C = 1(有黄票),C = 0(无黄票),F = 1(可入场),F = 0(不可入场)。

真值表如表 14.17 所示。

(2) 列逻辑式

$F = \overline{A}\,\overline{B}\,\overline{C} + \overline{A}\,\overline{B}C + \overline{A}\,BC + A\,\overline{B}C + AB\,\overline{C} + ABC$

(3) 画卡诺图。将各最小项填到相应方格中,选择方格群,如图 14.38 所示。由方格群直接写出最简逻辑式

$$F = AB + \overline{A}\,\overline{B} + C$$

(4) 画逻辑电路。逻辑电路如图 14.39 所示。

在本例中,如能注意到真值表 F 栏内只有两种情况为 0,则取反函数最为方便,可不用卡诺图化简,即

表 14.17　例 14.17 的真值表

	A	B	C	F
学生	0	0	0	1
	0	0	1	1
	0	1	0	0
	0	1	1	1
教师	1	0	0	0
	1	0	1	1
	1	1	0	1
	1	1	1	1

$$\overline{F} = \overline{A}B\overline{C} + A\overline{B}\,\overline{C} = (\overline{A}B + A\overline{B})\overline{C}$$

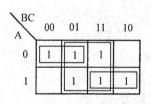

图 14.38　例 14.17 的卡诺图

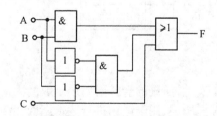

图 14.39　例 14.17 的逻辑电路

于是

$$F = \overline{(\overline{A}B + A\overline{B})\,\overline{C}} = \overline{\overline{A}B + A\overline{B}} + C$$

式中第一项是同或门,所以

$$F = AB + \overline{A}\,\overline{B} + C$$

结果与前面相同。

思 考 题

14.8 写出逻辑代数的运算规则和基本定律公式。

14.9 试证明基本定律公式中的 $A + \overline{A}B = A + B$。

14.10 写出组合逻辑电路分析和设计的步骤。

14.11 若在图 14.24 所示的异或电路的输出端再加上一个非门,试分析其电路的逻辑功能。

14.12 写出图 14.40 所示两图的逻辑式。

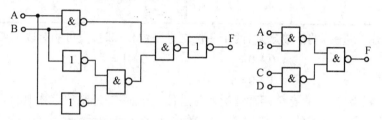

图 14.40　思考题 14.12 的图

14.13 图 14.41 所示两图的逻辑功能是否相同? 试证明之。

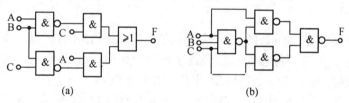

(a)　　　　　　　　(b)

图 14.41　思考题 14.13 的图

14.5 加 法 器

加法器是用数字电路实现算术加法运算的电路,它是数字系统和数字电子计算机中最基本的运算单元。

一、二进制

二进制计数制是一种只有两个数码 0 和 1 的计数制,它的计数规则是"逢二进一"。而我们通常熟悉的十进制计数制有 0 ~ 9 共 10 个数码,它的计数规则是"逢十进一"。在电路中,很容易找到具有两种工作状态的元件来代表 0 和 1 这两个数码,而要找到具有 10 个状态的元件则极为困难,因此,数字电路中一般均采用二进制计数,而将十进制数转换为二进制数进行运算。如果用二进制数的计数方法来表示十进制数 0 ~ 15,则其对应关系如表 14.18 所示。

表 14.18　十进制与二进制数对照表

十进制数	二进制数	十进制数	二进制数
0	0	8	1000
1	1	9	1001
2	10	10	1010
3	11	11	1011
4	100	12	1100
5	101	13	1101
6	110	14	1110
7	111	15	1111

根据"逢二进一"的计数规则,两个一位二进制数相加时,只可能有以下四种情况:

$$0+0=0 \qquad\qquad 0+1=1$$
$$1+0=1 \qquad\qquad 1+1=10$$

前三种情况没有进位,只有第四种情况才有进位。注意:二进制数运算中的算术加与逻辑运算中的逻辑加是不同的。在二进制数运算中,0 和 1 是表示数值大小的数码,而在逻辑运算中,0 和 1 是表示相对立的两种逻辑状态。逻辑加的规则是 $1+1=1$;而二进制数加法的规则是 $1+1=10$,其中 0 叫做本位的和,1 是向高位送出的进位。

二、半加器

所谓半加,只是求本位数的和,不考虑低位数相加后送来的进位数。即半加器能向高位送出进位信号,但它不能接受从低位送来的进位信号。由此可知:半加器有两个输入端,加数 A 和被加数 B;有两个输出端,本位和 S 和进位 C。

根据半加器应完成的加法运算功能,其真值表如表 14.19 所示。由真值表可写出半加器的逻辑表达式

表 14.19　半加器真值表

A	B	S	C
0	0	0	0
0	1	1	0
1	0	1	0
1	1	0	1

$$S = \overline{A}B + A\overline{B} = A \oplus B$$
$$C = AB = \overline{\overline{AB}}$$

可见,半加和(本位和)S 可用一个异或门实现,在异或门上附加一个与门以取得进位 C,即可得到一个半加器。根据图 14.24 所示由四个与非门组成的异或门电路,可画出半加器逻辑图如图 14.42(a)所示。也可以用一个集成异或门和一个与门电路构成半加器,如图 14.42(b)所示。半加器的逻辑符号如图 14.42(c)所示。

三、全加器

当两个多位的二进制数相加时,在高位运算中会遇到从低位送来的进位。则高位的相加除了有加数和被加数之外,还有一个低位送来的进位数。这三个数所进行的二进制一位加法运算叫做全加。用于实现全加运算的电路叫做全加器。因此全加器有三个输入端:加数 A_i,被加数 B_i 和来自低位的进位 C_{i-1}。有两个输出端:全加和 S_i、送往高位的进位 C_i。

根据全加器所应完成的加法运算功能,可列出其输入输出的真值表如表 14.20 所示。

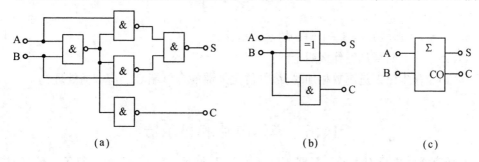

图 14.42　半加器逻辑图和逻辑符号

表 14.20　全加器真值表

A_i	B_i	C_{i-1}	S_i	C_i
0	0	0	0	0
0	0	1	1	0
0	1	0	1	0
0	1	1	0	1
1	0	0	1	0
1	0	1	0	1
1	1	0	0	1
1	1	1	1	1

由真值表可写出全加器输出端的逻辑表达式为

$$S_i = \overline{A}_i\,\overline{B}_i C_{i-1} + \overline{A}_i B_i \overline{C}_{i-1} + A_i\,\overline{B}_i \overline{C}_{i-1} + A_i B_i C_{i-1}$$

$$C_i = \overline{A}_i B_i C_{i-1} + A_i\,\overline{B}_i C_{i-1} + A_i B_i \overline{C}_{i-1} + A_i B_i C_{i-1}$$

经化简得

$$S_i = (A_i \oplus B_i) \oplus C_{i-1}$$

$$C_i = (A_i \oplus B_i)C_{i-1} + A_i B_i。$$

可见,全加器可用两个半加器外加一个或门组成。全加器的逻辑电路图和逻辑符号如图 14.43 所示。全加器目前有现成的集成芯片可供选用。

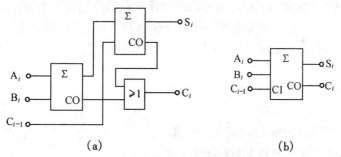

图 14.43　全加器的逻辑图及逻辑符号

【例 14.18】　用 4 个集成全加器组成一个逻辑电路以实现两个四位二进制数 A = 1101(十进制为 13)和 B = 1011(十进制为 11)的加法运算。

【解】　逻辑电路如图 14.44 所示。根据全加器的逻辑功能可得和数为 S = 11000(十进制为 24)。因最低位全加器的低位进位为 0,故该输入端应接地。

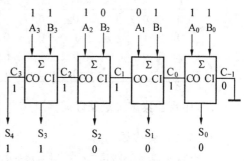

图 14.44　例 14.18 逻辑电路图

这种全加器的任意一位的加法运算,都必须等到低位加法完成并送来进位后才能进行。这种进位方式称为串行进位。

思 考 题

14.14　$1+1=10,1+1=1$ 两式的含义是什么?

14.15　什么叫半加? 什么叫全加?

14.16　在多位二进制数相加时,最低位全加器的进位端 C_{i-1} 应如何处理?

14.6　译码电路和显示器

在数字系统中要对大量的数据、字符(如字母、数码、运算符和控制符等)、信号、指令等进行加工处理,它们都是由用 0 和 1 的不同组合而组成的二进制数和二进制代码。

在实际中,为了便于人们识别、读数以及产生与二进制代码相对应的控制信号,往往需要把这些二进制数或二进制代码所代表的"原意"翻译出来。这种将二进制代码变换为相应输出信号的过程称为"译码",具有译码功能的电路称为"译码器"。一般说来,译码器是一种由逻辑门构成的组合逻辑电路,根据需要,可以有多个输入端和多个输出端的各种类型集成器件。

一、二进制译码器

二进制译码器的功能是将数字电路中的二进制代码变换为相应的输出控制信号的电路。

现以二位二进制译码器为例说明二进制译码器的工作原理。二位二进制代码共有四种不同的组合状态:00、01、10、11。二位二进制译码器输入端有 2 个,输出端有 4 个(称为 2 线 – 4 线译码器),对应于输入的每一组二进制代码,只有一个输出端为高电平 1,其余皆为低电平 0。若设输入变量为 A、B,输出变量为 Y_0、Y_1、Y_2、Y_3,则该译码器的真值表可列写如表 14.21。

由真值表可写出各输出端的逻辑表达式

$$Y_0 = \overline{B}\,\overline{A} \qquad Y_1 = \overline{B}A \qquad Y_2 = B\overline{A} \qquad Y_3 = BA$$

实现这些逻辑关系的电路如图 14.45 所示。

表 14.21　二位二进制译码器真值表

输　　入		输　　　　出			
B	A	Y_0	Y_1	Y_2	Y_3
0	0	1	0	0	0
0	1	0	1	0	0
1	0	0	0	1	0
1	1	0	0	0	1

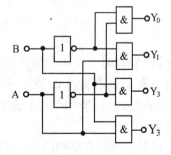

图 14.45　二位二进制译码器

二、中规模集成二进制译码器及应用

1. CT4139 集成译码器

CT4139 集成译码器是二位二进制译码器,其内部电路由与非门构成,如图 14.46 所示。表 14.22 是 CT4139 的功能表,其中 A、B 是两变量输入端,$\overline{Y}_0 \sim \overline{Y}_3$ 是输出端。$\overline{S}$ 是使能输入端,$\overline{S}=0$ 时,译码器处于工作状态;$\overline{S}=1$ 时,译码器处于禁止状态。(× 表示任意状态)

表 14.22 CT4139 译码器功能表

输入端			输出端			
使能	选择		$\bar{Y}_0$	$\bar{Y}_1$	$\bar{Y}_2$	$\bar{Y}_3$
$\bar{S}$	B	A				
1	×	×	1	1	1	1
0	0	0	0	1	1	1
0	0	1	1	0	1	1
0	1	0	1	1	0	1
0	1	1	1	1	1	0

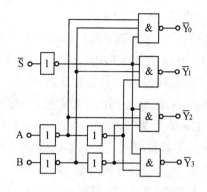

图 14.46 集成译码器 CT4139(74LS139)逻辑电路

2.CT4138 集成译码器

CT4138(即 74LS138)是三位二进制译码器,也称 3 线-8 线译码器,其逻辑图如图 14.47 所示。

为扩大其逻辑功能,除 A_0、A_1、A_2 三个二进制输入端外,还增加了使能输入端 S。在二进制数码输入端 A_0、A_1、A_2 加了由六个反相器组成的输入缓冲级,除形成互补的输入外,还可以减轻输入信号源的负担。输出的八个端由 $\bar{Y}_0 \sim \bar{Y}_7$ 分别给出(低电平输出有效)。表 14.23 为 CT4138 的功能表。

此电路是否有译码输出将决定于使能端 S 的

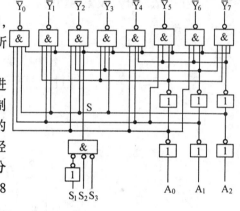

图 14.47 三变量译码器 CT4138(74LS138)

状态。由图 14.47 可知,$S = \overline{\overline{S_1} \cdot \overline{S_2} \cdot \overline{S_3}} = \overline{\overline{S_1} + S_2 + S_3}$,当 S = 1 时,有译码输出;当 S = 0 时,$\bar{Y}_0 \sim \bar{Y}_7$ 皆为高电平(正常译码工作时,以低电平作为输出),禁止译码。

表 14.23 CT4138(74LS138)译码器功能表

输入端					输出端							
使能端 S		选择端			$\bar{Y}_0$	$\bar{Y}_1$	$\bar{Y}_2$	$\bar{Y}_3$	$\bar{Y}_4$	$\bar{Y}_5$	$\bar{Y}_6$	$\bar{Y}_7$
S_1	$S_2 + S_3$	A_2	A_1	A_0								
×	1	×	×	×	1	1	1	1	1	1	1	1
0	×	×	×	×	1	1	1	1	1	1	1	1
1	0	0	0	0	0	1	1	1	1	1	1	1
1	0	0	0	1	1	0	1	1	1	1	1	1
1	0	0	1	0	1	1	0	1	1	1	1	1
1	0	0	1	1	1	1	1	0	1	1	1	1
1	0	1	0	0	1	1	1	1	0	1	1	1
1	0	1	0	1	1	1	1	1	1	0	1	1
1	0	1	1	0	1	1	1	1	1	1	0	1
1	0	1	1	1	1	1	1	1	1	1	1	0

3. 二进制译码器的应用

二进制译码器在数字控制系统中常作为数据分配器和地址译码器使用。

图 14.48(a)是由 CT4138(74LS138)三变量译码器构成的八路输出数据分配器。其中，译码器的使能端 S_1 作为数据输入端，送入一个 10 Hz 的连续脉冲，S_2 和 S_3 接地；$A_2A_1A_0$ 作为地址码输入端，地址码由计数器控制；输出端 $Y_0 \sim Y_7$ 接八个指示灯 $L_0 \sim L_7$。当计数器的时钟脉冲信号来到时，计数器开始工作，在时钟脉冲的作用下，计数器依次发出 000 ~ 111 八种地址码送入译码器的地址码输入端 $A_2A_1A_0$，则数据输入端的 10 Hz 连续脉冲信号依次从译码器的输出端 $Y_0 \sim Y_7$ 取出，使八个指示灯 $L_0 \sim L_7$ 依次闪亮。

图 14.48(b)是由 CT4138(74LS138)三变量译码器在单片机应用系统中作为地址译码器使用的电路结构图。当单片机要与某个外部设备打交道时，单片机通过地址送出相应的地址信号，由译码器译码将选通信号送到外部设备的选通信号($\overline{CS}$)端。结合读写控制线，单片机完成对外部设备的访问。

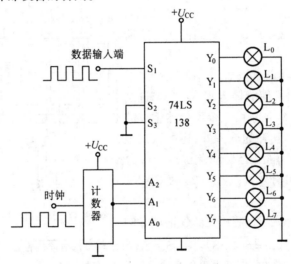

(a) 由三变量译码器实现的数据分配器

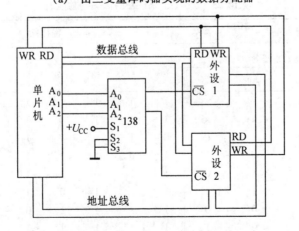

(b) 译码器在单片机应用系统中的使用

图 14.48 译码器在数字控制系统中的使用

三、二－十进制译码器

二－十进制译码器能对二－十进制代码进行译码。译码器有四个数码输入端,作为用二进制表示的十进制代码(即二－十进制代码,此代码可来自十进制计数器等其它逻辑电路)的输入端;有十个输出端,每个输出端与一组代码相对应。如果输入的二－十进制代码为 8421 码,并要求对应于输入的每组代码,十个输出端中只有一个相应地为低电平0,其余九个都为高电平 1,则可列出译码器输入输出的真值表,如表 14.24 所示。

图 14.49 是集成二－十进制译码器 CT4042(74LS42)的逻辑电路。因有 4 个输入端,10 个输出端,通常也称之为 4 线－10 线译码器。它可用作辉光数码管的译码显示电路。

表 14.24　二-十进制译码器真值表

输入端				输出端									
D	C	B	A	$\bar{Y}_0$	$\bar{Y}_1$	$\bar{Y}_2$	$\bar{Y}_3$	$\bar{Y}_4$	$\bar{Y}_5$	$\bar{Y}_6$	$\bar{Y}_7$	$\bar{Y}_8$	$\bar{Y}_9$
0	0	0	0	0	1	1	1	1	1	1	1	1	1
0	0	0	1	1	0	1	1	1	1	1	1	1	1
0	0	1	0	1	1	0	1	1	1	1	1	1	1
0	0	1	1	1	1	1	0	1	1	1	1	1	1
0	1	0	0	1	1	1	1	0	1	1	1	1	1
0	1	0	1	1	1	1	1	1	0	1	1	1	1
0	1	1	0	1	1	1	1	1	1	0	1	1	1
0	1	1	1	1	1	1	1	1	1	1	0	1	1
1	0	0	0	1	1	1	1	1	1	1	1	0	1
1	0	0	1	1	1	1	1	1	1	1	1	1	0

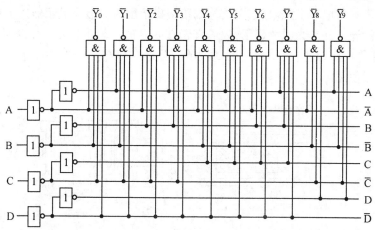

图 14.49　集成译码器 CT4042(74LS42)的逻辑电路

四、数字显示器

在数字测量仪表以及其它各种数字系统中,都需要将十进制数字直观的显示出来。目前显示器件有辉光数码管、荧光数码管、半导体发光数码显示器和液晶显示器等。我们以半导体发光二极管数码显示器(LED)、液晶显示器为例,简单介绍数码显示原理。

1.半导体数码管(LED)

发光二极管是由半导体磷化镓、砷化镓等材料制成。当二极管两端加上正向电压时,二极管导通流过正向电流,放出能量,发出一定波长的光(有红、绿、黄等不同颜色)。常见的 LED 显示器有七个笔划段另加一个小数点"·",每个字段为一个发光二极管。LED 显示器分为共阳极、共阴极两大类型。例如,FR.206A(共阳极型)、FR.206C(共阴极型),其结构如图 14.50(a)、(b)所示。

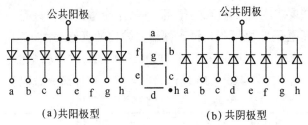

图 14.50　LED 数码管

当某个二极管导通时,相应的字段发亮。例如,如果二极管 a、b、c、d、e、f、g 导通,则笔划段全亮,显示出 8 的字样。共阳极的 LED 显示器,低电平输入时,相应字段发光;共阴极的 LED 显示器,高电平输入时,相应字段发光。

发光二极管数码显示器体积小、重量轻、牢固可靠、寿命长、工作电压低(1～2.5V),适用于小型设备和小型计算机的数字显示。

2.液晶显示器(LCD)

液晶显示器是通过在液态晶体薄层上加电压,以改变其光学特性而进行显示的器件。利用液晶可制成分段式和点阵式数码显示器,分段式液晶显示器(LCD)的结构如图 14.51 所示。透明电极可刻成"8"字形状(与半导体数码管字形相似),分为七个(或八个)笔划段。若在某笔划段电极上加电压,则该笔划段便显示出来。液晶显示器件本身并不发光,必须借助自然光或外界光源才显示,故适宜于在明亮的环境下使用。由于液晶显示器工作电压低,工作电流极小,且结构简单,成本低,因此在电子计算器、电子手表、数字仪表等场合得到广泛使用。

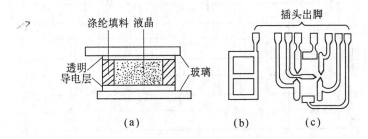

图 14.51　液晶显示器结构示意图

3.七段显示译码器

半导体发光数码管(LED)和液晶数码显示器(LCD)都需要通过七段显示译码器,先对输入的二–十进制代码进行译码,才能把其所代表的十进制数字显示出来。七段显示译码器的输入是二–十进制代码(即 BCD 码),因此称它为 BCD–7 段显示译码器。它的输入线有四根,从低位至高位由 A、B、C、D 表示;输出线有七根,用 a、b、c、d、e、f、g 表示,并分别与七段显示器件的七个显示段 a、b、c、d、e、f、g 相对应。根据对七段显示译码器输入和输出关系的要求,可设计出其相应的逻辑电路。

现介绍一种 8421 码 BCD–7 段显示译码器,该译码器要求将每一组 8421BCD 码"翻译"成一组显示器所要求的七位二进制代码。表 14.25 为 8421BCD－7 段显示译码器的真值表。

表 14.25　8421BCD－7 段显示译码器真值表(LED 为共阴接法)

数字＼编码	输入 D	输入 C	输入 B	输入 A	输出 a	输出 b	输出 c	输出 d	输出 e	输出 f	输出 g	字形
0	0	0	0	0	1	1	1	1	1	1	0	0
1	0	0	0	1	0	1	1	0	0	0	0	1
2	0	0	1	0	1	1	0	1	1	0	1	2
3	0	0	1	1	1	1	1	1	0	0	1	3
4	0	1	0	0	0	1	1	0	0	1	1	4
5	0	1	0	1	1	0	1	1	0	1	1	5
6	0	1	1	0	1	0	1	1	1	1	1	6
7	0	1	1	1	1	1	1	0	0	0	0	7
8	1	0	0	0	1	1	1	1	1	1	1	8
9	1	0	0	1	1	1	1	1	0	1	1	9

利用卡诺图化简,可得出每一段的逻辑表达式,由逻辑表达式的逻辑关系可构成七段显示译码电路。

4. 七段译码器的应用

中规模 BCD－7 段译码器目前在实际当中常用的有 CT4047(74LS47)七段译码器(配共阳接法的 LED)、CT4048(74LS48)七段译码器(配共阴接法的 LED)等。图 14.52 是 CT4048(74LS48)七段译码器的管脚排列图,其各管脚的意义如下:

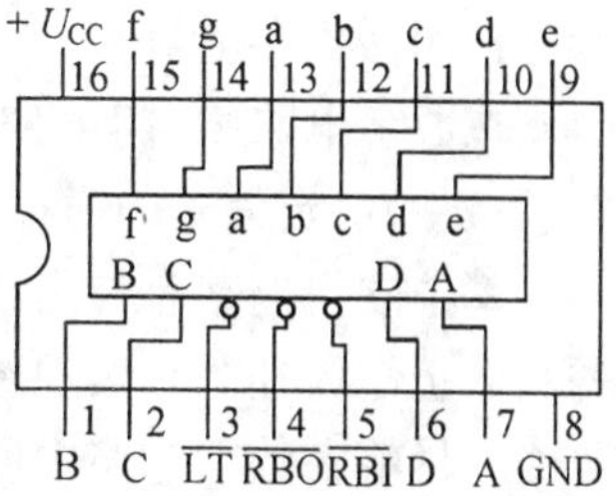

图 14.52　CT4048 型译码器管脚排列图

管脚 A、B、C、D(7、1、2、6)为译码器数据输入端,管脚 a、b、c、d、e、f、g(13、12、11、10、9、15、14)为译码器输出端,管脚 U_{CC}(16)为电源端,管脚 GND(8)为地端。

管脚$\overline{LT}$(3)为试灯输入端。当$\overline{LT}=0$,所有字段全亮,显示 8,作为校验数码和电路用。$\overline{LT}=1$,正常显示。

管脚$\overline{BI}$($\overline{RBO}$)(4)为灭灯输入端(或称动态灭灯输出)。$\overline{BI}=0$ 时,不论输入状态如何,所有字段全灭,不显示。

管脚$\overline{RBI}$(5)为灭零输入端(或称动态灭灯输入端)。当$\overline{RBI}=0$ 且 $A=B=C=D=0$ 时,显示器各字段都不亮。而若此时$\overline{RBI}=1$,则正常显示数字 0。该端可用于当输入为 0000 而又不需显示 0 的场合。

管脚$\overline{RBO}$($\overline{BI}$)(4)也称灭零输出端。当 A、B、C、D 皆为零,且$\overline{RBI}$ = 1 时,$\overline{RBO}$ = 0;反之$\overline{RBO}$ = 1。其作用是:在有多位十进制数码显示时,将低位译码器的$\overline{RBO}$端接至高位译码器的$\overline{RBI}$端,可以使最高位的零熄灭,而不熄灭中间位的零(此时,最低位译码器$\overline{RBI}$应接"1")。

图 14.53 是由 CT4048(74LS48)七段译码器组成的中规模计数译码显示电路。当计数器的时钟脉冲信号来到时,计数器开始工作,在时钟脉冲的作

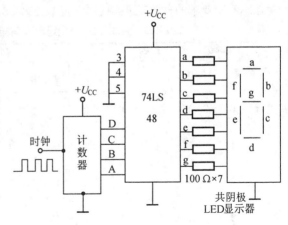

图 14.53　中规模集成译码显示电路

用下,计数器依次发出 0000 ~ 1001 十种二进制数码送到七段译码器的输入端 ABCD,这十种二进制数码 0000 ~ 1001 分别表示十进制的 0 ~ 9,由七段译码器翻译成十进制数码送到 LED 数码管显示出来。

思 考 题

14.15　什么叫译码? 什么叫二进制译码器? 什么叫二 – 十进制译码器?

14.16　什么叫译码器的使能输入端? CT4139 译码器的使能输入端 S 上的非号是什么含义?

14.17　有一个二 – 十进制的译码器,输出高电平有效,若要显示数据,试问外接的数码管(LED),应是共阳极型还是共阴极型?

本 章 小 结

在数字电路中,由于电信号是脉冲信号,因此可以用二进制数码"1"和"0"表示。脉冲信号也叫做数字信号。

在数字电路中,门电路起着控制数字信号的传递作用。它根据一定的条件("与"、"或"条件)决定信号的通过与不通过。

基本的门电路有与门、或门和非门三种,它们的共同特点是利用二极管和晶体管的导通和截止作为开关来实现逻辑功能。由与门、或门和非门可以组成常用的与非门、或非门电路。目前在数字电路中所用的门电路全部是集成逻辑门电路。

在数字电路中,有正负逻辑之分,用逻辑"1"表示高电平,逻辑"0"表示低电平,为正逻辑;若用逻辑"0"表示高电平,逻辑"1"表示低电平,为负逻辑。对于同一电路若采用不同的逻辑系统其逻辑功能不同。

逻辑代数和卡诺图法是分析和设计数字逻辑电路的重要数学工具和化简手段,应用它们可以将复杂的逻辑函数式进行化简,以便得到合理的逻辑电路。

对于组合逻辑电路的分析,首先写出逻辑表达式,然后利用逻辑代数及卡诺图法进行化简,列出真值表,分析其逻辑功能。

对于组合逻辑电路的综合(即设计),则应首先根据逻辑功能和要求,列出真值表,然后写出逻辑函数表达式,再利用逻辑代数法和卡诺图将其化简为最简式,最后画出相应的

逻辑电路。

加法器是用数字电路实现二进制算术加法运算的电路。常用的有半加器和全加器。

译码器由门电路组成,它可将给定的数码转换成相应的输出电平,推动数字显示电路工作。应用最普遍的是二 – 十进制译码器、七段显示译码器及其显示电路。

在使用集成门电路时,应按集成电路手册上的产品介绍正确使用。

习　题

14.1　在题图 14.1 所示的各个电路中,试问晶体管工作于何种状态?

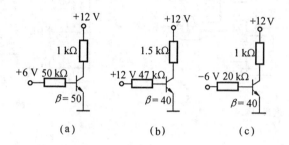

(a)　　　　　(b)　　　　　(c)

题图 14.1

14.2　已知输入信号 A 和 B 的波形如题图 14.2 所示,试画出“与”门输出 $F = A \cdot B$ 和“或”门输出 $F = A + B$ 的波形。

14.3　已知输入 A、B、C 的波形如题图 14.3 所示,试分别画出“与非”门输出 $F = \overline{A \cdot B \cdot C}$ 和“或非”门输出 $F = \overline{A + B + C}$ 的波形。

14.4　根据下列各逻辑代数式,画出逻辑图。

(1)$F = (A + B)C$　　　(2)$F = A + BC$

(3)$F = A(B + C) + BC$

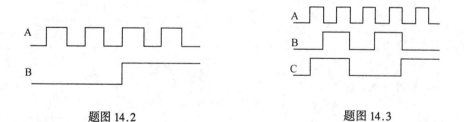

题图 14.2　　　　　　　　　　题图 14.3

14.5　用“与非”门实现以下逻辑关系,画出逻辑图。

(1)$F = A + B + C$　(2)$F = \overline{A + B + C}$　(3)$F = A \cdot B \cdot C$　(4)$F = \overline{A}$　(5)$F = AB + BC$　(6)$F = AB + \overline{A}C$

14.6　试用卡诺图法化简下列逻辑函数为最简式。

(1) $F(A, B, C) = \sum m(0, 2, 4, 6, 7)$

(2)$F(A, B, C) = \sum m(0, 1, 2, 3, 6, 7)$

(3)$F(A,B,C,D) = \sum m(3,5,7,9,11,12,13,15)$

(4)$F(A,B,C,D) = \sum m(0,5,7,8,12,14)$

14.7　已知逻辑电路如题图 14.4 所示,试分析其逻辑功能。

14.8　已知逻辑电路如题图 14.5 所示,试分析其逻辑功能。

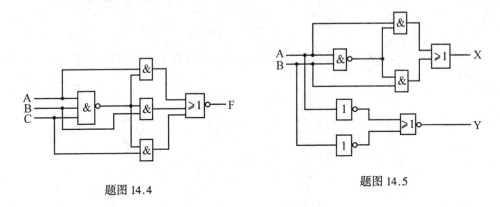

题图 14.4　　　　　　　　　　　　　题图 14.5

14.9　已知逻辑电路如题图 14.6 所示,试用一个 CT4000 型(即 74LS00)与非门集成片联接出上述电路。与非门中不用的输入端应如何处理(CT4000 型管脚引线见图 14.14)?

14.10　设组合逻辑电路的输入、输出波形如题图 14.7 所示,试用与非门实现此逻辑电路。

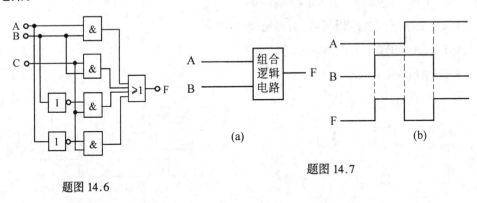

题图 14.6　　　　　　　(a)　　　　　　(b)

题图 14.7

14.11　设有三台电动机 A、B、C,当 A 开机,B 不开机;B 开机、C 不开机时,发出报警信号,试设计此报警逻辑电路。

14.12　应用布尔代数法化简下式,并用"与非"门实现逻辑电路。

$$F = ABC + ABD + \overline{A}\,B\,\overline{C} + CD + B\overline{D}$$

14.13　化简 $F = A(\overline{B} + \overline{C}) + \overline{A}C + \overline{B}\,C$ 逻辑表达式,并用"与非门"实现逻辑电路。

14.14　已知逻辑电路如图 14.8 所示,试写出其逻辑表达式,列出其真值表;分析其逻辑功能。

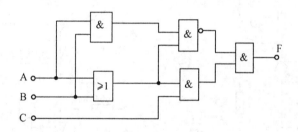

题图 14.8

14.15　设组合逻辑电路的输入、输出波形如图 14.9 所示,试列出其真值表;写出逻辑表达式;用"与非门"画出逻辑电路。

14.16　已知电路如图 14.10 所示,当三个逻辑变量 A、B、C 中有两个或两个以上为高电平时,继电器 KM 才动作,试用"与非"门构成简化的逻辑电路,并说明二极管 D 的作用。

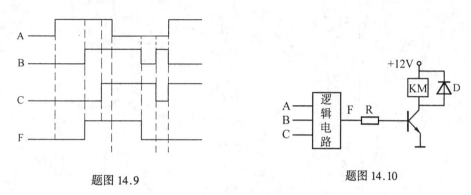

题图 14.9　　　　　　　　　　　题图 14.10

14.17　试用"与非"门设计一个判奇数的逻辑电路,其逻辑功能为:当输入变量 A、B、C 中有奇数个"1"时,输出为"1",否则为"0"。

14.18　试设计一个判一致的逻辑电路,其功能为:当三个输入端的输入电平一致时,输出为 1;不一致时,输出为 0。

14.19　为检验产品质量,制定了若干指标。其中 A 为一级指标,B、C、D 为二级指标,当检验后,如一级指标和至少两项二级指标达到时(设为 1),则产品合格。试设计一个判别产品合格与否的逻辑电路。

14.20　设计体操裁判逻辑电路,A、B、C、D 为四名裁判。A 为主裁判,A 认为主要规定动作合格(A = 1)得 2 分,其余 B、C、D 认为其它规定动作合格得 1 分,当总分等于或超过 3 分时,即为合格(F = 1),设计该逻辑电路。

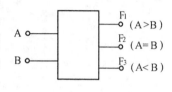

题图 14.11

14.21　已知电路如图 14.11 所示,试设计一个一位数码比较电路,要求用"与非"门实现。

14.22　图示 14.12 各图是由光电耦合器和晶体管组成的数字信号逻辑运算电路。试分析其逻辑功能。

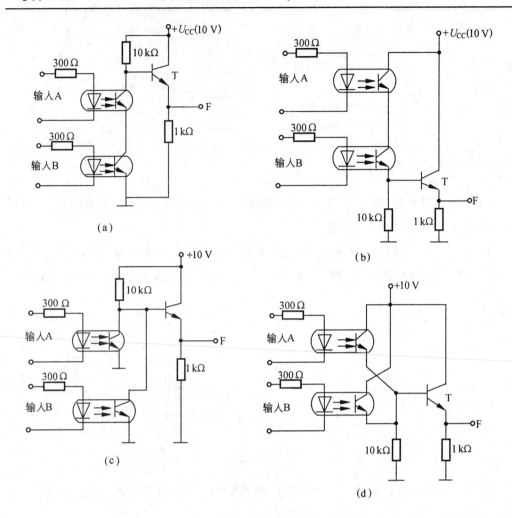

题图 14.12

第十五章 双稳态触发器和时序逻辑电路

上一章我们介绍了基本逻辑门电路及各种门电路的组合,其共同特点是,任一时刻的输出信号仅由输入信号决定,一旦输入信号消失,输出信号随即消失。也就是说,它们只有逻辑运算功能,而没有存储或记忆功能。本章我们讨论的双稳态触发器和时序逻辑电路则具有记忆功能。即它们的输出信号不仅和输入信号有关,而且与电路原来的状态有关,输入信号消失后,电路的状态仍能保留,可以存储信息。当需要这些信息时,可以随时取用。因此在计算机技术、自动控制技术、自动检测技术等许多领域中,触发器和时序逻辑电路得到了广泛的应用。

本章我们首先讨论双稳态触发器,然后讨论由触发器构成的寄存器、计数器等主要的逻辑部件。

15.1 双稳态触发器

双稳态触发器是组成时序逻辑电路的基本单元电路,它可以用单个的门电路联接而成。随着大规模集成电路技术的迅速发展,目前可以在一个硅片上制作数个触发器。因此,现在的数字电路很少再用单个门电路联接组成,这不仅省去大量联线,免去许多调试手续,而且也比较经济。但是双稳态触发器的工作原理还得从单个门电路组成的触发器讲起。双稳态触发器有 R-S 触发器、J-K 触发器和 D 触发器等基本类型。

一、R-S触发器

1. 基本 R-S 触发器

(1)电路的构成。基本 R-S 触发器是由两个与非门输出端和输入端交叉联接组成,如图 15.1 所示。

表 15.1 真值表

S_D	R_D	Q_{n+1}
1	0	0
0	1	1
1	1	Q_n
0	0	不定

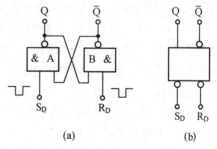

图 15.1 基本 R-S 触发器

R_D 和 S_D 是触发器的输入端,输入信号必须是负脉冲才能改变电路的状态。输入端 R_D 叫做置"0"端或复位端,S_D 叫做置"1"端或置位端。

触发器有两个输出端即 Q 和 $\overline{Q}$,Q 与 $\overline{Q}$ 的状态永远是相反的,即 Q 为 0,$\overline{Q}$ 就为 1,或者 Q 为 1,$\overline{Q}$ 就为 0。习惯上规定,触发器输出端 Q 的状态代表触发器的输出状态。例如,

Q 为 1,说明触发器为"1"态,输出端置"1",即输出端为高电平;Q 为 0,说明触发器为"0"态,输出端置"0",即输出端为低电平。

(2)逻辑功能。触发器的 R_D 端和 S_D 端无信号时,处于"1"态(高电平)。我们对输入端加不同信号时对电路进行以下分析:

① $S_D = 1, R_D = 0$。当输入端 R_D 加负脉冲时,$R_D = 0$,而 $S_D = 1$。由图 15.1(a)可知,与非门 B 的输入端信号为 0,则 B 门的输出为 1,即 $\overline{Q} = 1$。而 S 为 1,与非门 A 输入端全为 1,所以,触发器输出端 Q 端的状态为"0",即触发器置"0"。这就是说,负脉冲信号经 R_D 端进入触发器,触发器记作"0"。负脉冲消失后,R_D 恢复高电平,但触发器的"0"态可保持下去。

② $S_D = 0, R_D = 1$。当输入端 S 加负脉冲时,即 $S = 0$,A 门输出为"1",即触发器输出端 Q 为"1"态。由于 R_D 为 1,与非门 B 输入端全为 1,因此 $\overline{Q}$ 为"0"态,此时触发器的状态为"1"态。这就是说,负脉冲信号经 S_D 端进入触发器,触发器记作"1"。负脉冲消失后,S_D 恢复高电平,但触发器的"1"态可保持下去。

③ $S_D = 1, R_D = 1$。当两个输入端全为 1 时,触发器输出端的状态由各自的另一个输入端的状态决定。例如,如果触发器原来状态 Q 为 0,$\overline{Q}$ 为 1,因此,与非门 B 的输入端有一端为 0,则输出端 $\overline{Q}$ 为 1,由于 $\overline{Q}$ 为 1,使 A 门的输入为全 1,因此,Q 端的状态为 0。所以当 R_D 和 S_D 都处于 1 态时,触发器的状态不变。

④ $S_D = 0, R_D = 0$。当两个输入端同时加负脉冲时,即 $R_D = 0$,$S_D = 0$,与非门 A、B 输出都为 1。这个状态在实际工作中是不允许出现的。另一方面,当负脉冲消失后,即负脉冲从 0 跳变到 1 时,触发器所处的状态完全由触发器中两个与非门本身的速度决定。如果 A 门速度快,则 A 门输出为"0",B 门输出为"1";如果 B 门速度快,则 B 门输出为"0",A 门输出为"1"。然而,两个与非门哪个速度快是难以确定的。因此,当 R_D 为 0、S_D 为 0(同时加负脉冲)时,触发器的状态不能确定。

(3)真值表。从上述分析可知,基本 R-S 触发器具有三种逻辑功能,即:置"0"、置"1"和保持不变。基本 R – S 触发器的真值表如表 15.1 所示(Q_n 表示不变)。

基本 R – S 触发器的逻辑符号如图 15.1(b)所示,其中 R_D 和 S_D 端的小圆圈表示负脉冲(0 电平)触发。

(4)应用。基本 R – S 触发器是其它触发器的基本组成部分,用来预置其它触发器工作之前的初始状态及消除机械开关的抖动。

【例 15.1】　在计算器的微型计算机面板上,都用了许多微型开关(或按钮)来控制电路的动作,机械式开关是由可动的金属簧片和静止触头构成,当切换开关时,实际上簧片并不能立即脱离触点或与触点接触,而是经过多次抖动后方能可靠与触点断开或接通,这样抖动称为"开关抖动"。

图 15.2(b)所示为一个单刀双掷按钮开关在切换过程中的抖动情况。一般开关抖动持续时间仅为几毫秒,但有些开关的抖动时间高达几十毫秒。图 15.2(a)为一个产生数字信号的信号源电路。随着开关由上至下扳动一次,本应在门的输出端 F 产生由 0 到 1 的一次正跳变,可是,由于实际的开关存在抖动,而集成门的翻转速度又远比开关抖动的速率要快,致使门的输出端 F 产生多次跳变,如图 15.2(b)所示,这样就输出了错误的信号。

用基本 R – S 触发器可以消除开关抖动对数字电路的影响。将基本 R – S 触发器的

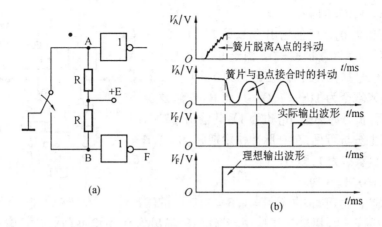

图 15.2　例 15.1 的图

R_D 和 S_D 端分别接至开关的触点 A 和 B,如图 15.3 所示。当开关接至 A 端时,S_D 端的"0"态使触发器置"1"。当开关自 A 端向 B 端扳动过程中,由于 $\overline{Q} = 0$,因此加在 S_D 端的正向抖动并不会影响触发器的状态。但是,当簧片开始与 B 端接触时,第一个 1 至 0 的负跳变,将使触发器置"0",即 $Q = 0,\overline{Q} = 1$,而以后在 R_D 端上的任何抖动对触发

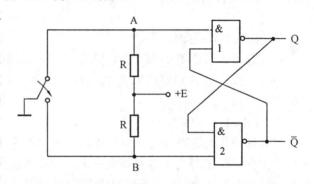

图 15.3　用基本 R–S 触发器消除开关抖动的影响

器的状态都不起作用。当开关自 B 端扳向 A 端时,其情况与上述相同。

2.时钟脉冲控制的 R–S 触发器(可控 R–S 触发器)

(1)电路的构成。基本 R–S 触发器是各种双稳态触发器的共同部分。时钟脉冲控制的 R–S 触发器是由基本 R–S 触发器外加 C 与 D 两个导引门和一个时钟脉冲控制端所组成的,如图 15.4(a)所示。其逻辑符号如图 15.4(b)所示。R_D 和 S_D 在这里叫做直接复位端和直接置位端。

通过 R_D 和 S_D 可以给基本 R–S 触发器预先指定某一状态("0"态或"1"态),触发器工作之后不再使用 R_D 和 S_D(R_D 和 S_D 保持高电平)。代替 R_D 和 S_D 接收信号的是 R 端和 S 端,叫做信号输入端。C 端是触发器的控制端,它的作用是:没有正脉冲到来时,C = 0,与非门 C 和 D 输出总为 1,对基本 R–S 触发器无影响,触发器输出端 Q 的状态不变。只有 C 端来了正脉冲,即 C = 1 时,R 端和 S 端的信号才能通过 C 门与 D 门进入基本 R–S 触发器。也就是说,只有 C = 1 时,触发器输出端 Q 的状态才由 R 与 S 端的信号决定。因此,R 端和 S 端的信号受 C 端的控制,C 端没有控制命令(正脉冲)时,R 端和 S 端的信号不能进入触发器。所以这种 R–S 触发器也叫做可控 R–S 触发器。

(2)逻辑功能。当 C 为 0 时,无论 R、S 信号状态如何,导引电路 C 门、D 门的输出都为 1,基本 R–S 触发器保持原态。因此,C 为 0 时,输入端信号对触发器的状态没有影响。

当 C = 1 时,触发器的输出状态由 R、S 输入信号决定,具体分析如下:

设触发器原态为"0"(即 Q = 0,这个状态是在 C 为 0 时,在 R_D 端加负脉冲预置的)。

① 当 S = 1,R = 0 时：

输入端 R 为 0,D 门的输出为 1,即 D = 1。S = 1,C = 1,C 门的输出为"0",即 C = 0。由于 C 门为 0,无论 A 门的其它端信号如何,A 门的输出都为 1,即 Q = 1。此时 B 门的输入端全为 1(D = 1,Q = 1,而 R_D 使触发器原态为"0"之后,负脉冲消失,R_D 也为 1),其输出为"0",即 $\overline{Q}$ = 0。由以上分析可见,在 C 脉冲作用期间,S = 1,R = 0,触发器输出状态为 1,即 Q = 1。

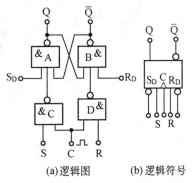

(a)逻辑图　　(b)逻辑符号

图 15.4　可控 R-S 触发器

② 当 S = 0,R = 1 时：

在 C 脉冲作用期间,由于 C = 1,R = 1,D 门的输出为 0,而 C 门因 S = 0,其输出为 1。由于 D 门的输出为 0,不论 B 门的其它输入端状态如何,B 门的输出都为 1,即 $\overline{Q}$ = 1。此时 $\overline{Q}$ = 1,C = 1,S_D = 1,触发器的输出状态 Q 端为 0 态,即 Q = 0。

③ 当 S = 0,R = 0 时：

在 C 脉冲作用期间,尽管 C = 1,但 R = 0,S = 0,所以 C 门、D 门的输出都为 1,即 C = D = 1。此时对基本 R-S 触发器来说,输入信号全为 1,触发器的状态不变(见基本 R-S 触发器的真值表)。

④ 当 S = 1,R = 1 时：

在 C 脉冲作用期间,由于 C = 1,R = 1,S = 1 时,使 C 门、D 门输出都为 0,即 C = D = 0。于是 A、B 门的输出都为 1,这是不允许出现的状态。另一方面,当时钟脉冲消失后,输出端为何种状态不能确定。因此这种状态叫做禁态。

(3)真值表。由以上分析可见,可控 R – S 触发器也具有置"0"、置"1"和保持不变的三种逻辑功能,但与基本 R – S 触发器不同的是,触发器输出端状态受时钟脉冲 C 的控制。当 C 为 0 时,不论 R、S 端信号如何,触发器输出状态都不变。当 C 为 1 时,触发器的状态由 R、S 端信号决定,其真值表见表 15.2。从真值表上可以看出,它的逻辑功能与基本 R – S 触发器正好相反。

表 15.2　真值表

S	R	Q_{n+1}
0	1	0
1	0	1
0	0	Q_n
1	1	不定

可控 R – S 触发器除了具有上述功能之外,还有计数功能,但存在空翻问题①,造成逻辑混乱。为避免空翻常采用主从型 J – K 触发器和维持阻塞型 D 触发器。

二、J – K 触发器

1. 主从型 J – K 触发器

(1) 结构。主从型 J – K 触发器内部是由两个可控 R – S 触发器及一个非门组成的,如图 15.5(a)所示。其中 F_1 称为主触发器,F_2 称为从触发器。非门 G 的作用是使从触发器在时钟脉冲后沿到时才翻转。J、K 是触发器的信号输入端,J 端和 K 端往往不是一个,而是多个,例如,J_1、J_2,K_1、K_2。这些输入端之间的关系是"与"的关系,即 $J = J_1 \cdot J_2$,$K = K_1 \cdot$

---

① 空翻就是输入一个时钟脉冲,触发器可翻转多次。

K_2。从触发器输出端 $\overline{Q}$ 与 Q 即是 J－K 触发器的输出端。

（2）逻辑功能。设 J 与 K 端的信号为某种状态，当 C 脉冲前沿到来时，即 C＝1，主触发器 F_1 的输出端随着 J、K 输入信号的状态而变，将 J、K 端的信息储存在 F_1 中，输出为 Q′。此时，由于从触发器 F_2 的 C′＝0，因此，从触发器 F_2 的状态不变。当 C 脉冲后沿到来时，即 C＝0，主触发器 F_1 的状态不变，仍为 Q′。这时，经过 G 门，从触发器的 C′＝1，从触发器输出状态，即 J－K 触发器的输出状态翻转，F_1 中的信息进入 F_2 中，输出为 Q。因此，主从型 J－K 触发器从整体来看，是在 C 脉冲的后沿翻转。它不仅有置"0"、置"1"和保持不变的功能，还具有计数的功能（即当 J＝1，K＝1

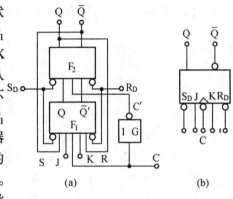

(a)逻辑图　　　(b)逻辑符号

图 15.5　J－K 触发器

时，来一个 C 脉冲，触发器就翻转一次，其状态用 $\overline{Q}_n$ 表示）。J－K 触发器的逻辑功能如真值表 15.3 所示。

（3）应用。由真值表可以看出，J－K 触发器比 R－S 触发器的逻辑功能更完善，因此，J－K 触发器的实际应用十分广泛，可以组成分频器、计数器、寄存器等。主从型 J－K 触发器的逻辑符号如图 15.5(b) 所示，其中 C 端上的小圆圈表示 J－K 触发器是在时钟脉冲 C 后沿翻转。

主从型 J－K 触发器抗干扰能力较差，存在一次性变化问题（在时钟脉冲作用期间，J、K 的变化会引起触发器状态改变，但只能改变一次），目前经常应用其它结构形式的 J－K 触发器，例如边沿型 J－K 触发器。边沿型 J－K 触发器抗干扰能力强，在脉冲 C 作用期间，即使输入端出现干扰信号，触发器输出状态也不改变。

表 15.3　真值表

J	K	Q_{n+1}
0	0	Q_n
0	1	0
1	0	1
1	1	$\overline{Q}_n$

2. 边沿 J－K 触发器

边沿 J－K 触发器分为正边沿 J－K 触发器和负边沿 J－K 触发器两种。

（1）正边沿 J－K 触发器。正边沿触发器也是主从式的，但是内部是由 CMOS 传输门和与非门或非门构成主触发器、从触发器，使它与主从 J－K 触发器在 C 脉冲控制作用上有截然不同的特性。在 C 脉冲的上升沿来到时，触发器的输出状态由此刻的 J、K 状态决定，在 C 脉冲作用期间及下降沿，触发器的状态不变，不受 J、K 信号的影响。正边沿 J－K 触发器的逻辑符号如图 15.6 所示，其真值表如表 15.4 所示。

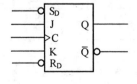

图 15.6　正边沿 J－K 触发器的逻辑符号

表 15.4　真值表

J	K	C	Q_{n+1}
0	0	⌐	Q_n
0	1	⌐	0
1	0	⌐	1
1	1	⌐	$\overline{Q}_n$

（2）负边沿 J－K 触发器。负边沿触发器的逻辑符号如图 15.7 所示,下降沿触发。负边沿 J－K 触发器的真值表如表 15.5 所示。

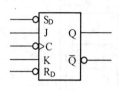

图 15.7　负边沿 J－K 触发器的逻辑符号

表 15.5　真值表

J	K	C	Q_{n+1}
0	0	⤒	Q_n
0	1	⤒	0
1	0	⤒	1
1	1	⤒	$\overline{Q_n}$

常用的集成 J－K 触发器有 CT4076（74LS76）[①]、CT4073（74LS73）、CT4114、CT4027 等。CT4073 管脚排列如图 15.8 所示。

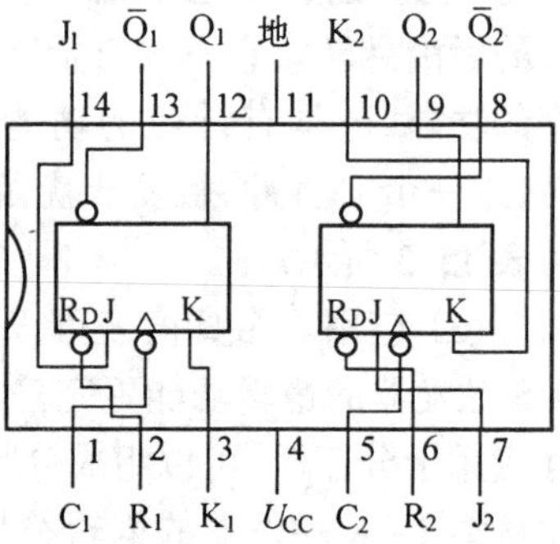

【例 15.2】　在图 15.9(a)所示的主从型 J－K 触发器中,已知 J、K 输入端连在一起接高电平,试画出在时钟脉冲 C 的作用下输出端 Q 的波形。

【解】　设触发器的初始状态为"0"。由于 J＝K＝1,触发器处于计数状态,即来一个脉冲,触发器翻转一次。输出波形如图 15.9(b)所示。从输出波形上看,它是一个 2 分频器。

【例 15.3】　图 15.10 中的边沿 J－K 触发器的初始

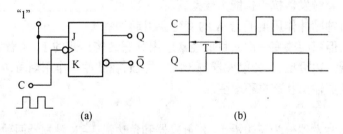

图 15.8　CT4073 的外引线排列图

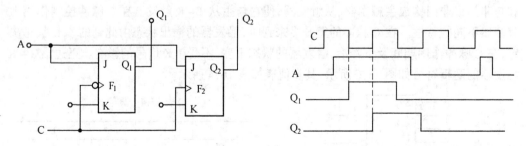

图 15.9　例 15.1 的图

图 15.10　例 15.3 的图

---

① 74LSXX 系列是目前普遍使用的进口芯片。

状态为"0",试画出在 C 脉冲和输入数据 A 的作用下,Q_1 和 Q_2 的输出波形。

【解】 触发器 F_1 为负边沿 J−K 触发器,F_2 为正边沿 J−K 触发器,从波形可以看出,边沿触发器的输出状态只在 C 脉冲的上升沿、下降沿由 J、K 信号状态决定,而在 C 脉冲作用期间输入端出现正脉冲时,触发器的状态不受影响。

三、维持阻塞型 D 触发器

维持阻塞型 D 触发器内部通过维持与阻塞方式消除空翻现象,因而称为维持阻塞型触发器,其逻辑符号如图 15.11 所示。它具有一个输入端 D,一个时钟脉冲控制端 C,两个输出端 Q 和 $\overline{Q}$,还有直接置位端 S_D 和直接复位端 R_D。维持阻塞 D 触发器是在时钟脉冲的前沿触发。逻辑功能的分析过程与 J−K 触发器相似,这里就不作具体分析。

D 触发器的逻辑功能见真值表 15.6,从真值表上可以看出,当 C 脉冲前沿来到时,若触发器输入端 D 原来状态为 0,触发器的输出状态为 0;当 C 脉冲前沿到来时,若触发器输入端 D 原来状

表 15.6 真值表

D	Q_{n+1}
0	0
1	1

态为 1,触发器的输出状态也为 1。这就是说,C 脉冲到来后,D 触发器是何种状态,取决于 C 脉冲到来之前的输入端 D 的状态,与 D 端原来的状态取得一致。D 触发器的应用也十分广泛。CT4074(74LS74)、CT4174(74LS174)和 CT4175(74LS175)等都是常用的维持阻塞型集成 D 触发器,其中 CT4074(74LS74)的管脚引线如图 15.12 所示。它是由两个单个的 D 触发器组成,使用起来十分方便。

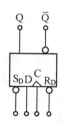

图 15.11 D 触发器的逻辑符号

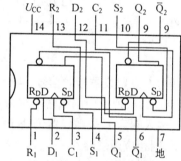

图 15.12 CT4074 型 D 触发器

【例 15.4】 在图 15.13(a)中,已知输入端 D 和 $\overline{Q}$ 端连在一起。试画出在 C 脉冲的作用下,触发器输出端 Q 的波形。设触发器的初始状态为"0"。

【解】 由于 $D = \overline{Q}$,又因为触发器的初始状态为"0",则 $\overline{Q} = 1$,即 $D = 1$。当第一个 C 脉冲前沿到时,触发器就翻转到"1"态。当第二个 C 脉冲前沿到时,由于 $D = \overline{Q} = 0$,则触发器又翻转回"0"态。输出波形如图 15.13(b)所示,可见它是一个 2 分频器。

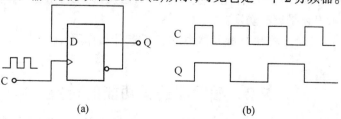

(a)   (b)

图 15.13 例 15.4 的图

【例 15.5】 抢答电路。

在智力竞赛中进行抢答时,需判断谁抢在最前面。图 15.14 就是具有这一功能的逻辑电路。图中 A、B、C、D 是 4 个参加竞赛者的按钮。抢答前各按钮均应放开,故 4 个 D 均为 0。K 是主持人的按钮。抢答前,主持人按下按钮 K,或门输出为"1"。使各触发器的 C

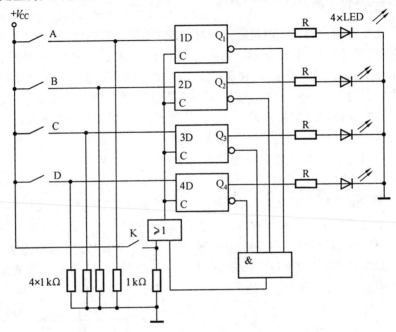

图 15.14 抢答电路

端为 1,D 触发器接收信号,4 个 Q 端为 0,发光二极管 LED 不亮。宣布抢答开始时,按钮 K 应松开,使或门的该输入端为 0。由于开始时各触发器 $\overline{Q}$ 端均为 1,通过与门或门的另一输入端为 1,故触发器仍处于接收信号的状态。抢答开始后,哪一个抢答者的按钮先按下,则相应触发器 Q 变 1,LED 亮,同时,其 $\overline{Q}$ 变 0,与门或门输出为"0"。使 4 个触发器都被封锁,以后再有按钮按下,将不起作用。因此可以判断出哪个按钮最先发出信号。该电路也称第一信号鉴别电路。

思 考 题

15.1 R – S 触发器、J – K 触发器、D 触发器各有何逻辑功能?

15.2 基本 R – S 触发器的两个输入端为什么不能同时加低电平?

15.3 时钟脉冲 C 起什么作用? 主从型 J – K 触发器、维持阻塞型 D 触发器分别在时钟脉冲的前沿触发还是后沿触发?

15.4 在 J – K 触发器和 D 触发器中,R、S 端起什么作用?

15.2 触发器逻辑功能的转换

在实际应用中,J – K 触发器或 D 触发器经过改接或附加一些门电路就可以转换为另一种触发器,使用起来十分灵活。下面举例说明。

一、J-K 触发器转换成 D 触发器

如图 15.15 所示,在 J-K 触发器的 K 端接上一个非门,然后与 J 端连接在一起,成为 D 输入端,触发器就转换为 D 触发器。例如,当 D = 1 时,即 J = 1,K = 0,在 C 脉冲后沿到来时,触发器的输出端为"1"状态。当 D = 0 时,即 J = 0,K = 1,在 C 脉冲后沿到来时触发器的输出为"0"状态,从而实现了 D 触发器的逻辑功能。值得注意的:这种由主从型 J-K 触发器转换成的 D 触发器,仍然是在 C 脉冲的后沿翻转。

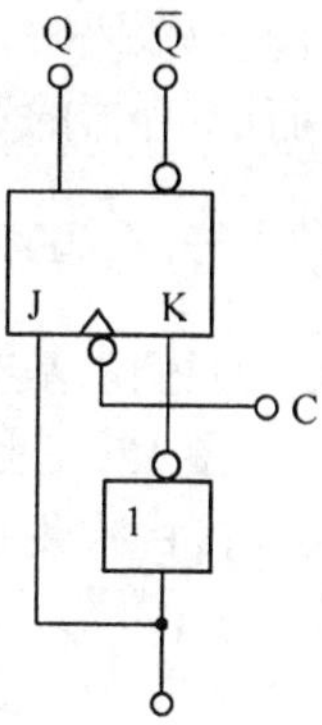

二、J-K 触发器转换成 T 触发器

将 J-K 触发器的 J 端与 K 端联接一起,就组成了 T 触发器,如图 15.16 所示。

T 触发器具有两种逻辑功能:当 T = 0 时,即 J = K = 0,C 脉冲后沿到时,触发器的状态不变,保持原态 Q_n;当 T = 1 时,即 J = K = 1,C 脉冲后沿到时,触发器翻转,变为 $\overline{Q}_n$,具有计数功能。其真值表见表 15.7。

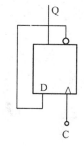

图 15.15 J-K 触发器转换为 D 触发器

表 15.7 真值表

T	Q_{n+1}
0	Q_n
1	$\overline{Q}_n$

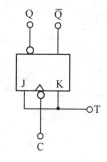

图 15.16 T 触发器

图 15.17 T′触发器

三、D 触发器转换成 T′触发器

将 D 触发器的 D 端与 $\overline{Q}$ 端连接在一起,就构成了 T′触发器,如图 15.17 所示。设触发器原态 Q = 0,$\overline{Q}$ = 1,D = 1。当 C 脉冲前沿到来时,因为 D = 1,则输出端 Q = 1。当第二个 C 脉冲前沿到来时,由于 D = $\overline{Q}$ = 0,则 Q = 0。第三个 C 脉冲前沿到来时,由于 D = $\overline{Q}$ = 1,则 Q = 1。即来一个 C 脉冲,触发器就翻转一次,具有计数的功能。显然,由维持阻塞型 D 触发器转换成的 T′触发器仍然是 C 脉冲前沿触发。

15.3 寄 存 器

由逻辑门电路和各种双稳态触发器可以组成各种逻辑部件,寄存器就是基本的逻辑部件之一,用来暂存各种需要运算的数码和运算结果。例如,在数字计算机中,对于暂时不需要参与计算的数据或各种命令数据,先将它们存放在寄存器中,等到需要时,再将这些数据调出来。寄存器属于时序逻辑电路。时序逻辑电路与组合逻辑电路不同,它在任

何时刻的输出信号不仅取决于当时的输入信号,而且还取决于电路原来所处的状态,时序逻辑电路具有记忆过去状态的本领。

凡是具有记忆功能的触发器都能寄存数据,一个触发器只能寄存一位二进制数码,寄存多位数码时,就需要多个触发器。寄存器可分为两大类:数码寄存器及移位寄存器。这两种寄存器的不同之处是,移位寄存器除了有寄存数码的功能外,还具有移位的功能。

一、数码寄存器

我们以基本 R – S 触发器组成的寄存器为例分析数码寄存器的工作原理。

图 15.18 是由四个基本 R – S 触发器及四个与非门组成的四位数码寄存器的逻辑图。$F_0 \sim F_3$ 的作用是存储数据,与非门的作用是控制数据的输入。

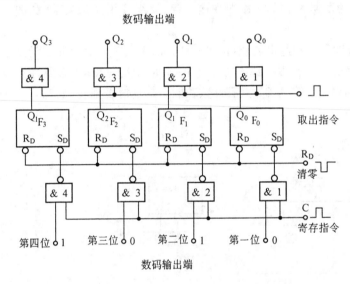

图 15.18　由基本 R – S 触发器组成的寄存器

①清除数码。在寄存器存放数码之前,先将寄存器内部数码清除。具体做法是,首先给一个清零负脉冲,使 $F_0 \sim F_3$ 触发器的 R_D 端为低电平,由于此时寄存指令为零,则 $F_0 \sim F_3$ 的输出端为"0"状态,为寄存数码做好准备。

②寄存数码。当寄存指令到来时(寄存指令为正脉冲),外部输入数码才能被寄存器接收而存入寄存器之中。例如输入数码为 1010,此时,第一个和第三个与非门的输出为 1,触发器 F_0 和 F_2 状态不变,仍然为"0"状态,输出为 0;第二个和第四个与非门输出为 0,则 F_1 和 F_3 置"1",输出为 1。可见,在寄存指令来到后,1010 这四位二进制数码就存入寄存器了。数码寄存器存入数码之后,只要不出现清零,寄存器中的数码就将保持下去。

③取出数码。若要从寄存器取出数码,可给与门 1 ~ 4 一个取出指令(正脉冲),各位数码就从数码输出端取出。

这种寄存器结构简单,应用广泛。

图 15.19 是由四个 D 触发器及四个与门组成的四位数码寄存器,其工作原理请读者自行分析。

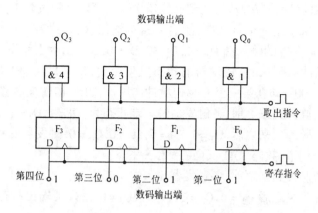

图 15.19　四个 D 触发器构成的寄存器

二、移位寄存器

在数字系统中,常常需要将寄存器中的数码按照时钟的节拍向左或向右移位,即来一个 C 脉冲,数码向左移或右移一位(或多位)。

图 15.20 所示电路是由四个 D 触发器组成的右移寄存器,它的输入输出方式是串行输入、串并行输出(所谓串行输入就是数码从一个触发器的输入端逐位送入。所谓串行输出就是数码从一个输出端逐位取出。所谓并行输出就是数码从各个触发器的输出端同时取出)。

图 15.20 的时钟脉冲信号作为移位脉冲。寄存的数码是从第 4 个与门的输入端送入。输出可并行输出,也可以从第一个触发器的输出端逐位取出,即串行输出。

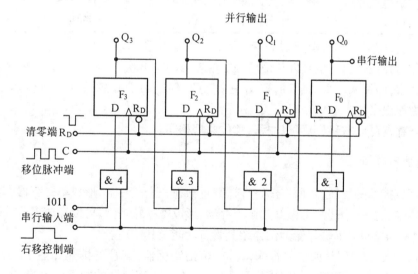

图 15.20　四位串行输入,串行、并行输出右移寄存器

工作原理分析:数码的移位操作由右移控制端控制,当右移控制端为高电平("1")时,高一位触发器的输出才能通过与门 4、3、2、1 分别送入低一位触发器的 D 输入端,当控制端处于低电平("0")时,各与门关闭,数码的移位寄存就不能进行。下面我们以送入数码1011 为例分析右移过程。

数码 1011 按着 C 脉冲的节拍从低位到高位依次送入第四个触发器 F_3 的输入端。首先触发器要清零,即 R_D 端给一个负脉冲,使 $F_0 \sim F_3$ 的输出状态为"0000"。然后右移控制端给高电平,触发器 $F_3 \sim F_0$ 的输入端 $D_3 = 1, D_2 = 0, D_1 = 0, D_0 = 0$,为右移寄存做好准备。

当第一个移位脉冲 C 到来时,触发器的状态发生变化,$Q_3 = 1, Q_2 = 0, Q_1 = 0, Q_0 = 0$。触发器中的状态为"1000",即在第一个 C 移位脉冲作用下,数码 1011 向右移了一位。

在第二个 C 移位脉冲到来之前,各触发器输入端状态为:$D_3 = 1, D_2 = 1, D_1 = 0, D_0 = 0$。

当第二个 C 移位脉冲到来之后,$Q_3 = 1, Q_2 = 1, Q_1 = 0, Q_0 = 0$,触发器的状态为"1100",即在第二个 C 脉冲作用下,数码 1011 又向右移了一位。

在第三个 C 移位脉冲到来之前,各触发器输入端状态为:$D_3 = 0, D_2 = 1, D_1 = 1, D_0 = 0$。

在第三个 C 脉冲到来之后 $Q_3 = 0, Q_2 = 1, Q_1 = 1, Q_0 = 0$,触发器输出状态为 0110,又向右移了一位。

在第四个 C 脉冲到来之前,各触发器输入端状态为:$D_3 = 1, D_2 = 0, D_1 = 1, D_0 = 1$。

当第四个 C 移位脉冲到来之后,$Q_3 = 1, Q_2 = 0, Q_1 = 1, Q_0 = 1$。触发器输出状态为 1011。经过四个移位脉冲,数码 1011 全部向右送入移位寄存器之中。表 15.8 说明了右移过程。

表 15.8 右移移位寄存器的状态表

移位脉冲数	Q_3	Q_2	Q_1	Q_0	移 位 过 程
0	0	0	0	0	清 零
1	1	0	0	0	右移一位
2	1	1	0	0	右移二位
3	0	1	1	0	右移三位
4	1	0	1	1	右移四位

如果需要从移位寄存器中取出数码,可由每位触发器的输出端 $Q_3Q_2Q_1Q_0$ 取出,这种取出方式称为并行输出。也可以从最后一级触发器的输出端 Q_0 逐个取出,这种取出方式称为串行输出,即每来一个 C 脉冲,取出一个数码,经过四个 C 脉冲,四位数码全部逐个从寄存器中取出来。

移位寄存器可以右移,也可以左移,移位原理相同。

三、集成寄存器

随着集成技术的发展,目前许多寄存器都可做在一个硅片上,形成单寄存器或寄存器堆。寄存器堆是在一个硅片上做好几个寄存器,形成寄存器矩阵,可以存放多位数码。我们以 CT4173(74LS173)单寄存器为例介绍其管脚功能及其使用。

CT4173(74LS173)型是四位并行输入并行输出寄存器,其管脚排列如图 15.21 所示。在 CT4173(74LS173)型寄存器的管脚排列图中,$D_0 \sim D_3$ 为寄存器的数码输入端,$Q_0 \sim Q_3$ 为寄存器的数码输出端。R 为清零端,高电平有效。$\overline{S}_A \, \overline{S}_B$ 为送数控制端。当 $\overline{S}_A \, \overline{S}_B$ 为低电平时,寄存器接收数码。当 $\overline{S}_A \, \overline{S}_B$ 中任一为高电平,或两者都为高电平时,寄存器输出状态保持不变。$\overline{E}_A \, \overline{E}_B$ 为输出控制端。当 $\overline{E}_A \, \overline{E}_B$ 为高电平时,寄存器的输出 $Q_3 \sim Q_0$ 不能反映寄存器中的数码。只有当 $\overline{E}_A \, \overline{E}_B$ 同时为低电平时,输出才能反映寄存器中的数码。$\overline{E}_A \, \overline{E}_B$ 的非号表示低电平有效。C 为寄存器内部 D 触发器的时钟脉冲端。U_{CC} 为电源端,电压值为 5 V。GND 为接地端。

例如,我们要寄存的数码为 1011,其寄存过程是,首先将数码 1011 送至寄存器的数码输入端,寄存器的 C 端接至时钟脉冲。然后 R 来一个正脉冲,使寄存器清零。如要寄存数码,在 $\overline{S}_A$、$\overline{S}_B$ 端同时加上一个负脉冲,数码 1011 送入寄存器。如要从寄存器取出数码,则在 $\overline{E}_A$、$\overline{E}_B$ 端加上一个负脉冲,则 1011 就从寄存器的输出端取出。

使用其它的集成寄存器时可查阅集成电路手册中的有关说明,此处不再举例说明。

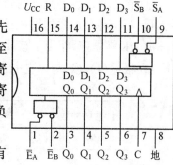

图 15.21 CT4173(74LS173)四位寄存器外引线图

思 考 题

15.5 数码寄存器和移位寄存器有什么区别?

15.6 什么是并行输入、串行输入、并行输出和串行输出?

15.4 计 数 器

在数字电路中,计数器也是基本逻辑部件之一,它能累计输入脉冲的数目。计数器可以进行加法计数和减法计数,或者进行两者兼有的可逆计数。若从进位制来分,有二进制计数器、十进制计数器及 N 进制计数器。若从 C 脉冲的控制方式来分,有异步计数器和同步计数器等等。下面具体分析计数器的工作原理。

一、二进制加法计数器

1.异步二进制加法计数器

四位二进制的异步加法计数器如图 15.22 所示。它由四个 J – K 触发器组成,需要计数的 C 脉冲不是同时加到各位触发器的 C 端,而是从最低位触发器的 C 端输入。其它各位触发器的 C 脉冲是由相邻低位触发器输出电平供给。

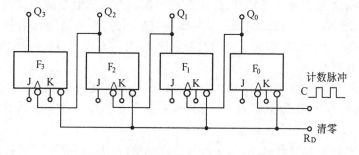

图 15.22 四位异步二进制加法计数器

在二进制计数器中,由于每一级触发器有两个状态,四级共有 $2^4 = 16$ 个状态,所以它可以记下 16 个脉冲,第 16 个脉冲来到后电路返回初始状态。如果计数器由五位触发器组成,则五级共有 $2^5 = 32$ 个状态,所以它可以记下 32 个脉冲,第 32 个脉冲来到后,电路返回初始状态。以此类推,如果用 n 表示触发器的级数,那么相应的二进制计数器就可计 2^n 个脉冲数。下面我们对图 15.22 所示四位二进制加法计数器进行计数分析。

① 首先写出各触发器时钟脉冲 C 的表达式,即 $C_0 = C, C_1 = Q_0, C_2 = Q_1, C_3 = Q_2$。

② 写出各个触发器输入信号的逻辑表达式,即 $J_0 = K_0 = 1$、$J_1 = K_1 = 1$、$J_2 = K_2 = 1$、$J_3 = K_3 = 1$(J、K 端悬空,相当于接高电平)。

③ 根据(1)、(2)写出在 C 脉冲作用下,各触发器的状态(见表 15.9)。

表 15.9

计数脉冲数 C	输出端状态				各 J、K 端状态							
	Q_3	Q_2	Q_1	Q_0	J_0	K_0	J_1	K_1	J_2	K_2	J_3	K_3
0	0	0	0	0	1	1	1	1	1	1	1	1
1	0	0	0	1	1	1	1	1	1	1	1	1
2	0	0	1	0	1	1	1	1	1	1	1	1
3	0	0	1	1	1	1	1	1	1	1	1	1
4	0	1	0	0	1	1	1	1	1	1	1	1
5	0	1	0	1	1	1	1	1	1	1	1	1
6	0	1	1	0	1	1	1	1	1	1	1	1
7	0	1	1	1	1	1	1	1	1	1	1	1
8	1	0	0	0	1	1	1	1	1	1	1	1
9	1	0	0	1	1	1	1	1	1	1	1	1
10	1	0	1	0	1	1	1	1	1	1	1	1
11	1	0	1	1	1	1	1	1	1	1	1	1
12	1	1	0	0	1	1	1	1	1	1	1	1
13	1	1	0	1	1	1	1	1	1	1	1	1
14	1	1	1	0	1	1	1	1	1	1	1	1
15	1	1	1	1	1	1	1	1	1	1	1	1
16	0	0	0	0	1	1	1	1	1	1	1	1

设触发器的初始状态 $Q_3Q_2Q_1Q_0 = 0000$,当第一个 C 脉冲后沿到时,由于 $J_0 = K_0 = 1$,因此 F_0 翻转,$Q_0 = 1$。由于 $C_1 = Q_0$,此时 Q_0 是从 0 跳变到 1 属于 C 脉冲前沿,因此第二个触发器状态不变,F_2、F_3 的状态也不变。计数器的状态为 0001。

由于 $J_0 = K_0$ 总为 1,来一个脉冲,F_0 就翻转一次。当第二个 C 脉冲后沿到时,Q_0 从 1 翻到 0,此时,对于第二个触发器来说,即为 C_1 脉冲的后沿,F_1 具备翻转条件,即 Q_1 从 0 翻转到 1。由于 $C_2 = Q_1$,此时,对第三个触发器来说,C_2 脉冲是前沿,F_2、F_3 不具备翻转条件,因此,F_2、F_3 的状态不变。

当第三个 C 脉冲后沿到时,F_0 从 0 翻转为 1,而 $C_1 = Q_0$ 脉冲是前沿,因而 F_1 的状态不变。$C_2 = Q_1$,此时 Q_1 保持为 1,因此 F_2 状态也不变。由于 $C_3 = Q_2 = 0$,因此 F_3 保持原状态。

当第四个 C 脉冲后沿到时,F_0 从 1 翻转到 0,F_1 的 C_1 脉冲后沿来到,F_1 翻转,Q_1 从 1 翻到 0,F_2 的 C_2 脉冲后沿来到,F_2 翻转,Q_2 从 0 翻转到 1。如此进行下去,一直到第十五个 C 脉冲后沿到时,$Q_3 = Q_2 = Q_1 = Q_0 = 1$,计数器累计四位二进制数的最大值为 1111。再来一个 C 脉冲,即第十六个 C 脉冲后沿到时,计数器向高位进位,同时 Q_3、Q_2、Q_1、Q_0 又返回到原始状态,$Q_3Q_2Q_1Q_0 = 0000$。计数过程中各触发器的具体状态如表 15.9 所示,而其工作波形如图 15.23 所示。

对于异步二进制加法计数器的分析,只要抓住高位触发器的 C 脉冲是由低位触发器

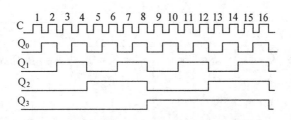

图 15.23　二进制计数器的工作波形

输出状态决定这一特点,分析就很容易了。如果异步二进制加法计数器是 D 触发器组成的,由于 D 触发器是 C 脉冲前沿触发,那么,当低位触发器输出状态从 0 翻转到 1 时,高位触发器具备翻转条件,当低位触发器的状态从 1 翻转到 0 时,高位触发器的状态不变。

2.同步二进制加法计数器

由于异步计数器的 C 脉冲只加在低位触发器的时钟脉冲输入端,因而它的翻转是一级一级递推进行的,所以计数速度较慢。同步计数器中,C 脉冲同时加到各位触发器的时钟输入端,因而电路的转换速度快,提高了计数速度。下面以图 15.24 所示的由集成主从型 J–K 触发器组成的四位同步二进制加法计数器为例分析其计数原理(图中 J、K 触发器有多个 J 端和 K 端,各个 J 端或 K 端为与逻辑关系,即 $J_1 = J_{1A} \cdot J_{1B} \cdot J_{1C}$;$K_1 = K_{1A} \cdot K_{1B} \cdot K_{1C}$。其中 F_0 与 F_1 只用了一个 J 端和 K 端)。

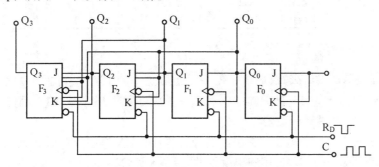

图 15.24　四位同步二进制加法计数器

(1)根据触发器输入端的连线写出其各输入端的逻辑表达式

$$J_0 = K_0 = 1, J_1 = K_1 = Q_0, J_2 = K_2 = Q_1 Q_0, J_3 = K_3 = Q_2 Q_1 Q_0$$

(2)根据(1)列出状态表(见表 15.10)。首先清零,R_D 端送入一个负脉冲,各触发器输出端的状态为 0000。这时,$J_0 = K_0 = 1$、$J_1 = K_1 = 0$、$J_2 = K_2 = 0$、$J_3 = K_3 = 0$,当第一个 C 脉冲后沿到达时,F_0 翻转,Q_0 由 0 变为 1,F_1、F_2、F_3 状态不变,各触发器的状态为 0001。

在第二个 C 脉冲后沿到来之前,$J_0 = K_0 = 1$、$J_1 = K_1 = 1$、$J_2 = K_2 = 0$、$J_3 = K_3 = 0$,当第二个 C 脉冲后沿到达时,F_0、F_1 翻转,Q_0 由 1 变 0,Q_1 由 0 变 1,F_2、F_3 状态不变,各触发器的状态为 0010。在第三个 C 脉冲后沿到来之前,$J_0 = K_0 = 1$、$J_1 = K_1 = 0$、$J_2 = K_2 = 0$、$J_3 = K_3 = 0$,当第三个 C 脉冲后沿到达时,F_0 翻转,Q_0 由 0 变 1,F_1、F_2、F_3 状态不变,各触发器状态为 0011。如此继续下去,在第十五个 C 脉冲后沿到达之前,各触发器的状态为 1110,此时 $J_0 = K_0 = 1$、$J_1 = K_1 = 0$、$J_2 = K_2 = 0$、$J_3 = K_3 = 0$,当第十五个 C 脉冲后沿到达时,F_0 翻转,Q_0 由 0 变 1,F_1、F_2、F_3 状态不变,各触发器的状态为 1111。当第十六个 C 脉冲后沿到时,计数器又将返回原来的 0000 状态。

表 15.10

计数脉冲数	输出端状态				各 J、K 端状态			
C	Q_3	Q_2	Q_1	Q_0	$J_0 = K_0 = 1$	$J_1 = K_1 = Q_0$	$J_2 = K_2 = Q_1 Q_0$	$J_3 = K_3 = Q_2 Q_1 Q_0$
0	0	0	0	0	1	0	0	0
1	0	0	0	1	1	1	0	0
2	0	0	1	0	1	0	0	0
3	0	0	1	1	1	1	1	0
4	0	1	0	0	1	0	0	0
5	0	1	0	1	1	1	0	0
6	0	1	1	0	1	0	0	0
7	0	1	1	1	1	1	1	1
8	1	0	0	0	1	0	0	0
9	1	0	0	1	1	1	0	0
10	1	0	1	0	1	0	0	0
11	1	0	1	1	1	1	1	0
12	1	1	0	0	1	0	0	0
13	1	1	0	1	1	1	0	0
14	1	1	1	0	1	0	0	0
15	1	1	1	1	1	1	1	1
16	0	0	0	0	1	0	0	0

二、N 进制计数器

如果用 n 表示触发器级数,那么 n 级触发器则 $N = 2^n$ 个状态,可累计 2^n 个计数脉冲。例如 $n = 4$,则 $N = 2^4 = 16$,计数器的状态循环一次可累计 16 个脉冲数,因此这种二进制计数器也可叫做十六进制计数器。

若 $2^{n-1} < N < 2^n$,就构成其它进制的计数器,叫做 N 进制计数器。例如,十进制计数器,$N = 10$,而 $2^3 < 10 < 2^4$。若用三级触发器,只有 8 种状态,不够用;若用四级触发器,又多余 6 个状态,应设法舍去。因此在 N 进制计数电路中,必须设法舍去多余的状态。N 进制中的十进制计数器有广泛的实际应用,下面举例分析十进制计数器的逻辑功能。

【例 15.5】 试分析如图 15.25 所示的十进制同步计数电路的计数原理。

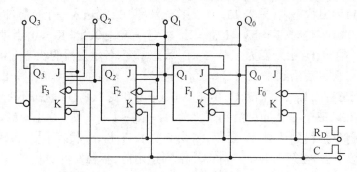

图 15.25　例 15.5 的图

【解】 (1)写出各触发器输入端的表达式

$$J_0 = K_0 = 1$$

$$J_1 = Q_0\overline{Q}_3 \qquad K_1 = Q_0$$

$$J_2 = K_2 = Q_0Q_1$$

$$J_3 = Q_0Q_1Q_2 \qquad K_3 = Q_0$$

(2)根据输入端的表达式列出状态表(见表 15.11)。设初始状态为"0000",此时 $J_0 = K_0 = 1$，$J_1 = K_1 = 0$，$J_2 = K_2 = 0$，$J_3 = 0$，$K_3 = 0$。当第一个 C 脉冲后沿到达时，F_0 翻转，$Q_0 = 1$，F_1、F_2、F_3 状态不变，各触发器的状态为 0001。在第二个 C 脉冲后沿到达之前，$J_0 = K_0 = 1$，$J_1 = 1$，$K_1 = 1$，$J_2 = K_2 = 0$，$J_3 = 0$，$K_3 = 1$。当第二个 C 脉冲后沿到达时，F_0、F_1 翻转，$Q_0 = 0$，$Q_1 = 1$，F_2 状态不变，F_3 状态仍为 0，各触发器的状态为 0010。在第三个 C 脉冲后沿到达之前，$J_0 = K_0 = 1$，$J_1 = 0$，$K_1 = 0$，$J_2 = K_2 = 0$，$J_3 = 0$，$K_3 = 0$。当第三个 C 脉冲后沿到达时，F_0 翻转，$Q_0 = 1$，F_1、F_2、F_3 状态不变，各触发器的状态为 0011。如此进行下去，计数电路按逢二进一的规律进行累加。当第九个脉冲过后，计数器的状态为 1001，为十进制数的 9。此时，$J_0 = K_0 = 1$，$J_1 = 0$，$K_1 = 1$，$J_2 = K_2 = 0$，$J_3 = 0$，$K_3 = 1$，当第十个 C 脉冲后沿到达时，F_0 翻转，$Q_0 = 0$。F_1、F_2 状态不变，$Q_1 = 0$，$Q_2 = 0$，F_3 翻转，$Q_3 = 0$，计数器的状态为 0000 返回到初始状态。与此同时，F_3 输出端 Q_3 向高位发出进位信号。因此，这是以二进制为基础的十进制计数器，叫做二 – 十进制(BCD)计数器，简称十进制计数器。

表 15.11

计数脉冲数	二进制数码				十进制数码	各 J、K 端状态				
	Q_3	Q_2	Q_1	Q_0		$J_0 = K_0 = 1$	$J_1 = Q_0\overline{Q}_3$ $K_1 = Q_0$	$J_2 = K_2$ $= Q_0Q_1$	$J_3 = Q_0Q_1Q_2$	$K_3 = Q_0$
0	0	0	0	0	0	1	0	0	0	0
1	0	0	0	1	1	1	1	0	0	1
2	0	0	1	0	2	1	0	0	0	0
3	0	0	1	1	3	1	1	1	0	1
4	0	1	0	0	4	1	0	0	0	0
5	0	1	0	1	5	1	1	0	0	1
6	0	1	1	0	6	1	0	0	0	0
7	0	1	1	1	7	1	1	1	1	1
8	1	0	0	0	8	1	0	0	0	0
9	1	0	0	1	9	1	0	0	0	1
10	0	0	0	0	0	1	0	0	0	0

从状态表可以看出，十进制计数器只能计十个状态，多余的六种状态被舍去。这种十进制计数器计的是二进制码的前十个状态(0000～1001)，表示十进制 0～9 的十个数码。$Q_3Q_2Q_1Q_0$ 四位二进制数，从高位至低位，每位代表的十进制数码分别为 8、4、2、1，这种编码称之为 8421 码。十进制计数器编码方式有多种。关于其它编码方法，这里不多介绍，读者可参看有关书籍。

【例 15.6】 已知计数器逻辑电路如图 15.26 所示，试分析其逻辑功能。

【解】

(1)写出各触发器 J、K 端输入表达式

$$J_0 = \overline{Q}_1, K_0 = 1, J_1 = Q_0, K_1 = 1$$

(2)列出状态表(如表 15.12 所示)。设计数电路初始状态为 00。此时,$J_0 = 1, K_0 = 1, J_1 = 0, K_1 = 1$。当第一个 C 脉冲后沿到达时,$F_0$ 翻转,$Q_0 = 1$;F_1 的状态仍为 0,计数器状态为 01。在第二个 C 脉冲后沿到来之前,$J_0 = 1, K_0 = 1, J_1$

表 15.12

C	Q_1	Q_0	$J_0 = \overline{Q}_1$	$K_0 = 1$	$J_1 = Q_0$	$K_1 = 1$
0	0	0	1	1	0	1
1	0	1	1	1	1	1
2	1	0	0	1	0	1
3	0	0	1	1	0	1

$= 1, K_1 = 1$。当第二个 C 脉冲后沿到达时,F_0、F_1 都翻转,$Q_0 = 0, Q_1 = 1$。计数器状态为 10。在第三个 C 脉冲后沿到来之前,$J_0 = 0, K_0 = 1, J_1 = 0, K_1 = 1$。当第三个 C 脉冲后沿到达时,$F_0$ 状态仍为 0,F_1 状态翻转为 0,计数器状态为 00,返回到初始状态。经过三个脉冲就循环一次。因此这是一个三进制的同步加法计数电路,其工作波形如图 15.27 所示。

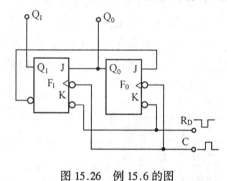

图 15.26　例 15.6 的图

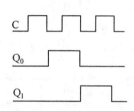

图 15.27　例 15.6 的图

三、集成计数器

1. 集成计数器芯片介绍

目前我国已系列化生产多种集成计数器。即将整个计数电路全部集成在一个单片上,因而使用起来极为方便。下面我们以 CT4090(74LS90)、CT4093(74LS93)CT4161(74LS161)型计数器为例,说明其管脚功能及正确的使用方法。

(1)CT4090 是一个单块十进制计数器,由主从型 J – K 触发器和附加门组成。其逻辑图、管脚排列和功能表如图 15.28 所示。在功能表中,"×"表示任意状态。

由功能表可知:$R_{0(1)}$ 和 $R_{0(2)}$ 是清零输入端,当两端全为"1",而 $S_{9(1)}$ 和 $S_{9(2)}$ 中至少一端为"0"时,计数器清零;$S_{9(1)}$ 和 $S_{9(2)}$ 是置 9 输入端,当两端全为"1"而 $R_{0(1)}$ 和 $R_{0(2)}$ 中至少有一端为"0"时,$Q_3 Q_2 Q_1 Q_0 = 1001$,即表示十进制数 9。C_0 和 C_1 是两个时钟脉冲输入端。下面我们分析其计数功能。

① 将 Q_0 端与 C_1 端联接,在 C_0 端输入计数脉冲,构成十进制计数器。

由逻辑图得出各位触发器 J、K 端的逻辑关系式为

$$J_0 = 1 \qquad K_0 = 1$$
$$J_1 = \overline{Q}_3 \qquad K_1 = 1$$
$$J_2 = 1 \qquad K_2 = 1$$
$$J_3 = Q_2 Q_1 \qquad K_3 = 1$$

首先在 $R_{0(1)}$、$R_{0(2)}$ 端同时加入正脉冲,使计数器输出为"0000",然后送入计数脉冲。当第一个时钟脉冲后沿时,F_0 翻转,$Q_0 = 1$,由于 F_1 的时钟脉冲由 Q_0 提供,此时 Q_0 是从"0"跳变到"1",相当于脉冲的前沿,因此 F_1 不变,即 $Q_1 = 0$,F_2 的时钟脉冲是由 Q_1 提供。由于 $Q_1 = 0$,所以 F_2 不变,即 $Q_2 = 0$,F_3 的情况与 F_1 相同。所以,当第一个时钟脉冲后沿到时,只有 F_0 翻转,计数器输出状态为 0001。第一个时钟脉冲过后,$J_1 = \overline{Q}_3 = 1$,$J_3 = Q_2 Q_1$ $= 0$,其它不变。当第二个时钟脉冲后沿到时,F_0 翻转,$Q_0 = 0$,F_1 翻转,$Q_1 = 1$,F_2 的时钟脉冲后沿未到,则 F_2 不变,即 $Q_2 = 0$。由于 $J_3 = 0$,$K_3 = 1$,因此 $Q_3 = 0$,所以第二个时钟脉冲过后,计数器的状态为 0010。如此进行下去,计数器按逢二进一的规律累加。当第九个脉冲过后,计数器的状态为 1001,为十进制的 9。此时 $J_0 = K_0 = 1$,$J_1 = \overline{Q}_3 = 0$,$K_1 = 1$,$J_2 = K_2 = 1$,$J_3 = 0$,$K_3 = 1$,当第十个时钟脉冲后沿到时,F_0 翻转,$Q_0 = 0$,F_1 不变,$Q_1 = 0$,F_2 不变(时钟脉冲后沿未到),F_3 翻转,$Q_3 = 0$,计数器的状态为"0000",返回到初始状态。

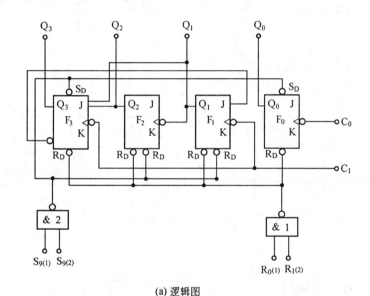

(a) 逻辑图

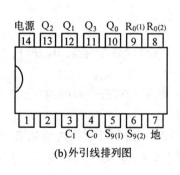

(b)外引线排列图

$R_{0(1)}$	$R_{0(2)}$	$S_{9(1)}$	$S_{9(2)}$	Q_3	Q_2	Q_1	Q_0
1	1	0	×	0	0	0	0
		×	0				
0	×	1	1	1	0	0	1
×	0						
×	0	×	0	计　　数			
0	×	0	×	计　　数			
0	×	×	0	计　　数			
×	0	0	×	计　　数			

(×表示任意态)

(c) 功能表

图 15.28　CT4090 计数器

② 只从 C_1 端输入计数脉冲,F_0 触发器不用,由 $Q_3 Q_2 Q_1$ 输出可构成五进制计数器,读者可自行分析。

③ 只从 C_0 端输入计数脉冲，F_1、F_2、F_3 三位触发器不用，由 Q_0 输出可构成二进制计数器。

(2)CT4093 是一个单块的四位二进制加法计数器，内部由四个主从型 J - K 触发器和一个与非门组成，其逻辑图、管脚排列和功能表如图 15.29 所示。

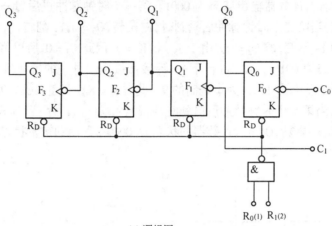

(a) 逻辑图

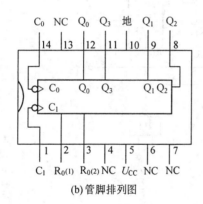

(b) 管脚排列图

复　位　输　入		输　　出			
$R_{0(1)}$	$R_{0(2)}$	Q_3	Q_2	Q_1	Q_0
1	1	0	0	0	0
0	×	计　　数			
×	0	计　　数			

(c) 功能表

图 15.29　CT4093 计数器

由功能表可知：$R_{0(1)}$、$R_{0(2)}$ 是清零输入端，当两端全为"1"时，计数器清零。C_0 和 C_1 是两个时钟脉冲输入端。

CT4093 可以构成十六进制计数器（四位二进制加法计数器）、八进制计数器（三位二进制加法计数器）和二进制计数器（一位二进制加法计数器）。

当将 C_1 与 Q_0 连接时，从 C_0 端送入时钟脉冲，就构成了十六进制计数器。当从 C_1 端送入时钟脉冲，F_0 触发器不用，就构成了八进制计数器，当从 C_0 端送入时钟脉冲时，$F_1 \sim F_3$ 触发器不用。就构成了二进制计数器。

(3) CT4161 同步二 – 十六进制计数器。CT4161 是一种二 – 十六进制同步可预置计数器，内部由主从型 J-K 触发器和逻辑门电路组成，它的逻辑图如图 15.30 所示。

CT4161 管脚排列如图 15.31 所示，功能表见表 15.13。

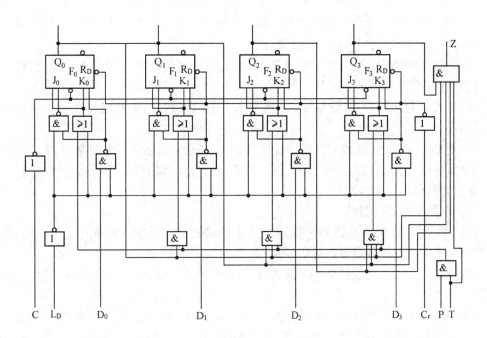

图 15.30　CT4161 逻辑图

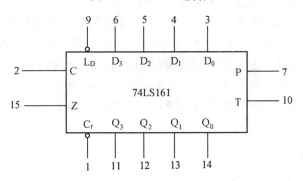

图 15.31　CT4161 外引线排列图

表 15.13　CT4161 功能表

输入脉冲 C	C_r	L_D	P	T	D_3	D_2	D_1	D_0	Q_3	Q_2	Q_1	Q_0
X	0	X	X	X	X	X	X	X	0	0	0	0
⌐_	1	0	X	X	D_3	D_2	D_1	D_0	D_3	D_2	D_1	D_0
X	1	1	0	X	X	X	X	X	保		持	
X	1	1	X	0	X	X	X	X	保		持	
⌐_	1	1	1	1	X	X	X	X	计		数	
⌐_	1	0	X	X	0	0	0	0	0	0	0	0

Z 为进位端,其逻辑式 $Z = Q_3 Q_2 Q_1 Q_0 T$。仅当 $T = 1$,且计数器状态为 1111 时,Z 端才为高电平,产生进位。CT4161 的各控制端作用如下:

C_r:异步清零端,具有最高优先级,当 $C_r = 0$ 时,强制 $Q_3 Q_2 Q_1 Q_0 = 0000$。

L_D:同步置数端,具有次高优先级。低电平有效。当 $C_r = 1$,且 $L_D = 0$ 时,在 C 脉冲上升沿将预置数据 $D_3D_2D_1D_0$ 置入各触发器中。

P、T:计数使能端,高电平有效。若 $C_r = 1$, $L_D = 1$,则当 P 和 T 同时为 1 时,CT4161 处于计数状态;而当 P 和 T 中至少一个为 0 时,CT4161 处于保持状态。

C:同步计数脉冲,上升沿有效。在预置和计数状态时,所有触发器在 C 上升沿时刻转换状态。

由于 CT4161 的 C_r 端能对计数器直接清零,L_D 端能对计数器任意置数,P、T 端能控制计数器保持或计数,Z 端能用于指示进位,因此,在分析和设计以计数器为核心的时序电路时,应当抓住这些关键信号。

2. 集成 N 进制计数器

(1) 由 CT4093 构成 N 进制计数器。利用 CT4093 只需在管脚间进行适当连接,就能构成二 – 十六之间的任意进制计数器。

使用集成计数器构成任意进制计数器,经常采用的方法之一是反馈复位(或叫反馈归零)法。

所谓反馈复位法就是当计数器计数到 N 个计数脉冲时,把计数器所有为 1 的输出端通过一个与非门产生一个负脉冲,加到计数器的复位端,使各触发器回零。此后,计数器重新计数,这就构成了 N 进制计数器。

图 15.32 是使用 CT4093 接成的六进制计数器电路图。CT4093 用作六进制计数器时,需将计数脉冲送入 C_0 端,Q_0 与 C_1 相接,并将 Q_1、Q_2 分别反馈至复位输入端 $R_{0(1)}$、$R_{0(2)}$。这样,若计数器的初始状态为 0000,那么随着计数脉冲的不断加入,计数器状态 $Q_3Q_2Q_1Q_0$ 自 0000 递增。当它由 0101 进入 0110 时,Q_2Q_1 同时为 1,由于它们反馈作用于复位端 $R_{0(1)}$ 和 $R_{0(2)}$,故使计数器立即复位归 0,从而产生一个循环。图 15.32(b)示出其波形图。

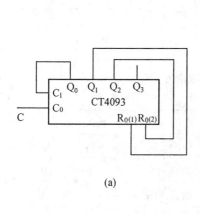

(a)

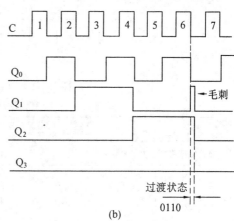

(b)

图 15.32 CT4093 接线图

反馈复位法十分简便而经济,但存在一个问题,计数过程中会出现短暂的过渡现象(在本例中为 0110),产生毛刺(如图 15.32(b))。

(2) 由 CT4161 构成 N 进制计数器。利用 CT4161 集成计数器也可得到任意进制的计数器。当计数器的进制不是 2 的整数次幂时,就需要用控制端来实现,常用的控制方法主要有两种,利用 C_r 端和利用 L_D 端。控制 C_r 端以实现任意进制计数器的方法是反馈清零法。这里不再讨论。

　　下面主要讨论 CT4161 的特别功能 – 置数功能构成任意进制计数器。图 15.33 是用 CT4161 接成的六进制计数器。

　　从图中可以看出,数据端全部为 0 态。与非门接出的 Q_2、Q_0 端。当计数器计到第 5 个脉冲时,其输出状态为 $Q_3Q_2Q_1Q_0 = 0101$ 状态。此时与非门输出由 1 变 0,使置数端 L_D 为 0,从而计数器从执行计数变为执行接收数据端的数据操作(数据 $D_3D_2D_1D_0 = 0000$)。因此,当第 6 个脉冲到来时,使计数器的 $D_3D_2D_1D_0 = 0000$ 状态打入计数器,从而使计数器复位,输出全为 0 态。此时,与非门的输出又由 0 变 1($L_D = 1$),计数器又继续执行计数功能,重新开始计数。波形图如图 15.33(b)所示。

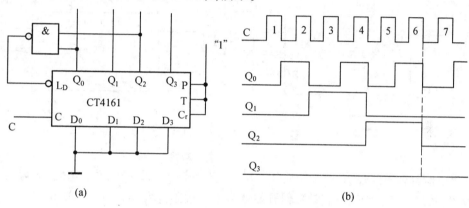

(a)　　　　　　　　　　　　　　　　(b)

图 15.33　CT4161 接线图

　　CT4161 计数器设置了进位输出端 Z。在计数器执行计数功能,且 Q_3、Q_2、Q_1、Q_0 全为 1 时,进位输出端 Z 为 1。如果将 Z 信号经反相后接到 L_D 端,则计数器在输出全为 1 后执行送数功能,在下一个 C 脉冲到时,计数器被置成数据端(D_3、D_2、D_1、D_0)的状态。然后,再以 D_3、D_2、D_1、D_0 的状态为起点,继续计数。因此,改变数据端的数据,计数器的进制 N 将相应得到改变。如 D_3、D_2、D_1、D_0 为 0110(即十进制的 6),则 $N = 2^n - 6 = 16 - 6 = 10$,即 $N = 10$。按着以上的原则,CT4161 构成的十进制计数器如图 15.34 所示,状态表如表 15.14 所示。

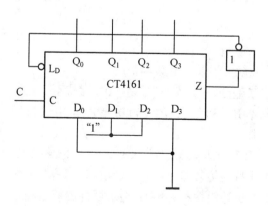

图 15.34　CT4161 接成十进制计数器

表 15.14　CD4161 功能表

计数脉冲数	输出端状态				
C	Q_3	Q_2	Q_1	Q_0	Z
0	0	1	1	0	0
1	0	1	1	1	0
2	1	0	0	0	0
3	1	0	0	1	0
4	1	0	1	0	0
5	1	0	1	1	0
6	1	1	0	0	0
7	1	1	0	1	0
8	1	1	1	0	0
9	1	1	1	1	1
10	0	1	1	0	0

　　从上面的介绍来看,利用同步计数器的同步预置功能,使计数和预置功能交替进行而达到任意进制 N 计数的方法,可以有效地免除毛刺出现。

3.集成 M 进制计数器

把一个 M_1 进制计数器和一个 M_2 进制计数器串联起来,可以构成 $M = M_1 \times M_2$ 大模数(进制)计数器(这种方法叫级联法)。今选用两片 CT4161,用复位法将第一片接成十进制计数器,第二片接成十一进制计数器,然后将第一片十进制计数器的进位端经过一非门连在第二片的时钟 C_2 上,如图 15.35 所示。

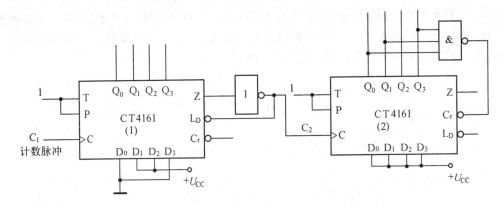

图 15.35   110 进制计数器

十进制计数器经过 10 个脉冲循环一次,每当第十个脉冲来到后,Z 由"1"变为"0"(见表 15.14),使第二片十一进制计数器开始计数。十进制计数器经过第一次 10 个脉冲,十一进制计数器计数为"0001";经过第 20 个脉冲,计数为"0010",依次类推,经过 110 个脉冲,计数为"1011"。接着,立即清零。构成了 110 进制计数器。

思 考 题

15.7   同步二进制加法计数器和异步二进制加法计数器的不同点是什么?

15.8   什么叫二进制计数器?什么叫 N 进制计数器?

15.9   在图 15.29(a) 中,如果将 $R_{0(1)}$ 端接至 Q_2,将 $R_{0(2)}$ 接至 Q_3 端,将 C_1 接至 Q_0 端,从 C_0 端送入脉冲,试分析此电路是几进制计数器?

本 章 小 结

一、双稳态触发器

常用的双稳态触发器有 R－S 触发器、J－K 触发器及 D 触发器。

基本 R－S 触发器是各种触发器的基本组成部分,它具有置"1"、置"0"、保持不变三种逻辑功能。可控 R－S 触发器的逻辑功能与基本 R－S 触发器的逻辑功能大体相同,只是可控 R－S 触发器输出状态受时钟脉冲 C 的控制。

J－K 触发器具有置"0"、置"1"、计数、保持四种逻辑功能。主从型 J－K 触发器是在时钟脉冲的后沿翻转。主从型 J－K 触发器抗干扰能力较差,存在一次性变化问题。边沿型触发器抗干扰能力强,边沿触发器分正边沿和负边沿两种,分别在时钟脉冲的前沿和后沿翻转。

D 触发器具有置"0"、置"1"两种逻辑功能。维持阻塞型 D 触发器是在时钟脉冲的前沿翻转,触发器输出状态只取决于时钟脉冲前沿到来之前的 D 输入端状态。

通过不同的连接和附加门电路的方法,各种触发器可以互相转换。

触发器的应用很广,常常用来组成寄存器、计数器等逻辑部件。

二、寄存器、计数器

寄存器是用来存放数码或指令的基本部件。它具有清除数码、接收数码、存放数码和传送数码的功能。寄存器可分为数码寄存器和移位寄存器。移位寄存器除了有寄存数码的功能外,还具有移位的功能。

计数器是能累计脉冲个数的部件。从进位制来分,有二进制计数器和 N 进制计数器两大类。从计数脉冲是否同时加到各个触发器来分,又有异步计数器和同步计数器。

二进制加法计数器能计下 2^n 个脉冲数。其中 n 为触发器的级数。异步二进制加法计数器的时钟脉冲只加到最低位触发器上,高位触发器的触发脉冲由相邻的低位触发器供给。异步二进制加法计数器是逐级翻转的。同步二进制加法计数器的时钟脉冲同时加到各位触发器的时钟脉冲输入端,触发器是同时翻转的,因而提高了计数速度。

N 进制计数器能计下 N 个脉冲数,把两个以上的计数器串联起来,可构成 M 进制计数器。

各种计数器分析的步骤是:

(1)写出各个触发器输入信号的逻辑表达式,对于异步计数器,还应写出高位触发器的时钟脉冲 C 表达式。

(2)列出状态表。

(3)分析逻辑功能。

目前,集成触发器、寄存器、计数器在实际工作中应用很广,CT4161 集成计数器,既可用反馈清零法,也可用预置数法构成任意进制计数器。

习　题

15.1　设维持阻塞型 D 触发器的初始状态 $Q = 0$,C 脉冲和 D 输入端信号如题图 15.1 所示,试画出 Q 端的波形。

15.2　设主从型 J – K 触发器的初始状态 $Q = 0$,C 脉冲及 J、K 两输入信号如题图 15.2 所示,试画出 J – K 触发器输出端的波形。

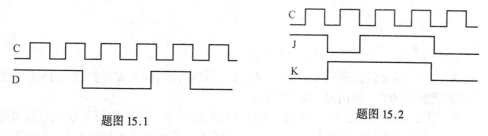

题图 15.1　　　　　　　　　　　　题图 15.2

15.3　试画出如题图 15.3 两电路在 6 个时钟脉冲作用下输出端 Q 的波形。设初始状态分别为 $Q = 0$、$Q_0 = 0$、$Q_1 = 0$。

15.4　题图 15.4(a)所示为主从 D 触发器,在题图 15.4(b)所示 D 输入信号和 C 脉冲作用下,画出触发器输出端 Q 的波形。

15.5　已知逻辑电路及相应的 C、R_D 和 D 的波形如题图 15.5 所示,试画出 Q_0 和 Q_1 端的波形,设初始状态 $Q_0 = Q_1 = 0$。

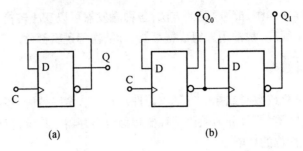

题图 15.3

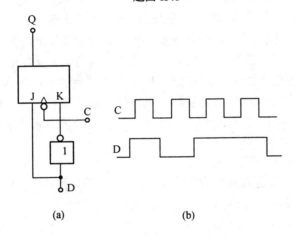

题图 15.4

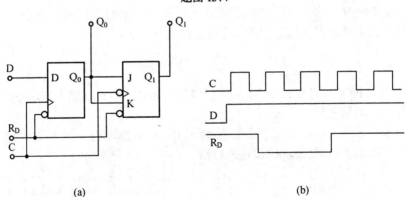

题图 15.5

15.6　主从 J－K 触发器组成题图 15.6(a)所示的电路,输入波形如题图 15.6(b)所示,设初始状态为"00"。画出 Q_1、Q_2 的波形。

15.7　已知电路如题图 15.7 所示。试求:(1)列出在 5 个脉冲作用下 Q_2、Q_1、Q_0 的状态表;(2) 画出在 5 个脉冲作用下 Q_0、Q_1、Q_2 的波形;(3) 若时钟脉冲的频率为 10 Hz,试计算每个显示器 D 的闪亮时间。

15.8　试画出题图 15.8 计数器在时钟脉冲作用下各触发器输出端的波形。设触发器的初始状态为"000"。

15.9　已知电路如题图 15.9 所示,试分析计数器的逻辑功能,并画出波形图。设初始状态为"000"。

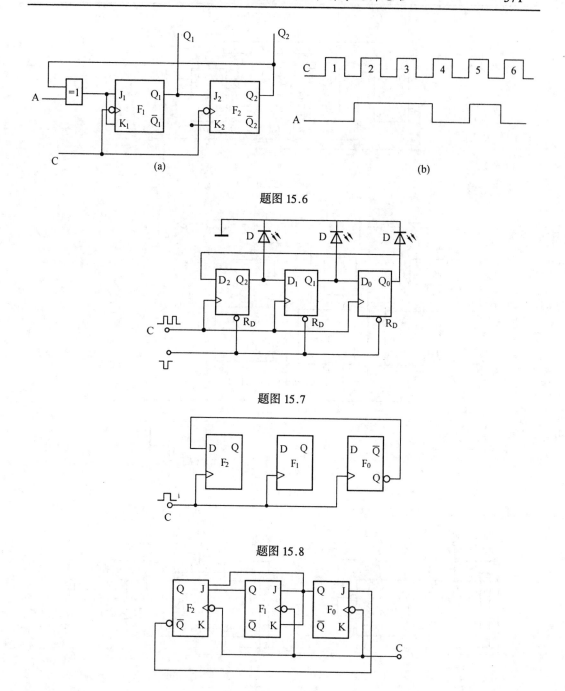

题图 15.6

题图 15.7

题图 15.8

题图 15.9

15.10 已知电路如题图 15.10 所示,试分析其逻辑功能,并画出波形图。设初始状态为"000"

15.11 电路如题图 15.11 所示,试画出发光二极管 LED$_1$ 和 LED$_2$ 的工作波形图,说明其工作情况。

15.12 将 CT4093 计数器接成如题图 15.12(a)、(b)所示的电路就构成了 N 进制计数

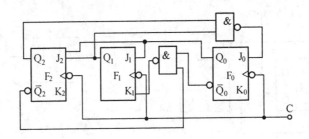

题图 15.10

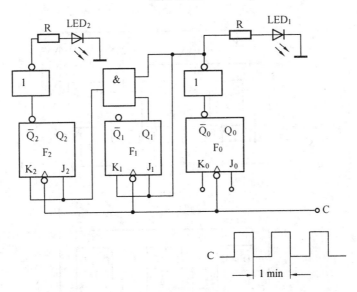

题图 15.11

器,试分析各为几进制计数器。CT4093 计数器内部逻辑图如图 15.29 所示。

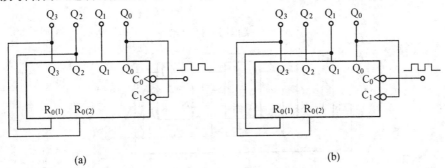

题图 15.12

15.13　试用 CT4161 集成计数器芯片,设计十二进制计数器,并列出计数器的状态表。

15.14　数字钟表中的分、秒计数都是六十进制,试用两片 CT4090 计数器连成六十进制电路,列出计数的状态表。

15.15　已知 74LS93(CT4093)集成计数器的内部电路和功能表如图 15.29(a)、(c)所示,试用两片 74LS93 集成计数器组成一个八十进制的计数器。

第十六章 数字量和模拟量的转换

模拟量是随时间连续变化的量。例如温度、压力、流量、位移等,它们可以通过相应的传感器变换为模拟电量。而数字量是不连续变化的量。

用计算机处理模拟信号时,要先将模拟信号转换为数字信号,这种信号的转换称为模 – 数转换。将模拟量转换为数字量的装置称为模 – 数转换器,简称 A/D 转换器或 ADC①。经过计算机处理后的数字信号在许多情况下又需要转换成模拟信号才能应用,这种信号的转换称为数 – 模转换。将数字量转换为模拟量的装置称为数 – 模转换器,简称 D/A 转换器或 DAC②。

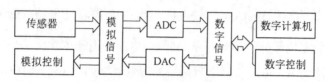

图 16.1 数 – 模和模 – 数转换的原理框图

DAC 和 ADC 是计算机与其外部设备连接的重要接口电路,也是许多数字系统中常用的部件。图 16.1 是数 – 模和模 – 数转换的原理框图。

下面我们对数 – 模和模 – 数转换的基本原理作一简单分析,同时介绍两种典型的集成转换器,以便读者应用。

16.1 数 – 模转换器

一、数 – 模转换器的原理

实现数 – 模转换的方法很多,常用的是 T 型电阻网络转换电路。图 16.2 所示电路是四位 T 型电阻网络 D/A 转换器原理电路图,它由电阻网络、模拟开关及求和放大器三部分组成。可以将四位二进制数字信号转换成模拟信号。

图中由 R 和 2R 两种阻值的电阻构成 T 型电阻网络,其输出端接到求和运算放大器的反相输入端。$S_0 \sim S_3$ 这四个模拟开关由电子元件构成,其通、断分别由四位二进制数码 $d_3 d_2 d_1 d_0$ 控制。当二进制数码为"1"时,开关接到 U_{REF} 电源上;为"0"时,开关接地。U_{REF} 叫做参考电压或基准电压。运算放大器对各模拟开关信号作求和运算,输出量是模拟电压 U_o。

为了便于分析其工作原理,在图 16.2 中,令 $d_3 d_2 d_1 d_0 = 0001$,即 S_0 接在 U_{REF} 上,而 S_1、S_2、S_3 均接地。应用戴维南定理对 T 型电阻网络进行简化,其电路如图 16.3(a)所示。

---

① ADC 是英文 Analog Digital Converter 的缩写。
② DAC 是英文 Digital Analog Converter 的缩写。

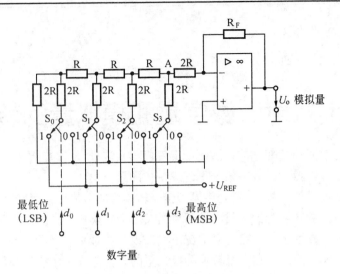

图 16.2　T 型电阻网络 D/A 转换器

00′左边部分可等效为电压是 $U_{REF}/2$ 的电源与电阻 R 串联的电路。而后再分别在 11′、22′、33′处计算它们左边部分的等效电路,其等效电源的电压依次为 $\dfrac{U_{REF}}{4}$、$\dfrac{U_{REF}}{8}$、$\dfrac{U_{REF}}{16}$,而等效电源的内阻均为 R。由此得出电阻网络的等效电路如图 16.3(b)所示,该等效电路是对应只有 S_0 接在 U_{REF} 时的情况,其开路电压为 $U_A = \dfrac{U_{REF}}{2^4} \cdot d_0$。接上运算放大器后(见图 16.4)输出的模拟电压为

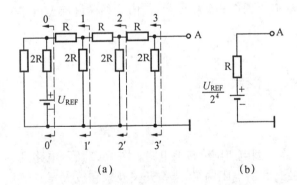

图 16.3　计算 T 型电阻网络的输出电压
（当 $d_3 d_2 d_1 d_0 = 0001$ 时）

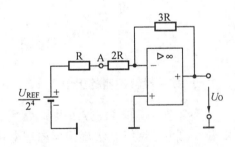

图 16.4　T 型电阻网络 D/A 转换器的等
效电路（$d_0 = 1$）

$$U_o = -\frac{U_{REF}}{2^4} \cdot d_0$$

同理,若 S_1、S_2、S_3 分别接于参考电压 U_{REF} 时,即分别有 $d_1 = 1$、$d_2 = 1$、$d_3 = 1$,可求出三种情况下电阻网络的开路电压分别为

$$U_A = \frac{U_{REF}}{2^3} \cdot d_1$$

$$U_A = \frac{U_{REF}}{2^2} \cdot d_2$$

$$U_A = \frac{U_{REF}}{2} \cdot d_3$$

由此看出,当四位数字量 $d_3 d_2 d_1 d_0 = 1111$ 时,电阻网络的开路电压为

$$U_A = \frac{U_{REF}}{2} \cdot d_3 + \frac{U_{REF}}{2^2} \cdot d_2 + \frac{U_{REF}}{2^3} \cdot d_1 + \frac{U_{REF}}{2^4} \cdot d_0 =$$

$$\frac{U_{REF}}{2^4}(d_3 \cdot 2^3 + d_2 \cdot 2^2 + d_1 \cdot 2^1 + d_0 \cdot 2^0) \tag{16.1}$$

接上运算放大器后,输出的模拟电压为

$$U_o = -\frac{U_{REF}}{2^4}(d_3 \cdot 2^3 + d_2 \cdot 2^2 + d_1 \cdot 2^1 + d_0 \cdot 2^0) \tag{16.2}$$

如果输入量是 n 位二进制数,则

$$U_o = -\frac{U_{REF}}{2^n}(d_{n-1} \cdot 2^{n-1} + d_{n-2} \cdot 2^{n-2} + \cdots + d_0 \cdot 2^0) \tag{16.3}$$

括号中是 n 位二进制数按"权"列出的展开式。

二、集成数 - 模转换器

随着集成电子技术的发展,和其它集成电路一样,D/A 转换器集成电路芯片种类也很多。按输入的二进制数的位数分类有八位、十位、十二位和十六位等。

DAC0832 是单片集成的 CMOS 八位 D/A 转换器,片中有 R - 2R 构成的倒 T 形电阻转换网络,模拟开关是 CMOS 型的。DAC0832 内部不包含运算放大器,它需要与一个外接的运算放大器相配合,才能构成完整的 D/A 转换器。图 16.5 和图 16.6 是 DAC0832 的引脚图和内部结构图。

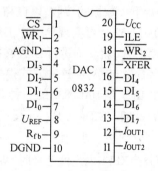

图 16.5　DAC0832 引脚图

1. DAC0832 的 20 条引脚

$DI_7 \sim DI_0$ ——八位数字量输入端;

I_{OUT_1} ——模拟电流输出端 1;

I_{OUT_2} ——模拟电流输出端 2;

$\overline{CS}$ ——片选端(低电平有效);

ILE ——允许输入锁存;

$\overline{WR_1}$、$\overline{WR_2}$ ——写信号 1、2;

$\overline{XEFR}$ ——传送控制信号(低电平有效);

R_{fb} ——反馈电阻接出端(芯片内部 R_{fb} 端和 I_{OUT_1} 端之间接一个 15 kΩ 的电阻 R_{fb});

U_{REF} ——参考电压 + 10 V ~ - 10 V;

U_{CC} ——电源电压 + 5 V ~ + 15 V;

AGND ——模拟量的地;

DGND ——数字量的地。

2. DAC0832 的工作方式

DAC0832 内部有两个数据缓冲寄存器,即八位输入寄存器和八位 DAC 寄存器。

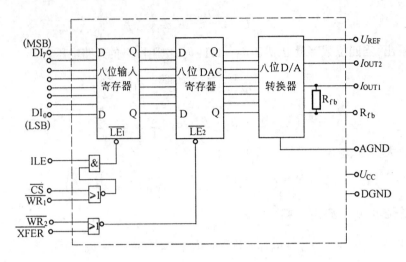

图 16.6　DAC0832 内部结构

DAC0832 在进行 D/A 转换时,可采用双缓冲工作方式。即第一步数据先存入输入寄存器,第二步把输入寄存器的内容再存入 DAC 寄存器。数据何时输入何时锁存是由两寄存器的时钟输入端$\overline{LE_1}$、$\overline{LE_2}$的电平决定的,外部控制端通过门电路对其进行控制。双缓冲工作方式的优点是 DAC0832 的数据接收和启动转换可异步进行,故而可在 D/A 转换的同时,进行下一数据的接收,以提高 D/A 通道的转换速率。

DAC0832 还可实现单缓冲工作方式和直通工作方式。单缓冲工作方式是数据一旦输入 DAC 芯片,就立即进行 D/A 转换。直通工作方式是八位数字量,一旦达到输入端,就立即进行 D/A 转换,但这种方式很少采用。

图 16.7 是 DAC0832 的一种典型应用电路。

DAC0832 的 $DI_7 \sim DI_0$ 可直接与微机数据总线相连接,$\overline{WR}$接到 CPU 的$\overline{WR}$端,$\overline{CS}$和$\overline{XFER}$可分别接于地址译码信号端。当 ILE 为高电平时,$\overline{WR_1}$、$\overline{CS}$为低电平,数据写入输入寄存器;当$\overline{XFER}$也为低电平时,$\overline{WR_2}$加一负脉冲,D/A 开始转换。图中 R 是反馈电阻 R_{fb} 的补偿电阻,用以补偿 R_{fb} 的偏差。于是由运算放大器输出的模拟电压为

$$U_{OUT} = -\frac{N}{256} U_{REF}$$

其中,N 为输入的数字量。典型的数字量与模拟输出的关系如表 16.1 所示。

表 16.1

数字量(N)								模拟输出电压(U_{OUT})
DI_7							DI_0	
1	1	1	1	1	1	1	1	$-\left(\frac{255}{256}\right)U_{REF}$
1	0	0	0	0	0	0	1	$-\left(\frac{129}{256}\right)U_{REF}$
1	0	0	0	0	0	0	0	$-\left(\frac{128}{256}\right)U_{REF}$
0	1	1	1	1	1	1	1	$-\left(\frac{127}{256}\right)U_{REF}$
0	0	0	0	0	0	0	1	$-\left(\frac{1}{256}\right)U_{REF}$
0	0	0	0	0	0	0	0	$-\left(\frac{0}{256}\right)U_{REF}$

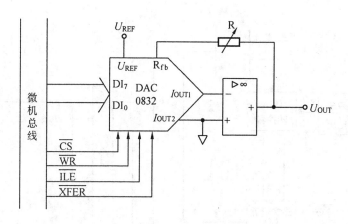

图 16.7 DAC0832 的一种典型应用电路

16.2 模－数转换器

一、模－数转换的原理

实现模－数(A/D)转换的方法很多,按工作原理可分为两大类,即直接 A/D 转换和间接 A/D 转换。直接 A/D 转换是将输入的模拟量直接转换成数字量。这类转换器有逐次逼近型、并联比较型等类型。间接 A/D 转换则是将输入的模拟量先转换成为某种中间量(如时间,频率等),然后再将中间量转换为所需的数字信号。这类转换器有电压－时间变换型(积分型)和电压－频率变换型等类型。

并联比较型 A/D 转换器是目前转换速度最高(5~20 ns)的转换器,但是其结构比较复杂。逐次逼近型 A/D 转换器可以达到很高的精度和速度,且易于用集成工艺实现,故集成化的 A/D 转换器大多采用此方案。我们这里只介绍这种逐次逼近型 A/D 转换器的工作原理。

逐次逼近型 A/D 转换器的工作原理与用天平称重的原理相似,即先设定一个初值进行比较,多去少补,逐次逼近。逐次逼近型 A/D 转换器一般由时钟脉冲、逐次逼近寄存器、D/A 转换器、电压比较器和参考电源等几部分组成,其原理框图如图 16.8(a)所示。

转换前,将逐次逼近寄存器清零。转换开始,时钟脉冲首先将寄存器的最高位置"1",其余位全置"0"。经 D/A 转换器转换成相应的模拟电压 U_A 送至比较器,与待转换的模拟输入电压 U_i 进行比较。如果低于模拟输入,该位的"1"保留。如果"高于"模拟输入,该位的"1"被清除,次高位再置"1",再进行比较,从而决定次高位的"1"是保留还是清除。这样逐次比较下去,直至最低位为止,比较的顺序由时钟脉冲控制。转换结束后,寄存器输出的二进制数就是对应于模拟输入的数字量,完成了由模拟量向数字量的转换。图 16.8(b)中的折线表示了一种转换过程,折线(U_A 值)逐次向模拟量 U_i 逼近,转换的每一步如表 16.2 所示。

图 16.9 是四位逐次逼近型 A/D 转换器,其内部是一个综合性电路,它主要由以下几部分组成。

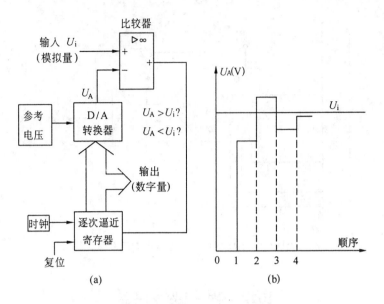

图 16.8 逐次逼近型 A/D 转换器框图

表 **16.2** 逐次逼近过程

顺序	寄存器数码	比较判别	逐位数码"1"保留或除去
1	☐1☐ 0000000	$U_A < U_i$	第一高位"1" 保留
2	1 ☐1☐ 000000	$U_A > U_i$	第二高位"1" 除去
3	10 ☐1☐ 00000	$U_A < U_i$	第三高位"1" 保留
4	101 ☐1☐ 0000	$U_A < U_i$	第四高位"1" 保留
⋮	⋮	⋮	⋮

1. 顺序脉冲发生器

输入时钟脉冲 C 后,它按一定时间间隔输出顺序脉冲 C_0、C_1、C_2、C_3,波形如图 16.10 所示。

2. 逐次逼近寄存器

逐次逼近寄存器由四个 J – K 触发器 $F_3 \sim F_0$ 构成。C_0 端来负脉冲时,使最高位 F_3 置 "1",其余位置"0";C_1 端来负脉冲时,使次高位 F_2 置"1";同理,若 C_2、C_3 端分别来负脉冲 时,则分别使 F_1、F_0 置"1"。

3. T 型电阻网络

T 型电阻网络的具体电路见图 16.2 中电阻网络部分。输入的数字量 $d_3 d_2 d_1 d_0$ 来自 逐次逼近寄存器,从 T 型电阻网络输出的模拟电压为

$$U_A = \frac{U_{REF}}{2^4}(d_3 \cdot 2^3 + d_2 \cdot 2^2 + d_1 \cdot 2^1 + d_0 \cdot 2^0)$$

4. 数码寄存器

数码寄存器由四个 D 触发器构成,四个 D 端分别与 $F_3 \sim F_0$ 的输出端相连,四个 C 端 则一起接到顺序脉冲发生器的 C_3 端。数码寄存器输出的 $d_3' \, d_2' \, d_1' \, d_0'$ 即为转换器的二 进制数码。

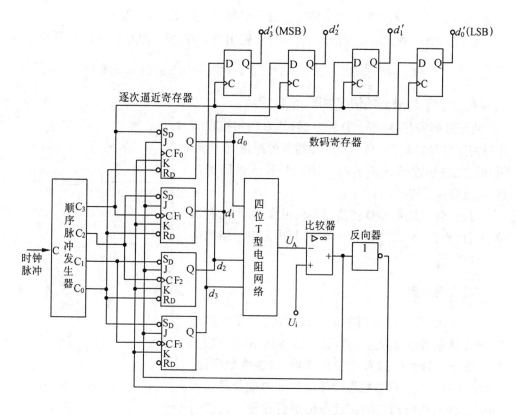

图 16.9　四位逐次逼近型 A/D 转换器

5. 比较器

U_A 与 U_i 在输入端进行比较。输出端接各 J – K 触发器的 J 端;输出端再经反相器接各 J – K 触发器的 K 端。

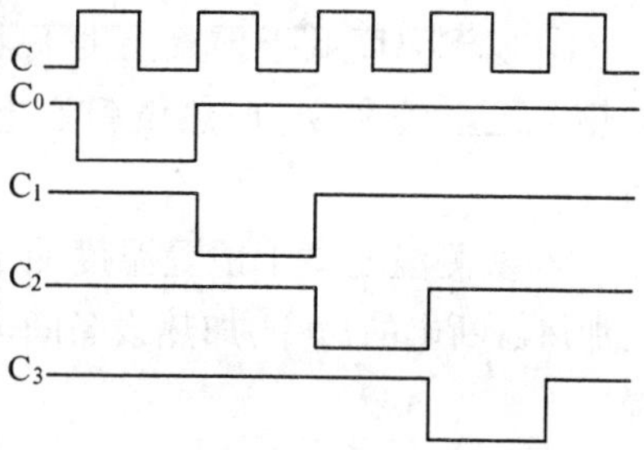

现设输入模拟电压 $U_i = 6.51$ V,T 形电阻网络的参考电压 $U_{REF} = 8$ V。转换过程分析如下:

① 第一个时钟脉冲 C 前沿到来时,C_0 端输出负脉冲,使逐次逼近寄存器的状态为 $Q_3Q_2Q_1Q_0 = 1000$,T 形电阻网络输出

图 16.10　顺序脉冲发生器的输出波形

$$U_A = \frac{U_{REF}}{2^4}(1 \times 2^3) = \frac{8}{16} \times 8 = 4 \text{ V}$$

由于 $U_A < U_i$,因而比较器输出高电平,反相器输出低电平,即各 J – K 触发器的 J = 1,K = 0。

② 第二个时钟脉冲 C 前沿到来时,C_1 端输出负脉冲,使 $Q_3Q_2Q_1Q_0 = 1100$,因而

$$U_A = \frac{U_{REF}}{2^4}(1 \times 2^3 + 1 \times 2^2) = \frac{8}{16} \times 12 = 6 \text{ V}$$

由于 $U_A < U_i$,比较器和反相器分别输出高电平和低电平,即 J = 1,K = 0。

③ 第三个时钟脉冲 C 前沿到来时,C_2 端输出负脉冲,使 $Q_3Q_2Q_1Q_0 = 1110$,因而

$$U_A = \frac{U_{REF}}{2^4}(1 \times 2^3 + 1 \times 2^2 + 1 \times 2^1) = \frac{8}{16} \times 14 = 7 \text{ V}$$

由于 $U_A > U_i$,比较器和反相器分别输出低电平和高电平,即 J = 0,K = 1。

④ 第四个时钟脉冲 C 前沿到来时,C_3 端输出负脉冲,使 $Q_3Q_2Q_1Q_0 = 1101$,因而

$$U_A = \frac{U_{REF}}{2^4}(1 \times 2^3 + 1 \times 2^2 + 1 \times 2^0) = \frac{8}{16} \times 13 = 6.5 \text{ V}$$

$U_A \approx U_i$,U_A 向 U_i 逼近的情况如图 16.11 所示。

由于数码寄存器(四个 D 触发器)的 C 端均接在顺序脉冲发生器的 C_3 端,所以,当 C_3 端负脉冲结束(上升沿)时,二进制数码 $d_3d_2d_1d_0 = 1101$,即存入数码寄存器,完成模 – 数转换。

目前,单片集成 A/D 转换器品种很多,常用的有四位、八位、十位、十二位和十六位等,其内部电路结构这里不作介绍。

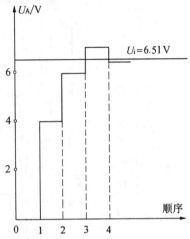

图 16.11　U_A 向 U_i 逼近

二、应用举例

图 16.12 为一计算机控温系统框图,其工作原理是:利用热电偶作为测温元件(传感器)将水温转化成为电压,此电压放大后送入 A/D 转换器,转换为数字量,然后送入计算机。计算机按程序接收 A/D 转换器送入的信号,并与机内预置的温度限值进行比较。比较的结果可有以下三种情况:

① 实测温度低于预置温度下限时,计算机发出加热器通电的命令,加热设备通电,水温将逐渐升高;

② 实测温度高于预置温度的上限时,计算机发出加热器断电的命令,加热设备断电,水温将逐渐下降;

③ 如果水温在预置温度上、下限之间,计算机不发出命令,加热器维持原工作状态不变。

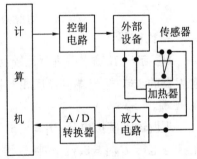

图 16.12　计算机控温系统原理框图

计算机对加热器温度信号定时采样,并与预置温度比较,决定加热器的通、断电,从而可使水温控制在要求的温度范围之内。

本 章 小 结

A/D 和 D/A 转换器的种类很多,我们不可能也没有必要把所有的转换电路一一介绍,而只能着重讲其基本的转换原理及典型的转换方法。

在 D/A 转换器中,我们只介绍了由 T 型电阻网络构成的 D/A 转换器。在 A/D 转换器中,我们也只介绍了逐次逼近型 A/D 转换器。

习　题

16.1　在图 16.2 所示 T 型电阻网络 D/A 转换器中，设 $U_{REF} = 5$ V，若 $R_F = 3R$，试求 $d_3 d_2 d_1 d_0 = 1011$ 时的输出电压 U_o。

16.2　有一八位单片集成 D/A 转换器，按图 16.7 方式接线。设 $U_{REF} = 5$ V，试分别计算 $d_7 \sim d_0 = 10011111$、10000101、00000111 时的输出电压 U_o。

16.3　某 D/A 转换器要求十位二进制数能代表 $0 \sim 10$ V，试问此二进制数的最低位代表多少伏？

16.4　有一四位逐次逼近型 A/D 转换器（见图 16.9），设 $U_{REF} = 10$ V，$U_i = 8.2$ V，试问转换后输出的数字量应为多少？

第五部分 常用电子电源

第十七章 振荡电路

不需要外加输入信号,只依靠电路本身就能产生并输出一定频率和幅度的交流信号的电路,称为自激振荡电路(简称振荡电路)。振荡电路能把直流电能(来自直流电源)转换为交流电能,广泛应用于无线电通信、工业生产、检测技术等领域。振荡电路频率宽,输出功率大,既可用做能源,也可用做信号源。

根据输出波形的不同,振荡电路一般分为正弦波振荡电路和非正弦波振荡电路两大类。

17.1 正弦波振荡电路

常用的正弦波振荡电路有 LC 振荡电路和 RC 振荡电路。下面我们简单介绍这两种振荡电路的振荡原理。

一、自激振荡的条件

一个放大电路,在输入端加上输入信号的情况下,输出端才有信号输出。如果输入端无外加信号,输出端仍有一定频率和幅度的信号输出,这种现象叫做放大电路的自激振荡。自激振荡对放大电路来说是有害的,它使放大电路不能正常工作。而振荡电路正是利用了自激振荡原理来工作的。

在图 17.1 中,A_u 是放大电路的电压放大倍数,$\dot{U}_i$ 是外加输入信号,$\dot{U}_o$ 是输出信号,F 是反馈系数。当把开关合在"1"的位置时,就是一般的交流电压放大电路。输入信号 $\dot{U}_i$ 加在放大电路的输入端,输出信号 $\dot{U}_o$ 为同频率的交流信号。现将输出信号 $\dot{U}_o$ 的一

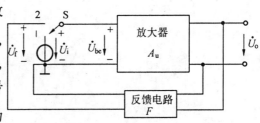

图 17.1 振荡电路的自激原理

部分 $\dot{U}_f = F\dot{U}$,送回到输入端"2"。如果送回的反馈信号 $\dot{U}_f$ 与原输入信号 $\dot{U}_i$ 完全一样,幅度相等、相位相同,即 $\dot{U}_f = \dot{U}_i$。可以设想,此时将开关由"1"端合至"2"端,用 $\dot{U}_f$ 代替 $\dot{U}_i$,该电路仍能维持原来的工作状态,保持稳定的输出。这时已不再需要外加输入信号,仅仅依靠电路本身的反馈信号即可工作。由此可见,产生自激振荡的条件是

$$\dot{U}_f = \dot{U}_i$$

上式也可表示成两个条件：

① 幅度条件。反馈信号的幅度等于原输入信号的幅度，即

$$U_f = U_i$$

② 相位条件。反馈信号与原输入信号要相位相同，即必须为正反馈。

二、LC 正弦波振荡电路

图 17.2(a)是一种实际的 LC 正弦波振荡电路,它由放大电路、变压器反馈电路和 LC 选频电路三部分组成。变压器原边绕组 L 与电容 C 并联组成选频电路,代替集电极电阻 R_C,副边绕组 L_f 为反馈绕组,它产生的感应电压通过耦合电容 C_B 送到放大器的输入端。变压器的另一副边绕组是输出绕组,与负载 R_L 相联。

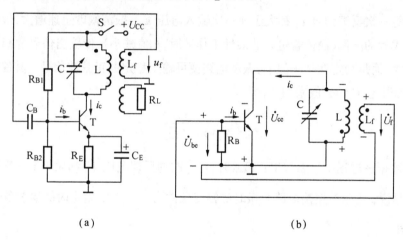

(a)   (b)

图 17.2 LC 振荡电路

1.振荡条件

首先我们用瞬时极性法判断反馈绕组 L_f 的反馈是否为正反馈。在图 17.2(b)所示的交流通路中,假定某一瞬时放大电路输入端电压 u_{be} 的极性为上" + "下" – ",由于 LC 并联电路在谐振时相当于电阻性负载,晶体管集电极输出电压 u_{ce} 的极性与输入电压相反(上负下正)。因此可以看出,LC 并联电路两端电压极性为上" – "下" + "。又由变压器绕组同名端可知,此时反馈电压 u_f 的极性与放大电路原来的输入电压极性相同,所以是正反馈,满足相位条件。只要反馈绕组 L_f 有足够的匝数即可满足幅度条件。

2.起振过程及振荡的稳定

在图 17.1 所示方框原理图中,工作之初,放大电路是在外加输入信号 $\dot{U}_i$ 作用下,产生输出电压 $\dot{U}_o$;然后通过反馈电路,用反馈电压 $\dot{U}_f$ 代替 $\dot{U}_i$,振荡电路继续工作,形成自激振荡。而在图 17.2(a)所示电路中,没有外加输入信号,怎么会有输出? 反馈电压从何而来? 自激振荡又如何建立? 下面我们先来分析电路的起振过程。

在接通电源 $+U_{CC}$ 的瞬间,在晶体管的集电极电路中会激起一个微小的电流变化。这是电路中的起始信号,它的波形具有随机性质,属于非正弦量。根据谐波分析原理可

知,这个起始非正弦信号中含有许多不同频率的正弦波分量,其中总会有与 f_0(LC 电路的谐振频率)相同或接近的分量。在众多正弦波分量中,LC 电路只对 f_0 分量发生并联谐振,使该频率信号分量 i_c 得到最显著的放大,而其它频率的信号分量不能发生谐振,受到抑制。这就是 LC 电路的选频作用。

频率为 f_0 的电流分量 i_c 产生磁场,在反馈绕组中产生反馈电压 u_f,u_f 被送到放大电路的输入端,成为输入电压 u_{be},如图 17.2(b)所示。因而产生基极电流 i_b,由于晶体管的放大作用,i_c 增大,u_f 随之增大,产生如下正反馈过程

$$i_c \uparrow \rightarrow u_f \uparrow \rightarrow u_{be} \uparrow \rightarrow i_b \uparrow$$

由于每一次反馈信号 u_f 都大于前一次输入电压 u_{be},振荡幅度迅速增大,最后由于晶体管的非线性的限制(晶体管进入非线性工作区时,β 值减小),使输出信号的幅度不会无限制地增大,而是稳定在某一值上,振荡电路便可输出稳定的正弦波信号。其信号频率一般通过改变电容 C 的数值来调节,即

$$f_0 = \frac{1}{2\pi \sqrt{LC}}$$

在上述振荡过程中可以看出:起振时,每一次的反馈电压 $\dot{U}_f$ 都大于上一次输入电压 $\dot{U}_i$。也就是说,正弦波振荡电路起振时的幅度条件为 $U_f > U_i$;稳定时的幅度条件为 $U_f = U_i$。

LC 正弦波振荡电路所产生的信号频率较高,在几千赫至几十兆赫,甚至 100 MHz 以上,这是因为 L 和 C 的数值一般都比较小。如果要想得到低频率的正弦波时,靠增大 L 和 C 的数值来实现,会导致设备体积和重量增大、造价增高等不良后果。因此,LC 振荡电路不适用于产生较低频率的正弦波。这时可采用 RC 振荡电路。

三、RC 正弦波振荡电路

RC 正弦波振荡电路也有多种形式,本节只介绍桥式 RC 振荡电路,其电路如图 17.3 所示。它由以下三部分组成:①两级阻容耦合放大器;②RC 串并联选频网络;③R_F 和 R_{E1} 组成的串联电压负反馈电路。②、③两部分形成了一个桥式电路,四个桥臂分别为 RC 串联电路、RC 并联电路、R_F 和 R_{E1}。放大器的输出电压 u_o 加在电桥的对角线 AE 之间,正反馈电压 u_f 取自 BE 两点。因此这种振荡电路称为 RC 桥式振荡电路。

1. 振荡条件

在图 17.4 中,当输入电压 $\dot{U}_1$ 的频率为

$$f_0 = \frac{1}{2\pi RC}$$

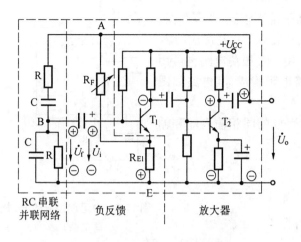

图 17.3　RC 桥式正弦波振荡电路

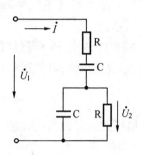

图 17.4　串并联选频网络

时,输出电压 $\dot{U}_2$ 的幅值最大。这个最大值为

$$U_2 = \frac{1}{3} U_1$$

而且 $\dot{U}_2$ 与 $\dot{U}_1$ 同相。

　　由图 17.3 所示电路可知,在两级放大器的输入端加上正弦信号 $\dot{U}_i$ 后,输出电压 $\dot{U}_o$ 与输入电压 $\dot{U}_i$ 同相。该输出电压 $\dot{U}_o$ 被引回至 RC 串并联电路,并将其并联部分的电压 $\dot{U}_f$ 反馈至放大器的输入端。根据上面的分析,如果 $\dot{U}_o$ 的频率为 $f_0 = \frac{1}{2\pi RC}$,则反馈电压 $\dot{U}_f = \frac{1}{3} \dot{U}_o$,且 $\dot{U}_f$ 与 $\dot{U}_o$ 同相。因此,$\dot{U}_f$ 与输入信号 $\dot{U}_i$ 也同相,形成正反馈,满足相位条件。如果 $\dot{U}_o$ 的频率不是 f_0,则反馈电压 $\dot{U}_f$ 与原输入信号 $\dot{U}_i$ 不同相,不满足相位条件。因此,RC 串并联电路具有选频作用。

　　对于两级放大器来说,其电压放大倍数一般较大,所以幅度条件不难满足。

　　2.起振过程及振荡的稳定

　　RC 振荡电路的起振过程与 LC 振荡电路类似,接通电源后,放大电路输出端产生一随机非正弦信号。此信号引至 RC 串并联选频电路上,经选频后,把频率为 f_0 的信号分量送至放大电路输入端,经放大后再反馈回来,形成正反馈循环过程,使频率为 f_0 的正弦信号幅度逐渐加大,建立振荡,并达到稳定工作状态。

　　由于电路工作时会进入晶体管的非线性区,使正弦波产生失真,通常在电路中引入一部分负反馈,以减小波形失真,并提高电路工作的稳定性。图 17.3 所示的电路中,通过 R_F 与 R_{E1} 引入负反馈。

　　为了进一步改善波形和稳定输出电压的幅度,负反馈电路中的 R_F 经常采用具有负温度系数的热敏电阻来自动调节负反馈电压。例如,当 $\dot{U}_o$ 幅度增加时,通过 R_F 的电流加大,使其发热,阻值下降,相应地使 R_{E1} 上的压降增加,即负反馈作用加强,使 A_u 下降,从而使 $\dot{U}_o$ 幅度下降,实现了自动稳定作用。

　　在 RC 振荡电路中既含有正反馈,也含有负反馈,但正反馈是主要的,起主导作用。因而决定了它是一个正弦波振荡电路。

RC 桥式正弦波振荡电路具有频率范围较宽、调节简便、工作稳定和输出波形良好等优点,所以得到了广泛的应用。

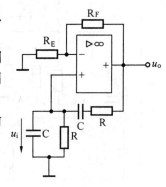

随着集成运算放大器的广泛应用,RC 振荡电路也可用运算放大器外接选频网络和负反馈电阻构成,其电路如图 17.5 所示。

在图 17.5 中,选频网络跨接在运放的同相输入端和输出端,形成正反馈,其振荡频率为

$$f_0 = \frac{1}{2\pi RC}$$

图 17.5 由运放组成的 RC 振荡电路

电压放大倍数按同相输入计算,即

$$A_{uf} = \left(1 + \frac{R_F}{R_E}\right)$$

因为 $u_i = \frac{1}{3}u_o$,所以电压放大倍数 $A_{uf} \geq 3$,即 $R_F \geq 2R_E$。

思 考 题

17.1 什么是自激振荡?产生自激振荡的条件是什么?

17.2 正弦波振荡电路由哪几部分组成?为什么要有选频电路?没有选频电路是否也能产生振荡?

17.3 根据幅度条件 $U_f \geq U_i$,试分析图 17.3 所示的桥式 RC 振荡电路中两级放大器的电压放大倍数 A_u 应为多少?

17.2 非正弦波振荡电路

在脉冲电路中,经常需要产生脉冲波形或进行波形的变换。常用的脉冲波形为方波、矩齿波和三角波等,能够产生这些波形的振荡电路目前已有现成的集成电路产品,通常只需要外接少量的元件即可,应用十分广泛。下面介绍一下方波振荡电路。

方波振荡电路不需要外加信号,电路本身就可以产生一定频率和一定脉宽的方波信号。方波振荡电路常称为多谐振荡器。构成方波的振荡电路的形式多种多样,既可以用分立元件构成,也可以用集成电路与非门、运算放大器、集成 555 定时器构成。下面以集成 555 定时器为例,讨论方波振荡电路的工作原理。

555 集成芯片的内部电路和芯片管脚排列如图 17.6 所示。

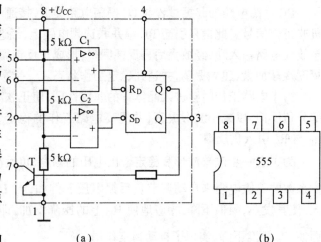

(a)   (b)

图 17.6 555 集成定时器

555 定时器含有 C_1 和 C_2 两个电压比较器,一个由"与非"门组成的基本 R – S 触发器,一个放电晶体管 T 以及由三个 5 kΩ 电阻组成的分压器。比较器 C_1 的参考电压为 $\frac{2}{3}U_{CC}$,加在同相输入端;C_2 的参考电压为 $\frac{1}{3}U_{CC}$,加在反相输入端。两者均在分压器上取得。各外引线端的用途是:

2 端为低电平触发端,由此输入触发脉冲。当 2 端的输入电压高于 $\frac{1}{3}U_{CC}$ 时,C_2 的输出为"1";当输入电压低于 $\frac{1}{3}U_{CC}$ 时,C_2 的输出为"0",使基本 R – S 触发器置"1"。

6 端为高电平触发端,由此输入触发脉冲。当输入电压低于 $\frac{2}{3}U_{CC}$ 时,C_1 的输出为"1";当输入电压高于 $\frac{2}{3}U_{CC}$ 时,C_1 的输出为"0",使触发器置"0"。

4 端为复位端,由此输入负脉冲(或使其电位低于 0.7 V)而使触发器直接复位(置"0")。

5 端为电压控制端,在此端可外加一电压以改变比较器的参考电压。不用时,经 0.01 μF 电容接"地",以防止干扰的引入。

7 端为放电端。当触发器的 $\overline{Q}$ 端为"1"时,放电晶体管 T 导通,外接电容元件通过 T 放电。

3 端为输出端,输出电流可达 200 mA,因此可直接驱动继电器、发光二极管、扬声器、指示灯等。输出高电压约低于电源电压 U_{CC} 1 ~ 3 V。

8 端为电源端,可在 5 ~ 18 V 范围内使用。

1 端为接地端。

555 集成定时器应用范围很广,其中一个应用是外接 R_1、R_2 和 C 组成方波振荡器。如图 17.7(a)所示。

接通电源 U_{CC} 后,电容 C 被充电,u_C 上升。充电回路是 + U_{CC}→R_1→R_2→C→地。当 $u_C > \frac{2}{3}U_{CC}$ 时,比较器 C_1 的输出为"0",将触发器置"0",u_o = "0"。这时 $\overline{Q}$ = 1,晶体管 T 饱和导通,电容 C 通过 R_2→T→地进行放电,u_C 下降。当 $u_C < \frac{1}{3}U_{CC}$ 时,比较器 C_2 输出为低电平。将触发器置"1",u_o = "1"。由于 $\overline{Q}$ = "0",晶体管 T 截止,电容 C 又进行充电,重复上述过程,u_o 为连续的方波,如图 17.7(b)所示。

振荡周期为

$$T = t_{p1} + t_{p2} = 0.7(R_1 + 2R_2)C$$

除了方波振荡电路之外,还经常应用三角波振荡电路、锯齿波振荡电路等。此处不作详细介绍。

【例 17.1】　试用 555 定时器芯片设计一个占空比可调试的多谐振荡器。电路的振荡频率为 10 kHz,占空比 D = 0.2。若取电容 C = 0.01 μF,试确定电阻的阻值。

【解】　由 555 组成的多谐振荡电路如图 17.8 所示。用 D_1 和 D_2 两只二极管将电容 C 的充放电电路分开。振荡频率为

$$f = \frac{1}{T} = \frac{1.43}{(R_1 + 2R_2)C} = 10 \times 10^3 \text{ Hz} \qquad (1)$$

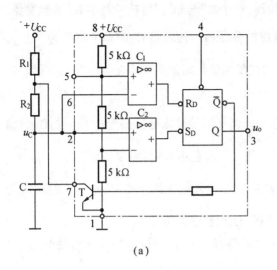
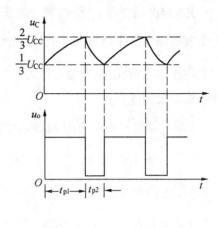

(a)

图 17.7　方波振荡器

输出波形的占空比

$$D = \frac{t_{p1}}{t_{p1} + t_{p2}} = \frac{R_1 + R_2}{R_1 + 2R_2} = 0.2 \tag{2}$$

由(1)和(2)可得

$$R_1 = 2.88 \text{ k}\Omega, R_2 = 11.52 \text{ k}\Omega$$

【例 17.2】　如图 17.9 是由 555 定时器组成的过电压监视电路,试说明其工作原理。

【解】　当监视电压 V_x 超过一定数值时,T 管就饱和导通,555 的管脚 1 近似接地,于是 555 成为多谐振荡器而产生振荡方波,由管脚 3 输出,使发光二极管 D_1 闪亮,发出过电压信号。

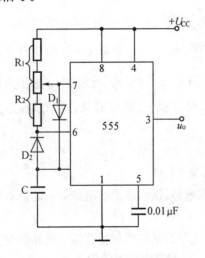
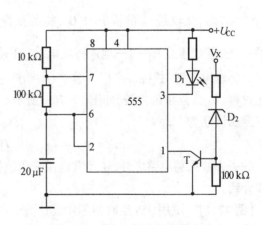

图 17.8　由 555 组成的多谐振荡电路

图 17.9　由 555 的过压监视电路

【例 17.3】　图 17.10 是某数字测量系统中九十进制数字记录显示装置。试分析其工作原理。

【解】　由图 17.10 可知,此数字记录显示装置是由方波振荡器、计数器、译码器和显示器组成。其中,方波振荡器是由 555 集成定时器组成,产生频率约为 1 Hz 的脉冲信号,接于第 1 片集成计数器的 C_0 输入端,作为计数时钟信号;计数器是由两片 74LS93 (CT4093)组成,第 1 片接成十进制,第 2 片接成九进制计数器。第 2 片的 C_0 与第 1 片的输出 Q_3 相接,两片计数器就构成了九十进制计数器。集成译码器选用的是 74LS47,低电平输出译码。两片译码器的输入分别与计数器 1、2 的输出相接,输出分别与十位数码显示器 LED、个位数码显示器 LED 的各段相接。译码器将计数器输出的二进制数码转换成十进制数码,通过两位数码显示器进行显示。由于译码器选用的是 74LS47,低电平输出有效,因此 LED 选用的是共阳极接法的数码管。

当开关 S 闭合时,555 振荡器产生约为 1 Hz 的脉冲信号,计数器开始计数(记录输入脉冲的个数),数码显示器进行数码显示。当第 90 个输入脉冲来到时,计数器输出清零,显示器由显示的 89 返回 00,完成九十进制的功能。

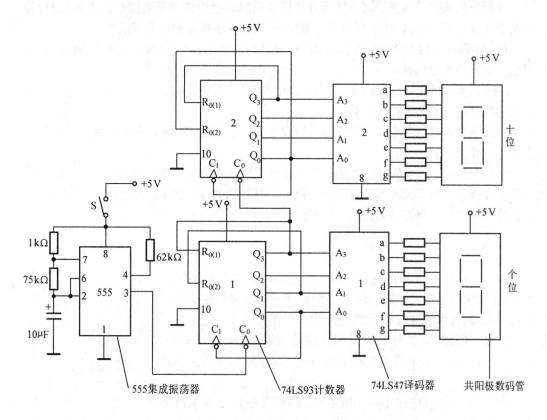

图 17.10　两位数字记录显示装置

思 考 题

17.4　555 集成定时器内部由哪几部分组成? 各部分具有什么作用?

17.5　555 集成定时器接成多谐振荡器时,第④脚为什么接高电平?

本 章 小 结

本章讨论了正弦波振荡电路和多谐振荡电路的组成及产生自激振荡的条件,并分析了由不同元件器件组成的振荡电路原理。

(1)正弦波振荡电路由放大电路、正反馈电路、选频电路三部分组成。前两部分共同保证电路满足自激振荡的条件;选频网络保证实现单一频率的正弦波振荡。

正弦波自激振荡的条件包括:幅值条件,$U_f = U_i$;相位条件,正反馈。

正弦波振荡电路的起振过程是从 $U_f > U_i$ 到 $U_f = U_i$ 的过程。这个过程的实现,利用了晶体管的非线性特性或热敏电阻的负反馈作用。

变压器反馈式正弦波振荡电路利用 LC 并联谐振电路选频,振荡频率 $f_0 = \dfrac{1}{2\pi\sqrt{LC}}$。这种电路适合产生较高频率的正弦波信号。

RC 桥式振荡电路利用 RC 串并联电路选频,振荡频率 $f_0 = \dfrac{1}{2\pi RC}$。这种电路适用于产生较低频率的正弦波信号。

分析正弦波振荡电路能否振荡的方法是运用瞬时极性法判断电路是否为正反馈,若相位条件满足了,就可以认为电路能够振荡,因为幅度条件是很容易满足的。

(2) 多谐振荡器也称无稳态触发器,它没有稳定状态,同时不需外加触发脉冲,就能输出一定频率的矩形脉冲。

多谐振荡器的电路结构较多,常用的是由与非门、石英晶体、运算放大器、集成 555 定时器芯片等组成的多谐振荡电路。

多谐振荡器在数字电路中常作为方波发生器。触发器和时序电路中的时钟一般是由多谐振荡器产生的。

555 集成电路定时器是一种将模拟功能和逻辑功能集成在同一硅片上的时基电路。它只需外接几个阻容元件,就可以构成各种不同用途的电路,如单稳态电路、多谐振荡器、施密特触发器等。电路功能灵活,适用范围广。

习　题

17.1　题图 17.1 所示的正弦波振荡电路接通电源后不能起振,但将反馈绕组的两个接线端 A、B 对调一下便能够起振了。试说明原因,并画出原绕组和反馈绕组的同名端。

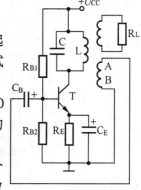

图 1701　习题 17.1 的图

17.2　题图 17.2 所示的正弦波振荡电路中,电感 $L = 100$ μH,电容 C 可从 30 pF 到 300 pF 连续变化,试计算其振荡频率的变化范围。

17.3　试根据自激振荡的相位条件,判断题图 17.2 所示两个电路能否产生正弦振荡,并说明原因。若不能产生振荡,问采取什么措施才能使其产生振荡?

17.4　RC 桥式正弦波振荡电路能否采用一级或三级共射极放大电路来构成? 能否采用由两个电阻分压组成正反馈电路,为什么?

17.5　题图 17.3 是由 555 定时器组成的门铃电路,试分析其工作原理,并说明电容 C_3 的作用。

17.6　题图 17.4 是一个简易电子琴电路,按下不同的琴键(图示为开关),就能发出不同的琴音。已知 C 调八个基本音阶的频率如表 17.1 所示,$R_1 = 10$ kΩ,$C_1 = 0.22$ μF。

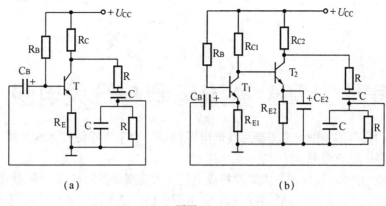

（a） （b）

题图 17.3

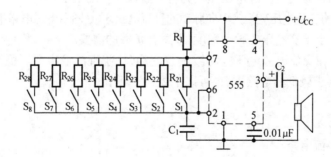

题图 17.5

试求 $R_{21} \sim R_{28}$。

表 17.1

音阶	1	2	3	4	5	6	7	i
频率/Hz	264	297	330	352	396	440	495	528

题图 17.6

第十八章　整流电源与开关电源

在生产和科学实验中经常需要用直流电源供电。由于半导体技术的发展,目前广泛采用各种半导体整流电源。

半导体技术的发展,特别是大规模集成电路及大功率器件的日臻完善,使电源装置有了重大突破。如今,另一种高效、轻型的开关电源也已广泛应用于各个技术领域。

本章着重讨论二极管整流电源及可控硅整流电源,最后介绍一下目前风靡于世界各国的开关电源技术。

18.1　二极管整流电源

图 18.1 是半导体整流电源的原理方框图,它表示交流电变换为稳定直流电的过程。图中各环节的功能如下:

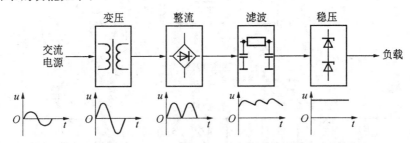

图 18.1　半导体整流电源原理方框图

① 整流变压器:将交流电源电压变换为符合整流需要的电压。

② 整流电路:将交流电压变换为单向脉动的直流电压,这是图示电源电路中的主要部分。

③ 滤波器:减小整流电压的脉动程度,以适合负载的需要。

④ 稳压环节:在交流电源电压波动或负载变动时,使直流输出电压稳定。在对直流电压的稳定程度要求较低的电路中,也可以不要稳压环节。

一、整流电路

1.单相半波整流电路

图 18.2 所示的为单相半波整流电路。该电路由整流变压器 B、整流二极管 D 及负载电阻 R_L 组成。

设 $u_2 = U_{2m}\sin \omega t$,正半波时 a 点为“+”,b 点为“−”,此时二极管加正向电压(又称正向偏置,简称正偏),二极管 D 导通,负载 R_L 中流过电流 i_o,在 R_L 上产生的压降 u_o 为上“+”下“−”。若忽略二极管的管压降,负载电阻上的电压即为变压器副边电压,如图 18.3 所示。

当电源为负半波时,a 点为“−”,b 点为“+”,此时二极管承受反向电压(又称反向偏置,简称反偏),处于截止状态。负载电阻 R_L 中无电流通过,即 $i_o = 0$, $u_o = 0$。

由以上分析可知,在电源电压变化过程中负载上的电压、电流均为单向脉动值。这种单向脉动电压常用一个周期的平均值来说明它的大小。单相半波整流电压的平均值为

$$U_o = \frac{1}{2\pi}\int_0^{2\pi} \sqrt{2}\,U_2\sin \omega t\,\mathrm{d}(\omega t) =$$

$$\frac{\sqrt{2}}{\pi}U_2 = 0.45\,U_2 \tag{18.1}$$

式中 U_2 为变压器副边电压的有效值。

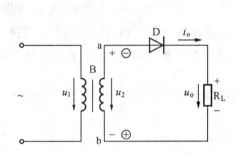

图 18.2　单相半波整流电路

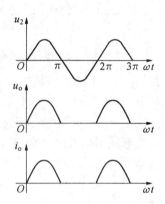

图 18.3　单相半波整流电路的波形图

整流电流的平均值为

$$I_o = \frac{U_o}{R_L} = 0.45\,\frac{U_2}{R_L} \tag{18.2}$$

整流电路所用的二极管,一般根据所需要的直流电压(即整流输出电压 U_o)和直流电流(即 I_o)及二极管截止时所承受的最高反向电压来选择。显然,在单相半波整流电路中,二极管不导通时承受的最高反向电压就是变压器副边交流电压 u_2 的最大值 U_{2m},即

$$U_{DRM} = U_{2m} = \sqrt{2}\,U_2 \tag{18.3}$$

【例 18.1】　有一单相半波整流电路如图 18.2 所示。已知负载电阻 $R_L = 750\ \Omega$,变压器副边电压 $U_2 = 20\ \mathrm{V}$,试求 U_o、I_o 及 U_{DRM},并选择二极管。

【解】

$$U_o = 0.45\,U_2 = 0.45 \times 20 = 9\ \mathrm{V}$$

$$I_o = \frac{U_o}{R_L} = \frac{9}{750} = 0.012\ \mathrm{A} = 12\ \mathrm{mA}$$

$$U_{DRM} = \sqrt{2}\,U_2 = \sqrt{2} \times 20 = 28.2\ \mathrm{V}$$

查附录或手册可知,应选用二极管 2AP4,其最大整流电流 $I_{FM} = 16\ \mathrm{mA}$,反向峰值电压为 50 V,满足电路要求。

2.单相桥式整流电路

单相半波整流的缺点是只利用了电源的半个周期,且整流电路的输出电压脉动较大。为了克服这些缺点,常采用全波整流电路,其中最常用的是单相桥式整流电路。图 18.4 是由四个二极管组成的桥式整流电路,下面我们分析其工作原理。

设 $u_2 = \sqrt{2}\,U_2\sin \omega t$。当 u_2 为正半波时,设 a 为"＋"、b 为"－",二极管 D_1、D_3 承受正

向电压,因而导通。在负载中有电流 i_{o1} 流过,R_L 上产生的压降 u_o 如图 18.5 所示,此时二极管 D_2、D_4 因承受反向电压而截止。

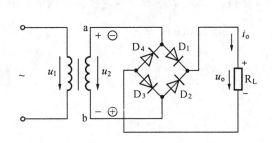 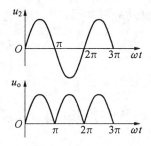

图 18.4　单相桥式整流电路　　　　图 18.5　单相桥式整流电路波形图

当 u_2 为负半波时,a 为"$-$",b 为"$+$",二极管 D_2、D_4 承受正向电压,因而导通。在负载电阻 R_L 中流过电流 i_{o2},其大小和方向与正半波时相同,因而在 R_L 两端产生与正半波时相同的压降 u_o,如图 18.5 所示。

由波形图可以看出,单向桥式整流电路的输出电压 U_o 同样是单相脉动的,其平均值为单相半波电路的 2 倍,即

$$u_o = 2 \times 0.45 U_2 = 0.9 U_2 \tag{18.4}$$

整流电流
$$I_o = \frac{U_o}{R_L} = 0.9 \frac{U_2}{R_L} \tag{16.5}$$

由上述分析可知,流过每个二极管的电流平均值是 I_o 的 $1/2$,即

$$I_{D1} = I_{D2} = I_{D3} = I_{D4} = \frac{1}{2} I_o = 0.45 \frac{U_2}{R_L}$$

二极管截止时所承受的最高反向电压与单相半波整流电路相同,即

$$U_{DRM} = \sqrt{2} U_2 \tag{18.6}$$

二极管的选择原则也和单相半波整流电路相同。

为了方便和装配简单,可把桥式整流电路连接好后密封在壳体中,构成一种新的器件——全波桥式整流器,又称整流桥。整流桥一般由硅整流二极管的管芯,按伏安特性挑选配对构成。密封后的桥体有两个交流输入端和两个直流输出端(有正负极之分),如图 18.6 所示。

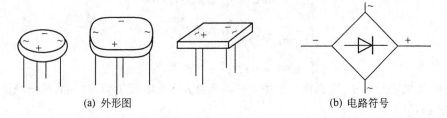

(a) 外形图　　　　　　　　　　　　　　　(b) 电路符号

图 18.6　整流桥

整流桥的参数和二极管相近,包括额定正向整流电流 I_F、最高反向工作电压 U_{DRM}、平均整流电压 U_o 等,选用的原则也与二极管相同。

【例 18.2】 一整流电路,要求输出的直流电压为 110 V,电流为 50 mA,应选用哪种型号的整流桥。

【解】　由 $U_o = 0.9U_2$ 可求出变压器副边电压为

$$U_2 = \frac{U_o}{0.9} = \frac{110}{0.9} = 122 \text{ V}$$

整流桥承受的最高反向电压为

$$U_{RM} = \sqrt{2}\,U_2 = \sqrt{2} \times 122 = 172 \text{ V}$$

查手册或本书附录可知,选用 1CQ－1D 型整流桥能满足要求。其额定正向整流电流 $I_F = 50$ mA,最高反向工作电压 $U_{RM} = 300$ V。

二、滤波电路

由图 18.5 可看出,整流电路的输出电压已经是方向不变的直流电压,但电压的大小仍在变化,这种直流电称为脉动直流。脉动直流电对某些工作(如电镀、蓄电池充电等)已经能满足要求,但在更多的场合,则需要脉动程度较低的平稳直流电。怎样才能将脉动较大的直流电变为脉动较小的直流电呢? 这就需要滤波电路。

图 18.7 是单相半波整流电容滤波电路及其输出电压波形。由图 18.7(a)可知,当二极管导通时,一方面给负载供电,同时电容 C 充电。在忽略二极管正向压降的情况下,电容电压 u_C 基本上随着电源电压 u_2 上升,即 $u_C = u_o \approx u_2$。达到电源电压最大值之后,u_2 按正弦曲线下降,而滤波电容通过负载电阻 R_L 放电,故 u_C 按指数规律下降。通常放电时间常数 $R_L C$ 都较大,一般 $R_L C \geq (3 \sim 5)\dfrac{T}{2}$($T$ 为 u_2 的周期),故在 u_2 最大值之后的某一时间(图中为 t_2)之后,u_o 开始大于 u_2,因此二极管截止,电容继续放电,R_L 中仍有电流流过。到 t_3 之后,u_2 又大于 u_o,整流管导通,电容充电,如此往复进行,因而得到图18.7(b)所示的输出波形。可见电容滤波使 u_o 的脉动程度大大降低,输出电压的平均值 U_o 增

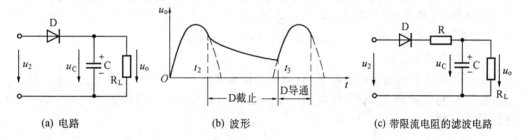

(a) 电路	(b) 波形	(c) 带限流电阻的滤波电路

图 18.7　单相半波整流电容滤波电路及波形

大,通常按下述关系计算 U_o。

$$\begin{cases} U_o = 1.0U_2 & \text{(半波)} \\ U_o = 1.2U_2 & \text{(全波)} \end{cases} \tag{18.7}$$

由以上分析可见,电容滤波的特点是输出电压的平均值增加,整流管的导通时间缩短,故在平均电流相同的情况下,通过整流管的电流幅值增大。特别是在刚接通电源瞬间,如果电容没有剩余电压,则充电电流更大。因此,或者选用大电流容量的整流管,或者在电路中串入一个阻值为 $(\dfrac{1}{10} \sim \dfrac{1}{15})R_L$ 的限流电阻 R(如图 18.7(c)),以防损坏整流管。此外,由于电容放电时间常数 $R_L C$ 与负载有关,因此负载变化对输出电压平均值有一定影响。所以,电容滤波电路适用于输出电压高、输出电流小、负载变化不大的场合。滤波电容的数值一般在几十微法到几千微法,其耐压应大于输出电压的最大值。

　　除电容滤波外,一般常用的还有电感电容滤波电路、Ⅱ形 LC 滤波电路和Ⅱ形 RC 滤波电路,此处不作详细介绍。

三、稳压电路

　　经整流和滤波后的电压往往会随交流电源电压的波动和负载的变化而变化。电压的不稳定有时会产生测量误差,影响控制装置的控制精度。精密的电子测量仪器、自动控制、计算机装置都要求有稳定的直流电源供电。

　　1.稳压管稳压电路

　　图 18.8 是稳压管稳压电路。经过桥式整流电路整流和电容滤波器滤波得到直流电压 U_i,再经过限流电阻 R 和稳压管 D_Z 组成的稳压电路接到负载电阻 R_L 上。这样,负载上得到的便是一个比较稳定的电压。

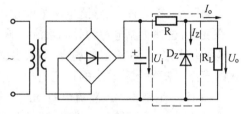

　　引起电压不稳定的原因是交流电源电压的波动和负载电流的变化。下面分析在这两种情况下稳压电路的作用。若交流电源电压增加而使整流输出电压 U_i 随着增加时,负载

图 18.8　稳压管稳压电路

电压 U_o 也要增加(U_o 即为稳压管两端的反向电压)。当负载电压 U_o 稍有增加时,稳压管的电流 I_Z 就显著增加,因此电阻 R 上的压降增加,以抵偿 U_i 的增加,从而使负载电压 U_o 保持近似不变。相反,如果交流电源电压降低而使 U_i 减小时,负载电压 U_o 也要减小,因而稳压管电流 I_Z 显著减小,电阻 R 上的电压也减小,仍然保持负载电压 U_o 近似不变。同理,如果当电源电压保持不变而负载电流变化引起负载电压 U_o 改变时,上述稳压电路仍能起到稳压的作用。例如,当负载电流增大时,电阻 R 上的压降增大,负载电压 U_o 下降,稳压管电流显著减小,通过电阻 R 的电流和电阻上的压降保持近似不变,因此负载电压 U_o 也就近似稳定不变。当负载电流减小时,稳压过程相反。

　　2.晶体管稳压电路

　　稳压管稳压电路稳压精度较低,只适用于稳压要求不高的小功率的电子设备。因而,就有稳压性能良好的晶体管稳压电路出现。图 18.9 是一种串联型晶体管稳压电路,它包括以下四个部分。

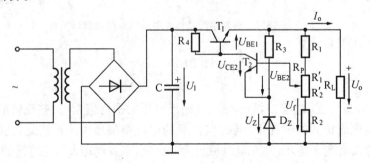

图 18.9　串联型晶体管稳压电路

　　① 采样环节。由 R_1、R_2、R_p 组成的电阻分压器,它将输出电压 U_o 的一部分

$$U_f = \frac{R_2 + R'_2}{R_1 + R_2 + R_p} U_o.$$

取出送到放大环节。电位器 R_p 是调节输出电压用的。

② 基准电压。由稳压管 D_Z 和电阻 R_3 构成的电路中取得,即稳压管的电压 U_Z,它是一个稳定性较高的直流电压,作为调整、比较的标准。R_3 是稳压管的限流电阻。

③ 放大环节。由晶体管 T_2 构成的直流放大电路,它的基 – 射极电压 U_{BE2} 是采样电压与基准电压之差,即 $U_{BE2} = U_f - U_Z$。将这个电压差值放大后去控制调整管。R_4 是 T_2 的负载电阻,同时也是调整管 T_1 的偏置电阻。

④ 调整环节。一般由工作于线性区的功率管 T_1 组成,它的基极电流受放大环节输出信号控制。只要控制基极电流 I_{B1},就可以改变集电极电流 I_{C1} 和集 – 射极电压 U_{CE1},从而调整输出电压 U_o。

图 18.9 所示串联型稳压电路的工作情况如下:当输出电压 U_o 升高时,采样电压 U_f 就增大,T_2 的基 – 射极电压 U_{BE2} 增大,其基极电流 I_{B2} 增大,集电极电流 I_{C2} 上升,集 – 射极电压 U_{CE2} 下降。因此,T_1 的 U_{BE1} 减小,I_{C1} 减小,U_{CE1} 增大,输出电压 U_o 下降,使之保持稳定。这个自动调整过程可以表示为

$$U_o \uparrow \rightarrow U_{BE2} \uparrow \rightarrow I_{B2} \uparrow \rightarrow I_{C2} \uparrow \rightarrow U_{CE2} \downarrow$$
$$U_o \downarrow \leftarrow U_{CE1} \uparrow \leftarrow I_{C1} \downarrow \leftarrow I_{B1} \downarrow \leftarrow U_{BE1} \downarrow$$

当输出电压降低时,调整过程相反。

3. 集成稳压电路

(1)集成稳压电路简介。集成稳压器精度高、体积小、使用方便。集成稳压器的规格和种类繁多,下面主要介绍三端集成稳压器的外部结构、特点和主要参数。

① 外形结构和型号。三端集成稳压器的外形如图 18.10(a)所示。它有三个引线端,即输入端、输出端和公共端。其表示符号如图 18.10(b)所示。

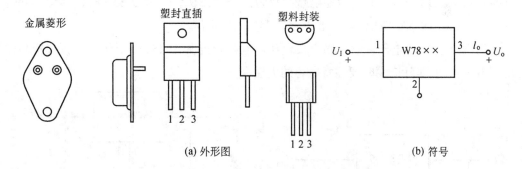

图 18.10　三端集成稳压器的外形和符号

不同型号的稳压器,三端对应的引脚不同,常用固定输出的三端集成稳压器的型号有 W78×× 、W79×× 、W78M×× 、W79M×× 、W78L×× 和 W79L×× 等系列。不同的系列对应不同的输出极性和输出电流。78 系列输出正电压,79 系列输出负电压。W78 和 W79 系列的输出电流为 1.5 A;W78M 和 W79M 系列输出电流为 0.5A;W78L 和 W79L 系列输出电流为 0.1 A。每个系列都有几个固定输出电压等级,一般为 5 V、6 V、9 V、12 V、15 V、18 V、24 V 等。型号中的 ×× 代表输出电压的绝对值。例如,W7812 的输出电压为 12 V,输出电流为 1.5 A;W79M09 的输出电压为 – 9 V,输出电流为 0.5 A。

除了固定输出的集成稳压器外,还有输出电压可调的三端可调稳压器。如 W117/

227/317 系列集成稳压器,其输出电压可调节范围为 1.25 ~ 37 V。此外,还有 W137/237/
337 系列集成稳压器,其输出电压可调范围为 – 1.25 ~ – 37 V。

② 主要参数。

Ⅰ.输出电压 U_o。输出电压即稳压器的稳定输出电压。一般稳压器的输出电压偏差 ≤14%。

Ⅱ.电压调整率 S_U。电压调整率是指当输入电压变化 10% 时,输出电压的相对变化量。S_U 越小,说明稳压效果越好。

Ⅲ.电流调整率 S_I。电流调整率是指当输出电流 I_o 从给定最小值变到最大值时,输出电压的变化量。

Ⅳ.最小压差 $U_i – U_o$。最小压差表明了所要求的最小输入电压值,即最小输入电压等于输出电压加最小压差。只有保证输入电压大于最小输入电压,才能得到稳定的输出电压 U_o。

Ⅴ.最大输入电压 U_{IM}。最大输入电压即保证稳压器不被损坏的最大输入电压。

(2)集成稳压器的典型应用。三端集成稳压器的使用非常方便。应用时只要从手册中查到其有关参数和外引线排列,配上适当的散热片(特别是满载情况下更要配上足够大的散热片,否则,散热效果不好,组件的带负载能力下降),就可以按要求接成稳压电路。

① 输出固定正电压。输出固定正电压的稳压电路如图 18.11 所示。其中电容 C_i 和 C_o 用来减小输入、输出电压的脉动和改善负载的瞬态响应。

例如要输出 12 V 电压,可根据负载电流的要求,选用 W7812(或 W78M12、W78L12)组件接入图 18.11 所示电路中,典型电路参数为:$U_i \geqslant 1.2 U_o$,$C_i = 0.33\ \mu F$,$C_o = 0.1\ \mu F$。其中 U_i 为整流电路的输出电压,也是稳压器的输入电压。

② 输出固定负电压。输出固定负电压的稳压电路如图 18.12 所示。参数选择与输出正电压相同,实际应用时要注意电容的极性。

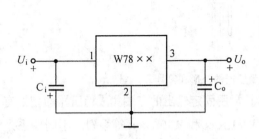

图 18.11　输出固定正电压的稳压电路

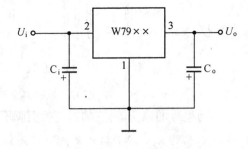

图 18.12　输出固定负电压的稳压电路

③ 同时输出正、负电压。同时输出正、负电压的电路如图 18.13 所示。这种接法可使两个组件共用一个整流电路,节省元件。

例如,选 W7815 和 W7915,可得到 ± 15 V 的电压。电路中 $C_1 = 0.33\ \mu F$,$C_2 = 0.1\ \mu F$,$C_3 = 2.2\ \mu F$,$C_4 = 1.0\ \mu F$。

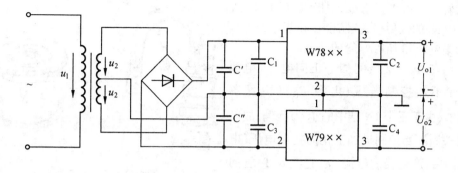

图 18.13 正、负电压输出的稳压电路

④ 输出电压可调。输出电压可调的稳压电路如图 18.14 所示。图中 W117 为三端可调集成稳压器，3 脚为输入端，1 脚为调整端，2 脚为输出端。其输出电压为 $U_o = 1.25(1 + \dfrac{R_2}{R_1})$ V，按图 18.14 中的参数配置，其输出电压调节范围在 1.25 ~ 28 V 之间。三端可调集成稳压器的输入、输出之间的压差在 3 ~ 40 V 之间，即 3 V $\leqslant (U_i - U_o) \leqslant 40$ V。它的最高输入电压为 40 V，则最高输出电压为 37 V，即输出电压的最大调节范围为 1.25 ~ 37 V。

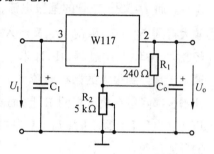

图 18.14 输出电压可调的稳压电路

18.2 晶闸管整流电源

晶闸管是一种大功率半导体可控开关元件。自从 1957 年第一只晶闸管研制成功后，使半导体器件从弱电领域进入了强电领域。目前，晶闸管主要用于整流、逆变、调压和开关四个方面，特别是晶闸管整流已广泛应用于直流电机调速、电解、电镀、电焊等技术领域。

一、晶闸管的基本结构及导电原理

1. 基本结构

晶闸管是具有三个 PN 结的四层结构，如图 18.15(a) 所示。由 P_1 层引出的电极称为阳极(A)，由 N_2 层引出的电极称为阴极(K)，由中间的 P_2 层引出的电极称为控制极(G)。图 18.15(b) 是晶闸管的表示符号，其标注为 SCR(英文名词缩写)。图 18.16 为其外形图。图 18.16(a) 为螺栓式，图 18.16(b) 为平板式(一般大功率多采用此种形式)。国产晶闸管的型号为 KP 系列(普通晶闸管)、KK 系列(快速晶闸管)等。

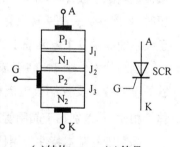

(a)结构　　(b)符号

图 18.15 晶闸管基本结构及符号

2. 工作原理

为了说明晶闸管的工作原理，我们把晶闸管看成是由 PNP 和 NPN 型两个晶体管连接而成，每一个晶体管的基极与另一晶体管的集电极相连如图 18.17 所示。阳极 A 相当于

三极管 $P_1N_1P_2$ 的发射极,阴极 K 相当于三极管 $N_1P_2N_2$ 的发射极,控制极 G 相当于 $P_1N_1P_2$ 管的集电极和 $N_1P_2N_2$ 管的基极。

当在 A、K 两极间加上正向电压(电源 E_A)而不加控制电压(电源 E_G)时(见图 18.18),由于三个 PN 结中的 J_2 为反偏,故晶闸管关断。当控制极加上正向控制电压(电源 E_G)后,产生控制电流 I_G,它流入 T_2 管的基极,并经过 T_2 管的电流放大得到 $I_{C2} = \beta_2 I_G$。而 I_{C2} 又是 T_1 管的基极电流,经 T_1 管放大得到 $I_{C1} = \beta_1 \cdot \beta_2 I_G$。$I_{C1}$ 又流入 T_2 管的基极,而经放大,循环上述过程,使 T_1 和 T_2 管迅速饱和导通。于是得到很大的阳极电流 I_A。电源电动势 E_A 几乎全部降落在负载电阻 R 上,而晶闸管的阳极电压 U_A(也称管压降)下降到 1 V 左右,这就是晶闸管的导通过程。

当晶闸管导通后,即使去掉 E_G,晶闸管也能自动维持导通。要使晶闸管重新关断,只有使阳极电流小于某一值,使 T_1、T_2 管重新截止。这个电流值称为维持电流。

当晶闸管阳极和阴极之间加反向电压时,显然,无论是否加 E_G,可控硅都不会导通。同样,E_G 反极性时,也不能使晶闸管导通。

综上所述,晶闸管是一个可控制的单向开关元件,只有当阳极接电源正极,阴极接电源负极,控制极对阴极间加正向电压时,才能导通。晶闸管只有当阳极接电源负极,阴极接电源正极或使晶闸管中电流减小到小于维持电流时,方能关断。

晶闸管和一个 PN 结组成的二极管相比,差别在于晶闸管的正向导通受控制极电流的控制;与具有两个 PN 结的晶体管相比,其差别在于晶闸管对控制极电流没有放大作用。

晶闸管的基本特性常用伏安特性来表示,即用阳极 – 阴极间电压电流的关系曲线来表示。图 18.19(a)为 $I_G = 0$ 时的伏安特性曲线。

普通晶闸管的特性曲线除了 OA 转折段外,很像二极管的伏安特性。因此,晶闸管相当于一种导通时间可控的二极管。

必须注意,在很大的正向和反向电压作用下,晶闸管将会击穿导通,这是不允许的。通常是使晶闸管在接通正向电压下将正向触发电压加到控制极上,使可控硅导通,其特

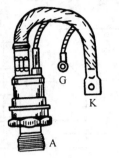
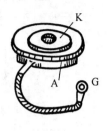

(a)螺栓式　　　(b)平板式
图 18.16　晶闸管的外形

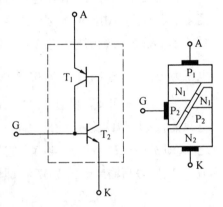

图 18.17　晶闸管相当于 PNP 和 NPN 两个晶体管组合

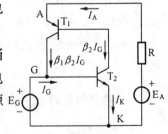

图 18.18　晶闸管导通原理

性曲线如图 18.19(b)所示。由图可知,控制极电流 I_G 越大,正向转折电压越低,晶闸管越易导通。

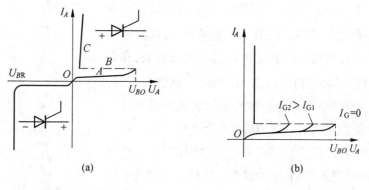

(a) I_G =0 时的伏安特性　　　　(b)不同 I_G 时的伏安特性

图 18.19　晶闸管的伏安特性

3. 主要参数

(1)正向重复峰值电压 U_{DRM}。在控制极断路和晶闸管正向阻断的条件下可以重复加在晶闸管两端的正向峰值电压,称为正向重复峰值电压。通常规定此电压比正向转折电压小 100 V。

(2)反向重复峰值电压 U_{RRM}。在控制极断路时,可以重复加在晶闸管元件上的反向峰值电压,称为反向重复峰值电压。

U_{DRM} 和 U_{RRM} 一般相等,统称为晶闸管的峰值电压。

(3)额定正向平均电流 I_F。在规定环境温度和标准散热及全导通的条件下,晶闸管元件可以连续通过的工频正弦半波电流平均值,称为额定正向平均电流 I_F。

(4)维持电流 I_H。在规定的环境温度和控制极断路时,维持元件继续导通的最小电流称为维持电流 I_H。当晶闸管的正向电流小于这个电流时,晶闸管将自动关断。

(5)控制极触发电压 U_G、触发电流 I_G。在规定的环境温度下加一正向电压,使晶闸管从阻断状态转变为导通状态所需要的最小控制极直流电压、电流,称为触发电压 U_G、触发电流 I_G。

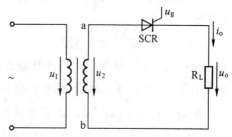

图 18.20　单相半波可控整流电路

二、晶闸管整流电路

1. 单向半波可控整流电路

图 18.20 是由晶闸管组成的半波可控整流电路。其中负载为电阻 R_L(对于晶闸管组成的整流电路,不同性质的负载,工作情况不同,在此仅介绍电阻性负载的情况,电感性负载的情况可参看有关书籍)。若输入电压为 $u_2 = U_{2m}\sin \omega t$,在交流电压为正半波时,晶闸管 SCR 承受正向电压。假如在 t_1 时刻给控制极加上触发脉冲,如图 18.21 所示,晶闸管

导通,负载上得到电压。当交流电压 u_2 下降到接近于零值时,晶闸管中电流小于维持电流而关断。在电源电压 u_2 为负半波时,晶闸管 SCR 承受反向电压,此时即使加触发脉冲,晶闸管也不导通。在第二个正半周内,在相应的 $t_2(\omega t_2 = \omega t_1 + 2\pi)$ 时刻加入触发脉冲,晶闸管又导通,在负载电阻上就可以得到如图 18.21(c) 所示的电压和电流。图 18.21(d) 为晶闸管两端电压波形图。由波形图可以看出,晶闸管承受的正反向电压的幅值均为 $\sqrt{2}\,U_2$。

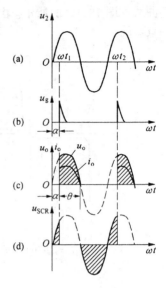

图 18.21　单相半波可控整流电路波形图

可以看出,在晶闸管承受正向电压的时间内,改变控制极触发脉冲的输入时刻(称为移相),负载上得到的电压波形就随着改变,可见移相可以控制负载电压的大小。可控硅在加正向电压下不导通的区域称控制角 α(又称移相角),如图 18.21(c) 中所示,而导通区域称为导通角 θ。显然,导通角 θ 大,输出电压高。可控整流电路输出电压和输出电流的平均值分别为

$$U_o = \frac{1}{2\pi}\int_\alpha^\pi \sqrt{2}\,U_2\sin\omega t\,\mathrm{d}(\omega t) =$$

$$\frac{\sqrt{2}}{2\pi}U_2(1 + \cos\alpha) =$$

$$0.45\,U_2\frac{1 + \cos\alpha}{2} \tag{18.8}$$

$$I_o = \frac{U_o}{R_L} = 0.45\,\frac{U_2}{R_L}\cdot\frac{1 + \cos\alpha}{2} \tag{18.9}$$

可以看出,输出电压 U_o 的大小随 α 的大小而变化。当 $\alpha = 0$ 时,$U_o = 0.45\,U_2$,输出最大,晶闸管处于全导通状态,当 $\alpha = \pi$ 时,$U_o = 0$,输出为零,晶闸管处于截止状态。

2.单相半控桥式整流电路

图 18.22 为一单相半控桥式整流电路。在整流桥中有两个桥臂用了晶闸管,两个桥臂是二极管。

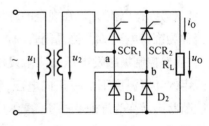

图 18.22　单相半控桥式整流电路

设 $u_2 = U_{2m}\sin\omega t$,当 u_2 为正半波时,其瞬时极性为上"+"下"−",晶闸管 SCR$_1$ 和二极管 D$_2$ 承受正向电压,若在 t_1 时刻给 SCR$_1$ 加触发脉冲,则 SCR$_1$ 导通(见图 18.23),负载上有电压 u_o,电流通路为 a→SCR$_1$→R$_L$→D$_2$→b。当 u_2 为负半波时,晶闸管 SCR$_2$ 和二极管 D$_1$ 承受正向电压,在 t_2 时刻给 SCR$_2$ 加触发脉冲,则 SCR$_2$ 导通,有电流流过负载 R$_L$,电流通路为 b→SCR$_2$→R$_L$→D$_1$→a。由上面的分析可知,在晶闸管整流电路中,一旦晶闸管导通后,电路的工作情况与二极管整流电路相同。

由图 18.23 可知,负载上的电压和电流平均值分别为

$$U_o = 0.9U_2 \frac{1 + \cos\alpha}{2} \qquad (18.10)$$

$$I_o = 0.9 \frac{U_2}{R_L} \frac{1 + \cos\alpha}{2} \qquad (18.11)$$

三、晶闸管的触发电路

要使晶闸管导通,除了加正向阳极电压外,在控制极与阳极间还必须加触发脉冲电压。产生触发脉冲的电路称为触发电路。触发电路的种类很多,这里只简单介绍由单结晶体管 BT 构成的触发电路和光电耦合器构成的触发电路,图 18.24(a)是单结晶体管触发电路。单结晶体管 BT 有一个发射极 E,两个基极 B_1 和 B_2,外形和普通晶体三极管相似。单结晶体管工作的主要特点是:当其发射极电压 u_E 达到某一数值 U_p(峰值电压)时,它立即导通,导通后发射极电压 u_E 迅速下降到另一数值 U_v(谷点电压)。此时若使 $u_E < U_V$,它就立即截止。

在图 18.24(a)所示电路中,设电容器 C 充电之前电压 $u_C = 0$。接通电源 U 后,电容器经电阻 R 充电(充电快慢决定于时间常数 $\tau = RC$),电压 u_C 按指数规律升高。u_C 加在单结晶体管 BT 的发射极 E 和第

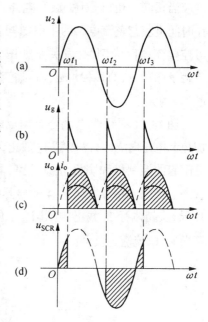

图 18.23　单相半控桥式整流电路波形图

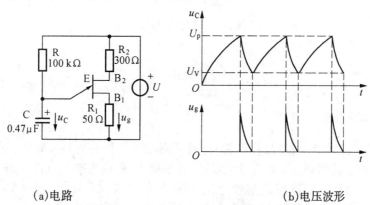

　　(a)电路　　　　　　　　(b)电压波形

图 18.24　单结晶体管触发电路

一基极 B_1 之间(BT 导通前,R_1 中无电流),当 u_C 等于 BT 的峰点电压 U_p 时,BT 导通,电容器通过 BT 的发射极 E、基极 B_1 和电阻 R_1 放电。由于 R_1 数值很小(几十欧),放电很快,放电电流在 R_1 上产生一个脉冲电压 u_g,如图 18.24(b)所示。放电使 u_C 下降,BT 的发射极电压 u_E 随着下降,当 u_C 等于 BT 的谷点电压 U_V 时,BT 截止。其后,电容器再次充电和放电,重复上述过程。于是在 R_1 上就得到了一连串的脉冲电压 u_g,其波形如图 18.24(b)所示。

由前述晶闸管的触发关系可知，u_g 的各个脉冲应适时地送到晶闸管的控制极上，因为晶闸管在每次承受正向阳极电压的半波内，接受触发脉冲的时刻应当相同。也就是说，触发电路发出的触发脉冲在时间上应与整流电路的主电源同步。以单相半波可控整流电路为例，触发关系如图 18.25 所示。调节触发脉冲 u_g 的移相角 α，就可控制整流电压平均值 U_o 的大小。

图 18.26 是由光电耦合器构成的触发电路。未加控制电压时，光敏晶体管 T_1 截止，晶体管 T_2 导通，晶闸管的控制极和阴极近似短路，晶闸管处于关断状态。当输入端加入 4 ~ 24 V 电压时，光敏晶体管 T_1 导通，晶体管 T_2 截止，电阻 R_2 上的电压触发晶闸管导通，电流流过负载。

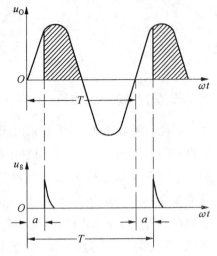

图 18.25　触发脉冲与主电源同步

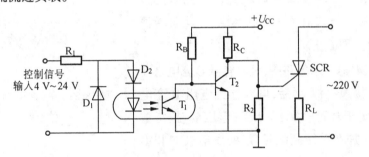

图 18.26　光耦合器触发电路

18.3　高频开关电源

一、开关电源简介

在功率开关晶体管问世以前，串联调整型晶体管稳压器一直是最简单、最常用的稳压技术。但是，由于其调整管工作在放大状态，管压降大，消耗功率大，尤其当电网电压升高时，多余的整流电压全部降在调整管上，消耗的能量更多。再有 50 Hz 工频变压器的存在，使得这类稳压电源体积较大，而且效率低，同时承受过载能力较差。

随着开关速度快、耐压高的大功率晶体管等半导体器件的出现和控制技术的发展，便产生了另一类基于开关控制原理的开关直流稳压电源。目前开关电源的工作频率为 20 ~ 500 kHz，有的甚至达到 MHz 数量级。

图 18.27 是一开关稳压电源的基本框图。交流电网电压经整流、滤波变为直流，再经主变换器将直流电压变换成为数十或数百 kHz 的高频方波或准方波电压[1]，之后经高频

---

① 即非标准方波。

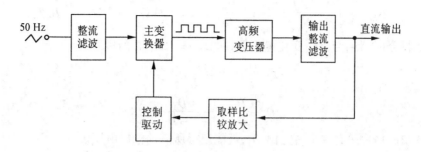

图 18.27　开关稳压电源的基本框图

变压器隔离、降压(或升压),再经高频整流滤波输出直流电压,这一直流输出经取样比较及控制驱动电路,调整控制变换器中功率开关的占空比,最后得到稳定的输出电压。

开关电源的分类方法多种多样。按激励方式分,有自激和他激式。这里,我们主要介绍他激式,即用外加控制驱动集成电路来控制开关管工作。若按脉冲调制方式分,有脉冲宽度调制 PWM[①],也有改变工作频率的频率调制 PFM[②]。无论开关电源如何分类,有关主变换器拓扑结构、控制驱动及功率器件的特性是我们必须要了解的,下面我们将分别介绍。

二、基本的变换器结构

开关电源主要组成部分是 DC – DC(直流 – 直流变换)变换器。变换器按输入与输出之间是否有变压器隔离,可以分成有隔离、无隔离两类。每一类中存在 4 种基本的变换器拓扑,它们是 buck 型、boost 型、buck-boost 型和 cuk 型。这里我们只介绍一种反激式 buck-boost 变换器拓扑电路。

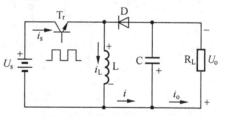

图 18.28　buck-boost 变换器电路

1. buck-boost 变换电路

buck-boost 变换器又称降压 – 升压变换器或反号变换器。图 18.28 为 buck-boost 电路。图中 U_S 为输入电源电压,U_o 为输出电压,T_r 为晶体管,工作在开关状态;L 为电感线圈。

设开关 T_r 接通时间为 t_1,开关 T_r 断开时间为 $t_2 - t_1$,开关 T_r 的周期为 T_s,则开关接通时间的占空比 $D_1 = \dfrac{t_1}{T_s}$,开关断开时间的占空比 $D_2 = \dfrac{t_2 - t_1}{T_s}$,故 $D_1 < 1, D_2 < 1$。

当开关 T_r 导通时,电流 i_s 流过电感 L,电感 L 储存能量,电感电流 i_L 线性增加,其增量为

$$\Delta i_{L1} = \int_0^{t_1} \frac{U_L}{L} \, \mathrm{d}t = \int_0^{t_1} \frac{U_s}{L} \, \mathrm{d}t = \frac{U_s}{L} t_1 = \frac{U_s}{L} D_1 T_s \tag{18.12}$$

电感 L 两端的自感电势的极性为上正下负,二极管 D 承受反向电压而截止。

当开关 T_r 断开时,电感电流 i_L 有减小趋势,电感 L 两端的自感电势改变极性,上负下正,二极管 D 承受正向电压而导通,电感 L 通过负载 R_L,电容 C 释放能量,因此,在负载 R_L 上产生输出电压 U_o,电容 C 充电储存能量,以备开关 T_r 转至接通时放电以维持 U_o 不变。开关断开时电感电流 i_L 线性减小,其增量为

①　PWM 是英文 Pulse Width Modulation 的缩写。
②　PFM 是英文 Pulse Frequency Modulation 的缩写。

$$\Delta i_{L2} = \int_{t_1}^{t_2} -\frac{U_L}{L}\,\mathrm{d}t = \int_{t_1}^{t_2} \frac{U_o}{L}\,\mathrm{d}t = -\frac{U_o}{L}(t_2 - t_1) = -\frac{U_o}{L}D_2 T_s \qquad (18.13)$$

由于稳态时 Δi_{L1} 与 Δi_{L2} 变化量相等,即 $\Delta i_{L1} = |\Delta i_{L2}|$,所以

$$\frac{U_s}{L}D_1 T_s = \frac{U_o}{L}D_2 T_s$$

故
$$U_o = \frac{D_1}{D_2} U_s = \frac{D_1}{1 - D_1} U_s \qquad (18.14)$$

由式(18.14)可知,改变占空比 D_1,就能获得所需的输出电压。

当 $D_1 = 0.5$ 时, $U_o = U_s$;

当 $D_1 > 0.5$ 时, $U_o > U_s$ 为升压型;

当 $D_1 < 0.5$ 时, $U_o < U_s$ 为降压型。

这样,就可以得到高于或低于输入电压的任何输出电压。

由于负载上的 U_o 电压极性与输入电压 U_s 的极性相反,故称为反号型变换器。线路中无论是电流 i_s,还是 i,都是脉动的,但通过滤波电容 C 的作用, i_o 应该是连续的。

2. Flyback 反激变换器

在 Buck-Boost 直流变换器中,将中间段的电感改为插入隔离变压器,副绕组的同名端在下,即推出 Flyback 变换器,亦称反激变换器,如图 18.29 所示。

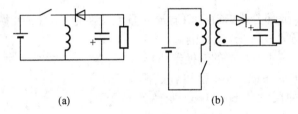

(a)   (b)

图 18.29 反激变换器的推出

从电路来看,单端反激变换器是由一只晶体管、变压器及二极管、电容构成的。

在单端反激式变换器中,整流二极管的接法使得晶体管导通时,二极管截止,这时电源输入的能量以磁能的形式储存于变压器中,在晶体管截止期间,二极管导通,变压器中储存的能量传输给负载,这也称为电感储能变换器,不过这里用变压器,而不用单个电感。

单端反激式变换器电路如图18.30所示。当 T_r 基极被输入脉冲驱动而导通时,输入电压 U_s 便加到变压器 T_1 的初级绕组 N_1 上,由于变压器 T_1 对应端的极性,次级绕组 N_2 为下正上负,二极管 D_1 截止,次级绕组 N_2 中没有电流流过。当 T_r 截止时, N_2 绕组电压极性变为上正下负,二极管 D_1 导通。此时, T_r 导通期间储存在变压器中的能量便通过二极管 D_1 向负载释放。在工作过程中变压器起了储能用的电感作用。

三、开关电源的控制电路

伴随着开关电源变换器拓扑的产生、控制方式的变化,各种新的集成控制电路不断推出。其中最典型、最常用的控制方法为脉宽调制法(PWM)。它是通过调节开关电源占空比,使输出电压基本上不随负载变化或输入电

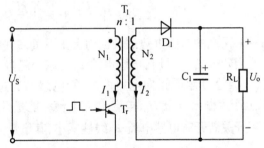

图 18.30 反激(Buck-Boost)式变换器电路图

压变化而变化。

下面我们将介绍一种系列典型的 PWM 集成芯片,说明它们如何完成调节功能? 并简单介绍其用法。

1. 1524、2524、3524 简介

1524、2524、3524 系列的特点有:

·完整的 PWM 控制电路的功能;

·频率的温度稳定性≤2%;

·有交变输出开关对,可以推换输出或单端输出;

·频率可调到 100～350 kHz;

·有超结温保护和过流保护;

·可为用户提供 5 V、50 mA 的直流稳压输出。

2. 外形、内部结构和工作特性

1524、2525、3524 的外形、内部结构如图 18.31 所示。

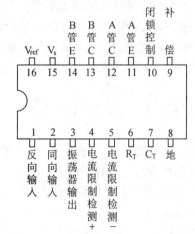

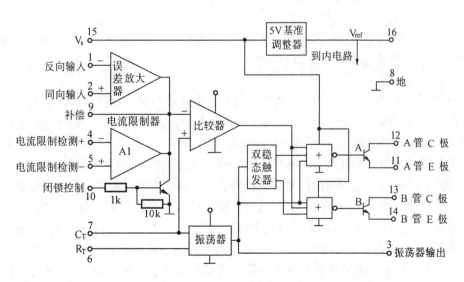

图 18.31　1524、2525、3524 的外形和内部结构

(1) 基准电压调整器。基准电压调整器是输出为 5 V、50 mA、有短路电流保护的电压调整器。它供电给所有内部电路,同时又可作为外部基准参考电压。若输入电压低于 6

V时,可把15、16脚短接,这时5 V电压调整器不起作用。

(2) 振荡器。振荡器的频率由外接阻容 R_T、C_T 决定,周期(近似)值 $T_s = R_T \cdot C_T$,一般 R_T 是 $1.8 \sim 100 \text{ k}\Omega$;$C_T$ 是 $0.001 \sim 0.1 \text{ }\mu\text{F}$;在 C_T 两端可得到一个 $0.6 \sim 3.5$ V变化的锯齿波,振荡频率可达 350 kHz,可直接带外负载。振荡器在输出锯齿波的同时还输出一组触发脉冲,其宽度取决于 C_T 的大小,实际宽度在 $0.5 \sim 5$ μs。

(3) 误差放大器。误差放大器是差动输入的放大器。它的增益标称值为 80 dB,其大小由反馈或输出负载来决定,该放大器共模输入电压范围在 $1.8 \sim 3.4$ V,需要将基准电压分压送至误差放大器1脚(正电压输出)或2脚(负电压输出)。为使电源系统稳定,在9脚对地之间接 R – C 网络,补偿系统的幅频、相频响应特性。本控制器无专门的死区时间控制端,而是靠基准电压分压至误差放大器的输出脚9,限制9脚的高电平数,则控制了死区。为了不影响控制器的内部性能,可在9脚与分压端之间串联二极管,使9脚电位低于分压端电压时分压回路不起作用。

如果作为开环系统工作,在9脚加控制电压即能工作。

(4) 电流限制器 A_1。电流限制放大器 A_1 输出与误差放大器的输出并联,控制脉冲的宽度。当 + 与 – 端之间加 200 mV 的限流检测电压时,输出占空比下降到 25% 左右;检测电压再增加约 5%,输出占空比为 0,所以必须小心地整定输入信号电压,一般不要超过 – $0.7 \sim 1.0$ V 的输入共模范围。

因该电路增益较低,控制脉宽时存在较大的延迟,电流开始限制值与实际工作会有一定的差值。

(5) 闭锁控制端 10。利用外部电路控制 10 脚电位,当 10 脚有高电平时,可关闭误差放大器的输出,因此,可作为软启动和过电压保护等。

(6) 比较器。C_T 的锯齿波电压与误差放大器的输出电压经过比较器比较,C_T 电压高于误差放大器的输出电压时,比较器输出高电平,或非门输出低电平,输出三极管截止。

(7) 触发器和或非门。经触发脉冲触发,双稳态触发器两输出端分别交替输出高、低电平,以控制输出级或非门输入端。

(8) 输出级。由两个中功率 NPN 管构成,每管有抗饱和电路和过流保护电路,每组可输出 100 mA。组间是相互隔离的。

3.IC 片的工作

直流电源 V_S 从 15 号脚引入分两路:一路加到或非门;另一路送到基准电压调整器的输入端,产生稳定的 + 5 V 基准电压,再送到内部(或外部)电路的其它元件作为电源。振荡器 7 号脚需外接电容 C_T,6 号脚需外接电阻 R_T,选用不同的 C_T、R_T 即可调节振荡器的频率。振荡器的输出分为两路:一路以时钟脉冲形式送至双稳态触发器及两个或非门;另一路以锯齿波形式送至比较器的同相端。比较器的反相端连接误差放大器。误差放大器实际上是差分放大器,它有两个输入端,这两个输入端可根据应用需要连接。例如,一端可连到开关电源输出电压 U_o 的取样电路上(取样信号电压约 2.5 V),另一端连到 16 号脚的分压电路上(应取得 2.5 V 的电压),误差放大器输出 9 号脚与地之间可接上电阻与电容,以进行频率补偿。误差放大器的输出与锯齿波电压在比较器中进行比较,从而在比较器的输出端出现一个随误差放大器输出电压的高低而改变宽度的方波脉冲,再将此方波脉冲送到或非门的一个输入端,或非门另两输入端分别为触发器、振荡锯齿波。最后,在晶体管 A 和 B 上分别出现脉冲宽度随 U_o 变化而变化的脉冲波,但两者相位相差 180°。

四、CW3524 控制的单端反激式开关电源电路

单端反激式开关电源的原理电路如图 18.32 所示。交流输入经滤波整流变为 + 25 V 的直流,PWM 控制芯片 CW3524 又将直流转换成方波信号,之后经高频整流滤波输出 5 V/3 A 的直流。同时,将输出取样经 CW3524 反馈比较,调整控制功率开关的占空比,以维持稳定的输出。图中高频变压器 T_1 兼有储能、限流、隔离的作用,CW3524 的 R_T 取值为 1.8 ~ 100 kΩ,C_T 取值为 1 nF ~ 0.1 μF,其振荡器工作频率为

$$f = \frac{1.18}{R_T C_T}$$

高频变压器的次级绕组可根据实际输出需要设置,本电路有一组 5 V/3 A 输出。

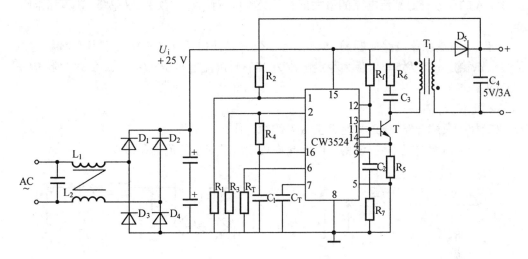

图 18.32 单端反激式开关电源

本 章 小 结

本章主要介绍了常用的电子电源电路及其相关的半导体器件。诸如晶闸管、集成稳压器等。

(1)传统的线性直流稳压电源是利用二极管整流、电容滤波,最后稳压输出。当然,电源电路中含有工频变压器。单相半波整流及单相桥式整流输出电压平均值为

$$U_o = 0.45U_2 \quad (半波)$$
$$U_o = 0.9U_2 \quad (桥式)$$

(2)为了减小输出电压的脉动量,可采用电容滤波电路,输出电压与负载有关。通常取

$$U_o = U_2 \quad (半波)$$
$$U_o = 1.2U_2 \quad (全波)$$

为了得到稳定的输出电压,可用稳压管组成简单的稳压电路。目前,应用较多的是集成稳压器,它使用简便,且稳压效果好。

(3)晶闸管是一种可以控制的半导体开关元件。其导通条件是阳极加正向电压,控制极加正向触发电压,阳极电流大于维持电流。晶闸管常用于可控整流等电路,输出电压的

平均值为

$$U_o = 0.45 U_2 \frac{1 + \cos \alpha}{2} \quad \text{（半波）}$$

$$U_o = 0.9\ U_2 \frac{1 + \cos \alpha}{2} \quad \text{（全波）}$$

(4)晶体管开关电源是近年来发展起来的新型直流稳压电源,它优于传统的线性直流稳压电源的突出点是去掉了笨重的工频变压器,晶体管工作在开关状态。这使得电源的体积减小、效率提高、可靠性增强。

习　题

18.1　在题图 18.1 中,已知 $R_L = 80\ \Omega$,直流伏特计 V 的读数为 110 V,试求:(1)直流安培计 A 的读数;(2)整流电流的最大值;(3)交流伏特计 V_1 的读数。(忽略二极管正向压降)

18.2　整流稳压电路如题图 18.2 所示。已知整流电压 $U_o' = 27$ V,稳压管的稳定电压为 9 V,稳定电流为 5 mA,最大稳定电流为 26 mA,限流电阻 $R = 0.6$ kΩ,负载电阻 $R_L = 1$ kΩ,求:

(1)电流 I_o、I_{DZ} 和 I;

(2)如果负载开路,稳压管能否正常工作? 为什么?

(3)如果电源电压不变,该稳压电路允许负载电阻变动的范围是多少?

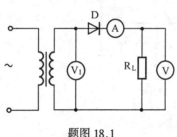

题图 18.1

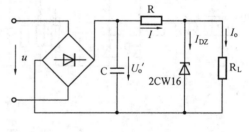

题图 18.2

18.3　试分析题图 18.3 所示的变压器副绕组有中心抽头的单相整流电路(副绕组两段的电压有效值各为 U),并回答下列问题:

(1)标出负载电阻 R_L 上电压 u_o 和滤波极性电容器 C 的极性;

(2)分别画出无滤波电容器和有滤波电容器两种情况下负载电阻上电压 u_o 的波形,是全波还是半波整流?

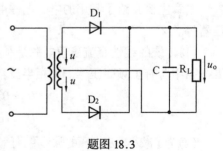

题图 18.3

(3)如无滤波电容器,负载整流电压的平均值 U_o 和变压器副绕组每段的有效值 U 之间的数值关系如何? 如有滤波电容,则又如何?

(4)分别说明有滤波电容器和无滤波电容器两种情况下,截止二极管上所承受的最高反向电压 U_{DRM} 是否都等于 $2\sqrt{2}U$。

(5)如果整流二极管 D_2 虚焊,U_o 是否是正常情况下的一半? 如果变压器副边中心抽头虚焊,这时有输出电压吗?

(6)如果把 D_2 的极性接反,是否能正常工作? 会出现什么问题?

(7)如果 D_2 因过载损坏造成短路,还会出现什么其它问题?

(8)如果输出端短路,又将出现什么问题?

(9)如果把图中的 D_1 和 D_2 都反接,是否仍有整流作用? 所不同的是什么?

18.4　用两个 W7815 稳压器能否构成输出电压为(1) + 30 V、(2) − 30 V、(3) ± 15 V 的电路?

18.5　一直流负载的工作电压为 5 V,工作电流小于 1 A,另一负载的额定工作电压为 − 12 V,工作电流小于 0.5 A,请分别选用集成稳压器组成所需电源,并给出稳压器输入的电压值。

18.6　在单相半波可控整流电路中,已知电源电压有效值 $U_2 = 220$ V,负载电阻 $R_L = 10$ Ω,求:(1)最大的输出电压、电流平均值;(2)输出电压、电流平均值等于最大平均值的 60% 时晶闸管的导通角。

附　录

附录 I　国际制单位(部分)

物理量	单位名称	物理量	单位名称
长　度	米(m)	电　阻	欧姆(Ω)
时　间	秒(s)	电　容	法拉(F)
力	牛顿(N)	电感、互感	亨利(H)
力　矩	牛顿·米(N·m)	电场强度	伏/米(V/m)
功、能、热量	焦耳(J)	磁场强度	安/米(A/m)
功　率	瓦特(W)	磁感应强度	特斯拉(T)
电荷、电量	库仑(C)	磁　通	韦伯(Wb)
电　流	安培(A)	磁动势	安匝(AT)
电位、电压、电动势	伏特(V)	磁导率	亨/米(H/m)
频　率	赫芝(Hz)	介电常数	法/米(F/m)

附录 II　常用导电材料的电阻率和电阻温度系数

材料名称	电阻率 ρ〔20℃〕 $\Omega \cdot mm^2 \cdot m^{-1}$	电阻温度系数 α〔0~100℃〕 ℃$^{-1}$
铜	0.017 5	0.004
铝	0.02	0.004
钨	0.049	0.004
铸铁	0.50	0.001
钢	0.13	0.006
碳	10.0	− 0.000 5
锰铜($Cu_{34} + Ni_4 + Mn_{12}$)	0.42	0.000 005
康铜($Cu_{60} + Ni_{40}$)	0.44	0.000 005
镍铬铁($Ni_{66} + Cr_{15} + Fe_{19}$)	1.0	0.000 13
铝铬铁($Al_5 + Cr_{15} + Fe_{80}$)	1.2	0.000 08

附录Ⅲ　常用电机与电器的图形符号

名　称		符　号	名　称		符　号
直流电动机	他励式		按钮触头	常　开	
				常　闭	
	并励式		接触器与继电器的线圈		
	串励式		接触器的触头	常　开	
				常　闭	
异步电动机	鼠笼式		继电器的触头	常　开	
				常　闭	
	绕线式		时间继电器的触头	常　开延时闭合	
				常　开延时断开	
单相变压器	绕组间有屏蔽			常　闭延时闭合	
	绕组间无屏蔽			常　闭延时断开	
单极开关		或	行程开关的触头	常　开	
多极开关				常　闭	
照明灯与信号灯			热继电器	常闭触头	
闪光型信号灯				发热元件	
电　铃			熔　断　器		

附录Ⅳ　常用电阻器件与电容器件的型号和主要参数

1. 电阻器件

(1) 电阻器的型号

型号	名　　称
RJ	金属膜电阻器
RJJ	精密金属膜电阻器
RS	实芯电阻器
RR	热敏电阻器
RXY	被釉绕线电阻器
RXJ	精密绕线电阻器

(2) 电阻器标称值系列

标称值系列	误差	电阻器的标称值(或所列数值乘以 n, n 为正整数或为负整数)						
E_{24}	±5%	1.0	1.1	1.2	1.3	1.5	1.6	1.8	2.0
		2.2	2.4	2.7	3.0	3.3	3.6	3.9	4.3
		4.7	5.1	5.6	6.2	6.8	7.5	8.2	9.1
E_{12}	±10%	1.0	1.2	1.5	1.8	2.2	2.7		
		3.3	3.9	4.7	5.6	6.8	8.2		
E_{9}	±20%	1.0	1.2	1.5	1.8	2.2	2.7		

(3) 电阻器额定功率(瓦)系列表

0.025	0.05	0.125	0.25	0.5	1	2	5	10	25	50	100	250

2. 电容器件

(1) 电容器型号之组成

第一部分(主称)	第二部分(介质材料)	
	符号	意　　义
C	C	高频瓷
	T	低频瓷
	Y	云母
	Z	纸介质
	H	纸膜复合介质
	D	铝电解电容器
	A	钽电解电容器

(2)电容器的容许误差的字母表示

字　母	D	F	G	J	K	M	N	P	S	Z
误差(%)	±0.5	±1	±2	±5	±10	±20	±30	+100 -0	+50 -20	+80 -20

(3)CD11 铝电解电容器的标称容量及耐压

标称容量/μF	直流工作电压系列/V						
1，1.5,2.2,3.3,4.7,6.8,10, 15，22，33，47，68,100,150, 220,330,470,	4 63	6.3	10	16	25	32	50

附录Ⅴ　常用半导体分立器件的型号与主要参数

半导体分立器件型号的命名方法(国家标准 GB 249—74)

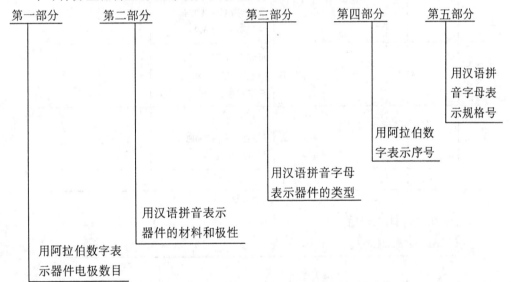

示例:锗 PNP 型高频小功率三极管

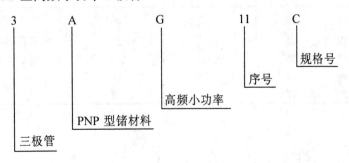

半导体分立器件组成部分的符号及意义

第一部分		第二部分		第三部分		第四部分	第五部分
用数字表示器件电极数目		用汉语拼音字母表示器件的材料和极性		用汉语拼音字母表示器件类型		用数字表示器件序号	用汉语拼音字母表示规格号
符号	意义	符号	意 义	符号	意 义		
2	二极管	A	N 型锗材料	P	普通管		
		B	P 型锗材料	V	微波管		
		C	N 型硅材料	W	稳压管		
		D	P 型硅材料	C	参量管		
3	三极管	A	PNP 型锗材料	Z	整流管		
		B	NPN 型锗材料	L	整流堆		
		C	PNP 型硅材料	S	隧道管		
		D	NPN 型硅材料	U	光电管		
				K	开关管		
				X	低频小功率管（截止频率 < 3 MHz，耗散功率 < 1 W）		
				G	高频小功率管（截止频率 ≥ 3 MHz，耗散功率 < 1 W）		
				D	低频大功率管（截止频率 < 3 MHz，耗散功率 ≥ 1 W）		
				A	高频大功率管（截止频率 ≥ 3 MHz，耗散功率 ≥ 1 W）		
				T	可控整流器		

1.常用半导体二极管
(1)2AP 型锗二极管

型号	最大整流电流 mA	最大整流电流时的正向压降 V	最高反向工作电压 V	用　途
2AP1	16		20	
2AP2	16		30	检波及小电流整流
2AP3	25	≤1.2	30	
2AP4	16		50	
2AP5	16		75	

(2)整流桥

参 数		平均整流电压	最高反向工作电压	正向压降	额定正向整流电流	外 形
符 号		U_o	U_{DRM}	U_F	I_F	
单 位		V	V	V	mA	
型	1CO.1A	25	37.5			
	B	50	75			
	C	100	150			
	D	200	300	≤2	50	塑料外壳环氧封装
	E	300	450			
	F	400	600			
	G	500	750			
	H	600	900			

(3)硅稳压二极管

参数及测试条件		最大耗散功率	最大工作电流	稳定电压 $I_Z = I_{Z1}$	动态电阻 $I_Z = I_{Z1}$		$I_Z = I_{Z2}$		外 形
符 号		P_{ZM}	I_{ZM}	U_Z	R_{Z1}	I_{Z1}	R_{Z2}	I_{Z2}	
单 位		W	mA	V	Ω	mA	Ω	mA	
型号	2CW50		83	1.0~2.8	300		50		
	51		71	2.5~3.5	400		60		
	52		55	3.2~4.5	550		70		
	53		41	4.0~5.8	550		50	10	
	54		38	5.5~6.5	500		30		
	55		33	6.2~7.5			15		
	56		27	7.0~8.8			15		
	57		26	8.5~9.5			20		金属封装
	58	0.25	23	9.2~10.5	400	1	25	5	
	59		20	10~11.8			30		
	60		19	11.5~12.5			40		
	61		16	12.2~14			50		
	62		14	13.5~17			60		
	63		13	16~19			70	3	
	64		11	18~21			75		
	65		10	20~24			80		

2. 常用半导体三极管

3DG 型高频小功率三极管

型号	极 限 参 数						直流参数			交 流 参 数							外形
	P_{CM} mW	I_{CM} mA	T_{iM} ℃	BU_{CBO} V	BU_{EBO} V	BU_{CEO} V	I_{CBO} μA	I_{CEO} μA	h_{FE}	f_T MHz	C_{pb} PF	r'_{bb} Ω	h_{21}	h_{11} Ω	h_{22} μΩ	N_F dB	
3DG100				≥30		≥20				≥150							
A				≥40		≥30											
B	100	20		≥30	≥4	≥20	≤ 0.01	≤ 0.01	≥30		≤4						B－1 型
C				≥40		≥30				≥300							
3DG111A				≥20		≥15						≤80					
B				≥40		≥30				≥150		≤35					
C				≥60		≥45			20～180			≤35					
D	300	50	150	≥20	≥4	≥15	≤ 0.1	≤ 0.1			≤5	≤80					B－1 型
E				≥40		≥30				≥300		≤80					
F				≥60		≥45			20～250			≤120					
3DG121A				≥40		≥30				≥150							
B				≥60		≥45											
C	500	100		≥40	≥4	≥30	≤ 0.1	≤ 0.2	≥ 30		≤8						B－3 型
D				≥60		≥45				≥300							
3DG130A																	
B																	
C	700	300		同上	≥4	同上	≤ 0.5	≤1	≥30	同上	≤10						B－3 型
D																	

附录Ⅵ　常用半导体集成电路器件

半导体集成电路型号命名方法(国际标准 GB 3430—82)

第0部分		第一部分		第二部分	第三部分		第四部分	
用字母表示器件符合国家标准		用字母表示器件的类型		用阿拉伯数字表示器件的系列和品种代号	用字母表示器件的工作温度范围		用字母表示器件的封装	
符号	意义	符号	意义		符号	意义	符号	意义
C	中国制造	T	TTL		C	0～70℃	W	陶瓷扁平
		H	HTL		E	-40～85℃	B	塑料扁平
		E	ECL		R	-55～85℃	F	全密封扁平
		C	CMOS		M	-55～125℃	D	陶瓷直插
		F	线性放大器		⋮	⋮	P	塑料直插
		D	音响、电视电路				J	黑陶瓷直插
		W	稳压器				K	金属菱形
		J	接口电路				T	金属圆形
		B	非线性电路				⋮	⋮
		M	存储器					
		u	微型机电路					
		⋮	⋮					

示例1　CT1020MD 型双四输入与非门

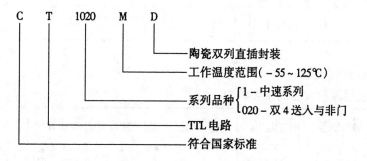

示例2　CF741CT 型运算放大器

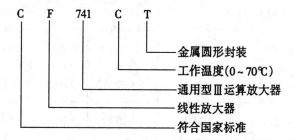

1.三端集成稳压器

参数名称 符号 型号	输出电压 $\dfrac{U_o}{V}$	电压调整率 $\dfrac{S_V}{(\%\cdot V^{-1})}$	电流调整率 S_1/mV $5\ mA\leqslant I_o$ $\leqslant 1.5\ A$	噪声电压 $\dfrac{U_N}{\mu V}$	最小压差 $\dfrac{U_1-U_o}{V}$	输出电阻 $\dfrac{R_o}{m\Omega}$	峰值电流 $\dfrac{I_{oM}}{A}$	输出温漂 $\dfrac{S_r}{(mV\cdot\text{℃}^{-1})}$
W7805	5	0.007 6	40	10	2	17	2.2	1.0
W7808	8	0.01	45	10	2	18	2.2	
W7812	12	0.008	52	10	2	18	2.2	1.2
W7815	15	0.006 6	52	10	2	19	2.2	1.5
W7824	24	0.011	60	10	2	20	2.2	2.4
W7905	− 5	0.007 6	11	40	2	16		1.0
W7908	− 8	0.01	26	45	2	22		
W7912	− 12	0.006 9	46	75	2	33		1.2
W7915	− 15	0.007 3	68	90	2	40		1.5
W7924	− 24	0.011	150	170	2	60		2.4

2.集成运算放大器
(1) 集成运算放大器的主要参数

国内型号	国际型号	电源电压	输入电压	差动输入电压	功率耗散	工作温度范围
CF318	LM318	± 20 V	± 15 V		500 mW	0 ~ + 70℃
CF324	LM324	± (1.5 ~ 15) V	− 0.3 ~ + 26 V	32 V		
CF358	LM358	± (1.5 ~ 15) V				0 ~ + 70℃
CF709	μA709	± 18 V	± 10 V	± 5 V	300 mW	− 55 ~ + 125℃
CF741	μA741	+ 22 V	+ 15 V	+ 30 V	500 mW	− 55 ~ + 125
CF747	μA747	+ 22 V	+ 15 V	+ 30 V	500 mW	− 55 ~ + 125℃

（2）集成运算放大器外引线排列功能表

国内型号	国际型号	外引线排列与功能													调零方式
		1	2	3	4	5	6	7	8	9	10	11	12	13	14	
CF318	LM318	COMP$_1$	IN$_-$	IN$_+$	$-U_{cc}$	COMP$_2$	OUT	$+U_{cc}$	COMP$_3$							
CF324	LM324	1OUT	1IN$_-$	1IN$_+$	$+U_{cc}$	2IN$_+$	2IN$_-$	2OUT	3OUT	3IN$_-$	3IN$_+$	$-U_{cc}$	4IN$_+$	4IN$_-$	4OUT	
CF358	LM358	1OUT	1IN$_-$	1IN$_+$	$-U_{cc}$	2IN$_+$	2IN$_-$	2OUT	$+U_{cc}$							
CF709	μA709	COMP$_1$	IN$_-$	IN$_+$	$-U_{cc}$	COMP$_3$	OUT	$+U_{cc}$	COMP$_2$							
F007	μA741 CA3140	OA$_1$	IN$_-$	IN$_+$	$-U_{cc}$	OA$_2$	OUT	$+U_{cc}$	NC							③
CF747	μA747	1IN$_-$	1IN$_+$	1OA$_1$	$-U_{cc}$	2OA$_1$	2IN$_+$	2IN$_-$	2OA$_2$	$+U_{cc}$	2OUT	NC	1OUT	$+U_{cc}$	1OA$_2$	③

注：① OA 为固定端，调零方式栏中注以③表示 OA$_1$ 和 OA$_2$ 接电位器的固定端，而滑动端接 $-U_{cc}$。

② COMP 为补偿端，有 3 个补偿端 COMP$_1$、COMP$_2$ 和 COMP$_3$，应将第一个补偿元件（一般为电容）接在 COMP$_1$ 和 COMP$_2$ 之间，第二个补偿元件接在 COMP$_3$ 与 OUT 之间。

③ NC 为悬空端。

3.数字集成电路器件

（1）集成逻辑门

电路名称	国内型号	外引线排列与功能													国际型号	
		1	2	3	4	5	6	7	8	9	10	11	12	13	14	平均电源电流
四2输入或非门	CT4002	1Y	1A	1B	2Y	2A	2B	地	3A	3B	3Y	4A	4B	4Y	U_{CC}	74LS02 4.3 mA
四2输入与非门	CT4000	1A	1B	1Y	2A	2B	2Y	地	3Y	3A	3B	4Y	4A	4B	U_{CC}	74LS00 3 mA
六反相器	CT4004	1A	1Y	2A	2Y	3A	3Y	地	4A	4Y	5A	5Y	6A	6Y	U_{CC}	74LS04 4.5 mA
四2输入与门	CT4008	1A	1B	1Y	2A	2B	2Y	地	3Y	3A	3B	4Y	4A	4B	U_{CC}	74LS08 6.8 mA
三3输入与非门	CT4010	1A	1B	2A	2B	2C	2Y	地	3Y	3A	3B	3C	1Y	1C	U_{CC}	74LS10 2.3 mA
三3输入与门	CT4011	1A	1B	2A	2B	2C	2Y	地	3Y	3A	3B	3C	1Y	1C	U_{CC}	74LS11 5.1 mA
四2输入或门	CT4032	1A	1B	1Y	2A	2B	2Y	地	3Y	3A	3B	4Y	4A	4B	U_{CC}	74LS32 8 mA

(2)集成触发器

电路名称	型号	1	2	3	4	5	6	7	8	9	10	11	12	13	14	15	16
								外引线排列与功能									
双主从 J.K 触发器	CT4073	C_1	R_1	K_1	U_{CC}	C_2	R_2	J_2	$\overline{Q_2}$	Q_2	K_2	地	Q_1	$\overline{Q_1}$	J_1		
双上升沿 D 触发器	CT4074	R_1	D_1	C_1	S_1	Q_1	$\overline{Q_1}$	地	$\overline{Q_2}$	Q_2	S_2	C_2	D_2	R_2	U_{CC}		
双主从 J-K 触发器	CT4076	C_1	S_1	R_1	J_1	U_{CC}	C_2	S_2	R_2	J_2	$\overline{Q_2}$	Q_2	K_2	地	$\overline{Q_1}$	Q_1	K_1
双主从 J-K 触发器	CT4107	J_1	$\overline{Q_1}$	Q_1	K_1	Q_2	$\overline{Q_2}$	地	J_2	C	R_2	K_2	CP_1	R_1	U_{CC}		
双主从 J-K 触发器	CT4112	C_1	K_1	J_1	S_1	Q_1	$\overline{Q_1}$	$\overline{Q_2}$	地	Q_2	S_2	J_2	K_2	C_2	R_2	R_1	U_{CC}
双主从 J-K 触发器	CT4114	R_1	K_1	J_1	S_1	Q_1	$\overline{Q_1}$	地	$\overline{Q_2}$	Q_2	S_2	J_2	K_2	C	U_{CC}		
六上升沿 D 触发器	CT4174	$\overline{C_r}$	Q_1	D_1	D_2	Q_2	D_3	Q_3	地	C	Q_4	D_4	Q_5	D_5	D_6	Q_6	U_{CC}
四上升沿 D 触发器	CT4175	$\overline{C_r}$	Q_1	$\overline{Q_1}$	D_1	D_2	$\overline{Q_2}$	Q_2	地	C	Q_3	$\overline{Q_3}$	D_3	D_4	$\overline{Q_4}$	Q_4	U_{CC}

注:① NC 为空脚。

② C_r 为复位端,低电平有效。

③ 上述国产的触发器与 74LS 系列进口芯片可互换使用。例如,CT4073 可同 74LS73 互换。

(3)集成寄存器、计数器和译码器

电路名称	型号	1	2	3	4	5	6	7	8	9	10	11	12	13	14	15	16
								外引线排列与功能									
4 位移位寄存器	CT4095	D_s	D_0	D_1	D_2	D_3	M	地	$\overline{C_A}$	$\overline{C_B}$	Q_3	Q_2	Q_1	Q_0	U_{CC}		
4 位 D 型寄存器	CT4173	$\overline{E_A}$	$\overline{E_B}$	$1Q$	$2Q$	$3Q$	$4Q$	C	地	$\overline{S_A}$	$\overline{S_B}$	$4D$	$3D$	$2D$	$1D$	Cr	U_{CC}
十进制同步计数器	CT4160	$\overline{C_r}$	C	A	B	C	D	P	地	$\overline{L_D}$	T	Q_d	Q_c	Q_b	Q_a	R_c	U_{CC}
4 位二进制同步计数器	CT4161	$\overline{C_r}$	C	A	B	C	D	P	地	$\overline{L_D}$	T	Q_d	Q_c	Q_b	Q_a	R_c	U_{CC}
十进制同步计数器(同步清零)	CT4162	$\overline{C_r}$	C	A	B	C	D	P	地	$\overline{L_D}$	T	Q_d	Q_c	Q_b	Q_a	R_c	U_{CC}
4 位二进制同步计数器(同步清零)	CT4163	$\overline{C_r}$	C	A	B	C	D	P	地	$\overline{L_D}$	T	Q_d	Q_c	Q_b	Q_a	R_c	U_{CC}
4 线–七段译码器/驱动器	CT4047	B	C	$\overline{LT}$	$\overline{RBO}$	$\overline{RBI}$	D	A	地	$\overline{e}$	$\overline{d}$	$\overline{c}$	$\overline{b}$	$\overline{a}$	$\overline{g}$	$\overline{f}$	U_{CC}
4 线–七段译码器/驱动器	CT4048	B	C	$\overline{LT}$	$\overline{RBO}$	$\overline{RBI}$	D	A	地	e	d	c	b	a	g	f	U_{CC}

注：

① CT4095：D_s 为串入端，$D_0 \sim D_3$ 为并入端。M 为串并控制，当 M = 0 时，C_B 从高到低，完成右移（从 Q_0 到 Q_3）；当 M = 1 时，C_A 从高到低，完成左移。

② CT4173：$\overline{E_A}$、$\overline{E_B}$ 为使能输入控制端，当 $E_A = E_B = 0$ 时，输出为寄存器中的数据。$\overline{S_A}$、$\overline{S_B}$ 为送数控制端，当 $S_A = S_B = 0$ 时，寄存器接收数码。

③ CT4160：$\overline{L_D} = 0$ 为置数，PT = 0 为保持，PT = 1 为计数。R_C 为进位输出端。

④ CT4047、CT4048：CT4047 低电平输出有效，配接共阳极 LED 显示器；CT4048 高电平输出有效，配接共阴极 LED 显示器。

部分习题答案

第一章

1.1　$R_{ab} = 2\Omega$

1.2　(1) $I_1 = 40$ mA, $I_2 = 50$ mA, $I_4 = 50$ mA; (2) $I_1 = 40$ mA, $I_2 = 30$ mA, $I_4 = 70$ mA

1.3　(a) $U_{ab} = 0$ V, $I = 0$ A; (b) $U_{ab} = 0$ V, $I = 0$ A

1.4　5 V

1.5　6 V

1.6　7.2 V, 16.8 V; 12 V, 4.8 V, -12 V

1.7　$I = I_1 = 0.27$ A; 0.73 A, 0.27 A, 0.45 A

1.8　203 V

1.9　6 V, 0.2 Ω

1.10　20.83 V, 22.72 V, 24.75 V

1.11　0.1 kΩ, 0.9 kΩ, 9 kΩ

1.12　15 A, 10 A, 25 A

1.13　15 A, 10 A, 25 A

1.14　1 A

1.15　0.3 A

1.16　10 A, 2 A, 4 A

1.17　7 V

1.18　6 V, 4Ω; 1.5 A

1.19　2.2 A

1.20　2 A

1.23　2 A

1.24　1 A

1.25　8 V; 4 A

1.26　$U = 1.25$ V, $I = 1.25$ A

1.27　$I = \dfrac{11}{4}$ A

1.28　$I_L = 1$ A

1.29　(1) $I_L = 3$ A　(2) $R_L = 6$ Ω, $I_L = 2$ A, $P = 24$ W

1.30　$P_{IS_1} = 52$ W(发出), $P_{IS_2} = 78$ W(发出)

第二章

2.4　10 ms, 100 Hz; $u_1 = 4\sin(628t + 45°)$ V, $u_2 = 2\sin 628t$ V

2.6　$i = 8.66\sqrt{2}\sin \omega t$ A; $i = 5\sqrt{2}\sin(\omega t + 90°)$ A

2.8　5 A; 电阻, 7 A; 电容, 1 A

2.9　80 V; $10\sqrt{2}$ A

2.10　50 V; 8 A

2.11　2 Ω, 69.8 mH

2.12 40 H

2.13 0.37 A, 102.9 V, 191.8 V

2.14 $R = 24\ \Omega, X_L = 32\ \Omega, \cos\varphi = 0.6, P = 726\ W, Q = 968\ Var$

2.15 551.6 Ω

2.16 10.8 Ω, 220.32 V, 3 745 W, −2 496.9 Var, 4 494 VA

2.17 $\dot{I} = 22\ A;\quad \dot{U}_1 = 239.8\ \angle 155.6°\ V;$

$\dot{U}_2 = 103.6 \angle -58°\ V;$

2.18 $1.2 \angle -60°\ A$

2.19 $32.8 \angle 3.4°\ A;\quad 26.7 \angle 74°\ A;\quad 46.5 \angle 30.6°\ A$

2.20 $10\sqrt{2}\sin\omega t\ A;\quad 10\sin(\omega t - 45°)\ A;\quad 10\sin(\omega t + 45°)\ A$

2.21 $5\sqrt{2} \angle 55°\ A;\quad 2.5\sqrt{2} \angle 45°\ \Omega$

2.26 $1.43\sin(\omega t + 85.3°) + 6\sin(3\omega t + 45°)\ A$

第三章

3.1 (2)22 A;(3)$i_A = 22\sqrt{2}\sin(\omega t - 6.9°)$ A, $i_B = 22\sqrt{2} = 22\sqrt{2}\sin(\omega t - 126.9°)$ A, $i_C = 22\sqrt{2}\sin(\omega t + 113.1°)$ A

3.2 $i_B = 3\sqrt{2}\sin(\omega t - 60°)$ A, $i_C = 3\sqrt{2}\sin(\omega t - 180°)$ A; $i_{AB} = \sqrt{6}\sin(\omega t + 90°)$ A, $i_{BC} = \sqrt{6}\sin(\omega t - 30°)$ A, $i_{CA} = \sqrt{6}\sin(\omega t - 150°)$ A

3.3 $I_p = I_1 = 44$ A, $P = 17.4$kW

3.4 $I_p = 44$ A, $I_1 = 76$ A, P 不变

3.5 (1)$I_A = 44$ A, $I_B = I_C = 22$ A, $I_0 = 22$ A; (2)$U_A = U_B = 220$ V, $U_C = 0$, $I_A = 44$ A, $I_B = 22$ A, $I_C = 0$, A、B 相负载工作工常

3.6 $U_A = 126.7$ V, $U_B = 253.3$ V, $U_C = 0$; $I_A = I_B = 25.3$A, $I_C = 0$; A、B 相负载不能正常工作

3.7 (1)$I_{AB} = I_{BC} = 22$ A, $I_{CA} = 44$ A, $P = 19.36$ kW; (2)$U_{AB} = 220$ V, $U_{BC} = 146.7$ V, $U_{CA} = 73.3$ V, $I_{AB} = 22$ A, $I_{BC} = I_{CA} = 14.67$ A, BC 相和 CA 相负载不能正常工作

3.8 (2)$I_A = I_B = I_C = 22$ A, $I_N = 60.1$ A; (3)$P = 4\ 840$ W

第四章

4.1 3 A, −1.5 A, 4.5 A

4.2 3 A, 1 A, 2 A

4.3 $u_C(0_+) = u_{R2}(0_+) = u_{R1}(0_+) = 100$ V; $i_1(0_+) = i_s(0_+) = 100$ A, $i_2(0_+) = 0$

4.4 (1)R_1、R_2、C_1、C_2 电流均为 1 A;L_1、L_2 电流均为 0。 (2)R_1、R_2 电压为 2 V、8 V; C_1、C_2 电压均为 0;L_1、L_2 电压均为 8 V

4.5 (1)$u_C = 40(1 - e^{-2t}$ V, $u_R = 40e^{-2t}$ V, $i = 8e^{-2t}$ mA (2)$i = 2.9$ mA

4.6 $u_C = 20(1 - e^{-200t})$ V

4.7 $u_C = 18 + 36e^{-250t}$ V

4.8 $u_C = 6 + 3e^{-100t}$ V

4.9　$i_L = 8e^{-100t}$ A, $u_L = -16e^{-100t}$ V

4.10　$i_L = 5 - 2e^{-2t}$ A, $u_L = 4e^{-2t}$ V

4.11　$u_C(0_+) = 4$ V, $u_C(\infty) = 20$ V, $\tau = 2 \times 10^{-2}$s, $u(t) = 20 - 16e^{-50t}$ V

4.12　$u_C(0_+) = 10$ V, $u_C(\infty) = -5$ V, $\tau = 0.1$ s

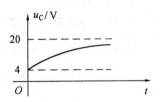

$u_C(t) = -5 + 15e^{-10t}$ V

$i_2(0_+) = -0.5$ mA, $i_2(\infty) = 0.25$ mA

$i_2(t) = 0.25 - 0.75e^{-10t}$ mA

第五章

5.1　$K = 15, I_1 = 1.5$ A, $I_2 = 22.7$ A

5.2　166 个, $I_1 = 3.03$ A, $I_2 = 45.5$ A

5.4　74 mW, 500 mW, $K = 5$

第六章

6.8　11.3 A, 19.6 A, 36.5N·m, 0.04

6.9　(3)2 A; 58.4N·m; 73 N·m

6.10　97.5 N·m, 194.9 N·m

第十章

10.2

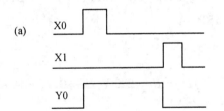

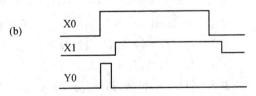

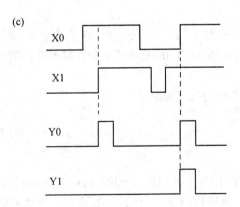

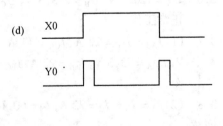

10.4

(a)、(b)	X2	X1	X0	Y0
	0	0	0	0
	0	0	1	1
	0	1	0	1
	0	1	1	0
	1	0	0	1
	1	0	1	0
	1	1	0	0
	1	1	1	1

10.6

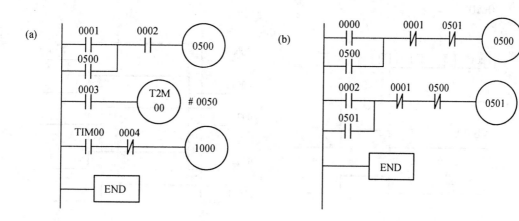

10.7

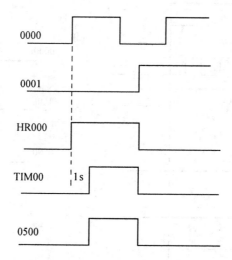

10.8

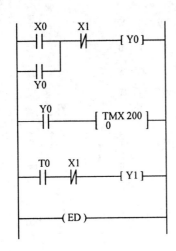

10.9

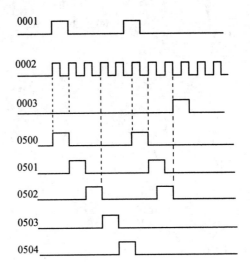

10.10

(a)

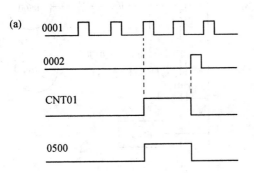

(b)

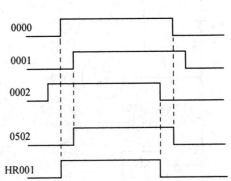

(c)

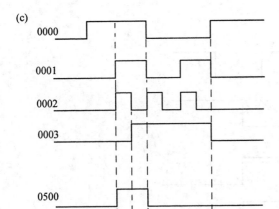

(d)

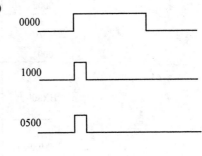

10.11

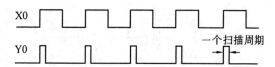

10.12

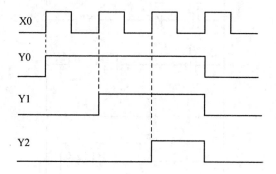

10.13

10.14

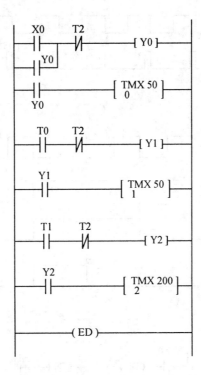

10.16

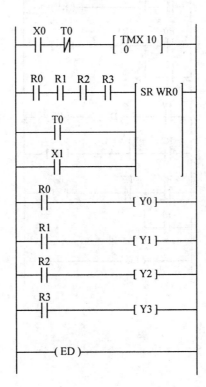

第十一章

11.1　(a)$U_o = 12$ V;　　(b)$U_o = -10$ V

11.2　(1)$U_F = 0$ V, $I_R = 3.08$ mA, $I_{DA} = I_{DB} = 1.54$ mA;(2)$U_F = 0$ V, $I_R = I_{DB} = 3.08$ mA, $I_{DA} = 0$;　　(3)$U_F = 3$ V, $I_R = 2.3$ mA, $I_{DA} = I_{DB} = 1.153$ mA

11.4　$I_z = 5$ mA

11.6　NPN 型 $+9$ V(C), $+3.8$ V(B), $+3.2$ V(E)

第十二章

12.2　$I_B = 50$ μA, $I_C = 2$ mA, $U_{CE} = 6$ V

12.3　(1)$I_B = 20$ μA, $I_C = 1.2$ mA, $U_{CE} = 6$ V;　(2)$A_u = -78.8$;　(3)$r_i = 1.35$ kΩ, $r_o = 3$ kΩ

12.4　$r_i = 5$ kΩ, $r_o = 4$ kΩ, $A_u = -16.4$, $R'_E = 0$ 时, $r_i = 1$ kΩ, $r_o = 4$ kΩ, $A_u = -100$

12.5　(1)$r_{i1} = 1$ kΩ, $r_{i2} = 1.16$ kΩ, $r_{o1} = R_{C1} = 15$ kΩ, $r_{o2} = 7.5$ kΩ;　(2)$A_{u1} = -53.8$, $A_{u2} = -163$, $A_u = 8\ 783$, (3)$U_o = 44$ mV

12.9　(1)$I_{B1} = 28$ μA, $I_{C1} = 1.135$ mA, $U_{CE1} = 4$ V, $I_{B2} = 47$ μA, $I_{C2} = 1.88$ mA, $U_{CE2} = 6.37$ V;　(3)$A_{u1} = -89$; $A_{u2} \approx 1$, $A_u \approx -89$;　(4)$r_i = 1.07$ kΩ, $r_o = 100$ Ω

12.10　$r_i = 321$ kΩ, $r_o = 10$ kΩ, $A_u = -17.8$

12.14　$U_o = 69.4$ mV

12.15　$R_B = 265$ kΩ, 并联电压负反馈

12.16　(1)$I_B = 47$ μA, $I_C = 2.38$ mA, $U_{CE} = 10.26$ V

(2)$A_u = 0.985$

(3)$r_i = 51.3$ kΩ　$r_o = 21$ Ω

12.18　(1)$I_B = 20$ μA, $I_C = 1$ mA, $V_{CE} = 6.9$ V

(2)$r_i = 1$ kΩ, $r_o = 5.1$ kΩ

(3)$A_u = -255$, $A_{us} = -196$

第十三章

13.1　(1)$u_o = -u_i$;　(2)$u_o = u_i$,　(4)$u_o = -u_i$

13.2　$u_o = \dfrac{2R_F}{R_1} u_i$

13.3　$\dfrac{u_o}{u_i} = -\dfrac{R_3 + R_4 + \dfrac{R_3 R_4}{R_5}}{R_1}$

13.4　$u_{o1} = 4$ V, $u_{o2} = -4.5$ V, $u_{o3} = -13$ V

13.5　$i_L = \dfrac{u_i}{R_o}$

13.8　开关断开时, $u_o = 2(u_{i2} - u_{i1})$;开关闭合时, $u_o = 4(u_{i2} - u_{i1})$

13.9

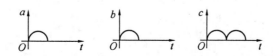

13.10　(1)$t = 1$ s;(2)$u_i = 0.25$ V

13.11　$u_o = \dfrac{3}{R_1 C} \displaystyle\int u_{i1}\,\mathrm{d}t + 2u_{i2}$

13.12　$u_o = -4.5(1 - \mathrm{e}^{-\frac{2}{RC}t})$ mV

13.14　$u_o = 1$ V

13.15　$R_1 = 1$ kΩ,$R_2 = 9$ kΩ,$R_3 = 50$ kΩ

13.17　(1)$|A_{umf}| = 3$　(2)$f_o = 22.6$ Hz

第十四章

14.6　(1)$\overline{C} + AB$;　(2)$\overline{A} + B$;　(3)$AB\overline{C} + CD + BD + AD$;　(4)$A\overline{C}\,\overline{D} + \overline{A}BD + \overline{B}\,\overline{C}\,\overline{D}$
　　　$+ AB\overline{D}$

14.9　其余端为高电平时允许脉冲通过

14.10　异或电路

14.13　$F = ABC + ABD + ACD$

第十五章

15.8　五进制计数器

15.9　七进制计数器

15.10　(a)十二进制计数器;(b)五进制计数器

第十六章

16.1　$U_o = -3.44$ V

16.2　$U_o = -3.105$ V、-2.5 V,-0.137 V

16.3　$U_o = \dfrac{10}{2^{10} - 1}$ V

16.4　$Q_3 Q_2 Q_1 Q_0 = 1101$

第十七章

17.2　f_o 的变化范围为($2\,900 \sim 900$ kHz)

17.6　$R_{21} \sim R_{28}$ 分别为 7.31 kΩ,5.94 kΩ,4.85 kΩ,4.23 kΩ,3.21 kΩ,2.39 kΩ,1.57
　　　kΩ,1.16 kΩ

第十八章

18.1　1.38 A,4.33 A,244.4 V

18.2　(1)9 mA,30 mA,21 mA;(3)0.3 ~ 2.25 kΩ

18.6　$U_{om} = 99$ V,$I_{om} = 9.9$ A,$\theta = 101.5°$

18.7　(1)$U_o = 198$ V,$I_o = 9.9$ A;　(2)$I_T = 4.95$ A,$U_{DRm} = 311$ V

参 考 文 献

1　秦曾煌编.电工学(上下册).北京:高等教育出版社,1995

2　清华大学电子学教研室编.数字电子技术基础简明教程.北京:高等教育出版社,1985

3　吴项主编.电工与电子技术.北京:高等教育出版社,1991

4　蔡惟铮主编.数字电子线路基础.哈尔滨:哈尔滨工业大学出版社,1988

5　刘保琴主编.数字电路与系统.北京:清华大学出版社,1993

6　王鸿明主编.电工与电子技术.北京:清华大学出版社,1991

7　王惠云等.智能设备及系统接口原理及应用.北京:电子工业出版社,1989

8　张占松,蔡宣三编著.开关电源的原理与设计.北京:电子工业出版社,1998

9　王乃康.实用电子电路手册.陈宝吉等编译.北京:科学技术文献出版社,1992

10　唐竟新主编.模拟电子技术基础解题指南.北京:清华大学出版社,1998

11　唐竟新主编.数字电子技术基础解题指南.北京:清华大学出版社,1993

12　吴建强主编.数字集成电路应用基础.北京:航空工业出版社,1994

13　常斗南,刘立夫.小型可编程序控制器原理与实践.沈阳:辽宁科学技术出版社,1996

14　汪晓光,孙晓瑛等.可编程序控制器原理及应用.北京:机械工业出版社,1994

15　王季铁.执行电动机(电气自动化新技术丛书).北京:机械工业出版社,1997

16　武纪燕等.现代控制元件(结构 原理 应用).北京:电子工业出版社,1995

17　梅晓榕等.自动控制元件及线路.哈尔滨:哈尔滨工业大学出版社,1997